越

读

Read and Beyond

Environmental Communication and the Public Sphere

（Third Edition）

假如自然不沉默

环境传播与公共领域

（第三版）

〔美〕罗伯特·考克斯（Robert Cox） 著　纪莉 译

北京大学出版社
PEKING UNIVERSITY PRESS

著作权合同登记号　图字:01－2013－4998

图书在版编目(CIP)数据

假如自然不沉默：环境传播与公共领域:第3版/(美)考克斯(Cox,R.)著;纪莉译.—北京:北京大学出版社,2016.8

ISBN 978－7－301－26513－0

Ⅰ.①假…　Ⅱ.①考…　②纪…　Ⅲ.①环境保护—传播学—研究

Ⅳ.①X　②G206

中国版本图书馆 CIP 数据核字(2015)第 269321 号

Environmental Communication and the Public Sphere (third edition),
Robert Cox Copyright ⓒ 2013 SAGE Publications, Inc.
本书简体中文版版权由 SAGE Publications, Inc. 授予北京大学出版社。

书　　　名	假如自然不沉默：环境传播与公共领域(第三版)
	Jiaru Ziran Bu Chenmo：Huanjing Chuanbo yu Gonggong Lingyu
著作责任者	〔美〕罗伯特·考克斯（Robert Cox）　著　纪　莉　译
责 任 编 辑	周丽锦　潘　飞
标 准 书 号	ISBN 978－7－301－26513－0
出 版 发 行	北京大学出版社
地　　　址	北京市海淀区成府路 205 号　100871
网　　　址	http://www.pup.cn
电 子 信 箱	ss@pup.pku.edu.cn
新 浪 微 博	@北京大学出版社
电　　　话	邮购部 62752015　发行部 62750672　编辑部 62765016
印 刷 者	北京中科印刷有限公司
经 销 者	新华书店
	965 毫米×1300 毫米　16 开本　27.75 印张　392 千字
	2016 年 8 月第 1 版　2016 年 8 月第 1 次印刷
定　　　价	72.00 元

目　录

第五部分　科学与风险传播

通过环境传播去阻止世界的崩溃(代序)

　　译者要我为这本讨论环境传播的书作序,确实有些不明智。像我这种既不明白作为政治的环境传播,也无意加入环境传播圈的人,怎么有资格为这本书吆喝呢?但她十分固执,认为我这个对环境传播心存敬意的人,是可以说上几句的。为了帮助我理解环境传播,她跟我讲述了许多环境传播圈里的事情,大到巴黎气候大会,小至武汉民间的环保活动,我渐渐明白,倒是她想把我带进去。我感受到了环境传播圈里人的浪漫、道义、悲悯、有趣,只是我始终视之为只可远观的、他者的世界。日常生活中我们对特定的群体充满敬意,可我们就是不能走进他们,其实就是"敬意"把我们与他们隔开了。我们常常在"敬意"中获得道德感,如此容易的"获得",让我们心满意足,也就消磨了"走进他们"的意志。

　　理解环境传播,其实就是走出"敬意"、走进环境传播者的第一步。可是,我们为什么要理解环境传播呢?琢磨这个问题时,我遇上了贾雷德·戴蒙德(Jared Diamond)的《崩溃:社会如何选择成败兴亡》。作者陈述了一个惊人的事实:人类历史上,当一个社会面对其复杂的环境问题,无法做出正确的应对和决策时,往往会走向崩溃。这里面包含两个看似矛盾的问题。一方面是在当下的以资本为主导的全球化和现代化的大潮中,人类能否停下来?即使停下来,我们是否还来得及?另一方面是人类所面临的问题已经非常严重,但人类仍然还有希望,因为人类的问题并非无法解决,且环境思想正在全球得到普及。前一种透彻心底的悲观构成了环境传播的基本问题，使之不再是科技问题而是政治问题；后一种战战兢兢的乐观则保留了环境传播的可能性。

就在与《崩溃》相遇的日子里，一场罕见的暴雨袭击了武汉，让我体验了什么是环境问题所引发的崩溃。开始几日，微信朋友圈里还能以"看海""游泳""让我们荡起双桨"等字眼轻松应对突如其来的一切。自然似乎被人们的轻薄激怒了，以更猛烈、更持久的倾盆大雨洗劫这座城市，使之变成名副其实的"江城"。此时，微信朋友圈里的气氛凝固了，紧接着便是哀号："要出大事了""所有的路都走不通了""老天可怜可怜我们吧"，一幅现实版的"崩溃"景观。等到自然暂时发泄完愤怒，人们才发现，那些深深浸泡于水中的，竟然多是填湖造楼最盛的地方，权力与资本的力量迫使湖退城进，而湖泊借助自然的力量找到了自己的"家"，痛痛快快地复仇了。当我们愤怒地指摘权力与资本时，也许还应该反思一下自己：我们是否关注过填湖造楼？当有人提出抗议的时候我们是否加入过讨论，使之成为重要议程？社会崩溃，环境就失去基本的保护力量，只能以"崩溃"的方式"回报"社会！

自诩为万物之灵的人类，从"泄洪通流"的原始文明走向"筑坝截流"的现代工业文明，通过大规模的工业来生产自己的幸福生活，与此同时却也生产出毁灭幸福的废气、污水、噪音、垃圾等工业废弃物。在争夺资源发展经济的过程中，自然渐渐被我们忽略，甚至造成一系列不可逆的环境问题：因过度砍伐森林而带来的土壤沙化、因猎杀动物而导致的生物多样性减少、全球气候变暖、水资源污染、大气污染、极端气候变化等。人们对此视而不见，乐于以技术为环境，制造技术性的环境，如社会环境、制度环境、经济环境、文化环境等，越来越使自己看不见那个自然的环境。

自然一直以无言的方式警示着崩溃世界的来临，只是人类听不见或装着听不见。1962年，蕾切尔·卡逊（Rachel Carson）发现"寂静的春天"时，人们借助这位"大自然的女祭司"的感性，听见了自然的警示：春天里不再能听到燕子的呢喃、黄莺的啁啾，田野里变得寂静无声了！人们由此开始关切人与自然的融合的丧失，也陷入深深的困惑：是限制使用杀虫剂、保护昆虫的世界重要，还是使用杀虫剂提高产量、保障人们免受饥饿之苦重要？人与自然的对立就是这么"任性"，它足以让我们对"寂静的春天"忽略不计。眼下这种"咆哮的夏天"给我们的那种崩溃的感觉，谁说不会再一次被遗忘呢？如果这样，我们只能眼睁睁地看着崩溃的世界的来临。

所以，我们还是得想办法阻止世界的崩溃。这本书告诉我们，契机只有一个，那就是环境传播。

通过环境传播，人的思维方式得以从人类中心转移至生态系统中心。在人类中心的思维方式里，自然不过是人类生活方式的一个对象，它提供了工业文明可利用的资源，具有直接或间接的经济潜力，被人类不遗余力地开发、占有。人类中心思维方式不仅为工业主义提供正当性，还重塑了自然的概念，将自然这个在人类之前就独立存在的世界重新按照人类历史来书写。以生态系统为中心的思维方式，则把人类视为生态系统的一部分，把自然还原成自然本身。在这种视角中，自然不再以具有利用价值的面貌出现，而是获得了内在价值和重要性，它要求人类与自然交流，与生态系统中的其他部分交流。

我们通过环境传播把回归自然的口号落到实处，将自然重新代入日常生活中，使人类获得存在感、责任感和自由感。每个人都有权利在一个健康的环境中生活与工作，也都有责任和义务推动环境正义的实现。要不要建核电站？城市垃圾怎么处理？环境政策的制定如何平衡不同国家、种族、阶层的利益？通通都需要对话与交流，整个社会的公平正义也许都与环境传播有关。

这项工作如此艰难，着实让人对环境传播研究者感到敬佩。他们为环境恶化而提心吊胆，为人与自然的关系面临崩溃而焦虑，与此同时又执着地寻找着人与自然环境相处的恰当方式。他们一面充满理想的恢复人类"自然之子"的身份，一面又积极搭建环境传播中人与人的关系，相信每个人在环境传播中的重要性，并由此号召人们一起加入到这场充满诗性与理性的行动中来。

如果既看不见"寂静的春天"，又忘记了这个"咆哮的夏天"，人类就只会自私又自欺，社会就真的崩溃了。想到这些，我们又如何能安心呢？所以，我们别无选择，只有超越"敬意"，通过环境传播去阻止世界的崩溃。

是为序。

单　波
2016 年夏于珞珈山

中文版作者序

《假如自然不沉默:环境传播与公共领域》(第三版)的中文读者:

你们好!

我非常感谢纪莉教授将我的这本书翻译成了中文,让中国的读者可以读到它。空气污染、土地退化、生物多样性减少、气候变化和其他问题变得越来越全球化——我们在中国、美国、欧洲和其他地方都会见到这些问题。我们不仅要努力让更多的公众了解这些议题,还要理解传播在我们感知环境,以及形成我们与自然界的关系方面扮演的角色。因此,我希望这本书提供的原则与案例能让你理解公民、科学家、记者、环境组织和其他人获取信息、获得教育、被宣传的方式,以及公共官员应如何回应这些挑战。我在此欢迎大家都来参加关于环境传播的研究,并希望你们能进入关于我们共同的世界的未来的广泛讨论之中。

罗伯特·考克斯

第三版序言

从本书的上一版出版至今，已经发生了很多变化：有关环境的新媒体、论坛以及传播实践几乎每天都在出现。即使"传统"媒体——报纸、广播和电台式微，环境新闻仍然可以转战网络。社会化媒介和 Web 2.0 的运用使得用户（之前谓之受众）广泛地报道、标注和散布环境内容。美国加州的农场主们正在网上记录遗弃在他们那里的废弃物以及他们如何被迫移民；负责清理英国石油公司在墨西哥湾泄漏的石油的志愿者们利用手机上的本土应用程序（如 Gowalla），确认石油灾害的具体位置；有些环保人士正在利用社会化网络，如 350. org 在全球范围内动员民众关注气候变化。

我们对很多环境传播形式的认识也在增强。《假如自然不沉默：环境传播与公共领域》（第三版）让我有机会分享整个领域正在进行的新研究，包括气候传播、社会化媒介、信息建构、合作与冲突管理、气候正义、绿色就业运动以及更多。这一版还探讨了一些新出现的讨论和争议：关于天然气的水力压裂法的冲突、日本的福岛核泄漏、英国石油公司的"深水地平线"钻井平台原油泄漏事故，以及在阿巴拉契亚山顶的煤矿采挖，这些争论都可以体现出环境传播的原则。

本书试图介绍关于环境的各种传播实践。如果没有我的很多同事、学生、学界的朋友以及美国开展环境运动的朋友的帮助，或者少了环境传播领域各位同人的有益建议,本书都是不可能完成的。我尤其要感谢克里斯·华肖(Chris Warshaw)、娜塔莉·弗斯特(Natalie Foster)、大卫·卡普夫(Dave Karpf)和华盛顿哥伦比亚特区 2011 数字峰会的参加者,他们为我提供了诸多洞见。此外,我还要感谢北卡罗来纳大学的我的学生们,每天他们为了一个更好的世界贡献着他们的智慧和热情,从而激励了我。

下面我还要感谢本书的评阅人:

珍妮弗·亚当斯(Jennifer Adams),迪堡大学(DePauw University)

丽萨·海勒·博拉基尼(Lisa Heller Boragine),科德社区大学(Cape Cod Community College)

Chin-Chung Chao,内布拉斯加大学奥马哈分校(University of Nebraska at Omaha)

金·戴安娜·科诺里(Kim Diana Connolly),纽约州立大学布法罗大学法学院(State University of New York at Buffalo Law School)

杰夫·柯特莱特(Jeff Courtright),伊利诺伊州立大学(Illinois State University)

帕翠西亚·O. 克瓦鲁比亚斯(Patricia O. Covarrubias),新墨西哥大学(University of New Mexico)

凯蒂·M. 克鲁格(Katie M. Cruger),科罗拉多大学波德分校(University of Colorado at Boulder)

斯蒂文·斯华兹(Steve Schwarze),蒙大拿大学(University of Montana)

利用这个机会,我还要感谢我的编辑马特·拜尼(Matt Byrnie)和娜莎·大卫森(Nathan Davidson)。他们对本版提出了很多中肯的意见。感谢项目经理埃斯特里德·维丁(Astrid Virding)。感谢帕姆·施罗德(Pam Schroeder),他仔细的校对挽救了我,让文本中那些令人羞愧的错误得以避免。尽管还有很多人给予了我有益的建议,但我自己必须对文本中的任何错误负全责。

最后,如果没有我的生命伴侣兼我的同事茱莉亚·伍德(Julia Wood),所有的一切都不可能完成。她的鼓励、睿智的建议、支持,以及令人惊讶的耐心支撑着我的每一天。

导言:为自然言,代自然言

　　关于自然的传播在以越来越快的速度增加,从气候的变化,到濒危动植物的加速灭绝,这类报道我们见得越来越多。所有的媒介都显示出对此类议题的兴趣,它们出现在有线电视、社会化媒介、电影、YouTube、报纸、公众集会以及教室里。"抱树者"(treehugger)(treehugger.com)、"绿色赫芬顿邮报"(*HuffPost Green*)(huffingtonpost.com/green)等受人们欢迎的博客每天都报道着环境新闻。《探索频道》(*The Discovery Channel*)、《绿色星球》(*Planet Green*)和《国家地理频道》(*National Geographic Channel*)等,还有《行星地球》(*Planet Earth*)等纪录片系列都描绘了自然界的奇妙及它正受到的威胁。而且,350.org等社会化网络还通过呈现关于气候变化的新闻,我们应该采取的行动以及全球各地的视频等将我们跨越国境地联系到一起。

　　我们了解和谈论环境的方式正在发生改变。社会化媒介和在线网站提供给我们无限多的途径,让我们接近影响我们和我们的世界的信息。当一些个体仍然在谈论关于所在社区污染问题的听证会时,其他人已经在全球范围内行动起来,面对气候变化的有害后果。关于环境,我们可以明显感觉到一种紧迫性。比如,在线新闻服务商Climatewire.com正在报道北大西洋的洋流将两千年来最温暖的水带入北冰洋,这将会成为未来北冰洋冰面融化的主要原因(Morello,2011,paras.1,4)。

　　环境问题的重要及此问题的紧迫性是环境传播领域的兴趣所在,也是本书的主旨。为什么要关注传播?我在后文中会解释,我们对环境的理解,我们要改变、教育或者劝诫他人的努力,我们一起合作的能力等都依赖于与其他人的交流。实际上,我们的语言、视觉图像和与他人互动的模式影响着我们对世界最基本的感知,以及我们对问题自身的感知。

但是,我们不是在自说自话。在本书中你会看到,很多不同的声音都在为自然言,代自然言。公共领域里充满了各种视角、议程以及对话模式,并彼此竞争。这些不同的声音、不同的媒介、不同的论坛影响着我们对自然的理解,以及对自己与自然的关系的理解。这些正是本书所要探讨的。

传播与自然的意义

不是每个人都将自己看作环境问题的宣传者,或者具有环境传播的专业化视野,像那些记者、科教人员或电影制作者一样。有些人看本书的目的只是要多了解些环境议题。但是,我们无法将我们对环境议题的知识和我们交流这些环境议题的途径区分开来。正如环境传播学者詹姆斯·坎特里尔和克里斯汀·奥拉维克(James Cantrill and Christine Oravec,1996)曾经观察的那样:"我们体验和影响的环境很大程度上是我们如何谈论世界的产物"(p.2)。也就是说,我们彼此交流关于环境的信息的方式极大地影响着我们如何感知环境,从而使我们定义自身与自然界的关系。举个例子,哈佛大学(Harvard University)的科学家、作者威尔森(E. O. Wilson,2002)用生物语言描绘了自己所体验的自然,称自然是"包裹地球的一片有机体,它是如此薄薄的一片,以至于都无法从宇宙飞船上看到它的边界。但是它又是内部如此复杂的存在,构成它的大部分生物体都还没有被发掘"(p.3)。

此外,我们这个星球的图像,我们从朋友、博客、新闻媒体、老师或者流行电影那里得到的信息都极大地影响着我们对环境的感知,以及我们所采取的行动。美国会通过风能和太阳能等可再生能源解决自己的能源需求吗?还是说美国必须在近海钻油井?美国军队在学校和居住区附近销毁化学武器安全吗?每当涉及这些问题,尤其在公共论坛里,我们就会依靠新闻报道、图片、电影和公众讨论去假想和描绘我们与自然的关系,也就我们与自然界的多元关系进行争论。

这也是我写本书的原因之一:我相信关于环境的传播很重要。它影响了我们与朋友互动的方式,影响了我们在工作中交流的方式,在一些特定的条件下,它影响着我们将什么样的环境情况视为问题。它还最终影响着我们在回应这些问题时做出的选择。因此本书聚焦于传播的角色——它如何帮助我们调解我们和那个构成自然和人类环境的薄薄的"有机体"之间的关系。

《假如自然不沉默:环境传播与公共领域》的成书目的有三:(1)增加你对传播如何塑造我们对环境议题的感知的知识;(2)让你熟悉环境传播使用的媒介和公共论坛,同时了解科学家、企业游说者、普通民众以及其他想要影响自然与环境决策的人的传播实践;(3)让你参与到在本地和全球都已经开展的对话和争论之中,它们有可能正在影响你生活、学习、工作和游戏的环境。

我们为什么要为自然言?

刚开始,我们会认为没有必要为自然议题进行劝诫或者争论。谁会支持肮脏的空气或者被污染的水呢?尽管关于环境议题的舆论是变化的——这取决于我们是否正在面对战争,或者正在担心经济发展等,但美国公众普遍强烈支持环境价值观。一项最近展开的针对美国大学生的调查显示,美国大学生中有78.2%的人认同"联邦政府在控制环境污染问题上做得不够",而63.1%的人认同全球变暖应该成为美国优先考虑的问题(根据2011年对新生的调查)。

尽管公众对环境价值观的支持很强烈,但是对社会该如何解决特定的环境问题,依然存在不同意见。一个很好的例子就是美国在海岸线进行深水钻井取油引发的争论。自从2010年墨西哥湾漏油灾难发生之后,争论从安全措施一直延伸到政府对深水钻井进行更强的监管。奥巴马总统的国家石油委员会(National Oil Commission)建议就英国石油公司"深水地平线"(Deepwater Horizon)钻井平台漏油事件提出议案,在允许重新钻井之前必须进行一系列安全改革。"如果不执行",委员会主席警告说:"有可能再次发生更大的灾难"(Associated Press,2011,para. 15)。不过湾区海岸的一些官员对此不以为然。比如路易斯安那州杰弗逊县(Jefferson Parish)的县长就回敬说:"我不想

　　自然界是沉默的吗？谁为自然代言？谁在讲述自然？什么构成了一个环境问题？

Thomas Northcut/Lifesize/ Thinkstock

假如自然不沉默（第三版）

联邦政府过度行动,给已经受到创伤的石油产业增加新的规定"(para. 6)。

像深水钻井这种复杂的议题会让公众很难形成统一的舆论。而且随着海洋科学家、石油产业、环境组织的不同声音涌入到公众讨论之中,各种观点之间会相互斗争,以获得我们的支持。

因此这里就有一个两难的问题。一方面,自然是无声的;另一方面,其他人——政客、商界领袖、环境主义者、媒介——都在宣扬自己为自然说话的权利,或者为获得自然资源而为己方利益说话。这样一来,吊诡的情形就出现了:如果自然无言(至少在公共论坛上自然不能说话),谁有权代表自然发言呢?谁又能定义与自然界相关的社会利益呢?例如,在已经脆弱的海岸线钻井取油是否合适?谁来承担清洁有毒废弃物的费用——是制造污染的企业还是纳税人?这些都是在环境问题的争论中不可避免的传播面向。一个社会只有允许争论,公众才能在不同的声音中进行交流,并理解环境—社会关系。这是我写作本书的原因之一:我相信你、我和民主社会中的每一个人都在扮演关键的角色,为更大的环境问题发言。

作者的背景与视角

在邀请你加入到对自然的讨论之前,也许我应该先讲讲我是怎么进入到这个充满挑战的领域的。很多年以来,我都是北卡罗来纳大学教堂山分校(North Carolina at Chapel Hill)的传播学教授,并教授"环境和生态"课程。我在这里进行环境与气候传播的研究与教学。同时我也在美国环境运动中扮演了领导角色——我是总部位于旧金山的塞拉俱乐部(Sierra Club)的主席。我还一直是位于华盛顿哥伦比亚特区的"国际地球之声"(Earth Echo International)的董事,也一直是一些环境机构、环境项目的顾问。

不过,在我听说塞拉俱乐部之前,我就对环境问题感兴趣了。我儿时成长于弗吉尼亚南部的阿拉巴契亚地区。我沉醉于家乡群山的俊美,以及格林布里尔河(Greenbrier River)的优雅。然而,当我长大之后,我看到煤炭开采对那里的自然景观以及当地的水资源带来了毁灭性影响。在读研究生的时候,我看到北部钢铁产业造成的空气污染带来的健康问题,以及化工厂对密西西比州的穷人社区的影响。我开始认识到人们与他们的自然是多么紧密地联系在一起。人类和自然不能彼此分离。

在北卡罗来纳大学授课的时候,我开始自愿加入一些环境组织。尽管我最初是因个人经历的刺激关注环境问题,但我很快意识到传播在这些组织的工作中所扮演的关键角色,因为这些组织的工作是寻求教育公众和决策者。当我担任塞拉俱乐部主席时,我以不同的形式与公众沟通:向报纸编辑部发送简报,在公开集会演讲,在国会陈词,在社群里组织活动,与记者对话,帮助设计倡导活动。

如此一来,通过这些经验以及我自身在环境传播方面的研究和教学经历,我开始更加坚定地相信下面几点:

1. 如果个体和社区能理解自己所关心的问题的动态和最佳的传播机遇,那么就能有更多的机会保护健康的环境,维护本地的环境质量。

2. 环境议题和公共部门不能与公众疏离,或者显得神秘、不可捉摸。环境运动、法律行为以及媒介都要帮助去除政府程序的神秘感,帮助政府机关打开门,将文件更便利地开放给公众,并帮助公众更好地参与环境决策。

3. 如此一来,个体就会有更多机会有意义地参与关于环境的公共讨论。而且事实上,实现这一点比其他任何要求都更为紧迫。这也是我撰写本书的原因。

我再指出一点:由于我本人在美国环境运动中的工作,我会不可避免地在本书所探讨的一些议题上抱持我个人的观点。因此,我可能在环境保护的某些价值观和研究向度上具有偏向。不过,我在写书时用三种方式保持平衡。首先,当我在介绍观点和立场时,我努力承认我可能具有的偏向或者个人经验。其次,当我基于自身经验、知识或者研究形成我个人的观点时,我会予以解释。

最后,我在每个章节都会撰写"另一种声音"和"附录",以提示你这里有重大的争议。同时,我在每个章节的末尾还设有"延伸阅读"部分,提供更多信息供你参考。比如,我相信政府在保护环境方面应该扮演重要角色,但是我依然会告诉你那些倾向于保护个人隐私或者用市场手段保护环境的观点及其资料来源。我的目的不是要树立错误的对立面,而是要告诉你观点的多样性。我还会提供网络链接,告诉你哪些资料与我的态度不同,以供你学习其他观点。

本 书 特 色

正如标题所示,《假如自然不沉默:环境传播与公共领域》一书的框架由两个核心部分组成:

1. 人类传播在影响我们对自然界的感知和我们与自然的关系方面的重要性。

2. 众多不同的声音在寻求影响环境决策,公共领域在调解或者协商这些声音方面扮演的角色。

我在全书中使用**公共领域(public sphere)**这一概念,它在这里指的是一个具有影响力的领域,由传播中彼此相关的不同个体构成,他们通过谈话、讨论、争论以及质疑等方式交流,探讨着他们共同关心的问题,或者影响他们所在的社区的问题(我将在第一章描述公共领域的概念)。传播并不止于文字:视觉图像和非语言符号行为,比如摄影、摄像、游行、标语、纪录片等都会引发关于环境政策的讨论、争论和质疑,这一点就与社论、演讲和电视报道的功能一样。

除了关注人类传播和公共领域,第三版还有下列几个特色:

1. 对环境传播领域进行了全面的介绍。全书论及环境的社会与符号建构、环境决策的公共参与(知情权、公共评论权和法律诉讼权)、争端解决、环境新闻、社会化媒介、环境倡导活动、科学传播、环境正义和气候正义运动、风险传播、绿色营销以及企业宣传活动。

2. 增加了社会化媒介的环境传播新章节,论及推特(Twitter)、脸书(Facebook)和其他环境活动中的移动工具使用。

3. 增加了对气候科学引发的传播问题的关注,也增加了对环境正义运动以及气候科学家的可信性的关注。

4. 探讨了语言资源,包括增加了关于框架和视觉图像的新章节。

5. 使用案例和个人经验来说明主要观点,并在每个章节后增加了"延伸阅读"部分。

6. 在每个章节都增加了新的图例和研究,并在书后附上了全面的"重点词汇"部分。

7. 在很多章节都提供了"从本土行动!"部分,让大家使用环境传播原则进行实践,同时还提供了很多实用的方式来教导大家行动,以向你展示可以如何影响环境决策,如何对环境产生重要的潜在影响。

在美国,环境传播的研究和运用正在很多领域蓬勃发展。尽管本书主要基于美国的情境,但已出到第三版的本书依然试图做下面两件事情:(1)努力增加很多概念在全球运用的潜力;(2)提供在美国之外的一些国家的环境传播近期发展的案例。比如欧盟国家在贯彻《**奥尔胡斯公约**》(**Aarhus Convention**)上有了长足的进步,这个公约要求欧洲国家确保环境决策过程中的知情权和公共参与权(见本书第四章)。

新领域和新问题

我想你可能对环境主题和传播研究已经有了很多想法。你们中的一些人可能会对环境主义者怀有质疑,或者认为他们是怪人(就像"抱树者"的大众形象一样)。你们中的一些人可能希望未来在环境领域工作,或者已经是环境保护积极分子。你们中可能大多数人不愿意被贴上环境主义者的标签,但是依然支持骑自行车出行、清洁空气,以及让校园有更多绿色空间。我想你们中的一些人可能已经开始思考自己影响一些大问题的能力,比如气候变化、雨林消失或者石油钻井安全等。

本书不要求你有任何环境科学或者环境政治方面的特定知识,或者了解传播学的特定理论。比如,我在介绍传播或者环境术语时使用的是黑体字。在每个章节和全书的末尾我也列出了"关键词"和"重点词汇"。在一些时候,我会通过"参考信息"为你提供背景信息,以帮助你熟悉理论或者本书所涉议题。

同样,我希望你能开放地探讨本书所持的鲜明观点:语言、符号、话语和意识形态塑造着我们对自然和我们自己与环境的关系的感知。如果你相信这一点,那么我相信你可以找到更多新的、可以发出你自己的声音的渠道。当我们对人类传播的活力有所认识,并建构起了自己对环境问题的回应时,我希望你能够参与到公共对话之中,探讨你所生活、工作和享乐的地方的命运。

关键词

《奥尔胡斯公约》　　　　　公共领域

参考文献

Associated Press. (2011, January 11). Spill report rekindles Democratic push for reform. Retrieved January 29, 2011, from http://www.npr.org/.

Cantrill, J. G., & Oravec, C. L. (1996). Introduction. In J. G. Cantrill & C. L. Oravec (Eds.), *The symbolic earth: Discourse and our creation of the environment* (pp. 1—8). Lexington: University of Kentucky Press.

Morello, L. (2011, January 28). Warmest current in 2,000 years found to be thawing the Arctic. Retrieved January 28, 2011, from: http://www.eenews.net.

A profile of this year's freshmen. (2011, February 4). *The Chronicle of Higher Education*, *LVII*(22), p. A22.

Wilson, E. O. (2002). *The future of life*. New York. Knopf.

第一部分

概念与历史

第一章　环境传播的研究与实践

　　不管是在有线电视新闻网（CNN）、《每日秀》（*Daily Show*），或者是在获奖的博客"地球一点"（*Dot Earth*）（http://dotearth. blogs. ny-times. com）上面,关于环境的故事每天都包围着我们。我们在《洛杉矶时报》（*Los Angeles Times*）、《纽约时报》（*New York Times*）、在线网站或者"环境新闻网"（*Environment News Network*）（www. enn. com）和"真实气候网"（*Real Climate*）（www. realclimate. org）的 RSS 订制新闻中都可以读到环境新闻的深度报道。我们对自然的概念还受到《阿凡达》（*Avatar*）等通俗电影的影响。这样的媒介我还可以列出很多。

　　本章将环境传播看作一个多学科的研究领域,一种每日在媒介、商界、政府和市民生活中发挥影响的实践或者模式。环境传播描述了市民、企业、公共官员、记者以及环境组织发表自己感兴趣的观点的方式和论坛,以及试图影响对我们居住的星球产生重要影响的环境决策的方式和论坛。我们对自然的理解以及针对环境的行为不仅仅依赖科学,更依赖公共讨论、媒介、互联网,甚至我们的日常谈话。

本章观点

　　● 本章第一节描述了环境传播这个领域,明确概念,并指出本研究领域的七个方向和本领域中的实践。

　　● 本章第二节介绍构成本书框架的三个基本主题:

　　1. 人类传播是一种符号行为形式,也就是说,我们的语言、传递目的和意义的其他方式影响着我们自身的意识,塑造了我们的感知和目的性行为。

2. 因此,我们对自然和环境问题的信仰和行为都受到传播的调解或者影响。

3. 结果,公共领域成为一个话语空间,为环境担忧的不同声音在此处展开辩论。

● 最后一节描述了本书要研究的传播实践中的不同声音:本地市民、科学家、公共官员、记者、在线新闻服务、环境群体、企业,等等。

读完本章,你会理解环境传播是一个重要的研究领域和公共生活实践领域。你也能认识到在讨论重要的环境问题时,不管是对公共土地的管理还是气候变化,环境群体、普通市民、商界和其他人之间有着广泛而不同的声音和实践。因此,我希望你在这样的传播活动中不会仅仅成为更具批判性的消费者,还能发现更多发出自己声音的机会,就正在进行的关于环境问题的讨论进行充满活力的对话。

环境传播领域

随着环境研究的发展,专门强调人类传播在环境事件中所扮演的角色的教育和职业开始出现。在很多大学校园里,环境传播课程研究一系列相关的话题:环境新闻媒介、环境决策中的公共参与途径、环境修辞、危机传播、环境冲突解决、倡导活动、"绿色"营销以及流行文化中自然的形象,等等。在传播学、新闻学、文学、科学传播、社会科学领域,越来越多的学者就环境传播在公共领域中的角色和影响进行着前沿研究。

在实践层面,环境传播研究有助于让你进入到很多专业领域,在那里,传播对于实体参与环境事务发挥着重要的作用。事实上,有人预言,和互联网一样,"绿色经济会给新技术和企业带来众多新机会"(Martini & Reed, 2010, p. 74)。比如说,商业、政府机构、律师行、公关公司、非营利组织会雇用环境传播方面的顾问和从业者。某个企业曾表示:"环境传播人才在经济活动的每个部分都发挥着作用……随着对其的需求越来越多,这个领域已经越来越重要。而它所使用的传播手段也越来越多样化"(EnviroEducation. com,2004, para. 2)。

研究领域的进步

传播学者苏珊·塞娜卡(Susan Senecah,2007)关注到:"质询不会仅仅依靠愿望而出现。环境传播领域也是如此"(p. 22)。在美国,环境传播领域的成长得益于一大群传播学者的努力。这些学者中有很多人使用修辞批评的工具来研究野外、森林、农田和濒危物种方面的冲突,以及环境群体的修辞冲突(Cox,1982;Lange,1990,1993;Moore,1993;Oravec,1981,1984;Peterson,1986;Short,1991)。克里斯汀·奥拉维克在1981年研究了约翰·缪尔(John Muir)在19世纪就保护加利福尼亚的优胜美地峡谷(Yosemite Valley)进行的请愿。在很多学者看来,这一研究可以被看作是环境传播领域的研究起点。

同时,环境传播学者研究的主题逐渐扩宽,开始研究当人类健康和环境质量遭遇威胁时,科学、媒介和产业做出的反应。早期的研究调查的议题包括:产业如何利用公共关系,以及大众杂志如何建构"生态"形象(Brown & Crable,1973;Greenberg,Sandman,Sachsman,& Salamone,1989;Grunig,1989);核能产业如何回应三英里岛(Three Mile Island)核泄漏和切尔诺贝利(Chernobyl)核泄漏这种可怕的事件(Farrell & Goodnight,1981;Luke,1987);传递重组DNA实验的危险的危机传播(Waddell,1990)。新闻和大众传播领域的学者开始系统地研究媒介关于环境的描述对公共态度的影响(Anderson,1997;Shanahan & McComas,1999,pp. 26—27)。事实上,关于环境媒介的研究发展得如此之快,以至于很多人现在把它看作是一个新闻与传播研究的子领域。在美国,在这个领域实践的记者还成立了"环境记者协会"(Society of Environmental Journalists,SEJ)(sej. org)。

到了20世纪90年代,"传播与环境双年会"(biennial Conference on Communication and Environment)开始吸引来自美国和其他国家不同学科的学者。同时,新的"环境传播网络组"(Environmental Communication Network)及其网站为学者、教师、学生和从业者提供在线资源。传播与环境领域的新期刊也开始出现,包括《环境传播:自然与文化期刊》(*Environmental Communication:A Journal of Nature and Culture*)。

2011年,学者和业界从业人员成立了"国际环境传播协会"(International Environmental Communication Association）（http：//environmen-talcomm. org），以将世界范围的研究和行动整合起来。不仅在美国，在其他地方尤其是欧洲，"大量事实表明环境传播已经持续发展为一个研究领域"（Carvalho，2009，para. 1）。在中国、东南亚、印度、俄罗斯和拉丁美洲，将传播或者媒介与环境话题联系到一起的职业协会开始出现。例如，拉丁美洲和加勒比沿岸国家的"环境传播网络组"为该地区 15 个国家的环境报道提供支持（这些协会和期刊的详细目录请参见"参考信息：环境传播领域的职业协会与期刊"）。

参考信息：环境传播领域的职业协会和期刊

期刊：

- Environmental Communication：A Journal of Nature and Culture：www. tandf. co. uk/journals/titles/17524032. asp
- SEJ Journal：www. sej. org/publications/sejournal/overview
- Applied Environmental Education and Communication：http：//www. aeec. org/
- Science Communication：http：//scx. sagepub. com
- Journal of Environmental Education：http：//www. tandf. co. uk/journals/titles/00958964. asp

协会与组织：

- International Environmental Communication Association：http：//environmentalcomm. org
- North American Association for Environmental Education：www. naaee. org
- Public Relations Society of America，Environment Section：www. prsa. org/Network/Communities/Environmental
- Society of Environmental Journalists（SEJ）：www. sej. org
- International Institute for Environmental Communication：www. envcomm. org
- Science and Environment Communication Section of the European Communication Research and Education Association：www. ecrea. eu/divi-

sions/section/id/16

- Environmental Communication Network of Latin America and the Caribbean：http：// www. redcalc. org
- International Federation of Environmental Journalists：www. ifej. org

广泛的研究主题让我们界定什么是环境传播变得有些困难。例如,环境传播学者斯蒂夫·德波(Steve Depoe,1997)曾将本领域的研究界定为研究"我们的言说和我们对自然环境的体验的关系"(p.368)。但是,德波也意识到,环境传播绝不仅是我们怎么"言说"环境。现在让我们来看看这些学者研究的领域。

研究领域

尽管环境传播研究覆盖了大量的话题,但大多数研究以及传播实践还是可以被划分到七个领域内。我们会在后面的章节深入探讨每个领域。现在我要扼要地指出环境传播学者当前正在研究的问题:

1. 环境修辞和自然的社会—符号"建构"。这个新领域最早研究的焦点是环境组织和环境活动的修辞。与之相关的研究兴趣还包括我们的语言如何为我们建构或者再现了自然。这个领域是研究内容最广泛的领域之一。

研究如何劝服群体以及个体,这让我们富有洞见地了解了影响公众的环境观点的各种实践。比如, 莫拉费欧特(Marafiote,2008)描述了环境群体如何重塑了人们对"荒野"的认识,从而致使1964年美国的《荒野法案》(Wilderness Act)得以通过。还有,布莱恩·克曾(Brian Cozen,2010)审视了壳牌(Shell)和雪佛龙石油公司(Chevron)等企业的广告中的食品形象,发现食品形象有助于将能源企业"提供身体必需品"的理念"自然化"(p.355)。

相应地,对语言和其他符号形式的研究使学者们得以考察塑造我们的思维、形成自然和环境的意义的构成性力量。例如,学者们研究了"环境优先!"(Earth First!)的行动主义者对"进步"这一意识形态的质疑(Cooper,1996),并且近来更是挑战了大众纪录片背后的假设。比如,德卢卡(DeLuca,2010)质疑坎·伯恩斯(Ken Burns)在电影《国家公园:美国最好的想法》(*The National Parks: America's Best Idea*)中将"荒野"当作"历史遗迹和休闲场所……削弱了它的重要性和政治力量"(p.484)(我将在第二章和第三章中详细探讨这个领域)。

2.环境决策中的公共参与。美国国家研究委员会(National Research Council)研究发现,"如果运作良好,公共参与能提升决策的质量和合理性,也能带来更好的环境质量"(Dietz & Stern, 2008)。但是在很多情况下,在公众有意义地参与到影响他们所在社区或自然环境的决策制定时,会遇到阻碍。所以,很多环境传播学者会检视美国和其他国家的政府机构,看看在这些机构的决策过程中普通市民、环境主义者和科学家参与的机会有哪些,以及导致不能参与的阻碍是什么。

环境传播在本领域的研究还包括以下这些内容:美国市民对国家森林管理计划的评论(Walker, 2004);公众获取当地污染信息的公开途径 (Beierle & Cayford, 2002);与美国能源部(Department of Energy)就核武器废料清洁进行有意义的公共对话的障碍(Hamilton, 2008);在印度的水电站项目中,传播实践如何放弃了公共参与,使公众的信息获取权被否定,并使技术话语拥有特权(Martin, 2007)。

3.环境协作与争端解决。由于对公共参与的一些对抗形式不满,一些实践者和学者开始探索解决环境争端的可替代模式。一些地方社区成功地将有争议的几方聚到一起讨论,学者们受到了这些成功案例的启发。比如,关于砍伐加拿大大熊温带雨林的争端已存在多年,而最近多方达成了协议,决意保护500万英亩的森林(Armstrong, 2009)。

这些争端解决模式的核心是**协作(collaboration)**理念。这种传播模式让利益攸关方参与到解决问题的讨论中,而不仅仅是倡议和争论。这种协作的特征是"建设性的、开放的、文明的交流,像对话一样;关注未来;强调学习、一定程度的权力共享,以及竞争的公平"(Walker, 2004, p.123)(我将在第五章更详细地描述协作的理念)。

4.媒介与环境新闻。在很多方面,环境媒介研究自身就形成了一个亚领域。这个领域的研究内容很丰富,包括新闻、广告、商业节目如何描绘自然和环境问题。同时,它也研究不同的媒介对公共态度的影响。研究主题包括:新闻媒介的议程设置角色,即媒介影响受众关注什么议题的能力;记者的客观性原则及其平衡报道;媒介框架,或者新闻打包的方式,从而引导读者或者观众的意义建构,并激发某种感知和价值观。

环境媒介研究也开始探讨网络新闻和社会化媒介在介入环境问题时所扮演的角色。这些研究的范围非常广泛,包括对环境倡导小组成员在脸书上的个人档案的分析(Bortree & Seltzer, 2009)以及对后网络时代的电视的研究,比如"抱树者"网站使用在线视频集合,探讨人们如何以对环境更友好的方式创造、消费和生活(Slawter, 2008)(我将在第六章和第七章更详细地描绘环境新闻学和社会化媒介)。

5. 企业广告与流行文化中对自然的再现。在电影、电视、摄影、音乐和商业广告中使用自然的图像是不足为奇的。而让我们感到新鲜的是越来越多的研究关注这些流行文化中的图像如何影响了我们对自然和环境的态度与感知。研究者们在一系列文化产品中探讨了这个问题,这些文化产品包括:电影(Retzinger, 2002, 2008)、绿色广告(Henry, 2010)、运动型多功能汽车的广告、超市优惠信息小报(Meister & Japp, 2002)以及野生动物电影和自然纪录片(Hansen, 2010)。比如,布来勒通(Brereton, 2005)追踪了20世纪50年代至今的科幻片、西部片、风光片和公路片中自然形象的演化,这类电影包括《翡翠森林》(*Emerald Forest*)、《侏罗纪公园》(*Jurassic Park*)、《逍遥骑士》(*Easy Rider*)、《末路狂花》(*Thelma and Louise*)、《天外魔花》(*Invasion of the Body Snatchers*)以及《银翼杀手》(*Blade Runner*)。

文化研究的学者也正在描绘流行媒介中的图像如何维持了我们对自然的控制和剥削的态度。例如,《环境传播:自然与文化期刊》(*Environmental Communication: A Journal of Nature and Culture*)的一辑特刊检视了现代社会中关于食物的观念。它发现,"食物"是环境意识中最薄弱的末端。在这里,我们可以提出一些最基本的问题,而这些问题会挑战人们对自然、社会和自身的重新概念化(Opel, Johnston, & Wilk, 2010, p.251)(在第十章,我会具体论及绿色营销扮演的角色)。

6. 倡导活动与信息建构。环境群体、企业、关注全球变暖的气候科学家发起了公共教育和倡导活动,相关研究正急速增加。这些倡导活动有时被称为社会营销。它试图教育和改变公众的态度,鼓动公众支持某种事业。它的行动包括发动公众保护荒野地区、说服国会提高汽车和运动型多功能汽车的燃料效能、让公众改变对煤炭的态度(比如,电视上的"清洁煤炭"广告),以及发起企业公共责任活动,使企业遵守严格的环境标准(例如,它劝服建筑供应商仅购买来自可持续森林的木料)。

研究者们使用了各种研究路径研究倡导活动。比如,越来越多的传播学者、科学家和其他人正致力于研究传播如何既让公众关注气候变暖的危机,又阻碍公众意识到该问题的紧迫性(Moser & Dilling, 2007)。这类研究关注的核心是不同信息或者基本框架在传递气候变化的紧迫性方面的有效性(Brulle, 2010;Cox, 2010;Lakoff, 2010)(我将在第八章、第九章和第十章中深入探讨社会活动与信息建构)。

7. 科学与危机传播。当海滩挂上"关闭"的牌子,并警告海水不安全时,它有没有充分地告知公众水污染的风险?美国联邦立法者是否忽略了墨西哥湾深水钻油井的危机警报?科教专家应该怎样更清晰明了地将气候变化的风险传播给那些担忧经济和就业的公众?这些问题都描述了公共健康和科学传播领域里持续增加的一个兴趣:研究环境危机以及传播这些危机如何影响了受众。

风险传播有很广泛的实践,例如,有关食用含汞量超标的鱼类的风险的公共教育活动、关于使用生化武器作战会导致瘟疫爆发的风险传播计划(Casman & Fischhoff, 2008),以及哥伦比亚大学环境决策研究中心(Center for Research on Environmental Decisions at Columbia University, 2009)制定的指导科学家、记者和教育者如何传播气候变化问题的指南。

20 世纪 80 年代之后,学者们也开始研究对危机的文化理解的影响,以及公众对风险可接受程度的判断(Plough & Krimsky, 1987)。例如,危机传播学者詹妮弗·汉密尔顿(Jennifer Hamilton, 2003)发现,居住在俄亥俄州受污染的佛兰尔德(Fernald)核武器设施周边的居民,拒绝还是接受对该地进行清理的某种方法,不仅取决于他们对危机的技术层面的理解,也受到他们对危机在文化上的敏感度的影响(我将在第十一章和第十二章更多地讲述科学与危机传播实践)。

界定环境传播

有这么多的研究题目，环境传播研究领域一眼看上去令人困惑。如果我们仅仅将环境传播定义为言说，或者是传递范围更广大的环境话题，比如全球变暖或者灰熊栖息地之类的信息，那我们对环境传播的定义就会因为讨论话题的变化而发生变化。

对环境传播更为清晰的定义，是思考语言、艺术、摄影、街头抗议甚至科学报道作为不同形式的象征性行动所扮演的独特角色。象征性行动一词来自修辞学理论家康尼斯·伯克（Kenneth Burke, 1966）。在他的《作为象征性行动的语言》（*Language as Symbolic Action*）一书中，伯克指出，即使是最无情绪的语言也一定是劝服性的。这是因为我们的语言和其他象征性行动不仅在说，而且在做。

如果把它和**香农—韦弗传播模式**（**Shannon-Weaver model of communication**）放在一起对比，我们就能更清楚地理解将传播看作是一种象征性行动的观点是什么。第二次世界大战结束后不久，克劳德·香农和华伦·韦弗（Claude Shannon and Warren Weaver, 1949）就提出了一个定义人类传播的模式——仅仅将传播定义为将信息从信源传递给信宿。这个模式几乎不考虑意义的问题，不考虑传播是如何作用于，或者说塑造了我们的感知。与香农—韦弗模式不同，象征性行动模式认为语言和符号不仅仅传递信息：它们积极地塑造了我们对于意义的理解和创造，并将我们指向一个更广阔的世界。伯克（1966）甚至提出，"我们所观察的'现实'很有可能就是由我们所选择的特定词汇交织而成"（p.46）。

如果我们聚焦于象征性行动，我们就可以得到一个含义丰富的定义。在本书中，我将这样给**环境传播**（**environmental communication**）下定义：环境传播是我们理解自然，以及理解我们与自然界的关系的实用性工具和建构性工具。它是象征性媒介，我们用它建构环境问题，并用它与社会中对环境问题的不同看法进行协商。在这样的定义中，环境传播有两个用途：

1. 环境传播是**实用的**（**pragmatic**）。它教育、警示、说服并帮助我们解决环境问题。我们最先接触的可能是环境传播的工具性意义。

它是我们用来解决问题的手段和方法,也是公共教育活动的一部分。例如,当某个环境组织就保护荒野问题教育它的支持者,或者发动集会呼吁保护荒野,或者当电子设备产业购买电视广告,宣传使用"清洁煤炭"作为能源,以改变公众对煤炭的观念时,环境传播的实用功能就发挥出来了。

2. 环境传播是**建构的**(constitutive)。因为深植在语言和其他符号形式的实用性功能之中,象征性行动是一个更为微妙的层面。象征性行动具有建构的功能,我的意思是我们对自然的传播也帮我们建构或组成我们理解的自然和环境问题。环境传播带给我们特定的视角,触发某种特定的价值观,从而为我们的关注和理解创造了意识上的参照物。例如,自然的不同画面或者建构可以使我们将森林与河流看作我们用来使用或者开发的对象,也可以使我们把它们当作生命系统的必要支持(是我们必须要保护的对象)。当某个保护荒野的活动在策划记者招待会的过程中使用传播的实用性功能时,它同时也在通过语言对原始的、未受破坏的自然进行文化建构。

作为建构的传播还帮助我们界定某些问题的主体。例如,气候科学家让我们注意"临界点",这个词是他们用来描述气候变化的一个门槛,气候变暖一旦越过这个门槛,"格陵兰岛的冰盖融化就会失控,亚马孙热带雨林就会突然枯竭"(Doyle,2008)。这种传播让我们意识到气候及其变化可能带来突发变化,因此就会让我们意识到问题的重要性。此外,当我们将这些环境现象看作是问题时,对它的传播也会和与之相关的价值观相联系,比如对健康、福利、爱护、经济繁荣等问题的价值判断(在本书第三章,我会更仔细地描述在 19 世纪的艺术、摄影和文学作品中,传播如何扮演着塑造我们对美国西部自然环境的感知的角色)。

▶ 从本土行动!

气候变化相关信息中的实用性传播与建构性传播

我们每天都能在新闻媒体、网站、博客、电视广告和其他来源中看到气候变化的传播案例。请选择一条你尤为感兴趣的关于气候变化的信息。比如，一项关于海平面上升的新兴科学研究，关于海洋酸化的报道，一段 YouTube 上关于气候变暖影响北冰洋的视频，一条关于将煤炭作为"清洁能源"的电视广告。

你选择的信息或者图片肯定使用了传播的实用性或者建构性功能。也就是说，它可能教育、警示或者劝阻你，同时微妙地创造意义，或者将你的意识引向更为广阔的视野。回想你看过的这些信息，回答下面的问题：

1. 这些传播有什么实用性功能？谁是它的目标受众？它试图劝服它的受众想什么，或者做什么？如何实现这个目标？

2. 这些信息在使用某些文字和图片时是否也具有建构性功能？这些文字和图片如何成为我们关注和理解这些问题时的参照？它们如何让我们对外部世界形成了特定的想法、价值观或者倾向？这些对自然或者环境的再现如何影响了我们对这些广告的反应？

- -

环境传播既是实用的也是建构的，这是本书所有章节都遵循的框架。本书就建立在本章开始所提到的三个核心原则之上。

1. 人类传播是一种象征性行为。

2. 传播调解着我们对与自然和环境相关的问题的信仰、态度和行为。

3. 公共领域是进行环境传播的话语空间，在这里不同的声音围绕环境问题的传播吸引其他人的关注。

这三个原则显然是相互交叠的（请看图 1.1）。正如我所说，当我们通过无数的符号、文字、图像和表述来了解自然界时，我们的传播（作为一种象征性行动）积极地塑造着我们的感知。而当我们公开与他人交流时，我们分享了我们的理解，并期待他人对我们的观点予以回应。

自然、传播与公共领域

让我们来探讨构成本书的三个基本原则。我会在这里简短说明一下这几个主题，并在其后的章节详细谈论。

作为象征性行动的人类传播

我在之前已经将环境传播定义为一种**象征性行动**（symbolic action）。我们的语言和其他符号都在发挥作用。它们创造了意义，并积极地建构我们对世界的意识。电影、网站、摄影、艺术、流行杂志以及人类符号行为的其他形式都对我们发挥着作用。它们让我们以这种观点而非那种观点看待这个世界；让我们肯定这种价值观，而非那种价值观。我们阅读的故事和文字带给我们提示，也让我们沉浸其中。

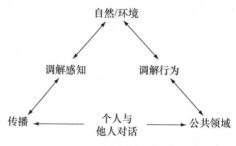

图 1.1　自然、传播与公共领域

而让我们沉浸其中的语言还会在真实世界中带来结果。让我们看看灰狼的例子。在 2008 年下半年，美国一名联邦法官在美国的《濒危物种法》（Endangered Species Act）的支持下，重新恢复了在北落基山脉（Northern Rocky Mountains）对狼群的保护（Brown，2008）。但是，并不是一开始就是这样的。美国联邦政府在 20 世纪 90 年代中叶恢复保护计划之前，美国的狼群几乎灭绝了。

1995 年，美国前内政部部长布鲁斯·巴比特（Bruce Babbitt）发表了一个讲话，欢迎狼群重返美国黄石国家公园（Yellowstone National Park）。在这一年的早些时候，他还将第一只美国灰狼放入国家公园的地界。在这里，这只灰狼以后可以和其他已经返回的狼进行交配。在将这只灰狼放养之后，巴比特回忆说："在那一片无与伦比的风景之中，我看着这只了不起的生物绿色的眼睛。我深深地被美国环境保护法规所保护的自然所打动，这是一部能让生命成为整体的法律"（para. 3）。

为了支持彼时陷入困境，并在国会中受到诘难的《濒危物种法》，巴比特那天说了上述这段话。巴比特在讲话中还提到了《圣经》故事中的洪水和挪亚方舟，通过这种强有力的叙事唤醒人们认识狼以及其他濒危物种的价值。在黄石国家公园重述那个古老的《圣经》故事时，巴比特希望他的听众在当下也能抱持相同的伦理观：

> 当洪水退去，白鸽在干燥的土地上空飞翔，上帝让所有的生命获得自由，命令它们在大地上繁衍。
>
> 接着，上帝与诺亚立约："当彩虹在云端出现，我会见到它，并记住我与所有地球生命之间永恒的誓约。"
>
> 受其指引，我们知道这个永恒的约定是保护所有的生命。我们生活在洪水与彩虹之间，一边是对生命的威胁，一边是与上帝的约定，保护其他的生命（Babbitt，1995，paras. 34—36，56）。

因为传播带给我们了解世界的一种方法，所以它引导我们关注事件、经验、人类、野生动物以及我们可以有的各种选择。由于不同的人（不同世代的人）对自然的价值有不同的判断，我们的声音就成为对话的一部分，这个对话就是关于自然的意义到底是什么或者什么样的意

图1.2　1995 年，巴比特部长在美国黄石国家公园释放了第一只美国灰狼。

U. S. National Park Service

义最有用。巴比特用一个古老的生存的故事让美国民众重新接受了《濒危物种法》。可见，传播调解或者帮助我们理解不同的叙事、意识形态和主张，人们通过这些来确定自己的信仰是正确的、可行的、道德的，或者就是符合常识的。

因此，人类传播是一种象征性行动，因为我们借用语言和其他象征符号来建构我们理解和形成价值判断的框架，并将一个更广阔的世界带到更多人的眼前。我们会在第二章和第三章对传播的这个方面进行探讨。

调解"自然"

给"自然"打上引号似乎让人觉得很奇怪。自然界肯定存在：森林或者被砍伐或者摇曳而立；河流或者被污染或者保持洁净；因北极圈的冰川融化而产生的雪水正流向南部的海洋。那么，又如何呢？正如我的一个学生问我的："传播与自然或者环境问题研究有什么关系啊？"我对她的回答直指本书的核心。

简而言之，不管"自然"和"环境"是什么，它们都与我们人类与自然界互动或者认识自然界的方式纠缠在一起。从最基础的层面上说，我们对自然界的信仰、态度和行为是通过人类再现的模式被调解的，这些模式包括语言、电视、电影、图片、艺术以及思考（Cox，2007，p. 12）。"调解"意味着我们指出或者命名自然界存在的事物的方式，正是认识和理解它们的方式。正如特马·米尔斯登（Tema Milstein，2011）解释的那样："指示与命名催生了某种生态文化知识，这种生态文化知识构成了一个在我们思想中的、独一无二的、被整理和标记的自然界"（p. 4）。

当我们给自然界命名时，我们也将自己带入这个世界。我们通过给自然命名，将自己置入其中，或者对其发生兴趣；我们形成了对自然界的观点。克里斯汀·奥拉维克（2004）研究了犹他州锡达断层国家保护区（Cedar Breaks National Monument）。她的文章谈道，这种命名行为不仅是我们社会性地建构和了解自然的模式，而且指引并"影响了我们与自然界的互动"（p. 3）。例如，"荒野"到底是一个充满原始之美的地方，还是一个黑暗、危险、对人类而言完全隔绝的地方呢？早期来到美国新英格兰的定居者将北美森林看作是危险的禁地。迈克尔·威格尔斯沃思(Michael Wigglesworth)是一位清教徒作家,他将这片森林描述为:

> 令人瑟瑟的荒野
> 无人在此居住
> 这里只有地狱的恶魔,粗鲁的男人
> 恶魔在此膜拜(引自 Nash,2001,p. 36)。

事实上,由于对自然界的偏向不同,作家、科学家、商界领袖、平民、诗人还有自然保护者已经为森林是否该砍伐、河流上是否该建坝、关于空气质量是否该立法,以及濒危动物是否该保护奋战了很多个世纪。

再想想天气(与气候)的问题:美国和欧洲在过去的两个冬天都非常寒冷,出现了创纪录的低温和暴风雪。在 2011 年冬天,一场暴风雪袭击了美国中西部。你可以想象,对这种寒冷气候原因的探究引起了人们尖刻的评论,比如,"哪有什么全球变暖?"同时,气候变化怀疑论者和气候科学家就此进行了争论。比如,保守派的福克斯电视(Fox TV)评论员葛雷·贝克(Glenn Beck,2011)就说:"呃……如果全球正在变暖,那我的车为啥埋在雪里了?"(para. 1)另一方面,美国国家海洋和气候局(National Oceanic and Atmospheric Administration,NOAA)的科学家提供了这样的解释:通常情况下北极圈的风圈仅仅在北极圈打转,从而将冷空气锁在里面,但是由于热空气冲入,北极圈的风圈被击破,冷空气直接南下(Schoop,2011)(我猜想你们中的很多人还见到过关于天气的不同观点,听到过它与气候变化相关的不同说法!)。

在这些持续寒冷的冬天里,贝克的冷嘲热讽听起来符合"常识"。对一些人来说,亲历这样寒冷的天气让他们不再相信地球正在变暖。然而气候学家仍然坚持认为这种地方性的天气与整体研究并不冲突,地球仍在不断变暖。例如,当美国和欧洲的部分地区瑟瑟发抖时,加拿大东北部和格陵兰岛正经历着比正常状况下高出 15—20 度(华氏)的天气(Gillis,2011)。而且,美国国家航空航天局(National Aeronautics and Space Administration,NASA)的科学家总结认为,从 1880 年开始的统计数据显示,2010 年同 2005 年一起成为全球最热的年份,

2001 年至 2010 年是全球最热的十年（NASA, 2011）。

像贝克等评论员和气候科学家都在以自己的方式表述着他们对复杂的气候系统的解释或观点，以告诉公众天气是什么，意味着什么。从这些观点中我们采纳并形成自己对气候变化的认识，我们会对此有不同的信仰并可能采取不同的行动。这就是我之前所说的，我们通过传播调解我们与自然相关的信仰、态度和行为。

我认为，尽管我们对自然有各种不同的看法，但自然本身在政治上是沉默的。最终还是我们通过我们的象征性行动给它的四季、它的物种赋予意义和价值。同样，有些问题之所以成为问题，仅仅是因为有人把它看作是对我们所持有的重要价值观念的一种威胁。我们决定保护濒危物种栖息地，或者对温室气体排放进行法规限制，这些都不仅仅是科学研究所带来的结果。相反，我们采取任何行动的决定都来自大量在更广阔的公共领域进行的辩论和争论。

作为话语空间的公共领域

本书第三个核心主题是**公共领域（ public sphere）**的概念，或者更准确地说，复数的公共领域。早前在介绍时，我将公共领域定义为一种产生影响的领域。当个体就那些共同担忧的话题或影响着更广泛地区的主题进行交流时，无论是通过谈话、讨论、辩争或是质询的方式，产生影响的领域就被创造出来了。当我们谈论环境时，不管是日常的对话还是与他人更为正式的交流，公众（public）就形成了。而且，公共领域不仅仅是词语的空间：视觉和非语言符号都会发挥作用，比如游行、标语、YouTube 视频、摄像、"地球优先！"的树坐[1]等都会导致对环境政策的讨论、争论以及质疑。当然，评论、演讲和电视节目的作用自不待言。

德国社会学理论家哈贝马斯（Habermas,1974）提供了一个相似的"公共领域"定义。他发现，"在每一次对话中，个体集结形成公共群体，这时一部分公共领域就形成了"（p.49）。当我们和他人对话或者

---

〔1〕 最早由"地球优先！"的环境行动主义者发明的一种公民不服从策略。1985 年，"地球优先！"首次进行了树坐活动。抗议者会坐在树上，保护树木不被砍伐。其支持者在树下给坐在树上的人提供饮食和生活必需品。——译者

争论时，我们将私人的担忧转变为公共话题，由此产生了影响的领域。它影响着我们和他人如何看待环境以及我们与环境的关系。私人的担忧通过各种形式和实践转变为公共事件，从而带来了类似环境公共领域的东西。它可以是当地生态俱乐部的一次讲座，也可以是科学家在国会发表的证词。在公众听证会、新闻评论、网站新闻、集会演讲、街头活动和其他无数场合中，我们都与他人对话、争论或者采取其他形式的象征性行动，公共领域成为潜在的影响领域。

但是个体的担忧并不总是会转化为公共行动，而且与环境主体相关的科技信息有时也只是出现在科学杂志、企业内部文件或者其他私有资源中。因此，很重要的一点是知道除了公共领域之外，至少还存在着其他两个产生影响的领域。传播学者托马斯·古德奈特（Thomas Goodnight，1982）将之称为个人的领域和技术的领域。例如，两个陌生人在机场的酒吧争论，这是一个相对私人的事情。蕾切尔·卡森（Rachael Carson，1962）在《寂静的春天》（Silent Spring）中提到的关于DDT[1]的生物学发现，相关讨论可能只局限于科技期刊中。但是，卡森的书向人们普及了这一科学信息，引发了上百万读者以及公共官员的关注和争论。这样一来，这本书就带来了一个能产生影响的领域，让个人的或者科技的思考转变为与公共利益相关的事件。

古德奈特警告说，在当代社会，对环境和其他科技主题做出判断需要信息，这可能导致私人或者公共的对话转向科学或者技术权威。这种情况的危险之处就在于公共领域可能会衰落。它可能不再是民主社会中调解不同观点和利益的有影响力的领域。古德奈特（1982）自己也担心"在争论中，对个人背景和技术背景的要求的增加，肯定会腐蚀公共领域"（p. 223）。

公共领域的概念常常被误读，且通常出现的误读有三种形式。有人相信公共领域：（1）只是政府进行决策的官方场域或场所，（2）是所有市民的一种大一统或理想型的集合，（3）是一种"理性的"或者技术的传播。这三个想法都错误地理解了公共领域。

第一，公共领域绝不仅仅是或者不首要是一个官方场域。尽管的确存在论坛和政府支持的空间，比如邀请市民围绕环境问题展开交流

---

〔1〕 一种杀虫剂的名称，全称为二氯二苯三氯乙烷。——译者

的公众听证会,但公共领域绝不局限于这些官方场域。事实上,对于环境问题的讨论和争论更多发生在政府会议室外和法庭外。早在公元前5世纪,希腊人就将这些人们每日会面的空间称作集会(*agoras*)、公共广场或市场,市民们在这些地方聚集起来,交换关于该区域的生活的想法。在进行这项民主实验之初,希腊市民相信他们需要必要的技巧公开表达他们的思考,以影响其他人的判断,这项技巧就被称为修辞艺术(我会在第三章讨论这个问题)。

第二,公共领域既不是大一统的也不是市民们抽象的集合。当个体与他人在话语上进行交流时,影响的领域就被创造出来了。公共领域有更为具体的和本土的形式:给当地电台谈话节目打电话、给编辑写信、博客、读者来信,或者在当地的会议上,本地居民对公共健康官员进行质询,了解被污染的水对他们的健康有什么潜在威胁。正如哈贝马斯(1974)所说,只要个体和他人就共同关心的问题进行质询、对话、争论、合作、哀悼或者庆贺,公共领域就形成了。

第三,绝非只有精英交谈或"理性的"传播形式才会形成公共领域。公共领域最常见的情况是大众的、热情的和民主的传播的竞技场,合乎逻辑的或技术的话语也在其内。这意味着公共领域里充满了多样的声音和风格,具有强劲的、参与式民主的特征。实际上,在本书中,我会介绍普通市民的声音,以及他们主导所在社区关于环境和个人生存事务的听证会时面临的特殊挑战。

"绿色"公共领域中的多样化声音

环境政治和公共事务的整体面貌是多样、矛盾、多彩和复杂的,就像亚马孙雨林或者加拉帕哥斯群岛(Galapagos Islands)的生态一样。不管是在新闻发布会、社区中心、博客,还是在企业出资的电视广告中,为环境而发声的个人和群体出现在多样的空间和公共领域中。

在本章的最后一部分,我要描述在公共领域中谈论环境问题的几个主要源头或者说声音。我使用梅耶森和莱丁(Myerson and Rydin,1991)的"声音"(voice)概念,以强调不同的担忧(比如,焦虑的市民之声、专家的声音)"将一些声音和其他的声音联系在一起"(pp. 5, 6)。

这些声音包括：

1. 市民和社群
2. 环境团体
3. 科学家和科学话语
4. 企业和企业游说者
5. 反环境主义者和气候变化批评者
6. 新闻媒介与环境记者
7. 公共官员

这七种声音里也包含了多种特定的角色或职业，比如作家、新闻人、官员、群体发言人、信息技术专家、传播总监、市场和活动顾问以及其他传播者。

市民与社群

本地居民是环境改变最有效的源头，他们为了污染或者其他环境问题向公共官员投诉，并组织邻居们一起采取行动。城市的扩张或者发展计划毁掉了一些市民的家园，以及他们所在城市的自然绿地，那么这些市民就被动员了起来。有些人生活在炼油厂或者化工厂附近，有毒气体或者污染物的排放使得他们被动员起来，组织抵制运动，要求工厂不再超标排放有毒气体。

1978 年，路易斯·吉布斯（Lois Gibbs）和她的邻居生活在美国纽约上游爱河（Love Canal）的一个工人阶级社区里。当他们注意到该地区有奇怪的气味、孩子们所在小学的操场上覆盖着油腻物质、孩子们开始头疼并且患病时，他们开始感到担忧。吉布斯还从报纸上读到了关于西方石油公司（Occidental Petroleum）子公司——虎克化学公司（Hooker Chemical Company）的报道：这家公司将危险化学物质埋在被废弃的爱河，而这片土地后来被卖给了当地的教育委员会（Center for Health, Environment, and Justice,2003）。

尽管起初遭遇了政府官员的抵赖，但是路易斯·吉布斯和她的邻居们采取行动迫使健康官员认真对待他们的担忧。他们寻求传媒报道，扛着象征性棺材到州政府抗议，还在母亲节那天游行。最终在1982 年，居民们成功逼迫联邦政府将希望离开的爱河居民重新安置。

美国司法部(U. S. Justice Department)还对虎克化学公司进行判决,让其为此缴纳了大量罚款(Shabecoff, 2003, pp. 227—229)。爱河最终在美国成为被废弃的有毒场所的象征,并因此掀起了一场公民反对有毒物质的运动的浪潮。

路易斯·吉布斯的故事并非孤例。在路易斯安纳的乡村地区、在底特律和洛杉矶的市区内、在新墨西哥的印第安人保护区,以及在全美的各个社区里,公民和社区群体为了清除制造污染的工厂、停止在稀有动物生活区进行开采活动,发起了各种各样的活动。在这个过程中,环境积极分子和居民面对的挑战是,寻找他们的发声渠道和资源以表达他们的担忧,并劝服其他人加入他们,以要求公共官员们负起责任。

环境团体

环境团体为了健康和社会正义等问题而聚集在一起,它们往往是关于环境的传播的信息来源。它们组织各种运动,涉及大量群体和网络。这种团体既有在线的也有实体的。它们每一个都有自己的关注点和传播模式。这里包括成千上万的草根团体和社群,还有地方性及全国性的环境组织,比如美国自然资源保护委员会(Natural Resources Defense Council)、塞拉俱乐部、美国奥杜邦学会(Audubon Society)[1]、国家野生动物联合会(National Wildlife Federation),也有像保护国际(Conservation International)、绿色和平(Greenpeace)、世界野生动物基金会(World Wildlife Fund)这样的国际性组织,以及为了自己的社区能够可持续发展而奋斗的全球性群体。在线网络的数量也在成千上万地激增,包括350. org这样的网站,它将其他为气候变化而奋战的群体联合到一起。

这些团体处理广泛多样的议题,而且在宣传模式上往往具有差异。比如,塞拉俱乐部和美国自然资源保护委员会是通过倡导活动和在美国国会就能源政策问题进行游说来关注气候变化问题,而大自然

---

〔1〕 奥杜邦学会是世界上历史最悠久的鸟类保护领域的非营利民间组织。该组织的名字来自美国鸟类学家、博物学家和画家约翰·詹姆斯·奥杜邦,在全美各地都设有分支机构。——译者

保护协会(Nature Conservancy)和其他地方保护协会是通过购买私有土地来保护濒危动物。还有些群体,比如绿色和平组织和雨林行动网络(Rainforest Action Network)使用图像事件(DeLuca,1999),吸引媒体注意全球变暖、非法捕鲸和热带雨林毁灭等不同议题。

科学家和科学话语

1988年,气候科学家第一次在美国国会听证,让全球变暖的问题第一次进入公众视野。从那之后,对政府间气候变化专门委员会(Intergovernmental Panel on Climate Change,IPCC)的定期评估等科学报道持续引发公众讨论,探究美国政府应该采取什么样的合适的步骤阻止给全球气候施加"危险的人类干预"(Mann,2009,para. 1)。我们在其后的章节可以看到,在当今的公共领域,气候科学家的工作备受质疑,环境主义者、公共健康官员、意识形态批判者、政治反对派和其他人都在这个场域激烈质疑、争辩或者催促国会采取行动,施行清洁的能源政策。

气候变化领域的科学报道已经引发了关于影响人类健康和地球生物多样性等问题的其他重要调查与争论。这些调查和争论涉及空气污染导致的儿童哮喘、鱼类水银中毒、地球动植物物种加速消失。科学研究以及科学家发出的警告促使公众的意识不断增强,并推动了公众对环境政策的讨论。

正如我们在第十一章将要见到的那样,环境科学家的研究有时会被诘难或者忽略,他们的研究在广播访谈、节目主持人、意识形态批评家以及受影响的企业那里会被扭曲。例如,令人尊重的《科学》(Science)杂志曾经讲述了20世纪90年代的政客们如何抹黑大气科学家关于臭氧消耗的研究工作(Taubes,1993)。在本章及其他章节里,我将会描述科学传播的重要,以及环境科学如何在近年里成为备受争议的领域。

企业和企业游说者

环境历史学家塞缪尔·海斯(Samuel Hays,2000)的研究显示,随着新环境科学开始记载工业产品带来的环境和健康危机,受影响的企业"在每一步"都会挑战环境科学,"既质疑其使用的方法,也质疑其据以得出结论的研究设计"(p. 222)。为了反对环境科学,工商企业组织了商会,为自己的行为辩护,或者向政府游说,反对环境政策。

有组织的工商企业对环境政策的反对基于两个因素:(1)传统的土地使用(如采矿、伐木以及石油和天然气钻井)受到限制;(2)对新兴产业,如石油化工、能源、计算机和运输等的经济利益产生威胁。一些企业担心,对工厂和炼油厂的空气和水排放进行更为严厉的限制会对其造成威胁,因此组织起商会,如"商业圆桌会议"(Business Round Table)和"化学品制造商协会"(Chemical Manufacturers Association)。这些商会为了自己的产业发起公共关系活动,并在美国国会游说。例如,"美国清洁煤电联盟"(American Coalition for Clean Coal Electricity)就是一个与煤矿和电力行业相关的产业组织。它在网络上和电视上都非常活跃,密集地播放广告,宣传煤矿是"清洁能源"。

有些大型企业最近开始转"绿",提升其运作能力,并承诺在运作中向可持续标准转化(更少的能源使用和对自然资源更小的影响)。然而,有些企业颇有技巧地开展了"绿色营销"活动,制造了错误的环境价值表象。

反环境主义者和气候变化批评者

尽管我们很难界定说某个群体就是反对环境保护(洁净的空气、健康的森林、安全的饮用水等)的,但是在美国政治领域中总会时不时有一股反冲力,反对政府的环境政策甚至是环境科学。有一种观念十分盛行,即环境法规会危害经济增长和就业。

这种反对之声最早在20世纪70年代和20世纪80年代的**山艾树叛乱(Sagebrush Rebellion)**中表现出来。当时主要由生活在美国西部的传统土地使用者和自然资源使用者发出了这种声音。环境记者菲利普·沙博科夫(Philip Shabecoff, 2003)报道说,"畜牧业者、矿工以及其他的山林使用者,长久以来都习惯了将公共土地当作私有土地来使用。他们对威胁到自己权利和生存方式的事情非常愤怒"(p. 155)。因此山艾树叛乱"涉及州政府权利、自由市场……他们发起很激烈的人身攻击,也诋毁联邦土地管理者,还努力贬低环境保护分子,称他们是非美国的左翼分子"(p.155)。

到20世纪90年代,由"山艾树叛乱"衍生出**明智使用团体(Wise Use groups)**或者私有财产权利团体。这些团体反对为了保护湿地或者濒危动物栖息地而限制自己财产的使用。其中一个团体是罗恩·阿诺德(Ron Arnold)的"捍卫自由企业中心"(Center for the Defense of Free Enterprise)(总体上反对环境法规)。阿诺德在美国的反环境主义运动中是一个很有争议的人物,他曾经对记者说:"我们的目标是一劳永逸地摧毁环境保护主义者"(Rawe & Field, 1992, in Helvarg, 2004, p.7)。

近年来,气候变化怀疑论者开始反对科学,反对任何提议减少温室气体排放的政策,也反对让社群为改变气候变化而进行改变。这些怀疑论者利用网站、保守派智库(Jacques, Dunlap, & Freeman, 2008)以及类似《了不起的气候变暖骗局》(The Great Global Warming Swindle)等电影让争论升级,而且有时还让美国政府停止就气候变化问题采取行动。

新闻媒介与环境记者

我们很难不过分强调新闻媒介在公众对环境问题的理解方面造成的影响。新闻媒体不仅报道环境事件,而且是其他寻求影响公众态度的声音的发声管道。科学家、企业发言人、环境主义者以及市民组织都在媒体上发出自己的声音。新闻媒介还通过**议程设置(agenda-setting)**产生影响,或者通过影响公众对重要议题的感知来影响公众。正如新闻学研究学者伯纳德·科恩(Bernard Cohen, 1963)第一次解释议程设置概念时所说的那样,新闻媒体过滤或者选择受众关心的议题,以设置公共议程。媒介不是告诉人们怎么想,而是告诉人们要想什么。例如,2010年新闻媒体大规模报道了英国石油公司"深水地平线"钻井平台数百万加仑原油泄漏之后,公众对海湾沿岸被污染与经济发展问题的担忧飙升。

对这一泄漏事件的报道聚焦于一个独立且极具戏剧性的故事,其中充满了对新闻价值标准的讨论。但是,大多数环境话题,哪怕是更为严重的环境话题都不会这么具有戏剧性。因此,媒介往往很小心地选择对什么事件或者信息进行报道,以及如何设置新闻框架或者打包整个新闻故事。实际上,不管是报刊、博客还是网站,各种新闻与信息传播媒介里的很多声音和观点都展现出关注环境问题的多重路径。我们既能读到关于"气候变化可能引发大规模食物供应混乱"的商业报道,也能在《纽约时报》上读到美国国会计划"削减美国环境保护署30亿美元的预算并不再资助该组织的气候项目"的报道(Nelson & Chemnick,2011,para.2)。

公共官员

关于环境问题的讨论,其核心是各级政府的公共官员:这些被选举或被指定的人,其角色就是制定或者推行当地法令,执行州和国家的法律。这些个人是政治和法律程序的核心,因为正是他们协调着针对某项措施所产生的各种争论,以及不同声音所代表的利益。而立法机构尤其"以平衡技巧为特征",因为它们必须协调法律提案所"影响到的方方面面不同的力量"(Miller,2009,p.41)。

正如我们在本书中所看到的,公共官员由此成为很多环境传播实践的观众。比如,公民在州监管机构参加听证,了解燃煤电厂的许可问题。企业发起活动进行舆论动员,希望劝阻国会成员继续给予石油企业以税收优惠政策,或者延长风能和太阳能企业的税收抵免期。

对于公众来说,更难见到但可以说与立法机构一样重要的是环境监管机构。它们的职业角色就是确保法律实际上得以实施和执行。政治学家诺曼·米勒(Norman Miller,2009)曾解释说,公共官员"在制定议定书、标准等的时候,必须咨询工程师、科学家、土地规划师、律师、经济学家和其他专家",以确保法律能够得以执行(p.38)。每一项法规都会对产业、地方社区或者公共健康产生重大影响。因此,利益攸关方往往会努力劝服立法者采用有利于他们的某种定义来诠释成文法规。

延伸阅读

• Anders Hansen, *Environment, Media and Communication*. London and New York: Routledge, 2010.

- Judith Henry, *Communication and the Natural World*. State College, PA: Starta, 2010.
- Richard R. Jurin, Donny Roush, and K. Jeffrey Dantor, *Environmental Communication. Second Edition: Skills and Principles for Natural Resource Managers, Scientists, and Engineers*. 2nd ed. New York: Springer, 2010.
- Libby Lester, *Media and Environment*. Cambridge, UK: Polity Press, 2010.
- Julia Corbett, *Communicating Nature: How We Create and Understand Environmental Messages*, Washington, Covelo, London: Island Press, 2006.
- 访问全球环境传播协会(International Environmental Communication Association)的网站(http://environmentalcomm.org),寻找关于项目、研究、会议以及课程的信息。

关键词

议程设置	协作
建构的	环境传播
实用的	公共领域
香农—韦弗传播模式	象征性行动
山艾树叛乱	明智使用团体

讨论

1. 自然是否在伦理上和政治上沉寂着？这意味着什么？自然如果在政治上是沉默的，这是否意味着自然离开人类赋予的意义就没有存在价值了？

2. 修辞学家康尼斯·伯克(1966)曾经说过："我们所观察的'现实'很有可能就是由我们所选择的特定词汇交织而成"(p.46)。这是否意味着我们无法在我们用以描述现实的语言之外了解"现实"？伯克想说的是什么？

3. 在我们的社会中,谁的声音常常在环境议题中被听见？企业、电视人物、政客博客等在政治进程中发挥着什么影响？普通民众、科学家或者环境群体的声音是否还能被听见？

Armstrong, P. (2009, July 30). Conflict resolution and British Columbia's Great Bear Rainforest:Lessons learned 1995—2009. Retrieved November 2, 2010, from www. coastforestconservationinitiative. com/.

Anderson, A. (1997). *Media, culture, and the environment.* New Brunswick, NJ: Rutgers University Press.

Babbitt, B. (1995, December 13). Between the flood and the rainbow. [Speech]. Retrieved April 20, 2001, from www. fs. fed. us/eco/eco-watch.

Beck, G. (2011, February 1). Al Gore blames blizzards on... global warming? Retrieved February 10, 2011, from www. glennbeck. com.

Beierle, T. C., & Cayford, J. (2002). *Democracy in practice: Public participation in environmental decisions.* Washington, DC: Resources for the Future.

Bortree, D. S., & Seltzer, T. (2009). Dialogic strategies and outcomes: An analysis of environmental advocacy groups' Facebook profiles. *Public Relations Review, 35,* 317—319.

Brereton, P. (2005). *Hollywood utopia: Ecology in contemporary American cinema.* Bristol, UK: Intellect Books.

Brown, M. (2008, October 5). Molloy restores ESA protection for wolves. *The Missoulian.* Retrieved October 5, 2008, from http://www. missoulian. com.

Brown, W. R., & Crable, R. E. (1973). Industry, mass magazines, and the ecology issue. *Quarterly Journal of Speech, 59,* 259—272.

Brulle, R. J. (2010). From environmental campaigns to advancing the public dialog: Environmental communication for civic engagement. *Environmental Communication: A Journal of Nature and Culture, 4,* 82—98.

Burke, K. (1966). *Language as symbolic action.* Berkeley: University of California Press.

Carson, R. (1962). *Silent spring.* Boston: Houghton Mifflin.

Carvalho, A. (2009, September 16). Environmental communication in Europe. *Indications.* [Blog]. Retrieved February 13, 2011, from http://indications. wordpress. com/.

Casman, E. A., & Fischhoff, B. (2008). Risk communication planning for the aftermath of a plague bioattack. *Risk Analysis: An International Journal, 28,* 1327—1342.

Center for Health, Environment, and Justice. (2003). *Love Canal: The journey continues.* Retrieved October 5, 2008, from http://www. chej. org/.

Center for Research on Environmental

Decisions at Columbia University. (2009). *The psychology of climate change communication.* Retrieved February 10, 2011, from http://www.cred.columbia.edu/.

Cohen, B. C. (1963). *The press and foreign policy.* Princeton, NJ: Princeton University Press.

Cooper, M. M. (1996). Environmental rhetoric in an age of hegemony: Earth First! and the Nature Conservancy. In C. G. Herndl & S. C. Brown (Eds.), *Green culture: Environmental rhetoric in contemporary America* (pp. 236—260). Madison: University of Wisconsin Press.

Corbett, J. B. (2006). *Communicating nature: How we create and understand environmental messages.* Washington, DC: Island Press.

Cox, J. R. (1982). The die is cast: Topical and ontological dimensions of the *locus* of the irreparable. *Quarterly Journal of Speech, 6,* 227—239.

Cox, J. R. (2010). Beyond frames: Recovering the strategic in climate communication. *Environmental Communication: A Journal of Nature and Culture, 4,* 122—133.

Cox, R. (2007, May). Nature's "crisis disciplines": Does environmental communication have an ethical duty? *Environmental Communication: A Journal of Nature and Culture, 1*(1), 5—20.

Cozen, B. (2010). This pear is a rhetorical tool: Food imagery in energy company advertising. *Environmental Communication: A Journal of Nature and Culture, 4,* 355—370.

DeLuca, K. M. (1999). *Image politics: The new rhetoric of environmental activism.* New York: Guilford.

DeLuca, K. M. (2010). Salvaging wilderness from the tomb of history: A response to *The national parks: America's best idea. Environmental Communication: A Journal of Nature and Culture, 4,* 484—493.

Depoe, S. (1997). Environmental studies in mass communication. *Critical Studies in Mass Communication, 14,* 368—372.

Dietz, T., & Stern, P. C. (2008). *Public participation in environmental assessment and decision making.* National Research Council. Washington, DC: National Academies Press.

Doyle, A. (2008, February 4). "Tipping point" on horizon for Greenland ice. Reuters. Retrieved October 4, 2008, from http://www.reuters.com.

EnviroEducation.com. (2004, May 24). Environmental communications/Journalism: Education and career outlook. Retrieved February 3, 2011, from www.enviroeducation.com/.

Farrell, T. B., & Goodnight, G. T. (1981). Accidental rhetoric: The root metaphors of Three Mile Island. *Quarterly Journal of Speech, 48,* 271—300.

Gillis, J. (2011, January 25). Cold

jumps Arctic "fence," stocking winter's fury. *The New York Times*, pp. A1, 3.

Goodnight, T. G. (1982). The personal, technical, and public spheres of argument: A speculative inquiry into the art of public deliberation. *Journal of the American Forensic Association*, *18*, 214—227.

Greenberg, M. R., Sandman, P. M., Sachsman, D. B., & Salamone, K. L. (1989). Network television news coverage of environmental risk. *Risk Analysis*, *9*, 119—126.

Grunig, L. (Ed.). (1989). *Environmental activism revisited: The changing nature of communication through organizational public relations, special interest groups, and the mass media*. Troy, OH: North American Association for Environmental Education.

Habermas, J. (1974). The public sphere: An encyclopedia article (1964). *New German Critique*, *1*(3), 49—55.

Hamilton, J. D. (2003). Exploring technical and cultural appeals in strategic risk communication: The Fernald radium case. *Risk Analysis*, *23*, 291—302.

Hamilton, J. D. (2008). Convergence and divergence in the public dialogue on nuclear weapons cleanup. In B. Taylor, W. Kinsella, S. Depoe, & M. Metzler (Eds.), *Nuclear legacies: Communication, controversy, and the U. S. nuclear weapons complex* (pp. 41—72). Lanham, MD: Lexington Books.

Hansen, A. (2010). *Environment, media, and communication*. New York, NY: Routledge.

Hays, S. P. (2000). *A history of environmental politics since 1945*. Pittsburgh, PA: University of Pittsburgh Press.

Helvarg, D. (2004). *The war against the greens: The "wise-use" movement, the new right, and the browning of America*. Boulder, CO: Johnson Books.

Henry, J. (2010). *Communication and the natural world*. State College, PA: Strata.

Jacques, P. J., Dunlap, R. E., & Freeman, M. (2008). The organization of denial: Conservative think tanks and environmental skepticism, *Environmental Politics*, *17*, 349—385.

Lakoff, G. (2010). Why it matters how we frame the environment. *Environmental Communication: A Journal of Nature and Culture*, *4*, 70—81.

Lange, J. (1990). Refusal to compromise: The case of Earth First! *Western Journal of Speech Communication*, *54*, 473—494.

Lange, J. I. (1993). The logic of competing information campaigns: Conflict over old growth and the spotted owl. *Communication Monographs*, *60*, 239—257.

Lester, L. (2010). *Media and environ-*

ment: Conflict, politics, and the news. Cambridge, UK: Polity Press.

Luke, T. W. (1987). Chernobyl: The packaging of transnational ecological disaster. *Critical Studies in Mass Communication*, *4*, 351—375.

Mann, M. (2009, March 17). *Defining dangerous anthropogenic interference. Proceedings of the National Academy of Sciences*, *106* (11), 4065—4066.

Marafiote, T. (2008). The American dream: Technology, tourism, and the transformation of wilderness. *Environmental Communication: A Journal of Nature and Culture*, *2*, 154—172.

Martin, T. (2007). Muting the voice of the local in the age of the global: How communication practices compromised public participation in India's Allain Dunhangan environmental impact assessment. *Environmental Communication: A Journal of Nature and Culture*, *1*, 171—193.

Martini, K., & Reed, C. (2010). *Thank you for firing me*! *How to catch the next wave of success after you lose your job*. New York: Sterling.

Meister M., & Japp, P. M. (Eds.). (2002). *Enviropop: Studies in environmental rhetoric and popular culture*. Westport, CT: Praeger.

Miller, N. (2009). *Environmental politics: Stakeholders, interests, and policymaking* (2nd ed.). New York: Routledge.

Milstein, T. (2011, March). Nature identification: The power of pointing and naming. *Environmental Communication: A Journal of Nature and Culture*, *5*(1), 3—24.

Moore, M. P. (1993). Constructing irreconcilable conflict: The function of synecdoche in the spotted owl controversy. *Communication Monographs*, *60*, 258—274.

Moser, S. C., & Dilling, L. (2007). *Creating a climate for change: Communicating climate change and facilitating social change*. Cambridge, UK: Cambridge University Press.

Myerson, G., & Rydin, Y. (1991). *The language of environment: A new rhetoric*. London: University College London Press.

Nash, R. (2001). *Wilderness and the American mind* (4th ed.). New Haven, CT: Yale University Press.

National Aeronautics and Space Administration. (2011, January 12). NASA research finds 2010 tied for warmest year on record. Goddard Institute for Space Studies. Retrieved February 17, 2012, from www. giss. nasa. gov/research/news/20110112.

Nelson, G., & Chemnick, J. (2011, February 14). EPA budget proposal focuses on air and climate rules, cuts water grants. *The New York Times*. Retrieved February 15, 2011, from www. nytimes. com/.

Opel, A. , Johnston, J. , & Wilk, R. (2010). Food, culture and the environment: Communicating about what we eat. *Environmental Communication: A Journal of Nature and Culture*, *4*, 251—254.

Oravec, C. (1981). John Muir, Yosemite, and the sublime response: A study of the rhetoric of preservationism. *Quarterly Journal of Speech*, *67*, 245—258.

Oravec, C. (1984). Conservationism vs. preservationism: The "public interest" in the Hetch Hetchy controversy. *Quarterly Journal of Speech*, *70*, 339—361.

Oravec, C. L. (2004). Naming, interpretation, policy, and poetry. In S. L. Senecah (Ed.), *Environmental communication yearbook* (Vol. 1, pp. 1—14). Mahwah, NJ: Lawrence Erlbaum.

Peterson, T. R. (1986). The will to conservation: A Burkeian analysis of Dust Bowl rhetoric and American farming motives. *Southern Speech Communication Journal*, *52*, 1—21.

Plough, A. , & Krimsky, S. (1987). The emergence of risk communication studies: Social and political context. *Science, Technology, & Human Values*, *12*, 4—10.

Rawe, A. L. , & Field, R. (1992, Fall). Interview with a "wise" guy. *Common Ground of Puget Sound*, 1.

Retzinger, J. P. (2002). Cultivating the agrarian myth in Hollywood films. In M. Meister & P. M. Japp (Eds.), *Enviropop: Studies in environmental rhetoric and popular culture* (pp. 45—62). Westport, CT: Praeger.

Retzinger, J. P. (2008). Speculative visions and imaginary meals. *Cultural Studies*, *22*, 369—390.

Schoop, R. (2011, January 30). Winter storms don't contradict global warming science, experts say. *The News & Observer*, p. 7A.

Senecah, S. L. (2007). Impetus, mission, and future of the environmental communication/division: Are we still on track? Were we ever? *Environmental Communication: A Journal of Nature and Culture*, *1*(1), 21—33.

Shabecoff, P. (2003). *A fierce green fire: The American environmental movement* (Rev. ed.). Washington, DC: Island Press.

Shanahan, J. , & McComas, K. (1999). *Nature stories: Depictions of the environment and their effects*. Cresskill, NJ: Hampton Press.

Shannon, C. , & Weaver, W. (1949). *The mathematical theory of communication*. Urbana: University of Illinois Press.

Short, B. (1991). Earth First! and the rhetoric of moral confrontation. *Communication Studies*, *42*, 172—188.

Slawter, L. D. (2008). TreeHuggerTV:

Re-visualizing environmental activism in the post-network era. *Environmental Communication: A Journal of Nature and Culture, 2*, 212—228.

Taubes, G. (1993). The ozone backlash. *Science, 260*, 1580—1583.

Waddell, C. (1990). The role of pathos in the decision-making process: A study in the rhetoric of science policy. *Quarterly Journal of Speech, 76,* 381—401.

Walker, G. B. (2004). The roadless area initiative as national policy: Is public participation an oxymoron? In S. P. Depoe, J. W. Delicath, & M-F. A. Elsenbeer (Eds.), *Communication and public participation in environmental decision making* (pp. 113—135). Albany: State University of New York Press.

第二章 关于环境的意义的争夺

> 可怕荒凉的荒野,到处是野生动物和野人,除了这些他们还能看到啥?
>
> ——William Bradford, *Of Plymouth Plantation*, *1620—1647*(1898/1952)

> 森林为人们提供了栖身之处,为多样的生物提供了生存环境;它是食物、药材以及清洁水的来源;森林在保持稳定的全球气候方面发挥了很大的作用……森林对于 70 亿人的生存和生活来说都很重要。
>
> ——United Nations International Year of Forests(2011)

1620 年,威廉姆·布莱福德描绘了"五月花"号登陆美国普利茅斯后的艰难生活。他在文中将那片土地描绘为"可怕荒凉的荒野"。这种表述开启了环境历史学家罗德里克·纳什(Roderick Nash,2001)所谓的对自然之"厌弃的传统"(p.24)。此外,他对新英格兰森林的描述同样是一场长期争议的起点:人们应该如何定义与塑造人类社会与环境之关系的意义呢?

在我们关注环境传播的其他领域之前,我们应该意识到很重要的一点——我们对于环境的观念其实是因时而异的;也就是说,持不同的观点与拥有不同的利益的人在如何更好地定义人类与自然界的关系这一问题上展开了"激烈而惯常的争夺"(Warren,2003,p.1)。因此,本章将回顾美国以及全球对环境意义的争夺史。

在本章,我介绍了四个关键的对抗或时期。在这些时间段里,个体和新运动就对待自然的主导态度以及社会认为什么是环境问题等展开争论。

- 第一部分描述了美国的两场早期运动,这两场运动对"开发自然"这一主导观念发起了挑战。它们分别是 19 世纪的保护运动和 20 世纪早期的自然保育运动。

- 第二部分描述了 20 世纪兴起的对于城市污染的挑战以及保护人类公共健康的运动。

- 在第三部分,我描述了环境正义话语,这一话语体系反对将自然看作是与人类的生活和工作截然分开的地方。

- 最后一部分描述可持续运动以及强调全球气候变化的气候正义运动。

在挑战通行的自然观念时,很重要的一点是**对抗(antagonism)**。在日常语言中,对抗一词是指冲突或不服。在这里,我用这一术语特指对思维、共识或意识形态所存在的局限的认识(Laclau & Mouffe,2001)。当我们通过质疑或批评揭露出一个通行的观点对于新的需求其实是不恰当的或无法回应的时,它的局限才有可能被认识到。认识到这种不足意味着为其他声音或观点的出现创造了一个空间,可以让它们来重新定义什么是合适的、智慧的或有伦理意义的。具体到本书,就是关于社会与环境之间的关系界定。在美国环境运动史中,有四场主要的对抗让人们认识到了思维的局限。在其中,新的声音挑战了社会上通行的观点:

- 保护或保存自然对抗人类开发利用自然
- 人类健康对抗毫无管制的商业以及对公共品(如空气、水与土壤)的污染
- 环境正义对抗将自然看作是与人类的生活、工作环境截然分开的自然观

- 可持续发展或气候正义对抗不可持续的社会与经济系统

对于美国环境运动史,人们曾经有这样一个重要的认识:传统上将19世纪描绘为一个注重荒野保护的时期,而20世纪60年代晚期则是对人类公共健康的关注觉醒的时期。但正如哥特里博(Gottlieb,1993b)所观察的那样,在重新描述环境运动时,这样的历史分野有一个问题,那就是"谁被排除在外了,以及什么是无法得到解释的"(p.1)。尽管我在某种程度上还是会遵循之前那种标准的表述,但是我还是要尝试引入"谁被排除在外了"这一问题。比如爱丽丝·汉密尔顿博士(Dr. Alice Hamilton,1925)这样的人,她早在20世纪20年代就敦促大家关注城市环境中的"危险贸易"。此外,在描述20世纪60年代晚期这一阶段时,我强调低收入人群对于环境正义的需求以及他们在面对全球变暖问题时对气候正义的全新关注。

向开发自然发起挑战

到了21世纪,尊重环境成为美国社会的首要考虑之一。而这一改变源自多少世纪的努力,通过挑战人类统治和征服自然的**话语**(discourse)改变了社会的观念。

直到18世纪晚期,人们才开始认真地质疑仇恨荒野以及开发自然环境这一主导传统。迈克尔·威格尔斯沃思(Michael Wigglesworth,1662)这样的清教徒将那个时代的黑森林描述为"一片无用的、充满鬼哭狼嚎的荒野"(p.83,转引自Nash,2001,p.36)。然而,艺术、文学圈里的声音开始挑战这种观念,不再将自然等同于与人类无法相容或者可开发的东西。在罗德里克·纳什的经典作品《荒野与美国灵魂》(*Wilderness and the American Mind*)一书中,纳什指出了这场观念对抗中的三个主要的思想源头:

1. 艺术与文学中的浪漫主义美学和原始主义美学——在18世纪与19世纪早期,英国自然诗人与美学家如威廉·吉尔平(William Gilpin)"激发出一种修辞类型,勾连起对未被征服的自然的欣赏"(Nash,2001,p.46)。这些诗人培养了美国艺术与文艺领域中将原始自然看作是崇高的这一典范。**崇高**(**sublime**)是一种美学类型,它将有些人在野外环境中所体会到的敬畏、狂喜与神的影响联系起来。"结合亲近自然的生活的原始主义理想,这些观念培育出浪漫主义运动,对荒野的含义产生了深远的影响"(p.44)。

2. 寻找美国的民族身份——由于确信美国与欧洲的历史、高耸的教堂是不相匹配的,一些人倡导独特的美国民族身份,因而捍卫它的风景的鲜明特性。"民族主义者认为,荒野根本就不是美国的负债,实际上它是美国的财富"(p.67)。哈德逊河派(Hudson River school)的作家与艺术家们,如托马斯·科尔(Thomas Cole)通过在小说、诗歌和绘画中确立民族主义流派,大肆赞美美国荒野的奇景。科尔 1835年在《美国景观评论》("Essay on American Scenery")一文中写道:"美国的景色极具特点,其壮观为欧洲所不识。美国的景色中最具特色也最令人难忘的是旷野"(转引自 Nash,2001,pp.80—81)。

3. 超验主义论者的理想——19 世纪的**超验主义(transcendentalism)**哲学也是重新评估大自然的重要动力。超验主义论者认为"自然客体的重要性在于,如果得到正确的看待,它们会反映出普遍的精神真相"(Nash,2001,p.85)。在所有用这一信念挑战旧有自然生态观念的人之中,特别需要提及的是作家与哲学家亨利·大卫·梭罗(Henry David Thoreau,1893)。梭罗认为"保护荒野即保护世界",并且他认为"自然中蕴含着某种神秘的磁力,如果我们无意识地趋近它,它将把我们引向真理的驻地"(pp.251,265)。

到 19 世纪晚期,梭罗的作品促使很多人去保护不断消失的美国荒野还残留的部分,其中包括苏格兰移民约翰·缪尔。

约翰·缪尔与荒野保护运动

19 世纪 80 年代,美国加利福尼亚州以及其他地区的关键人物都开始明确地讨论荒野保护。[1] 他们倡导的行动之一就是保护自然风景中的壮丽景观,比如保护内华达山脉(Nevada Mountains)的优胜美

---

〔1〕 1872 年,美国总统尤利西斯·辛普森·格兰特(Ulysses S. Grant)签署法案,批准建立占地 200 万英亩的美国黄石国家公园,这是美国历史上第一个国家公园。13 年后,纽约州又划拨出阿弟伦达克山脉(Adirondack Mountains)的 71.5 万英亩土地作为州立公园用地。第一批保护行动与其说是受到了荒野美学或者灵魂感召的驱动,不如说是为了反对土地投机和保护纽约市的水土以保证饮用水质量(Nash,2001, p.108)。

地。**保护主义**（preservationism）企图制止对这些区域的商业使用，希望出于观景、学习或户外休闲的目的而保护它们。

　　保护运动的领袖之一是约翰·缪尔。他在 19 世纪 70 年代与 80 年代的文学散文中唤起了保护优胜美地的民族情绪。传播学者克里斯汀·奥拉维克（1981）观察到，通过对内华达山脉崎岖的山脉与山谷的描述，缪尔用散文在读者心中唤起了一种**崇高感受**（sublime response）。这种被唤起的感觉的特点是：（1）直接感知到了崇高的对象（比如优胜美地）；（2）面对客体，个人感到敬畏，并觉得自己无比渺小；（3）最终获得精神愉悦感（p.248）。

　　图 2.1　1903 年，约翰·缪尔带领西奥多·罗斯福（Theodore Roosevelt）总统走进优胜美地（图中他们站在冰川观景点的悬空石上），这里是他一直努力保护的荒野地区。

缪尔的影响加上其他人的支持带来了全国性的保护优胜美地运动。到1890年,人们的努力最终导致美国国会批准设立优胜美地国家公园(Yosemite National Park),这也是"第一个成功地获得全国公众关注与支持的自然风景保护提案"(Oravec,1981,p.256)。

19世纪80年代,美国加利福尼亚海岸对巨型红杉树的砍伐也引起了保护运动的关注。劳拉·怀特(Laura White)和加州妇女俱乐部联合会(California Federation of Women's Clubs)是19世纪晚期保护红杉树运动的领导者(Merchant,2005)。在这些早期运动的影响下,致力于保护荒野与野生动物的群体在美国开始涌现,包括约翰·缪尔的塞拉俱乐部(1892)、奥杜邦学会(1905)、抢救红杉联盟(Save the Redwoods League)(1918)、国家公园保护协会(National Parks and Conservation Association)(1919)、荒野保护协会(Wilderness Society)(1935)以及国家野生动物联合会(1936)。在20世纪,这些群体发起了其他保护运动,对开发荒野发起挑战(关于这一时期的历史,参见 Merchant,2005,and Warren,2003)。

▶另一种观点

关于荒野的问题

荒野的观念近些年来受到挑战,并且与缪尔那种崇高的敬畏态度有所不同。历史学家威廉姆·科龙(William Cronon,1996)认为,荒野"广义地说是人类的创造物"(p.69),它让人们的注意力远离自己生活与工作的周边。科龙认为:

> 荒野的问题在于……它是一种幻觉。这种幻觉让我们以为我们能清除过去的痕迹,恢复到一块白板,而且以为这块白板是我们开始在世界上留下痕迹之前就存在的……而这就是最矛盾之处:荒野象征着一种二元对立的视角,即人是完全外在于自然的。如果我们允许自己相信真实的自然是在野外之地的,那我们在自然中的存在就代表着自然的失败。我们人类在哪里,哪里就不属于自然(pp.80—81)。

有趣的是,科龙发出这样的声音并不是为了消除野外之地,而是质疑对荒野这个术语的某种理解——荒野就是没有人类存在的地方。他认为这种观点贬低了人所在之地的价值。

- -

保育：对自然资源的明智使用

缪尔的保护主义伦理与设法有效并可持续使用美国牧场的思维相对立。后者受实用主义哲学的影响，力求为最大多数人谋取最大利益。因此在 20 世纪早期，一些人开始鼓吹一种全新的保育伦理。**保育（conservation）**一词主要与基佛德·平肖（Gifford Pinchot）相关，他是美国前总统罗斯福的林业部（Division of Forestry）部长。保育意味着"明智而高效地使用自然资源"（Merchant，2005，p. 128）。比如，平肖将公共森林作为木材的来源地来管理，起草了可持续的培育政策：被砍伐的林地必须被重新种植以确保未来的木材供应（Hays，1989；Merchant，2005）。

缪尔的保护伦理和平肖的保育路径在优胜美地国家公园赫奇赫奇峡谷（Hetch Hetchy Valley）水坝修建事件中发生了激烈的交锋。1901 年，圣弗朗西斯科市（City of San Francisco）提议在流经该峡谷的河上修建水坝。这一提议引起了关于新国家公园建造目的的多年争论。旷野的美学价值和实用价值之间的冲突在 1913 年赫奇赫奇峡谷水坝的建设方案被批准之后还延续了很长一段时间。

在接下来的几十年里，平肖的保育路径强烈地影响了一些机构对自然资源的管理，例如美国林务局（Forest Service）和美国土地管理局（Bureau of Land Management，BLM）。然而保护主义者也赢得了一些重大的胜利。其中一个主要成就就是 1916 年通过的《国家公园法》（National Parks Act），它确立了公园的国家体系，并延续至今。国家公园的建立、建设野生动物避难所、进行原始河流的规划等在 21 世纪也持续发展。保护主义者最大的胜利是 1964 年的《荒野法案》。它授权国会在国家森林和其他公共土地中划拨自然保护区，以保护它们的"原始特征与影响"（Warren，2003，p. 243）。

荒野保护与保育之间的话语博弈持续至今，一直是近来论辩的焦点。早在 20 世纪 80 年代，由于主流的绿色组织在保护更多野外土地上的失败，美国环境保护运动出现分裂。希望幻灭后的荒野行动者们组成了激进组织"地球优先！"，开展**直接行动**（direct action），或者组织抗议活动，如封路、静坐、**树钉**（tree spiking）[1]等以阻止对老树的砍伐。其他组织比如"地球解放阵线"（Earth Liberation Front）有一段时间为了保护濒危物种不断萎缩的栖息地，采取了纵火或破坏财物等有争议的行为。

今天，美国地区或国家的环保组织还在持续给政府施压，要求采取措施保护国家现存的荒野区域。而不同的经济利益方，如伐木与矿业公司、地产开发者以及其他人同样也将目光瞄准了这些地方。还有其他一些组织在使用更具批判性的修辞语言，从生命中心论的视角挑战当代社会的许多核心价值。这种视角有时也被称为"深层生态学"（Deep Ecology）（deepecology. org），是一种女性主义或者生态女性主义的视角。生态女性主义（*Ecofeminism*）是一场多元的文化与政治运动，它认为对女性的压迫与对自然的贬低是相对应的关系（关于生态女性主义的介绍可以参见网站 www. ecofem. org）。

从全球范围来讲，环保的、本土的组织和气候正义组织同样也为了保护现存的森林而开展行动。这既是因为它们作为原住民的栖息地和家园的重要性，也是因为它们对于放缓气候变化的重要性。比如，科学家、环保运动者以及为原住民发声的组织［如"雨林国家联盟"（Coalition of Rainforest Nations）等］都通过联合国项目"减少因砍伐森林与森林退化而产生的排放"（Reducing Emissions from Deforestation and Forest Degradation, REDD）成功地采取了一些保护措施。该项目通过刺激经济，鼓励发展中国家不要砍伐本国的森林。尽管该项目的主要目的是减少因砍伐树木而产生的二氧化碳排放，但对这些区域的保护也保护了生物多样性、自然资源以及森林共同体的共有区域。总之，现在对野外自然的保护运动，不管是其发出的声音还是采取的策略都是十分多样的。

---

［1］ 树钉是将尖状物或者长钉子钉入计划被砍伐的树上的行为。这些金属或者塑料的尖状物实际上不会伤害树木。但是树钉会让伐木工人不容易砍伐树木，因为树钉有可能会损坏他们的伐木工具，而且在树木被送到木材加工厂后，隐藏的尖状物也可能损伤电锯的叶片。

公共健康与对公共品的污染

20 世纪 60 年代,第二场对抗在美国社会兴起。这场对抗意在挑战将自然看作是一个场所,工业社会可以在其中任意排放废气或废水等污染物。当对于公共品(空气、水与土壤)的环境保护观念很脆弱甚至不存在时,市民们开始质疑城市污染、核泄漏以及化学杀虫剂对于人体健康的影响。他们担心工厂与精炼厂排放出来的废水与废气,担心废弃的有毒废弃物堆放地、农产品上的杀虫剂以及地表核测试所排放出来的放射性物质。

传统美国环保运动非常推崇生物学家与作家蕾切尔·卡森,她最先发出声音质疑那些影响自然环境与人类健康的商业实践。在作品《寂静的春天》一书中,卡森(1962)写道,"由于无节制地使用化学杀虫剂,我们已经习惯了用一种更直接、更残忍的方式屠杀飞鸟、动物、鱼类,甚至所有的野生动植物"(p.83)。卡森对 DDT 等杀虫剂对人体健康所造成的威胁感到忧虑,她控诉现代农业"用最现代与最恐怖的武器将自己武装起来,它在与昆虫作对的同时,也让自己与地球作对"(p.262)。

随着她不断地写作,卡森也被公认为是现代环境运动的奠基人。尽管是《寂静的春天》掀起了一场大众运动,但其实早在 19 世纪 80 年代到 20 世纪 20 年代之间就有人指出糟糕的环境卫生、与铅及其他化学物质的职业性接触会对人体健康造成危害。工会、公共卫生学家或来自芝加哥珍·亚当斯的赫尔馆(Jane Addams's Hull House)的改革者们,以及公共健康倡导者们都对人们的工作地和城市生活受到的威胁发出警告:这里有"不断被污染的水源、不恰当的废污水排放处理、糟糕的通风设备、充满烟雾的空气,以及过于拥挤的邻舍与住宅区"(Gottlieb,1993a,p.55)。

美国城市环境历史学家罗伯特·哥特里博(Robert Gottlieb,1993a)非常关注爱丽丝·汉密尔顿博士的影响,认为她是"在环保一词尚未被发明之前的时代具有极大影响力的环保倡导者"(p.51)。汉密尔顿在 20 世纪 20 年代致力于改革城市工作场所的"危险贸易"。她出版了《美国的工业毒药》(*Industrial Poisons in the United States*)一书,并与女性卫生局(Women's Health Bureau)合作。这些行动使汉密尔顿(1925)成为"美国在探索工业活动的环境后果方面最有力与最有效的声音",她关注的议题还包括在工作地发生的对女性和少数族群的职业性伤害(p.51)。

然而,直到1962年《寂静的春天》问世后,"协调统一、拥护者众、有声的、具备影响力的、积极的"环境保护运动才在美国出现(Sale, 1993, p.6)。而到了20世纪60年代末,空气污染、核泄漏、克利夫兰(Cleveland)附近的凯霍加河(Cuyahoga River)河面污染物着火、加利福尼亚州圣巴巴拉市(Santa Barbara)海岸石油泄漏等事件,激起了民众对环境保护运动的大声疾呼。1970年4月22日第一个**地球日(Earth Day)**,美国的学生、公共健康工作者、运动组织以及城市工作者们合力发起运动,要求对工业污染予以控制。大约2000万美国民众参加了抗议、宣讲以及集会活动,这也是美国历史上规模最大的全国性示威游行活动之一。

同时,新的组织不断涌现,开始强调人类健康与环境的关系。这些早期的组织有美国环保基金会(Environmental Defense Fund)(1967)、环境行动组织(Environmental Action)(1970)以及自然资源保护委员会(1970)。最后,从20世纪70年代开始使用的生态运动一词得到普及,这促使法律制定者颁布新的法规,加强对空气及水质量的保护,并以法律形式规定减少有毒化学物质的排放。

到20世纪70年代晚期,地方层面开始关注健康问题。社区越来越担心它们的空气、饮用水、土壤以及校园环境的化学污染等问题。比如,纽约的一个小社区——爱河成为美国全国对化学物质灾难的意识加强的标志(对爱河事件的简介参见第一章)。普通市民感觉自己被海斯(Hays, 1989)所谓的"有毒之海"所包围(p.171),并开始组织以社区为基础的团体,要求彻底清洁他们所在的社区,并让污染企业承担更多的责任。

受爱河丑闻以及其他地区如密苏里时代海滩(Times Beach)等地有毒废弃物丑闻的刺激,美国国会在1980年通过了《**超级基金法**》(**Superfund**)。这一法案授权美国环境保护署(Environmental Protection Agency)清理有毒废料处理场,并可以对污染方采取制止措施。

地方民众也利用新的联邦法律如《清洁水法》(Clean Water Act),参与到有关机构发放空气及水排放的商业许可的过程中(关于公众参与的保障体系,我将在第三章介绍)。

环境正义:自然不再是身外之物

美国环保运动在20世纪60年代将它的关注对象从荒野保护扩展到公共健康领域。尽管如此,仍然保留着这样的观点,即自然是与人类栖息地相矛盾的存在,"生态的空间与社会的空间是长期分离的"(Gottlieb,2002,p.5)。不过,到了20世纪80年代,来自低收入群体与有色人群社区的新活动家们开始挑战这个观点,不再将自然看作是人类生活与工作之外的区域,从而开启了挑战社会上通行的环境观念的第三场对抗。

对环境的意义的再界定

20世纪60年代和70年代,尽管环保组织努力将环保主义者、劳工、民权运动者以及宗教领袖等团结在一起,但它们还是没能认识到城市居民与少数社区的问题。比如,社会学家吉欧瓦纳·蒂·切洛(Giovanna Di Chiro,1996)的研究指出,在20世纪80年代中期,居住在洛杉矶中南部的居民曾试图阻止在他们的居住区建造一个固体垃圾焚烧炉。但他们发现"这些议题在当地的环保群体那里并不是那么明确的'环境'议题"(p.299)。有色群体社区的活动家们极力批评主流环保组织"不愿意在环境问题上谈及平等与社会正义等议题"(Alston,1990,p.23)。

在20世纪80年代,一些低收入人群以及有色群体所在社区的活动家们已经开始亲自着手处理这些问题。他们中的很多人提议重新勾连或界定环境一词的意义,认为它应该是"我们生活、工作、休闲与学习的地方"(Lee,1996,p.6)。这是具有历史意义的重大改变。

发起这场全新运动的关键时刻是1982年,当时美国北卡罗来纳州沃伦县(Warren County)的非洲裔美国人社区居民发起了一个抗议活动。当地的居民与美国民权组织的领袖们想阻止该州在该县郊区建造有毒垃圾填埋场,他们采取了在路上静坐的方式,堵住了 6000 辆卡车,每辆卡车上都装满了被多氯联苯(PCB)[1]污染的土壤[2]。社会学家罗伯特·布拉德和比弗利·亨德里克·怀特(Robert Bullard and Beverly Hendrix Wright,1987)称这场运动是"黑人第一次尝试将环境议题(有毒废弃物与污染物)与主流民权议题联系起来的一场全国性运动"(p. 32)。在这次运动中,五百多名抗议者遭到了逮捕(要了解这场运动作为环境正义运动的源头所具有的重大意义,请阅读 Pezzullo,2001)。

随着美国社会其他地方反抗在少数群体居住区集中建立有毒废物设施的活动日益出现,一些人开始控诉这些社区遭受了**环境种族歧视(environmental racism)**(Sandler & Pezzullo,2007,p. 4),或更广义地说**环境非正义(environmental injustice)**(Roberts,2007,p. 289)。当地居民和批评家们都开始为那些被毒害、被"抛弃了"的人说话,并称有些社区已经被当作"牺牲带"(Schueler,1992,p. 45)。对这些批评声音而言尤为重要的是,环境种族歧视这一术语意味着威胁人类健康的不仅有有毒垃圾填埋场、焚烧炉、农业杀虫剂、血汗工厂以及污染工厂,还有对有色人种、工人以及低收入社区居民不合理的压迫。

展望环境正义

伴随着这些抗争而来的是对**环境正义(environmental justice)**的畅想。对于大多数活动家来说,人们生活与工作的地方不仅有社会正义与经济正义,还有环境安全与环境品质。居民与活动家们坚持认为,环境正义指的是全人类有远离有毒物质和其他毒害品的基本权利,其核心还包括让健康与福祉受到影响的人与社区参与到民主决策中去。很多人批评决策程序没能让"深受环境决策影响的人们"有意义地参与进去,并呼吁让那些处于风险中的社区更充分地参与到对社区环境产生负面影响的决策中去(Cole & Foster,2001,p. 16;Gerrard

---

〔1〕 多氯联苯是一种人工合成的有机化合物,在工业上被广泛使用,但是对人体有极大的危害。目前多氯联苯的使用已经造成了全球性的环境污染问题。——译者
〔2〕 尽管北卡罗来纳州在 1982 年就在沃伦县建立了有毒垃圾填埋场,但是本土行动家们一直在坚持呼吁无害化处理。二十多年过去了,2004 年他们的行动终于取得了成效,该州清理了这片垃圾填埋场。

& Foster,2008）。

1991年,对环境正义的要求获得极大的关注。当时,美国来自地方社区的代表、民权运动领袖、宗教领袖与环保组织的领袖在华盛顿哥伦比亚特区集会,召开了第一次"有色人种环境领袖峰会"（People of Color Environmental Leadership Summit）。这是环境正义运动的不同派别第一次聚集在一起,对主流的环境主义定义发起挑战。会议代表们通过了一套强有力的《环境正义原则》（**Principles of Environmental Justice**）,它涵盖一系列权利,其中写道,"任何人都拥有在政治、经济、文化和环境上的基本自决权"（*Proceedings*,1991,p. Ⅷ）。

参考信息:《环境正义原则》(1991)

以下内容是1991年在华盛顿哥伦比亚特区召开的"有色人种环境领导峰会"上的会议摘要。

我们,有色人种,聚集在这个跨民族的有色人种环境领导峰会上,发起这场覆盖全部有色人群的国家与国际运动,以反抗对我们的土地和社区的破坏……我们坚信并采取下列环境正义原则:

1. 环境正义坚信地球母亲的神圣性,坚信生态共同体,以及所有物种的相互依存,并坚信所有物种有权免于生态毁灭。

2. 环境正义要求公共政策必须基于对所有人的共同尊重与公正,不能有歧视或偏见……

3. 环境正义要求决策中的每一级民众都有权利平等参与,包括需求评估、制订计划、落实、执行以及评估。

4. 环境正义坚信所有工作者有权拥有健康与安全的工作环境,而无须在不安全的生活与失业之间被迫做出抉择。它还坚信那些在家工作者有权免于环境危害。

5. 环境正义支持环境非正义的受害者获得充分的补偿以及修复损害的权利,也支持受害者获得有品质的健康护理。

6. 环境正义坚信城市与农村具有确立生态政策,以清理与重建我们的城市与农村,从而与自然保持平衡的需求,并以我们所有社区的文化统一性为荣,还将为所有人提供接近各种资源的公平机会。

来源:"Principles of Environmental Justice," www. ejnet. org/ej/principles. html。

1994 年,克林顿总统发布总统令,要求每个联邦机构"将实现环境正义作为其职责……确认并处理那些给美国少数群体或低收入人群的身体健康及环境状况带来极不相称的高成本及负面代价的项目、政策或运动"(Clinton, 1994, p. 7629)。这意味着环境正义运动取得了一项重要成就。不管怎样,这场运动还要继续面对真实世界中那些实际的挑战,以建设可持续发展的、健康的社区(我将在第九章更为细致地描述环境正义运动)。

可持续运动与气候正义

在过去二十年里,很多国家开展了各种运动。在欧洲、亚洲、北美洲与南美洲、非洲、澳大利亚以及太平洋岛屿,不计其数的本土与地方组织挑战着自己社会中的不可持续性与不公平的行为。这与我们之前描述的对抗活动很相似——保护自然系统,保护人类健康,保卫社会正义。在保罗·霍肯(Paul Hawken, 2007)的《看不见的力量》(*Blessed Unrest*)这本了不起的书中,他描述了很多这样的努力:

> 印度的家庭,澳大利亚的学生,法国的农民,巴西的无产者,洪都拉斯的香蕉种植者,德班的穷人,伊里安查亚的村民,玻利维亚的土著部落,日本的家庭主妇……这些群体都在反抗政治腐败、气候变化、企业掠夺、海洋衰竭、政府冷漠、普遍的贫穷、工业化林地和耕作、土壤与水资源的消耗(pp. 11, 164—165)。

成千上万的努力反映了传播的多元化议程及方法。然而,贯穿始终的是对"局限性",或者是对"地球两大复杂系统——人类文化与生存世界——之间渐趋分裂的关系"带来的不可持续性的认识的不断加强(Hawken, 2007, p. 172)。

因此,第四个对抗开始出现,即面对分裂的或不可持续的社会和经济系统建立起一个更可持续的世界。**可持续性(sustainability)**被公认是一个难以说清的概念。对有些人来说,可持续运动"就是反思与塑造人类在自然界中所扮演的角色"。它是对人类试图与生物物理世界的运作方式保持一致的意图的一种再校准(Edwards, 2005, p. xiv)。对更多人来说,这一运动包括三个目标或者说是期待——环境保护、经济健康、平等或社会正义（Edwards,2005,p.17）。

对气候科学家而言,可持续指的是全球能源的来源与包括人类社会在内的生物系统之间的关系。因此,他们和环境运动者们对毫无节制的以碳排放为基础的经济增长,又称**基准情景(business as usual, BAU)**带来的未来图景持批判态度。碳是能源,主要来自石油、煤炭以及天然气等化石燃料,人类社会通过使用这些能源发电、助力交通,满足生活中其他方面的能源需求。对这种能源进行质疑是重要的,因为科学家们相信,石化燃料的燃烧所释放的二氧化碳以及其他温室气体是导致地球逐渐变暖的原因。

毋庸置疑,地球正在变暖。政府间气候变化专门委员会(2007)也确信全球气候变暖是"明确的"(p.30)。此外,它还警告世人,人为的气体排放"很有可能"是20世纪中叶以来全球平均温度升高的原因(p.39)。

因此,越来越多的科学家、卫生部门的官员、学生和草根组织开始质疑基准情景或者经济增长的不可持续路径。气候快速变暖的影响已经在很多区域显现,它们包括:

- 冰川、北极海冰和永久冻土的融化
- 南美洲、北美洲、亚洲和非洲的融雪补给河与水源日趋衰竭
- 珊瑚礁的消失与海洋酸度的增加
- 美国、非洲和其他地方的部分区域的持续干旱与热浪
- 动植物物种的迁移与逐渐灭绝

气候不断变暖对人体健康与生活的严重影响也已经出现:疾病蔓延、谷物歉收、人口集中区域频发洪水、高温引起死亡以及因稀有资源而引发的地区冲突(更多信息请参见 Intergovernmental Panel on Climate Change's *Climate Change 2007: Synthesis Report* at www.ipcc.ch/ipccreports)。

面对全球气候变暖,气候正义运动适时出现,它敦促地方与全球领袖立刻采取行动(关于气候正义运动,请参见第九章)。在美国,学生行动主义、电视广告、环保组织的倡导活动等都在发出警报,并就美国能源政策发起公共辩论。在美国以及全球各个地区,成千上万的行动者们与地方群体通过350.org、http://itsgettinghotinhere.org以及"气

候行动网"（Climate Action Network）（climatenetwork. org）等社交网站联系起来,而担心政府回应过慢的科学家们也公开发表演说。美国国家研究委员会(U. S. National Research Council)在一系列报告中提醒美国国会:"气候变化……给人类和自然系统都带来了很大的危机"(Top U. S. scientists,2010,para. 2)。

▶从本土行动!

本土资源与四个对抗

你的大学校园或者社区里一定有很多资源,比如学院教师、社区领袖、行动者们以及其他专业人士,他们对本章所论述的四个对抗有或多或少的了解。这四个对抗就是荒野与自然资源保护、公共健康与环境污染、环境正义以及气候变化。

邀请那些对这些领域有所了解或者有个人经验的人访问你的课堂或校园。请他们谈谈某个具体的对抗,也就是说,请他们谈谈个人、组织或环保运动的努力,它们如何与流行的观念抗争,在更广泛的公众中增强关于自然区域保护、空气或水污染对公众健康的影响、社会中一直存在的环境种族主义等问题的意识。在这个过程中,你大致可以问下列问题:

● 你是如何开始研究(或参与)这一议题的? 你觉得最有趣的、最麻烦的或最有意义的是什么?

● 在这个问题上取得了哪些进展? 还存在的最大困难是什么?

● 传播在保持问题被关注或帮助增强意识、带来改变等方面具体发挥了怎样的作用?

● 在地方层面上有哪些资源是你可以利用的,你将如何更好地参与到这一议题中去?

我们看到,在这四个对抗的发展中,"自然"与"环境"的概念一直因时而异。也就是说,当新的声音、利益攸关方对自然界与人类环境的通行观念发起挑战时,"自然"与"环境"就成为需要重新界定的概念。而这些挑战的核心是人类影响、质疑与劝服等修辞过程。关于对

自然与环境的社会符号建构,我将在下一章加以阐述。

延伸阅读

● Paul Hawken, *Blessed Unrest*: *How the Largest Social Movement in History Is Restoring Grace*, *Justice*, *and Beauty to the World*. New York: Penguin Books, 2007.

● Philip Shabecoff, *A Fiece Green Fire*: *The American Environmental Movement*. (Rev. ed.). Washing, DC: Island Press, 2003.

● Luke W. Cole and Sheila R. Foster, *From the Ground Up*: *Environmental Racism and the Rise of the Environmental Justice Movement*. New York: New York University Press, 2001.

● Roderick Frazier Nash, *Wilderness and the American Mind* (4th ed.). New Haven, CT: Yale University Press, 2001.

● Rachel Carson website at Rachelcarson. org, and the DVD, *American Eexperience*: *Rachel Carson's Silent Spring*.

关键词

对抗	直接行动
保育	地球日
话语	环境种族歧视
环境正义	《环境正义原则》
环境非正义	崇高感受
保护主义	可持续性
崇高	超验主义
《超级基金法》	树钉
基准情景	

讨论

1. 荒野是否仅仅是一个符号建构?这一点重要吗?

2. 试一下以与当下美国国会相反的方式,以环境保护为目的设立商业管理的标准和条例。在二氧化碳排放以及其他火力发电厂造成的污染等问题上,你怎么看待美国政府的环境管理条例?

3. 你是否认为将污染企业比如炼油厂或者化工厂集中建设在低收入地区或者有色人种社区是一种环境种族主义？如果是，它们应该搬迁到哪里？

4. 全球气候变化的趋势已不可阻挡。实际上，我们已经体验到了气候骤变的影响。气候正义运动有多大可能带来成功的对抗？对全球经济产生影响的不同声音和观点足以改变现代能源社会的能源使用形式吗？

参考文献

Alston, D. (1990). *We speak for ourselves*: *Social justice*, *race*, *and environment*. Washington, DC: Panos Institute.

Bradford, W. (1952). *Of Plymouth plantation*, *1620—1647*. (S. E. Morison, Ed.). New York: Knopf. (Originally published 1898)

Bullard, R., & Wright, B. H. (1987). Environmentalism and the politics of equity: Emergent trends in the black community. *Midwestern Review of Sociology*, *12*, 21—37.

Carson, R. (1962). *Silent spring*. Boston: Houghton Mifflin.

Clinton, W. J. (1994, February 16). Federal actions to address environmental justice in minority populations and low-income communities. Executive Order 12898 *printed in the Federal Register*, *59*, 7629.

Cole, L. W., & Foster, S. R. (2001). *From the ground up*: *Environmental racism and the rise of the environmental justice movement*. New York: New York University Press.

Cronon, W. (1996). The trouble with wilderness, or, getting back to the wrong nature. In W. Cronon (Ed.), *Uncommon ground*: *Rethinking the human place in nature* (pp. 69—90). New York: Norton.

Di Chiro, G. (1996). Nature as community: The convergence of environment and social justice. In W. Cronon (Ed.), *Uncommon ground*: *Rethinking the human place in nature* (pp. 298—320). New York: Norton.

Edwards, A. R. (2005). *The sustainability revolution*: *Portrait of a paradigm shift*. Gabriola Island, BC, Canada: New Society.

Gerrad, M. B., & Foster, S. R. (Eds.). (2008). *The law of environmental justice* (2nd ed.). Chicago: American Bar Association.

Gottlieb, R. (1993a). *Forcing the spring*: *The transformation of the American environmental movement*. Washington, DC: Island Press.

Gottlieb, R. (1993b). Reconstructing environmentalism: Complex movements, diverse roots. *Environmental History Review*, *17*(4), 1—19.

Gottlieb, R. (2002). *Environmentalism unbound: Exploring new pathways for change.* Cambridge, MA: MIT Press.

Hamilton, A. (1925). *Industrial poisons in the United States.* New York: Macmillan.

Hawken, P. (2007). *Blessed unrest: How the largest social movement in history is restoring grace, justice, and beauty to the world.* New York: Penguin Books.

Hays, S. P. (1989). *Beauty, health, and permanence: Environmental politics in the United States, 1955—1985.* Cambridge, UK: Cambridge University Press.

Intergovernmental Panel on Climate Change. (2007). *Climate change 2007: Synthesis report.* United Nations Environment Program. Retrieved November 2, 2008, from www. ipcc. ch/ ipccreports.

Kazis, R. , & Grossman, R. L. (1991). *Fear at work: Job blackmail, labor and the environment* (New ed.). Philadelphia: New Society.

Laclau, E. , & Mouffe, C. (2001). *Hegemony and socialist strategy: Toward a radical democracy* (2nd ed.). London: Verso.

Lee, C. (1996). Environment: Where we live, work, play, and learn. *Race, Poverty, and the Environment, 6*, 6.

Merchant, C. (2005). *The Columbia guide to American environmental history.* New York: Columbia University Press.

Nash, R. F. (2001). *Wilderness and the American mind* (4th ed.). New Haven, CT: Yale University Press.

Oravec, C. (1981). John Muir, Yosemite, and the sublime response: A study in the rhetoric of preservationism. *Quarterly Journal of Speech, 67*, 245—258.

Pezzullo, P. C. (2001). Performing critical interruptions: Rhetorical invention and narratives of the environmental justice movement. *Western Journal of Communication, 64*, 1—25.

Proceedings: The first national people of color environmental leadership summit. (1991, October 24—27). Washington, DC: United Church of Christ Commission for Racial Justice.

Roberts, J. T. (2007). Globalizing environmental justice. In R. Sandler & P. C. Pezzullo (Eds.), *Environmental justice and environmentalism: The social justice challenge to the environmental movement* (pp. 285—307). Cambridge, MA: MIT Press.

Sale, K. (1993). *The green revolution: The American environmental movement 1962—1992.* New York: Hill & Wang.

Sandler, R. , & Pezzullo, P. C. (Eds.). (2007). *Environmental justice and environmentalism: The social justice*

challenge to the environmental move-
ment. Cambridge, MA: MIT Press.

Schueler, D. (1992). Southern expo-
sure. *Sierra*, *77*, 45—47.

Thoreau, H. D. (1893). Walking. In
*Excursions: The writings of Henry Da-
vid Thoreau* (Riverside ed., Vol. 9,
pp. 251—304). Boston: Houghton
Mifflin. (Original work published
1862)

Top U. S. scientists warn Congress on the
dangers of climate change. (2010, May
20). *PhysicsWorld. com.* Retrieved Sep-
tember 17, 2010, from http:// physics-

world. com/.

United Nations. (2011). International
year of forests—2011. Retrieved Oc-
tober 29, 2011, from http://www.
un. org/en.

Warren, L. S. (Ed.). (2003). *American
environmental history.* Oxford, UK:Bas-
il Blackwell.

Wigglesworth, M. (1662). God's con-
troversy with New England. In *Pro-
ceedings of the Massachusetts Historical
Society*, *12* (1871), 83, in Nash
(2001, p. 36).

第三章　环境的社会—符号建构

符号与自然系统是相互建构的……

DePoe(2006,p. Ⅶ)

我认为人类有着无法遏制的欲望去指示和命名事物。"噢，这个是……"或者说,"那是什么?"

——Whale tour boat captain（引自 Milstein,2011,p. 4）

我们在上一章已经看到,社会对自然的感知非常偶然。也就是说,我们对环境的看法会随着新的声音或者利益的出现而改变,以挑战社会上通行的理解。这种挑战的核心就是一个建构、质疑和劝服的人类过程,这就是我在本章里探讨的社会—符号视角。这一视角建立在第一章对环境传播的定义之上,因为环境传播是我们理解自然以及我们与自然界的关系的实用的、建构的工具。

本章观点

- 在第一部分,我会介绍社会建构主义者对自然的理解,并介绍理解它们的两个视角:

1. 辞屏与命名的使用
2. 作为问题的环境议题的建构

- 在第二部分,我会从修辞学视角观照环境传播,并描述这一路径的三个维度:

1. 修辞技巧与修辞体裁
2. 传播框架

3. 主导与批判话语

● 本章的最后一个部分是"视觉修辞",描述图片、艺术和电影如何改变人们对自然的态度和行为。我从以下两个方面描述视觉修辞:

1. 视觉图像如何呈现(再现)自然
2. 视觉化的自然问题

不同的"环境"意义还表现了语言的建构功能。在接下来的部分,我将探讨这种建构功能,并介绍环境传播的"修辞"视角。

自然的社会—符号建构

20 世纪后期,多纳·哈拉维(Donna Haraway,1991)、安德鲁·罗斯(Andrew Ross,1994)、克劳斯·埃德(Klaus Eder,1996a)、布鲁诺·拉图尔(Bruno Latour,2004)以及尼尔·艾威登(Neil Evernden,1992)开始描述塑造我们的自然观的话语建构。**社会—符号视角(social-symbolic perspective)** 关注构成或者建构我们的感知——什么是有关自然的问题,或者什么是环境问题——的来源。例如,亨德尔和布朗(Herndl and Brown,1996)认为,"环境"是"通过我们使用语言的方式而建构的一种概念,或者一系列相关的文化价值。说实在的,在现象世界里,根本就没有客观的环境,也没有环境能和我们再现它的辞藻分离"(p.3)。

这并不是说这里并不存在物质的世界。当然,物质世界是存在的。但是,我们通过不同的社会和符号模式来理解和参与这个世界,认识到它的重要性,并为之付出行动。正如《环境传播:自然与文化期刊》(*Environmental Communication：A Journal of Nature and Culture*)的编辑德波(2006)所说:"符号和自然系统是相互建构的"(p.vii),自然界影响了我们,但是我们的语言和其他符号行为也有能力影响或者建构我们对自然本身的感知。

辞屏与命名

这种建构功能也出现在修辞学领域。例如,康尼斯·伯克(1966)

运用**辞屏**(terministic screens)的比喻描述我们的语言如何引导我们看待事物,这样而不是那样看待这个世界:"任何一个术语都是对现实的反映,术语的本质也必定是对现实的选择,而且它的内容必须发挥折射现实的功能"(p. 45)。也就是说,我们的语言(辞屏)非常有力地塑造或者调解着我们的经验——什么被选择注意了,什么未被注意,从而影响我们如何感知我们的世界。因此,不管我们说什么、写什么,我们都积极地参与到对世界的建构之中。

语言功能的另一个重要维度是**"命名"**(naming),通过命名我们社会地再现事物或者人,从而认识这个世界。迈尔斯登(Milstein,2011)提醒我们,指示和命名的行为"是一种基本行为";要社会性地对部分自然界进行辨识和分类,指示和命名是最基本的进入方式(p. 4)。同时,命名还暗示着我们对世界加以关注的倾向,从而影响我们与自然的互动(Oravec,2004,p. 3)。

美国水环境联合会(Water Environment Federation, WEF)的一次成功活动可以被看作使用命名的著名案例。该协会将污泥(sewage sludge)重新命名为生物固体(biosolids)(水环境联合会是一个贸易组织,售卖污泥处理装置和其他水设备)。在处理污染物的过程中,像污泥一样的物质被扔在一边。这种物质(有时含有有毒化学物质,比如二噁英)常常被用作农田的肥料。因此,很多环境和健康组织对污泥中的化学成分带来的危险日益警惕。

产业批评家谢尔顿·兰顿(Seldon Rampton)是这样描述美国水环境联合会在20世纪90年代的工作的。他说它用另外一个词来形容污泥,"希望这样能逃脱那个词的负面内涵"。而水环境联合会的发言人则说,这是为了"让公众对生物固体的有益用途予以接受"(引自Rampton,2002,p. 348)。这个活动还成功地将"生物固体"一词放入了韦伯字典。现在,水环境联合会的网站(www. wef. org/)将生物固体描绘为"养分丰富的有机物质,它来自家用废弃物处理,比如废水处理设施"。

建构一个环境问题

如前所见,通过建构眼下的议题或者对问题进行有选择的命名,我们可能会感到警觉(有毒污泥)或是感到放心(生物固体)。德国社会学家克劳斯·埃德(1996b)解释说,这往往是"传播环境状况与观念的方法,而不是自身的恶化状态。它解释了……关于环境的公共话语的出现"(p. 209)。这一点在命名环境问题的传播中尤其重要。政治学家德波拉·斯通(Deborah Stone)发现,问题"不是摆在那里,等着世界上聪明的分析家去分析和正确地定义它们。它们是被一些市民、领袖、组织和政府机构创造并放入其他市民的脑子里去的"(p. 156)。

图3.1　用生物固体给土壤施肥好吗？那么污泥呢？图片中的生物固体被播撒在密西西比州的农田上。

Tinkerbrad/Flickr

对自然的社会—符号建构来自于我们用某种方式概括某些事实或者条件的特点之能力。因此,我们可以将其命名为一个问题或者不是一个问题。正因为这样,在环境传播中"一些环境议题为何能被或者怎样被当作'问题'就成为非常重要的一个领域"(Tindall, 1995, p. 49)。例如,环境怀疑论者不相信人类对全球变暖影响甚大,因而否定这是个问题。相反,他们将变暖归结为自然原因:"气候总是在变化。我们曾经有冰河时代和更暖的时期,当时在北极的斯瓦尔巴

(Spitzbergen)群岛还有鳄鱼存在"(Lindzen,2009,para.1)。

因此,环境是我们通过语言和其他符号所知或者部分知道的事情。在第二章的历史回顾中,我们也清晰地表明了我们有不同的选择,而各种选择建构起我们所知的世界的多样意义。有些学者采用带有更多修辞学色彩的视角来研究不同的语言选择。记者、科学家、企业、环境保护人士和市民都试图用这些不同的语言选择来影响我们对自然的感知和行为。

在接下来的部分,我会介绍修辞学的概念,并描述一些环境运动及其反对者采用的修辞资源,包括情节剧和启示录等修辞类型。在最后一个部分,我还会探索视觉修辞,包括艺术、图片、电影和其他以图像为基础的传播。

修辞学视角

修辞学研究可以追溯到希腊的古典哲学家,如伊索克拉底(Isocrates,公元前436—338)和亚里士多德(Aristotle,公元前384—322)等。他们在雅典等民主城邦教授政治领袖统治的艺术。在这些城邦里,公民可以代表自己的利益,在法庭与政治集会上公开发言(在雅典和其他城邦里,公民言论权仅限于拥有财产的男性公民)。因此,公开演讲、辩论与说服的能力对于完成公民事务——战争与和平、税收、修建纪念碑、财产申报等是极为重要的。

在这个历史阶段,亚里士多德总结了他讲授的公开演讲艺术,将**修辞(rhetoric)**定义为"发现"在任何情况下可用的说服方法的能力(Herrick,2009,p.77)。修辞艺术不仅仅简单地停留在娴熟的演讲上,还是在特定情况下发现可利用的说服资源的能力。这让我们注意到修辞是为有效实现效果,对一切可用的劝服方式进行有目的的选择。因此,我们可以说,**修辞学视角(rhetorical perspective)**关注通过公共辩论、抗议、广告和其他象征性行为模式进行的传播,影响社会态度和行为的目标性努力和结果性努力(Campbell & Huxman, 2008)。

尽管修辞学传统被看作是工具性或者实用性行为——以劝服他人为目的,但很显然它还有第二个功能:有目的地使用语言,塑造(或者建构)我们对世界的感知。即使我们在环境传播中能看到更为实用的方法,修辞学视角也会使我们对更深刻的意义保持敏感。接下来让我们看看这些修辞学资源。

比喻与修辞体裁

公民、环境群体和其他人的教育、劝服和动员等行为直接与语言资源相关。修辞学学者们在网站、电影、演讲材料、广告和其他环境争议性事件的传播中探讨了这些资源的范围——争论、叙述、情感诉求、比喻、修辞类型。让我们简要地看看这些资源中的两个:比喻与修辞。

比喻(tropes)是最为普遍的语言资源。修辞类比喻指的是为了说服的目的而使用文字,将它从原来的意义转向一个新的方向。比喻是语言的一个基本功能。19世纪的哲学家尼采(Friedrich Nietzsche)观察到"没有非修辞的自然的语言"。"就意义方面而言,所有文字本身,从一开始就是比喻"(引自Mayer,2009,p.37)。经过一段时间,特定的比喻获得了我们所熟知的名字,例如隐喻、反语和举隅法,即用"部分"代表"整体"。如我们常简单地用"冰川融化"来标志全球变暖带来的广泛影响。

隐喻(metaphor)在环境传播中是一种主要的比喻手法。举几个例子,"自然母亲""人口爆炸""地球号飞船"以及"碳足迹"等。隐喻的作用是通过"用另一种事物来说明一个事物"而引起对比(Jasinski,2001,p.550)。例如有人将地球的生命延续本质与我们的母亲相对比,还有些人将我们对全球变暖的个人贡献称为足迹。

当科学家、环保人士以及其他人注意到新问题时,新的隐喻会产生。克里斯·路西尔(Chris Russill,2008)注意到气候科学家使用"临界点"(tipping points)作为一种隐喻,提前警告公众如果全球继续变暖会导致什么不可挽回的灾难性后果。还有,石油公司经常使用"足迹"的隐喻来影响关于北极国家野生动物保护区(Arctic National Wildlife Refuge)向石油钻探开放的新闻报道。在2001年,临近美国国会表决时,石油公司的官员借这个形象来表明钻井对环境的影响不大。通过吹捧技术的进步,产业发言人坚持说"通过使用侧身钻与其他先进的技术,150万英亩的沿海平原之下的石油可以在地球表面只留下不超

图3.2 "地球号飞船"的隐喻指出了什么？这是从空中拍摄的第一张地球照片[由阿波罗8号(Apollo 8)的宇航员拍摄]。

NASA

过2000英亩的'足迹'"(Spiess & Ruskin, 2001, para. 1)。《安克雷奇每日新闻》(*Anchorage Daily News*)报道说,石油行业使用足迹的隐喻"被证明是一个有力的修辞",它暗示钻井只会影响不到1%的沿海平原(para. 18)。

参考信息:地球飞船的隐喻

从20世纪60年代宇航员在地球外太空拍摄了第一张地球的照片开始,将地球比喻为飞船这一说法就得到了很广泛的使用。那个蓝绿色的地球悬挂在无边的、黑暗的宇宙之中,让人们思考我们这个小小的星球可能正处于危险之中。美国大使埃德拉·斯蒂文斯(Adlai Stevenson)1965年7月9日在联合国发言时使用了"地球号飞船"这个著名的隐喻。他对联合国的代表们说,我们就如同坐在"一艘小型的飞船上,依靠着脆弱的空气和土壤资源"在宇宙中航行(引自 Park,2001, p. 99)。60 年代后期,建筑师贝肯敏思特·福勒(Buckminster Fuller)写的《地球号飞船航行手册》(*Operating Manual for Spaceship Earth*)一书使得这一隐喻变得更为流行。

经济学家肯尼思·宝丁(Kenneth Boulding, 1965)在 1965 年的一次发言中道出了使用"地球号飞船"这个比喻最有预见性的地方:"一旦我们开始将地球看作是一艘飞船,我们就会发现我们对其的无知程度简直是惊人的。这一点在任何科学领域都是真实存在的。我们实际上对地球的物理系统一无所知……我们甚至不知道人类的行为会让地球变暖还是变冷"(para. 7)。

另外,环境资源往往依赖不同的修辞体裁来影响对某个议题或是问题的感知。**修辞体裁(rhetorical genres)**一般被定义为言说的特定形式或类型,它们"共享某些特征,并与其他类型的言说相区别"(Jamieson & Stromer-Galley, 2001, p. 361)。例如,在上一章,我们发现约翰·缪尔在 19 世纪的自然写作中使用了**崇高**这一体裁,以唤起一种精神升华的感觉。近来使用过的修辞体裁还有天启修辞、悲叹以及被施瓦策(Schwarze, 2006)称为"环境情景剧"(*environmental melo-drama*)的体裁。例如,保罗·埃利希(Paul Ehrlich, 1968)与蕾切尔·卡森(1962)在他们的经典作品《人口爆炸》(*The Population Bomb*)和《寂静的春天》中采用了**天启叙事(apocalyptic narrative)**的文学风格来警示人们日益逼近且日趋严重的生态危机。文学批评家吉米·基林斯沃思与杰奎琳·帕尔默(Jimmie Killingsworth & Jacqueline Palmer, 1996)解释说,"在描绘控制自然的欲望所导致的世界末日这种结果时,(这些作家)已经发现了一种修辞方式,用以驳斥他们的对手声称人类的进步是对自然的胜利的叙事"(p. 21)。

最近,科学家詹姆斯·洛夫洛克(James Lovelock)使用天启性图片警告全球变暖对人类文明潜在的灾难性影响。例如,洛夫洛克(2006)警示说,"在本世纪结束之前,数十亿人将死亡。只有极少数北极地区的人能生存下来,因为那里的气候还可以忍受"(para. 7)。然而对世界末日修辞的依赖可能会引发怀疑论,也容易被人们指责过于夸张。科学家们因此面临着一个两难的困境:如何增强公众对未来由于气候变化而引起的严重后果，如海平面上升、地区冲突的重视，同时又不用依赖天启性愿景？

悲叹与情景剧是环境争论中人们不那么熟悉的体裁。例如，沃尔夫（Wolfe，2008）在苏斯博士（Dr. Seuss）的《老雷斯的故事》（*The Lorax*）中指出了一种比较老旧的悲叹的体裁，它被用来表达对环境的警报。为哀悼希伯来先知耶米利，**悲叹（jeremiad）**体裁最初被命名为"耶米利哀歌"，且一直是美国公共演讲中流行的体裁（Bercovitch，1978）。它是指在演讲或写作中痛惜或是指责民族或社会的行为，并警告人们如果社会不改变其作为将导致的后果。《老雷斯的故事》当然只是一个寓言，但是这也是一个"悲叹"，在其中老雷斯为被文斯勒（Once-ler）置于危险境地的树林们发言，而文斯勒正是工业社会的象征。

其他修辞批评家还有史蒂芬·施瓦策（Steven Schwarze，2006）和威廉·金塞拉（William Kinsella，2008）。他们运用**环境情景剧（environmental melodrama）**的体裁来说明权力议题，以及将环境冲突道德化的方式。作为一种体裁，情景剧"引发社会行动者之间强烈的、两极分化的差别，并在这些差别中灌输道德的严肃性与悲悯的情怀"，因此它是"修辞的丰富资源"（Schwarze，2006，p. 239）。施瓦策认为，情景剧通过认定主要的社会行动者以及"公众利益"是什么，"重新道德化了已被错误掩盖的情况"，以及"再次明确了技术理性的修辞"（p. 250）。他以比尔·莫耶斯（Bill Moyers）为公共广播公司（PBS）拍摄的纪录片《商业秘密》（*Trade Secrets*）为例，该片描述了氯乙烯化学工业对健康的危害：

> 《商业秘密》一方面用科学的语言展示了这些公司秘密的备忘录，描绘了有毒工作场所的场景，一方面拍摄了医院病床上的工人或是寡妇含泪回忆自己的配偶痛苦的遭遇。这种情景剧式的并列拍摄为我们提供了一个清晰的道德框架，诠释这些公司决策者的行为。它们将官员们刻画成对有毒物质的科学界定有着深刻的理解，却对深受其难的人漠不关心的形象……情景剧向人们展示了科学语言的不准确性并强调了其潜在的盲点（p. 251）。

正如这个例子所示，情景剧有助于实用性目的的实现，例如进行公众教育,以及对化学工业的批评。但这个例子还显示了修辞的建构性功能,即重新安排公众的意识,特别是在判断一个工业的行为时对道德框架的修复。这种对道德框架的指向带来了另一个修辞资源,那就是传播框架的使用——调解或者影响我们对环境问题的理解。

传播框架

框架这个术语首先是因社会学家埃尔文·戈夫曼(Erving Goffman,1974)的《框架分析》(*Frame Analysis*)一书而让世人熟悉的。他将**框架(frame)**定义为认知地图或者诠释方式,人们用它来组织自己对现实的理解。一个框架可以帮助人们建构对现实的某部分的某种特定看法或者取向。例如,美国食品与药品管理局(Food and Drug Administration,FDA)最近在考虑禁止在工业化农场使用抗生素以促进牛、猪、鸡的生长和增重。《纽约时报》的一篇社论指出,这种做法"肯定对公共健康是有害的;在农场动物中滥用抗生素被……看作是刺激了抗细菌物质的出现,从而对人类产生影响"(Antibiotics and agriculture,2010,p.A24)。通过引入公共健康框架,《纽约时报》将重点放在对公众可能造成的危险上,同时削弱使用抗生素能给农产品业带来经济利益的重要性。给议题设置这样的框架可以增加报纸对食品与药品管理局禁止使用抗生素的决定的支持。

这一公共健康框架还描绘出框架在建构一个问题或者建议某种解决方式上扮演的角色。正如传播学者罗伯特·恩特曼(Robert Entman,1993)解释的那样,"框架就是选择特定现实的方面,让它更为显著……通过这种方式为已经描述过的问题提供问题定义,阐释事件原因,提供道德评价,示意解决方案"(p.56)。因此,在争议中不同的利益方可能会使用竞争性的框架以影响新闻报道,或者赢得公共支持。例如,奥巴马总统提出,来自美国的清洁能源可以促进经济增长,创造就业。美国总统在每周对公众的讲话中使用创造就业的框架,谈及印第安纳波利斯(Indianapolis)的混合能源公交车计划:

> 这个公司的清洁能源工作是很有前景的,在美国待遇也很好。而且,在未来的年份里,这样的清洁能源公司能保持我们的经济增长势头,创造新就业,并确保美国继续成为世界上最繁荣

的国家(Headapohl, 2011, para. 3)。

另一方面,能源研究所(Institute for Energy Research,2010)这个自由市场研究机构在讨论美国能源政策时也提出了经典的"就业—环境"框架。在它的网站上的报告中,该机构声称为石油或者煤炭燃烧企业划定温室气体排放最高值,"将在 2015 年为美国减少大约 52.2 万个工作,到 2050 年将减少 510 万个"(para. 4)。这样一来,该机构和美国总统奥巴马都使用的就业框架就为公众建构了关于能源政策的矛盾的意义。

主导的与批判的话语

失业的修辞话语让我们关注到美国政治中范围更广泛的修辞话语,那就是声称就业与环境对立。话语这一概念让我们想到修辞资源比任何单一的隐喻、框架或者言说的范围都更为广泛。比较而言,**话语(discourse)**是说话或者写作的再现模式,以社会化的方式发展,因此拥有多元的资源;它的功能是"传递某一重要话题的一系列连贯意义"(Fiske, 1987, p.14)。这一系列的意义常常影响我们对世界如何运作或者应该如何运作的理解。

正如我们在之前所见到的例子,基佛德·平肖关于保护区的话语有助于为伐木等对自然的功利主义使用进行辩护。而且在 20 世纪后期,呼吁环境正义的运动分子批评被普遍接受的环境主义话语,认为它忽略了人们生活、工作、玩耍和学习的地方。这些话语都来自多样的来源,包括论述、新闻报道和其他象征性行为。它们勾连出关于自然和我们与自然的关系的连贯的观点。

当一个话语在文化中获得了一个被广泛接受或理所当然的地位(例如,增长对经济有利)时,或当它的意义帮助某些行为合法化时,它就能被视为**主导话语(dominant discourse)**。通常,这些话语是无形的。对于世界是怎样的,以及应该如何组织,它们都表达了一种自然化或理所当然的假设与价值。

或许,主导环境话语最好的一个例子便是生物学家丹尼斯·皮拉吉斯和保罗·埃利希(Dennis Pirages and Paul Ehrlich,1974)所说的**占统治地位的社会范式(Dominant Social Paradigm,DSP)**。传播学者会说这是一种特定的话语传统。在政治演说、广告、电影中都有这一范式，它肯定了社会对"富裕和进步、为经济增长与繁荣而奉献、科学与技术，以及自由主义经济、有限的政府规划和私有财产的权利"等的信仰（转引自 Dunlap & Van Liere，1978，p. 10）。在我们每日使用的词汇中提及自由市场是繁荣的来源、明智地使用自然资源以建立强大的经济等观点时，我们就可以看到主导话语。

其他的话语可能会质疑社会的主导话语。会话、书写，或者是美术、音乐和图片里描绘自然的可替代方式，均为**批判的话语（critical discourses）**。这些反复出现的言说挑战着社会想当然的假设，并提供了替代现行话语的方式。在某些时代，批判的话语会沉默或者缺失，而在另外一些时期，它们或许会很热闹且被广泛传播。在我们自己的时代，批判的话语在主流媒体与网络上激增，质疑着关于经济增长与环境的主导假设。例如，我们之前（或更早）看到出现了一种新的对抗。这里有一个对抗的空间，这个对抗给质疑碳排放社会基准情景模式的科学家和环境主义者的持续性话语提供了一个开放空间。

关于自然的话语不需要被记录在册，甚至连文字都是不需要的。它们也可能是可视的，用强有力的图片影响我们的感知。在最后一个部分，我将明确指出视觉修辞功能再现或者建构我们对自然界的看法，以及再现和建构什么是环境问题的方式。

视觉修辞：描绘自然

对自然的传播当然不仅限于文字。早在 18 世纪和 19 世纪，在关于美国西部的油画与照片中，视觉图像已经开始在塑造美国人对环境的感知中起到突出作用。从那时起，我们看到了各种对于自然的视觉描绘，从因为全球变暖而引起的冰川融化（Braasch，2007）到电视系列节目《行星地球》中关于海洋、雨林、野生动物和极地冰盖等的令人印象深刻的摄影图像。最近，阿巴拉契亚（Appalachia）的社会活动家们在网上（www. ilovemountains. org）贴了一些很有感染力的照片，抗议在西弗吉尼亚州、肯塔基州与弗吉尼亚州西南部"山顶移除"式的煤炭开采。

因此,修辞学者开始更加关注公共领域中视觉形象的重要性。例如,多布林和莫雷(Dobrin and Morey,2009)呼吁大家研究 *Ecosee*,"研究图片、绘画、电视、电影、电子游戏、电脑媒体以及其他以图片为基础的媒体对空间、环境、生态和自然的视觉再现"(p.2)。他们认为这类研究的目的是理解哪种视觉修辞建构或者挑战了某种对自然或者环境的看法。而奥尔森、芬尼根与候普(Olson,Finnegan,and Hope,2008)在他们的《视觉修辞》(*Visual Rhetoric*)中指出,"公共图像常常发挥着修辞的作用,也就是说它们的功能是说服"(p.1)。因此,在最后,我要描绘环境的**视觉修辞(visual rhetorics)**产生效用的两个劝服方式:(1)通过影响我们的感知或者看待环境的特定方面的方式;(2)建构公众对环境问题的看法。

再现自然的视觉图像

自然界肯定会影响我们,我们的符号行为——包括图像——也会影响我们对自然的感知。当然所有的图像都是人造的,是非自然的。人们选择了世界的某个(不是另外的那些)部分、角度、框架和方式来构成范围更大的现实。结果,视觉再现影响了意义,带给我们对世界的基本看法。

让我们看看18、19世纪关于美国西部的图片,以便更深入地理解这个问题。我们在这些绘画和图片里看到了什么?它们想带来什么样的意义或者倾向?

在艺术与照片中重塑自然

此前,我们看到18世纪与19世纪的艺术家如托马斯·科尔(Thomas Cole)、艾伯特·比斯塔特(Albert Bierstadt)以及哈德逊河派的画家们是公众认识美国西部的重要源头。同样重要的还有那些随军事远征军与调查者进入美国西部的艺术家与摄影师们。他们都是第一批向生活在美国东部城镇的人们描绘美国西部的人。优胜美地、黄石公园、落基山脉以及大峡谷(Grand Canyon)等的照片,不仅使这些地方广受欢迎,而且时常见于媒体当中,"成为影响公众对这些地区予以保护、支持的因素"(DeLuca & Demo,2000,p.245)。

不过,随着这些图片的普及,关于自然和人类与土地的关系形成了某种倾向和意识形态定位。一方面,哈德逊河派的绘画有助于将自然区域定位为原始且崇高的客体。而修辞学者格雷戈里·克拉克、迈克尔·哈洛伦与艾利森·伍德福德(Gregory Clark, Michael Halloran and Allison Woodford, 1996)认为,这些关于荒野的绘画将自然描绘为独立于人类文化的存在;通过以自上而下的或操纵自然的视角看待关于风景的绘画,人类观察者便和这些作品拉开了距离。他们总结说,虽然这样的描绘表达了对土地的敬意,但是这种描绘方式也"在修辞上推进着征服的过程"(p. 274)。

近来,修辞学批评家凯文·德卢卡与安娜·德莫(Kevin DeLuca and Anne Demo, 2000)认为,西部风光照中被忽略的与被描绘的一样重要。以 19 世纪 60 年代摄影师卡尔顿·沃特金斯(Carleton Watkins)拍摄的早期的优胜美地的照片为例,德卢卡与德莫写道,当沃特金斯避开人类符号,将优胜美地描绘为荒野时,他也建构了一种自然神话,那就是原始的自然是有害的。在对这种场景隐含的修辞的评论中,他们认为,"白人将优胜美地过誉为天堂、伊甸园,这依赖于强行驱逐或遗忘过去 3500 年来当地的原住民"(p. 254)。作家丽贝卡·索尼特(Rebecca Solnit, 1992)曾指出,"美国西部并不是空无一物,它是被弄空的——从表面看它是被如玛利波萨军队(the Mariposa Battalion)(他们在 19 世纪 50 年代杀害或是迁移了在优胜美地的原始居民)这样的远征队弄空的,而在形式上它是被许多画家、诗人与摄影师创造的那个处女天堂的高尚形象给弄空了"(p. 56,引自 DeLuca & Demo, 2000, p. 256)。

不论是否同意德卢卡与德莫关于沃特金斯的照片带来的影响的评论,重要的是要注意到,在塑造对于自然区域的感知,以及意识到人类社区的污染物与有毒废弃物的影响方面,图像常常扮演着极其重要的角色。正如德卢卡与德莫(2000)所认为的,视觉图像常常"被卷入到一股多元与冲突性的话语湍流中,这些话语决定着在特定情境下这些图像的意义是什么";的确,在很多方面,这些图片构成了"一个政治得以发生的语境,它们创造着现实"(p. 242)。

看见北极熊与全球变暖

视觉图像比如图片不是自我存在的。它们不只是一些东西的图像,例如老鹰、山脉或者被污染的厂区。一些图像还会唤起其他的图像和文字,从而唤起众多联想和意义。正如德卢卡与德莫(2000)所提醒的那样,视觉图像存在于"一股多元与冲突性的话语湍流中,这些话语决定着在特定情境下这些图像的意义"(p. 242),因此理解"这些图像如何适用于更大的图文生态系统"就很重要了(Dobrin & Morey, 2009, p. 10)。以人们看到北极熊图片时的情境为例。

《天气制造者》(*The Weather Makers*)的作者蒂姆·弗兰纳里(Tim Flannery, 2005)写道:"如果有什么象征着北极,那肯定是北极熊(p. 100),那只大白熊。"北极熊的形象在流行文化中极为丰富。我们可以在贺卡、环保组织的请愿中见到它的形象,我们还在 2007 年的《黄金罗盘》(*The Golden Compass*)中见到了一只非常受人尊重的熊——莱拉克·白林森(Lorek Byrnison)——帮助莱拉(Lyra)在北极拯救好友。近来,北极熊为生存而挣扎的图片成为全球变暖最强有力的象征符号。早在 2005 年,科学家们就发现由于气候变化导致浮冰融化,北极熊们淹死在北冰洋里。由于北极熊要利用浮冰捕获食物,当它们漂浮得更远之后,就被迫游更长的距离。

2008 年夏,在楚科奇海(Chukchi Sea)上空飞行从而进行一项有关鲸鱼的调查的观察者们发现,北极熊们在一片开阔的海域游泳。这些北极熊离阿拉斯加的海岸有 15 至 65 英里,"一些向北游,明显是试图到达极地冰盖的边缘,而冰盖却在 400 英里以外"(As Arctic sea ice melts, 2008, p. A16)。"虽然北极熊擅长游泳,但它们适合在岸边游泳。海上的旅程容易让它们疲惫、体温过低或是被浪潮吞没"(Iredale, 2005, para. 3)。

因此,北极熊是出现在关于气候变化的报道中,还是在贺卡或者魔幻电影里,所构成的语境是非常不同的。在关于气候变化的报道中,站立在融化的冰上的北极熊是一个视觉的**凝缩符号(condensation symbol)**。凝缩符号是一个词或者一个词组(或者图像),"它激起听众对最基本的价值取向的深刻印象"(Graber, 1976, p. 289)。政治学家默里·爱德曼(Murray Edelman, 1964)强调,这种符号能"凝缩出一个象征性事件,或是符号化"强烈的情绪、记忆或是关于某事件或状况的焦虑(p. 6)。脆弱的北极熊的图像就是我们对全球变暖的担忧的凝缩符号。这些符号可以帮助我们建构我们对什么是环境问题的理解。

视觉化环境问题

之前我曾经说过,问题不会就杵在那儿,等我们看到。它们其实是被我们这些公民的脑子创造出来的。我们的思绪在斗争,思考如何给一系列环境问题命名。正如安德斯·汉森(Anders Hansen,2010)解释的那样,我们对公共议题比如气候变化的重要性的认识是一系列环境工作的结果。例如:

> 浮冰、北极和南极景观、冰川等都开始等同于或者标志着"受威胁的环境",最终意味着"全球变暖"或气候变化。而在过去,它们可能标志着其他完全不同的东西,比如"挑战"或者人类努力征服的对象……或者就是"原始的"和美学上令人愉悦的环境,因为它们还未被触及和开发……(p.3)

事实上,气候变化缺乏视觉证据,这已经成为科学家教育民众时的一个问题。而另一方面,讲述美国煤炭产业的纪录片《最后的山脉》(*The Last Mountain*)被选为美国参加圣丹斯电影节(Sundance Film Festival)的官方影片。这部电影提供了非常有力的视觉证据,控诉由于人类移除山顶、将大山的顶部爆破以开挖煤矿而带来的环境问题。

最后,视觉图像是一个斗争的领域,也就是说不同的观点可能会挑战并寻求压倒之前的图像,或者可能会使用完全不同的图像去视觉化同样的情境。这种修辞斗争的结果常常会决定政治的语境。让我们来看两个例子,看看视觉图像如何成为环境问题的证据:一个是关于在美国阿拉斯加北极国家野生动物保护区进行石油钻探的争论;另外一个是2010年英国石油公司"深水地平线"钻井平台在墨西哥湾的石油泄漏事件中的现场视频。

▶ 从本土行动!

"看见"全球气候变化

一些气候科学家和记者抱怨说公众不能"看见"全球变暖。事实上,除了在电视上偶尔看到融化的冰川或者某些纪录片之外,公众一般的确不掌握气候变化的视觉证据。

你如何解决这个问题？记者、科学家、电影人或者社会化媒介如何在视觉上呈现气候变化的发生和影响？在网上试着搜索一下下列问题：

1. 如何呈现持久的干旱？找找美国西南部野火的图片，还有东非受损的农业，以及畜牧业和村庄受到影响的图片。

2. 海平面上升的问题如何呈现？找找海岸或者沿海社区抗击暴风雨的图片，盐水渗入农田、侵蚀海岸线的图片，或者大浪淹没公路的图片。

3. 如何呈现疾病的问题？找找加拿大和美国消亡或者正在消亡的森林的图片。

你觉得还有哪些视觉图像可以提供关于气候变化及其影响的视觉证据？这些图像的特点是什么，从而使得观者对此问题产生了潜在的兴趣？这些图片如何对观者呈现或者让观者联想到气候变化？

摄影与北极国家野生动物保护区

2000 年 10 月, 33 岁的物理学家苏邦汉卡·班纳杰(Subhankar Banerjee)开始了一个为期两年的摄影项目, 拍摄阿拉斯加北极野生动物保护区的四季与生物多样性。为了完成这个项目, 他借助徒步、独木舟和雪地摩托等方式, 行程 4000 英里, 穿越野生动物保护区, 拍摄了一系列令人惊叹的照片, 并出版了《北极国家野生动物保护区：生命与土地的四季》(*Arctic National Wildlife Refuge*：*Seasons of Life and Land*, 2003)一书(大家可以登录这个网站观看部分图片, www. subhankarbanerjee. org)。

班纳杰希望他的摄影作品可以教育公众, 让公众了解阿拉斯加的动物保护区所受到的威胁。位于华盛顿哥伦比亚特区的史密森尼博物馆(The Smithsonian Museum)准备在 2003 年举办一个大型的班纳杰摄影展。然而, 这个年轻的科学家与摄影师突然发现他的照片与展览陷入一场政治争议。2003 年 3 月 18 日, 美国参议院就在北极国家野生动物保护区进行石油钻探展开辩论。加州参议员芭芭拉·博克瑟(Barbara Boxer)呼吁每一位议员"在保护区成为一个冰冻的荒地之前"参观一下史密森尼博物馆举行的摄影展(Egan,2003,p. A20)。在之后关于开放保护区石油钻探的投票中,这个提案因为4票之差而未能通过。

尽管班纳杰的摄影不是影响参议员投票的唯一因素,但是他的照片所引发的争论导致了一场政治风暴,并创造了一个有益于保护区的辩论语境。《华盛顿邮报》(*Washington Post*)的作家蒂莫西·伊根(Timothy Egan,2003)写道,班纳杰曾被史密森尼博物馆告知"博物馆受到巨大压力,要取消展览或大幅修改展览内容"(p. A20)。博物馆的文件可以让我们看到这些修改意见是什么。例如伊根报道说,班纳杰拍摄的罗曼诺夫山脉(Romanzof Mountains)原来的图片说明是这样一段文字:"这个保护区拥有我所见过的最美丽的景色,并且它是如此荒远且未经驯服,许多山峰、峡谷与湖泊至今仍然没有名字。"但是修改过的图片说明仅仅写着:"罗曼诺夫山脉中一座未命名的山峰。"而在参议员投票失败之后,史密森尼博物馆"致信给班纳杰的出版商说,史密森尼博物馆与班纳杰先生的作品不再有任何关系"(p. A20)。

史密森尼博物馆对班纳杰的批评是很有说明意义的。照片可以成为有力的修辞言说。正如德卢卡与德莫(2000)所认为的,它们可以构成理解与判断的语境。尤其是当伴有特定含义的图片说明时,图片可以包含一系列符号资源,支持或是挑战通行的观点。一些观察家认为班纳杰关于阿拉斯加的荒野的照片就具有这样的潜在意味。一个为怀俄明州的杰克逊霍尔(Jackson Hole)的《星球》(*Planet*)撰稿的书评家认为,"有时候,通过创造对主体更丰富的理解,图片可以改变历史,从而让公众对该议题形成更深入的理解"(Review,2003)。

墨西哥湾石油泄漏的图片

2010年4月20日,墨西哥湾的"深水地平线"钻井平台发生了猛烈的爆炸,导致11名工人死亡。英国石油公司的钻井平台沉没,而石油公司未能"成功补救",使得原油在离海面1英里的水下迅速扩散到墨西哥湾。石油泄漏了87天,直到英国石油公司找到办法临时堵住了井口。尽管英国石油公司起初宣称石油的流速是缓慢的,但美国政府的科学家还是断定每天有150万至250万加仑的石油流入湾区(CNN Wire Staff, June 16, 2010)。到了2010年9月18日,当英国石

图3.3　2010年4月21日,"深水地平线"钻井平台在墨西哥湾发生爆炸,消防员们正在奋力扑火。

美国海岸自卫队(U. S. Coast Guard)图片

油公司决定永久关闭该钻井平台时,大约500万桶或者说两亿加仑的石油已经被倾倒入墨西哥湾的水域中。油污和焦油球最终流到了美国的路易斯安那州、阿拉巴马州、佛罗里达州等地的湿地、沼泽和海岸。美国政府宣布路易斯安那州、阿拉巴马州和佛罗里达州沿岸遭遇鱼灾,沿岸宾馆和餐饮业在夏季生意锐减。美国监管油污清理的相关官员称之为"美国历史上最糟糕的石油泄漏"事件(Hayes, 2010, para. 1)。

从油井爆炸那天开始,视觉图像便将公众对该事件的感知框架设置成经济和发展问题。影片展示了"深水地平线"钻井平台坍塌的样子,卫星图片显示了四万平方英里的区域被石油污染,记者对失业的路易斯安那州的捕虾工人进行访谈,被石油浸泡的海鸟、乌龟和海豚艰难地挣扎……电视摄像机让人们看到了被石油污染的湿地,以及穿着写有"灾难应变部队"字样的白色套装的人们正在捡起被冲刷到海滩的焦油球(关于石油泄漏的图片与视频可查看 www. nola. com/

news/gulf-oil-spill）。

尽管有这些惊人的图像，一些人依然担心人们没有看到问题有多严重。一位科学家对一个监测委员会说："我认为在海平面之下还有大量的石油，而不幸的是，这些是我们看不到的"（引自 Froomkin，2010，para. 7）。要部分地"看见"这个问题，我们可以看看英国石油公司的远程操作装置拍摄的石油从水下井口喷涌入海水中的现场录像。一开始英国石油公司是想对外封杀这段现场录像的，但是在美国联邦政府官员巨大的压力下，公司服软并同意了"持续向公众提供泄漏的现场录像"（Froomkin，2010，p. 1）。

石油从破损的井口冲入海水的即时录像非常令人震撼："实时的生态灾害展现在观众眼前，比电视剧《迷失》（Lost）的最后一集更能抓住观众的心"（Fermino，2010，p. 1）。在那几天里，上百万观众观看了录像，至少 3000 家网站使用了实时信息流（Jonsson，2010）。有一个记者写道，"瞥一眼深海里发生了什么简直太吸引人了"（Jonsson，2010，para. 2）。这些图像如此引人入胜以至于"当奥巴马总统谈到这个历史性的石油泄漏事件时，电视新闻频道播放的是一分为二的画面，一面是奥巴马，一面是喷涌的石油"（Fermino，2010，p. 1）。

墨西哥湾石油喷涌的画面，以及被淹没的北极熊的画面都能够帮我们构成意义的语境，并清晰地表现话语的多重流动。因此，视觉媒介能够影响我们对环境的理解和评价，从而证明了我之前所说的修辞在指引我们认识自然界时扮演的建构角色。

延伸阅读

● Tema Milstein, "Nature Identification: The Power of Pointing and Naming," *Environmental Communication: A Journal of Nature and Culture*, 5 (2011), 3—24.

● *The Last Mountain*，一部关于在山顶开采煤矿的纪录片，且被选为 2011 年圣丹斯电影节官方参选影片。

● Finis Dunaway, *Natural Visions: The Power of Images in American Environmental Reform*. Chicago: University of Chicago Press, 2008; and "Seeing Global Warming: Contemporary Art and the Fate of the Planet," *Environmental History 14* (January 2009): 9—31.

• Kevin DeLuca and Anne Tersa Demo, "Imaming Nature: Watkins, Yosemite, and the Birth of Environmentalism," *Critical Studies in Mass Communication*, 17 (2000), pp. 241—260.

关键词

天启叙事	凝缩符号
批判的话语	话语
主导话语	占统治地位的社会范式
环境情景剧	框架
悲叹	隐喻
命名	修辞
修辞体裁	修辞学视角
社会—符号视角	崇高
辞屏	比喻
视觉修辞	

讨论

1. 当亨德尔和布朗(1996)说"说实在的,在现象世界里,根本就没有客观的环境,也没有环境能和我们再现它的辞藻分离",他们是什么意思? 你同意这个论断吗?

2. 关于气候变化的天启警示有效吗? 这种警示会存在可信性问题吗? 如果不依赖海平面上升、持久干旱带来的死亡等灾难事件的视觉表达,科学家如何增强公众对气候变化可能造成的严重影响的意识?

3. 在我们将其命名为一个问题之前,环境问题存在吗? 你如何解释这样的一个事实,即不是所有人都同意气候变暖是个问题?

4. 视觉图像如何被以修辞方式使用,以建构起对自然或者环境的意识形态观? 今天它是什么样的?

参考文献

Antibiotics and agriculture. (2010, June 30). *The New York Times*, p. A24.

As arctic sea ice melts, experts expect new low. (2008, August 28). *The New York Times*, p. A16.

Banerjee, S. (2003). *Arctic National*

Wildlife Refuge: Seasons of life and land. Seattle, WA: Mountaineer Books.

Bercovitch, S. (1978). *The American jeremiad*. Madison: University of Wisconsin Press.

Boulding, K. E. (1965, May 10). Earth as a spaceship. Address at Washington State University. Retrieved September 17, 2010, from www. colorado. edu/.

Braasch, G. (2007). *Earth under fire: How global warming is changing the world*. Berkeley: University of California Press.

Burke, K. (1966). *Language as symbolic action: Essays on life, literature, and method*. Berkeley: University of California Press.

Campbell, K. K., & Huxman, S. S. (2008). *The rhetorical act* (4th ed.). Belmont, CA: Thomson Wadsworth.

Carson, R. (1962). *Silent spring*. Boston: Houghton Mifflin.

Clark, G., Halloran, M., & Woodford, A. (1996). Thomas Cole's vision of "nature" and the conquest theme in American culture. In C. G. Herndl & S. C. Brown (Eds.), *Green culture: Environmental rhetoric in contemporary America* (pp. 261—280). Madison: University of Wisconsin Press.

CNN Wire Staff. (2010, June 16). Oil estimate raised to 35,000—60,000 barrels a day. Retrieved September 11, 2010, from http://edition. cnn. com/.

DeLuca, K., & Demo, A. T. (2000). Imaging nature: Watkins, Yosemite, and the birth of environmentalism. *Critical Studies in Mass Communication*, *17*, 241—260.

Depoe, S. P. (2006). Preface. In S. P. Depoe (Ed.), *The environmental communication yearbook* (Vol. 3, pp. vii—ix). London: Routledge.

Dobrin, S. I., & Morey, S. (Eds.). (2009). *Ecosee: Image, rhetoric, Nature*. Albany, NY: SUNY.

Dunlap, R. E., & Van Liere, K. D. (1978). The "new environmental paradigm": A proposed instrument and preliminary analysis. *Journal of Environmental Education*, *9*, 10—19.

Edelman, M. (1964). *The symbolic uses of politics*. Urbana: University of Illinois Press.

Eder, K. (1996a). *The social construction of nature*. London: Sage.

Eder, K. (1996b). The institutionalization of environmentalism: Ecological discourse and the second transformation of the public sphere. In S. Lash, B. Szerszynski, & B. Wynne (Eds.), *Risk, environment, and modernity: Towards a new ecology* (pp. 203—223). London: Sage.

Egan, T. (2003, May 3). Smithsonian is no safe haven for exhibit on Arctic Wildlife Refuge. *The New York Times*, p. A20.

Ehrlich, P. R. (1968). *The population bomb.* San Francisco: Sierra Club Books.

Entman, R. M. (1993). Framing: Toward clarification of a fractured paradigm. *Journal of Communication*, *43* (4): 51—58.

Evernden, N. (1992). *The social creation of nature.* Baltimore: Johns Hopkins University Press.

Fermino, J. (2010, September 11). Camera captures BP's PR disaster for all to see.

New York Post. Retrieved September 11, 2010, from http://www.nypost.com/.

Fiske, J. (1987). *Television culture.* London: Methuen.

Flannery, T. (2005). *The weather makers: How man is changing the climate and what it means for life on earth.* New York: Grove Press.

Froomkin, D. (2010, June 1). Gulf oil spill: Markey demands BP broadcast live video feed from the source. *Huffpost Social News.* Retrieved September 11, 2010, from http://www.huffingtonpost.com.

Fuller, B. (1963). *Operating manual for spaceship earth.* New York: Dutton.

Goffman, E. (1974). *Frame analysis: An essay on the organization of experience.* Cambridge, MA: Harvard University Press.

Graber, D. A. (1976). *Verbal behavior and politics.* Urbana: University of Illinois Press.

Hansen, A. (2010). *Environment, media, and communication.* New York: Routledge.

Haraway, D. (1991). *Simians, cyborgs, and women: The reinvention of nature.* New York: Routledge.

Hayes, K. (2010, September 20). U. S. says BP permanently "kills" Gulf of Mexico well. Reuters. Retrieved September 20, 2010, from http://www.reuters.com/.

Headapohl, J. (2011, May 7). Obama touts clean energy jobs in weekly address. Retrieved May 20, 2011, from www.mlive.com/.

Herndl, C. G., & Brown, S. C. (1996). Introduction. In C. G. Herndl & S. C. Brown (Eds.), *Green culture: Environmental rhetoric in contemporary America* (pp. 3—20). Madison: University of Wisconsin Press.

Herrick, J. A. (2009). *The history and theory of rhetoric: An introduction.* Boston: Pearson.

Institute for Energy Research. (2010, June 30). New study: Kerry-Lieberman to destroy up to 5.1 million jobs, cost families $1,042 per year, wealthiest Americans to benefit. Retrieved September 16, 2010, from http://www.instituteforenergyresearch.org.

Iredale, W. (2005, December 18).

Polar bears drown as ice shelf melts. *The Sunday Times* [UK]. Retrieved November 8, 2008, from http://www.timesonline.co.uk.

Jamieson, K. H., & Stromer-Galley, J. (2001). Hybrid genres. In T. O. Sloane (Ed.), *Encyclopedia of rhetoric* (pp. 361—363). Oxford, UK: Oxford University Press.

Jasinski, J. (2001). *Sourcebook on rhetoric: Key concepts in contemporary rhetorical studies.* Thousand Oaks, CA: Sage.

Jonsson, P. (2010, May 29). BP "top kill" live feed makes stars out of disaster bots. *The Christian Science Monitor.* Retrieved September 16, 2010, from www.csmonitor.com/.

Killingsworth, M. J., & Palmer, J. S. (1996). Millennial ecology: The apocalyptic narrative from *Silent Spring* to Global Warming. In C. G. Herndl & S. C. Brown (Eds.), *Green culture: Environmental rhetoric in contemporary America* (pp. 21—45). Madison: University of Wisconsin Press.

Kinsella, W. J. (2008). Introduction: Narratives, rhetorical genres, and environmental conflict: Responses to Schwarze's "environmental melodrama." *Environmental Communication: A Journal of Nature and Culture, 2,* 78—79.

Latour, B. (2004). *Politics of nature: How to bring science into democracy.* (C. Porter, Trans.). Cambridge, MA: Harvard University Press. (Originally published 1999. Paris: Editions la Découverte)

Lindzen, R. S. (2009, July 26). Resisting climate hysteria. *Quadrant Online.* Retrieved September 15, 2010, from http://www.quadrant.org.

Lovelock, J. (2006, January 16). The earth is about to catch a morbid fever that may last as long as 100,000 years. *The Independent.* Retrieved November 26, 2008, from http://www.independent.co.uk/.

Mayer, C. (2009). Precursors of rhetoric culture theory. In I. Strecker & S. Tyler (Eds.), *Culture and rhetoric* (pp. 31—48). New York: Berghahn Books, 2009.

Milstein, T. (2011, March). Nature identification: The power of pointing and naming. *Environmental Communication: A Journal of Nature and Culture, 5*(1), 3—24.

Moyers, B. (2011). *Trade Secrets.* Public Broadcasting Corporation. Retrieved from http://www.pbs.org/tradesecrets.

Olson, L. C., Finnegan, C. A., & Hope, D. S. (Eds.). (2008). *Visual rhetoric: A reader in communication and American culture.* Thousand Oaks, CA: Sage.

Oravec, C. L. (2004). Naming, interpretation, policy, and poetry. In S. L.

Senecah (Ed.). *Environmental commu-nication yearbook* (Vol. 1, pp. 1—14). Mahwah, NJ: Lawrence Erlbaum.

Park, C. C. (2001). *The environment: Principles and applications.* London: Routledge.

Pirages, D. C., & Ehrlich, P. R. (1974). *Ark Ⅱ: Social response to environmental imperatives.* San Francisco: Freeman.

Rampton, S. (2002). Sludge, biosolids and the propaganda model of communication. *New Solutions*, *12* (4), 347—353. Retrieved September 14, 2010, from http://www. sludgenews. org.

Review. (2003, June 5). Subhankar Banerjee, Arctic National Wildlife Refuge: Seasons of Life and Land. *Planet.* Retrieved July 17, 2004, from www. mountaineersbooks. org.

Ross, A. (1994). *The Chicago gang-ster theory of life: Nature's debt to society.* London: Verso.

Russill, C. (2008). Tipping point fore-warnings in climate change communication: Some implications of an emer-ging trend. *Environmental Communi-cation: A Journal of Nature and Cul-ture*, *2*, 133—153.

Schwarze, S. (2006). Environmental mel-odrama. *Quarterly Journal of Speech*, *92* (3), 239—261.

Solnit, R. (1992). Up the river of mer-cy. *Sierra*, *77*, 50,53—58, 78, 81, 83—84.

Spiess, B., & Ruskin, L. (2001, No-vember 4). 2, 000-acre query: AN-WR bill provision caps development, but what does it mean? *Anchorage Dai-ly News.* Retrieved April 13, 2004, from www. adn. com.

Stone, D. (2002). *Policy paradox: The art of political decision making* (Rev. ed.). New York: Norton.

Tindall, D. B. (1995). What is envi-ronmental sociology? An inquiry into the paradigmatic status of environmen-tal sociology. In M. D. Mehta & E. Ouellet (Eds.), *Environmental soci-ology: Theory and practice* (pp. 33—59). North York, Ontario, Canada: Captus Press.

Wolfe, D. (2008). The ecological jere-miad, the American myth, and the viv-id force of color in Dr. Seuss's *The Lorax. Environmental Communication: A Journal of Nature and Culture*, *2*, 3—24.

第二部分
公民之声与公众论坛

第四章　环境决策中的公众参与

奋力让公众参与进来。

U. S. National Environmental Policy Act(1970)

"环境问题只有在全体相关市民的参与下才能得到最好的解决",个人"应该可以获知那些掌握在政府机构手中的环境信息……并获得参与决策过程的机会"。

——Rio Declaration on Environment and Development(1992)

当今政治景观中最突出的一个特征是普通公民、环境组织、科学家、商人和其他人日益参与到环境决策中。环境史学家塞缪尔·海斯(Samuel Hays,2000)注意到人们已经被"引诱着、哄着、教育着和鼓励着积极地学习、投票和支持(环境)法规……在环境决策过程的每个阶段给决策者写信、打电话、发传真和发电子邮件"。所有这些都为美国政治体系的基本面——公众参与做出了重要的贡献(p.194)。

在本章,我将集中探讨美国和其他一些国家在加强公民环境决策权利方面的发展。公民的参与往往是保护濒危野生生物栖息地、获得更清洁的空气和水、确保更安全的工作环境等方面至关重要的因素。

本章观点

本章描述了能让公民积极参与环境决策的一些法律保障和公共传播论坛。

• 本章的前三个部分指出了体现公共参与理想的法律权利与实践:

1. 知情权。
2. 就环境规划项目或条例公开评论的权利。
3. 针对危害环境质量的行为在法庭上的诉讼权。
- 本章的最后一个部分描述了全球范围内保护公共参与的民主法规的增加。

公众参与(**public participation**)是一种原则,指的是"那些受到某一决策影响的人们有权参与到决策过程中"(*Core values*, 2008)。我们还假设这些人的参与会给那些影响他们的决策带来一定的影响。因此公众参与被视为一种赋权模式,是民主的核心特征。这一点在环境决策上尤为正确。在这里,我将美国的公众参与定义为独立个体与群体通过以下几项权利影响决策的能力:(1) 知情权或者是信息接近权;(2) 对决策机构的评论权;(3) 对政府机构和商业机构的环境决策和行为进行诉讼的权利。

这些权利反映了更加基本和民主的原则:(1) 知情权反映了**透明度**(**transparency**)原则,或者政府行为公开接受公民审查的原则;(2) 评论权反映了民主决策的直接参与原则;(3) 诉讼权体现了一种问责原则,也就是要求政治权威机构遵守已经协商好的标准和规则(以上原则在表4.1中做了总结)。

知情权:获知信息

民主社会最显著的规范之一就是透明度原则。简单来说,就是对政府公开信息的信仰,以及对公民有权获知与自己生活相关的重要信息的信仰。国际上,在1992年举办的联合国环境与发展大会(United Nations Conference on Environment and Development),即"地球峰会"(Earth Summit)上,透明度原则被特别用在了环境问题上。《里约环境与发展宣言》(1992)第10条原则提出"环境问题只有在全体相关市民的参与下才能得到最好的解决",个人"应该可以获知那些掌握在政府机构手中的环境信息……并获得参与决策过程的机会"。《比斯开宣言》(*Declaration of Bizkaia*, 1999)进一步肯定了透明度原则,它宣称

"透明性要求信息接近权和知情权……每个人都有获知环境信息的权利,而无须证明自己是利益相关者"。

对透明度原则的认可也体现了信息和信息控制者在影响环境政策上的重要性。正像海斯(2000)观察到的那样,政治力量越来越根植于理解环境问题的复杂性的能力,而"这种力量的核心是信息以及掌握该信息所需要的专业知识和技术"(p. 232)。

到20世纪晚期,为了确保决策透明,人们推动了**阳光法案(sunshine laws)**的诞生。这些法律要求政府机构对公众开放会议,以让他们的工作置于公众监督的阳光之下。美国国会普遍向公众开放了政府工作记录。1972年的《清洁水法》第一次要求联邦政府机构向公众提供水污染信息。而且正如我们在后面将看到的,1970年的《国家环境政策法》要求所有的联邦政府机构就它们提出的所有项目提供环境影响评估报告,例如在做出填埋湿地的最终决策之前,必须进行环境影响评估。这些环境影响评估报告对那些监督政府机构的群体特别重要。

在美国,有两部法律为公众知情权提供了重要保障。所谓**知情权(right to know)**就是公众获取环境信息的权利,或者获知关于政府潜在的影响环境的行为的信息的权利。这两部法律分别是《信息自由法》和《应急计划和社区知情权法案》,后者推动建立了美国"有毒物质排放清单"(Toxic Release Inventory)制度。

表4.1　环境决策中的公众参与模式

法律权利	参与模式	法律权威	民主原则
知情权	对获取信息提出书面请求;从网络等处获得相关文件	《信息自由法》"有毒物质排放清单"《清洁水法》、阳光法案	透明度
评论权	公众听证会的证词;参与咨询委员会;发表书面评论(信件、电子邮件等)	《国家环境政策法》	直接参与
诉讼权	法律事件的原告、法律案件的非当事人的意见陈述	《清洁水法》和其他法规最高法院的裁决(塞拉俱乐部诉莫顿案等)	问责

《信息自由法》

自 1946 年的《行政程序法》(**Administrative Procedure Act, APA**) 开始,美国政府就开始向更为透明的方向迈进。为了回应对政府机构徇私舞弊和贪污腐败的指控,《行政程序法》为美国政府机构制定了新的运作标准。它要求所有可能成为法律的规章都必须在《联邦纪事》(*Federal Register*) 上公布,以便公民在其生效前有机会予以回应。然而,它并没有规定政府机构应该向公众公开与其决策相关的记录和文件。

迫于要求更多信息知情权的公众压力,美国国会在 1966 年通过了《信息自由法》(**Freedom of Information Act, FOIA**)。这项法律保证任何人都有权利查看任何行政机构的记录(除了法院和国会)。记者、学者和环境组织经常查询以下这些机构的记录:林务局、鱼类和野生生物管理局(Fish and Wildlife Service)、土地管理局、能源部、环保署和其他一些机构。只要提出书面申请,相关行政机构就要公布与请求话题相关的所有记录,除非这个机构有公开豁免权(如果想详细了解这些豁免权,可登录 www. usdoj. gov.)。《信息自由法》还保证那些被拒绝要求的团体可以通过在联邦法庭的诉讼寻求强制执行法律。

在 1996 年,美国国会通过了《电子信息自由法修正案》(**Electronic Freedom of Information Amendments**),作为对《信息自由法》的补充。该修正案要求行政机构满足公众在网上获知信息的要求。典型方式就是在行政机构的网站上提供导航页,满足《信息自由法》规定下的要求(见"参考信息:如何利用《信息自由法》提出请求")。每个州在管理针对州行政机构的记录的公共信息获取方面都采用了差不多的步骤。

参考信息:如何利用《信息自由法》提出请求

关于《信息自由法》的信息可参询美国司法部的指南(www. justice. gov/oip/foia_guide09. htm),或者参看新闻出版自由记者委员会(Reporters Committee for Freedom of the Press's) 的"如何按照《信息自由法》的要求起草书面请求"(www. rcfp. org/foia)。同时,也可以根据

《信息自由法》访问美国环境保护署的网站（www. epa. gov/foia）以获得相关文件。

如果要从其他政府机构获取信息，访问它的网站即可。例如，如果你想知道你所在地区的美国林务局办公室在最近的木材买卖中是如何实施美国《濒危物种法》的，可以直接去林务局的网站（www. fs. fed. us/im/foia/）发出《信息自由法》所允许的请求，之后你就会看到一份指导你提交请求的指南。林务局的网站也会提供一个请求信件的模板（www. fs. fed. us/im/foia/samplefoialetter. htm）。

根据《信息自由法》，个人、公共利益团体、记者和其他人可以通过常规手段从政府机构获取信息，从而监督它们的决策和颁发许可的决定。例如，一个当地的河流保护组织也许对这样的信息感兴趣：如果一个矿业公司在当地河流挖沙的申请被美国陆军工程兵团（Army Corps of Engineers）批准了，这个矿业公司计划怎么去做（美国陆军工程兵团是一个联邦政府组织，负责根据《清洁水法》发放许可）。尽管矿业公司的申请是公开的，但是它实际的计划书并不公开；因此，河流保护组织就可以根据《信息自由法》提出请求来获得相关信息。

如果居民所在社区被有毒化学物质污染了，他们也可以使用《信息自由法》来搜集信息，以对污染者的侵权行为提出法律诉讼。**环境侵权（environmental tort）**是对某种伤害或者诉讼案件的法律索偿权，正如电影《永不妥协》（*Erin Brockovich*）和《民事诉讼》（*A Civil Action*）中描述的一样。根据美国联邦法律，环境保护署要保存排放有害废物的公司的相关记录，包括排污许可证。当某一团体准备进行法律诉讼时，它可以依照《信息自由法》从环境保护署那里要求获得相关文件。

后"9·11"时代的知情权

2001年美国发生了恐怖袭击，这之后美国国会和行政部门很快就给联邦执法机构和情报机构赋予了新的权力。然而，公民自由主义者、公共利益团体和环保主义者发现这些赋权对民主社会具有危害。历史学家杰拉尔德·马克维茨和大卫·罗斯纳（Gerald Markowitz & David Rosner, 2002）报告说，"9·11"恐怖袭击之后，布什政府开始限制公众获取污染企业的信息，还限制记者和历史学家获取之前依照《信息自由法》可以查阅的政府相关资料（p. 303）。

在"9·11"之前从公共开放源中搜索过与环境议题相关的信息而发现如今不可得的一些学者和个人,因此成为最早注意到联邦政府机构这一转变的人。例如,《今日美国》(USA Today)报道说:

> 联合国分析员伊恩·托马斯(Ian Thomas)联系美国档案馆……想获得一份30年前的非洲地图,拟订一项救援计划。但是档案馆告诉他,政府不再将这些信息提供给公众。无独有偶,约翰·柯奎特(John Coequyt)——一个环保主义者,试图链接到一个网络数据库,里面有环境保护署提供的违反环境污染法的化工厂的名单,但也被拒绝了(Parker, Johnson, & Locy,2002,1A)。

事实上,在"9·11"袭击后八个月的时间里,美国联邦政府从网站上移除了数以千计的公共文件;也就是说,获取这些资料更难了。例如,关于化工厂意外事故的文件,之前可以从环境保护署的网站获取,而现在却只能在政府的阅览室才能看到(Parker, Johnson, & Locy, 2002)。

当奥巴马上台执政时,很多记者和公民自由主义者都满怀希望,期待新政府可以一改布什政府执政时过于注重保密的作风。得偿所愿,在2009年1月21日,奥巴马执政的第一天,他签署了一项备忘录,呼吁所有的政府机构"共同努力建设一个开放政府的新时代"。他的备忘录直接下令美国司法部部长签署新的准则,让政府机构针对《信息自由法》采取"可能有利于公开"的运作方式(White House, 2009)。

然而,正像我在2011年所写的那样,奥巴马政府对于《信息自由法》的践行并不一致。一些环保机构,如环境保护署、能源部与内政部减少了请求的阻碍,提高了政府透明度。在2010年,环境保护署开始建立线上数据库,提供该机构掌握的信息,从而减少了以《信息自由法》为依据的申请。例如,它建立了ToxRefDB数据库,允许科学家和公众搜索成千上万份毒性检测的结果以及化学成分对健康的潜在影响(参见 http://epa.gov/ncct/toxrefdb)。另一方面,乔治·华盛顿大学(George Washington University)的一项研究发现,只有少数政府机构对奥巴马总统的备忘录中与《信息自由法》相关的实际内容做出了具体回应。改变最少的部门包括中央情报局(CIA)、国务院以及美国国家航空航天局(Sunshine and Shadows, 2010)。

尽管《信息自由法》有曲折的历史,但对于记者、环保组织还有那些社区被有毒化学物质污染的居民来说,它依然是获知环境信息的无价之宝。除此之外,《应急计划和社区知情权法案》也是一部非常重要的法律,它为本土社区的工业污染问题提供了至关重要的信息。

《应急计划和社区知情权法案》

1984 年,两个不同的工厂排放有毒化学物质,导致数千人死亡。这两个厂一个是在印度博帕尔(Bhopal)的联合碳化物有限公司(Union Carbide),另一个是美国西弗吉尼亚州的一家化工厂。这两个意外事件成为推动人们希望获得本地区类似企业的污染物生产、存储和排放的准确信息的导火索。面对这样的压力,美国国会在 1986 年通过了《应急计划和社区知情权法案》(**Emergency Planning and Community Right to Know Act**),简称《知情权法案》。这部法律要求工厂向当地和州的应急规划员汇报工厂特定化学原料的使用方法和安置位置(想要详细了解该法律的内容和相关条款,可以访问 http://www.epa.gov.)。

有毒物质排放清单

《知情权法案》要求美国环境保护署每年收集指定行业排放到空气和水中的有毒物质数据,并且通过一种信息报告工具——**有毒物质排放清单(Toxic Release Inventory, TRI)**,让公众方便地获取相关信息。该制度的目标是"通过信息为公众赋权,迫使公司和当地政府在处理有毒物质方面担负起责任"(Environmental Protection Agency, 2010)。

自从该制度实施以来,环境保护署已经将它报告的信息扩展到当前的大概 581 种不同化学物质的数据上(Environmental Protection Agency, 2010)。环境保护署通常通过在线工具如"TRI 浏览器"(TRI Explorer, www.epa.gov/tri/)来使这些信息为人所知。不过这些数据一般要滞后两年发布。对于需要获取当地社区的空气和水中的有毒污染物排放信息的个人来说,其他一些公共利益团体也运用 TRI 数据库提供了一些更人性化的网络门户。

图 4.1　美国加利福尼亚州马丁县(Marin County)的"母亲游行集会"，呼吁停止喷洒杀虫剂。

▶从本土行动!

你的社区有什么化学污染物?

使用"有毒物质排放清单"来确认你和你的朋友生活、工作和学习的社区的空气、土壤或者水里的有毒化学物质的存在。

想使用"有毒物质排放清单"数据库,请使用环境保护署的"有毒物质排放清单"浏览器(www. epa. gov/tri/)或者"环境事实"(Envirofacts)网站(www. epa. gov/enviro)。还可以使用设计得更人性化的Scorecard (www. scorecard. org)。Scorecard 是由美国环保协会(Environmental Defense)资助的查询网站,它可以让你与当地的施污者进行联系,也可以让你向州或者联邦政策制定者发送电子邮件。

Scorecard 让你获得在所在地开展环保志愿活动的机会,还让你与所在地的环保组织建立联系。你还可以使用环境保护署的"执法在线网"(Enforcement and Compliance History Online, ECHO, www. epa. gov/

echo)。该网站让你了解环境保护署或州政府是否对特定设备实行了监控，以及一些违法行为是否被发现了，是否采用了强制执行措施，是否有罪不当罚的情形。

许多社区行动者、市和州级政府都相信"有毒物质排放清单"是确保社区和工业安全唯一且最有价值的信息工具。有时信息揭露本身就足以影响施污者的行为。例如，斯蒂芬（Stephan，2002）发现向公众揭露一家工厂排放化学物质，或者违反空气和水排放标准，可以引发**震惊和羞愧反应（shock and shame response）**。如果社区成员发现当地一家工厂在排放高浓度的污染物，他们的震惊会促使社区采取行动。而且，斯蒂芬解释说，排污工厂自己（或者其工作人员）也许会为其暴露在公众面前的不良表现感到羞愧。不过，他也提出另外一种解释，那就是污染排放公司也担心来自市民、利益团体或市场的抵制（p. 194）。

呼吁独立专家权

对"有毒物质排放清单"的一个重要补充就是社区能有独立专家帮人们理解在被污染地区发现的化学物质。因为接触有毒化学物质带来的影响涉及很多复杂的问题，社区的有毒废物处理场所早就呼吁专家来帮助了解这些化学物质的影响。通常，政府机构和企业的专业知识与当地公民的见解是相左的。也就是说，被影响的社区的公民缺乏在毒理学和环境科学方面的训练来评估政府的结论。

为了应对这种差异，美国国会在 1986 年推行了**技术援助金项目[Technical Assistance Grant（TAG）Program]**。技术援助金项目意在帮助**超级基金污染场址（Superfund sites）**所在社区（超级基金污染场址是有资格获得联邦政府提供的基金进行治理的被遗弃化学废弃物场址）。治理这些场址的决定通常基于技术信息，包括化学废弃物的类型，以及可使用的技术。技术援助金项目的目标是向公民组织提供基金，聘请技术顾问向大家解释这些技术报告，以及环境保护署对这些场址的治理方案；这些援助金还可以用来聘请专家帮助当地居民参与到有环境保护署参加的公共会议之中。

总之，由于有了《信息自由法》《应急计划和社区知情权法案》以及它的"有毒物质排放清单",公众对环境信息的知情权大大增加。这些法律为公众提供的手段成为促进透明性原则实现的主要动力,同时也是美国社区处理环境危害的重要资源。

公众评论权

在美国,市民大会(town hall meetings)和公民与政府直接对话的权利是两个长期的传统。当涉及环境问题时,这两项传统在 1970 年得到巨大的发展。那一年,数百万的美国市民首次庆祝了世界地球日。同年,《国家环境政策法》(National Environmental Policy Act, NEPA)明确保障了公民直接和美国政府机构如美国林务局对话的权利,以防止政府采取危害环境的行为。该法律的核心是"公众评论权",即允诺市民在可能潜在地影响环境的决策被制定前,可与责任政府部门进行一种"决策前交流"。也就是说,在某一政策执行之前,政府机构必须征求和听取公众的意见(Daniels & Walker,2001,p.8)。

公众评论(public comment) 主要采取亲临公众听证会并作口头证词、在公开会议上交流观点、与相关政府机构书面交流(信件、电子邮件、报告),以及参与市民咨询委员会等形式。

在这部分,我将集中论述 1970 年《国家环境政策法》提供的评论权,也会检视公众参与最普遍的方式——公众听证会(我将在第五章描述市民咨询委员会和更多解决环境冲突的非正式合作方式)。

《国家环境政策法》

如上文所说,公众对联邦政府的环境决策的评论权的核心保障来自《国家环境政策法》。政治学家马修·林德斯特伦和扎克里·史密斯(Matthew Lindstrom and Zachary Smith,2001)解释说,《国家环境政策法》的倡导者不仅想要公众知道那些也许对环境产生危害的项目,而且希望他们能够发挥积极的作用,对一些机构提出的其他可行方案发表评论。所以,《国家环境政策法》及其条例"就像另一个'阳光法案'……因为它们要求所提议的行动要对公众毫无保留地透明,同时举行范围广泛的公众听证会和提供充足的评论机会"(p.94)。

《国家环境政策法》有两项要求旨在保障公共成员被告知,并给予他们机会针对联邦环境决策进行交流。这两个要求分别是:(1)翔实的环境影响评估报告,(2)公众评论的具体程序。

环境影响评估报告

在环境质量委员会(Council on Environmental Quality)的推动下,《国家环境政策法》要求美国联邦政府机构在制定相关法律和采取"对人们的生存环境有重大影响"的行动时提交一份翔实的**环境影响评估报告(environmental impact statement,EIS)**(Council on Environmental Quality,1997)。这些行动包括修建公路、制定温室气体排放标准等。不管行动本身是什么,所有的环评书必须包括三方面的内容:(1)被提议的行动带来的环境影响;(2)如若提案实施将会给环境带来的难以避免的负面影响;(3)被提议的行动的可替代性方案是什么(Sec. 102[1][c])(在有些情况下,评估报告可能不会这么详尽)。此外,《国家环境政策法》要求环境影响评估报告要向公众清晰地传播它的意涵:

> 环境影响评估报告应该以平实的语言书写,可以使用适当的图表,以方便决策者和公众理解。政府机构应该聘请表达清晰的作者或编辑来书写、审核或者编辑报告,报告应该基于自然科学、社会科学的分析和数据,并符合环境设计艺术(Sec. 1502.8)。

如果联邦政府部门的环境影响评估报告有错误,那么它们可能会面临法律诉讼。如果错误更严重的话,会产生一些危害环境的结果。例如,在深水区设置钻井平台会对环境造成巨大的危害,就像2010年英国石油公司"深水地平线"钻井平台在墨西哥湾的原油泄漏事件。一些学者认为如果与此相关的联邦政府机构——美国矿物管理局(Minerals Management Service,MMS)担起了《国家环境政策法》所要求的职责的话,这次事故是可以避免的。相反,在英国石油公司的"深水地平线"爆炸案件中,"美国矿物管理局不仅没有进行全面的分析就批准了钻井许可",而且接受了石油公司的说法,认为"几乎没有井喷的风险",或者即使发生了井喷,该公司也有阻止灾难发生的办法。但实际上该公司没有办法。有人提出,未来的政府机构在准备深水钻井的环境影响评估报告时,"要对最坏的情况进行分析"(Flatt,2010,

p. 7A)。

对草案的公众评议

《国家环境政策法》还要求政府机构在完成详细的环境影响评估报告之前,必须"以不懈的努力让公众参与进来"(Council on Environmental Quality,1997,sec. 1506.6[a])。这也就是说,政府机构必须采取措施确保利益团体和公众成员获知信息,并有机会在决策制定前参与进来。这样一来,每个联邦政府机构在制定影响环境的政策时,必须运用特定的程序让公众参与到决策中来。例如,关心自然资源政策的利益群体和市民通常会针对美国林务局、国家公园管理局(National Park Service)、土地管理局、鱼类和野生生物管理局等运用《国家环境政策法》支持的公众评论权。而致力于解决人类健康和污染问题的社区活动家则通常会利用环境保护署和各州的规定。各州之间是相互关联的,因为环境保护署会给各州授权,发放空气和水污染许可证以及建筑许可证,并颁布关于废物处理的规定(垃圾填埋之类的)。

根据《国家环境政策法》,公众评论和交流主要在以下三个阶段进行:(1) 公示;(2) 调查;(3) 对决策草案进行评论。这些步骤都要根据环境质量委员会要求的规则进行,以确保所有机构都能满足《国家环境政策法》所规定的最基本的公众参与的要求。

这个过程一般始于向公众发布**"意向通知"(Notice of Intent, NOI)**。它宣布某机构有意向就被提议的行动准备环境影响评估报告。这份意向通知会刊登在《联邦纪事》上,并对"被提议的行动和可能的替代方式"做简要介绍(Council on Environmental Quality,2007)。这份意向通知也可能在媒体上公布或者通过邮件发给相关方。

典型的意向通知会描绘被提议的法规、管理计划或行动,并特意说明公众会议的时间和地点,或者该机构接受书面评论材料的时间段(Council on Environmental Quality,2007,p. 13)。举例来说,美国内政部根据《濒危物种法》,提议将北极熊列入濒危物种名单。正如我们在第三章所描述的那样,随着北冰洋变暖,北极熊的栖息地日益萎缩(我在 2011 年写道,根据这个提案,北极熊已被正式列为受威胁物种。然而,考虑到气候变化是北极熊栖息地消失的因素,人们应该寻求法律途径努力把北极熊列入濒危物种这个更高的等级)。

重要的是如果联邦机构不能提供意向通知的话,法院可以阻止它可能采取的任何行动。例如,美国西弗吉尼亚州的一个地方法院最近谴责美国陆军工程兵团"没有遵循公众公告法"就批准了山顶移除式的煤矿开采(Federal court,2009, para. 1)。正如我们在上一章看到的一样,**山顶移除**(**mountaintop removal**)是一种危害很大的煤矿开采方式——为了获取煤层,基本上将整个山脉的顶端炸平。巨大的机器将上覆岩层,即山顶推掉,并将岩土倾倒在狭窄的山谷中,阻塞河水流淌。这种方式被称作"填补山谷"法。在此案中,法官告知部队要发布一个新的意向通知,以回应公众评论,并"重新考虑是否批准许可证"(para. 3)。

《国家环境政策法》所要求的意向通知也要描述部门的**调查**(**scoping**)流程。调查是部门起草提案或诉讼的第一个阶段。需要召开很多会议,探讨如何让公众参与进来。调查还牵涉到在某些利益环节说服公众中的利益相关成员。举例来说,在做重新划分科罗拉多大峡谷的科罗拉多河(Colorado River)航线计划时,要通过调查确定受影响方关心的问题是什么(Council on Environmental Quality,2007)。这种调查可能包括公共专题研讨会、田野考察、通信、机构人员与公众成员间一对一的谈话。

最后,《国家环境政策法》的法规要求各机构部门要积极征求公众对草案或行动的意见。公众评论经常以公民听证会上的发言的形式出现,也以写给机构的书面报告、信件、电子邮件、明信片、传真等各种形式出现。公众也利用这个机会来评估该提案的环境影响评估报告或者使用环境影响评估报告的相关信息来评估提案本身。

相应的,政府机构部门要对公众的评论进行评估和考虑。它必须用以下几种方式进行回复:(1)完善提出的替代性方案;(2)提出或者评估新的替代性方案;(3)做出事实性的修改;(4)"解释公众评论为什么没有得到机构的回复"(Council on Environmental Quality,2007, Sec. 1503.4)。

《国家环境政策法》保护的公众参与过程能否成功很显然依赖于机构在多大程度上遵循了法律的初衷。例如,在研究《国家环境政策法》的有效性时,环境质量委员会观察到,"成功与否主要取决于该机构是否能够系统性地接触那些被提案影响的公众,是否能够从他们那里搜集信息,相应地在整个计划过程中修改或提出新的替代性方案"(Council on Environmental Quality,1997,p.17)。

公众听证会和市民评论

如前所述,《国家环境政策法》的核心是保障公民对所提议的环境项目的评论权。它通常以**公众听证会(public hearings)**的形式出现,或者是以书面评论的形式出现。公众听证会是政府相关机构采取对环境产生重要影响的行动之前,公民进行评议的一个论坛。正如之前所见,《国家环境政策法》要求行政机构积极引导公众参与到决策制定过程中。在这个部分,我们将主要探讨公民论坛中的典型的传播方式。

公众听证会中的交流

《国家环境政策法》所要求的公众听证会通常在受机构部门行动影响的州或者当地社区召开。一般情况下,部门将会宣布它所提议的行动,告知公众预计召开听证会的时间和地点,之后召开听证会,准许相关利益方表达他们的看法。提案的支持者和反对者都可以参加,而且双方都会在公众听证会上发言。

例如,我最近参加了一个讨论是否准许在我生活的州建立火力发电站的公众听证会。出于对全球变暖的兴趣,听证会上来了很多人,有机构人员、"杜克能源"(Duke Energy)(电力公司)的法务、健康专家、学生、环保组织的代表、带着小孩的父母、宗教领袖、记者和其他很多人。像平常一样,希望发言的人在签到表上签名。在公众发言评论之前,听证会主席要求机构人员提供这项提案的技术信息。然后与会人员有3分钟时间进行口头评论或者宣读自己的报告。有些人宣读了他们事先准备好的报告,有些人则是做即兴演讲。在这次听证会上,绝大多数评论都反对批准建立该火力发电站。

听证会上发表的评论可能是礼貌的,也可能是慷慨激昂的,可能是克制的或者愤怒的,也可能是理智的或者是感性的。各种评论反映了观点的多样性和社区本身的多重利益。官方也许要求公众成员只能就议程上某一特定的问题发表言论,但是实际的交流常常不止于此,有个人冷静的证词、情绪化的控诉、家庭成员的亲身经历,也有反对者的批评或者对官方的批评,应有尽有。

一些人也许会谴责机构的行为,或者吵吵闹闹甚至气愤地回应那些影响他们生活或所在社区的提案。另一方面,某个人平静的证词也许在情感上充满力度。在我们州的火力发电站听证会上,一个年轻的母亲讲述了她和她丈夫借钱安装太阳能电板的事。他们关心的是全球变暖的问题和孩子的未来。她流着眼泪呼吁政府官员拒绝此项提案。

听证会上的交流不仅仅被个人情感或对事件的担忧所影响,还受到其他因素的影响。普通市民发现他们在一大群人面前发言会变得紧张,不自在,特别是戴上耳麦或者对不熟悉的政府官员说话时更是如此。他们也可能要面对反对者或者对他们的观点充满敌意的人的发言。有时,轮到他们发言要几个小时。那些有工作或者孩子还小的人还面临着其他的限制,因为他们必须从工作中抽出时间,或者找人(通常还要付费)替他们带孩子。我在第九章会讨论低收入社区市民参与公众听证会的阻碍。

正如我在第一章所提到的,国家研究委员会已经发现,"如果运作良好,公共参与能提升决策的质量和合理性,也能带来更好的环境质量"(Dietz & Stern,2008)。不过,还是有很多人认为公众听证会不是公众参与的有效方式,原因在于听证会的环境过于拥挤、时间有限、参会者情绪不稳定,以及发言前等待时间过长。丹尼尔斯和沃克(Daniels and Walker,2001)进一步提出,一些公共土地管理机构如林务局在听证会上展现出"三 I 模式:告知、邀请、忽略(inform, invite, ignore)"。例如,机构官员会告知公众有关提案的行动,如木材销售,之后"邀请公众参加会议对该行动发表评论,接着忽略公众所说的任何话"(p.9)。我将在第五章讨论这些弊端。

尽管在听证会中有不礼貌和反对的声音出现,但公众会议和听证会确实反映了民主生活中多样而不一致的规则。最理想的状态是听证会能邀请范围最广泛的公众参加,让他们发表评论和提供信息,以帮助政府机构形成或修改影响环境的重大决策。尽管听证会上偶尔会有对抗出现,但这些听证会向很多市民提供了与政府权威部门就自己关心的问题、影响自己的家庭或者所在社区的问题进行直接对话的唯一机会。

动员公众意见：水力压裂和无路区规则

公众听证会还被多种群体当作论坛来使用，比如环保主义者、猎人、公共健康官员或者越野爱好者。他们动员市民参加他们自己组织的活动，让市民为自己所在的组织发言，进而影响机构的决策。在富有争议的问题上，例如，在取消狩猎狼群的禁令或在国家森林伐木方面，数以千计的市民可能会在听证会上为一方或者另一方作证。

美国林务局在为国家公园设定**无路区规则（Roadless Rule）**时，呈现了一个令人关注的市民动员案例。于 2001 年开始实施的无路区规则禁止在美国 39 个州的 6000 万英亩的国家森林中修建道路，并限制在这些地方进行商业砍伐。关于这个法规的最后决策反映了在《国家环境政策法》的支持下持续了一年半的征求公民意见的结果（在这里我必须承认我有些个人偏向，作为塞拉俱乐部的主席，我参与到动员个人参与征求意见的过程中。要了解对《国家环境政策法》组织下的无路区规则更具批判性的研究，请参看 Walker,2004）。

在征求意见的过程的最后，美国国家林务局已经召开了超过 600 场听证会，史无前例地收到了大概 200 万名公众的意见。这些意见来自公众成员、环保主义者、商人、运动团体和机动车娱乐协会、当地居民和州及当地官员。由于公众强烈支持保护野生森林，这条法规变得越来越强大，极大地扩展了要保护的森林的面积。林务局主席迈克·多姆贝克（Mike Dombeck）回忆道："在我整个职业生涯里，这是我所看到的波及面最广的一项决策"（Marston, 2001, p. 12；in Walker, 2004, p. 114）。

在无路区规则被采用之后，围绕这一事件而出现的公众参与过程既得到了赞扬，也受到了批评。这项法规的实施最初由于伐木商和西部州政府的挑战而延缓。2005 年 5 月，布什政府很草率地依据《国家环境政策法》走了个过场，终止了无路区规则。环保组织对此发起抗议，让此案继续在联邦法院进行辩论。在本书付印之时，奥巴马政府正在努力捍卫无路区规则（想了解无路区规则的现状，请访问 http://roadless.fs.fed.us）。这场争论的一个部分就是关于公众参与的辩论，以及它最终想要实现的目标。沃克(2004)曾问道:"公众听证会的数量和所征求意见的数量是否真的足以说明进行了有意义的公众参与?"下一章我将探讨针对环境决策征求意见所面对的批评。

最近,美国环境保护署在研究**水力压裂法(hydraulic fracturing)**可能带来的健康影响。在美国的很多地方,水力压裂是一种备受争议的石油和天然气开采方法。水力压裂要求以高压的方式向岩石或页岩层注入大量的水、沙和化学物质,以导致其破裂,从而释放被困的石油或天然气。2010年,美国环境保护署召开了一系列公民听证会来调查科学家和市民对水力压裂的抱怨。这些人认为"水力压裂中使用的化学物质会对地下物质产生危害,而一旦废水泄漏到地表,也会带来危险"(ProPublica,2010,para.1)。

环保和公共健康组织,如"清洁水行动"(Clean Water Action)、"塞拉俱乐部"和"气体问责项目"(Gas Accountability Project)紧紧抓住环境保护署的四个公众听证会动员了成千上万的市民参与进来,表达对水力压裂存在的危险的反对。其中比较典型的是在德克萨斯的沃斯堡(Fort Worth)举行的听证会,参加人数超过600人。水力压裂批评家肖恩·威尔森(Sharon Wilson)告诉环境保护署的官员:"我在向环境保护署发出援救请求。"威尔森是德州石油和天然气问责项目(Texas Oil and Gas Accountability Project)的代表,他极力支持对石油和天然气工业进行严格的法规控制,同时倾向于向公众完全公布在水力压裂中使用的化学物质(Smith,2004,para.4)。美国环境保护署在2012年就水力压裂的研究得出结论,很可能会发布新的石油和天然气管理法则。

整体而言,《国家环境政策法》及其对公民评论权的保障已被证明是美国近年来最有力的法律之一。从公众参与的广度和人数来看,《国家环境政策法》已经成为公民通过评议政府机构的决策实现直接参与政府管理的一种形式。下面我将论述其他几项保障公众参与的措施。

图4.2　一位美国土地管理局官员就保护加州蒙特利(Monterey)水资源质量问题推进焦点小组运动。这是"美国大户外倡议"(America's Great Outdoors)[1](2011)的分水岭。

美国农业部/Flickr

诉讼权：公民诉讼

公民参与环境决策除了拥有知情权、评论权外，还有第三条路径：诉讼权。**诉讼权(standing)**基于这样的假设：与事件有重大利益关系的个体能够向法庭起诉，为自己的利益申辩，并寻求法庭对此予以保护。无论是普通法还是环境法中的法规都认为，在特定条件下的公民可以直接起诉政府部门没有按照环境标准行事，或者直接向其问责。

诉讼与公民诉讼

公民的诉讼权的源头是普通法。普通法规定任何遭受**事实损害(injury in fact)**的个人都受到法律的保护，有权在法庭上寻求补偿。

---

〔1〕　美国总统奥巴马在其第一个任期内发起了"美国大户外倡议"，意在应对环境问题带来的不断挑战，以推动美国21世纪的环境保护。该倡议呼吁地方社区和政府推动联邦政府在保护环境方面成为州和地方的合作伙伴。——译者

普通法中对损害的定义意味着这是由于一方行为而给个体带来的切实的、特定的损害。最早的公民起诉环境案件是威廉·阿尔里德(William Aldred)于 1611 年起诉他的邻居托马斯·本顿(Thomas Benton),因为本顿在阿尔里德家附近的果园里建了一个猪圈。阿尔里德抱怨说:"猪身上发出的臭气不断地向家里飘过来。"这种困扰如此强烈,以至于他和他的家人"进出都没法不感到持续的烦恼"(9 Co. Rep. 57, 77 Eng. Rep. 816 [1611], in Steward & Krier, 1978, pp.117—118)。尽管本顿辩驳说:"如果这个人的鼻子不那么灵,也就不会受不了猪的气味",但法院最后还是支持了阿尔里德,命令本顿向阿尔里德支付相应的损害赔偿金。

阿尔里德由于他和他的家人遭受到了难闻的味道的侵害,因此可以向法庭提出自己的合法要求。而到了 20 世纪,事实损害原则扩展到环境利益的很多方面,以允许人们进行起诉。严格的普通法在两个方面被修改,允许公民就环境价值问题使用法律维权。

首先,美国在 1946 年颁布了《行政程序法》,增加了那些"由于机构行为被误判或者因机构行为受到影响和侵害的人"进行司法审查的权利(5U.S.C. A7 702, in Buck, 1996, p.67)。根据《行政程序法》,法院要求各个行政部门"公正衡量所有信息,而且在采用部门条例时不能'任意无常'"(Hays,2000,p.133)。所以当一个部门的行为违背了这个标准时,市民就可以根据《行政程序法》对其进行起诉。也就是说,当市民遭遇了部门任意无常的行为,他们就有权寻求法律的保护。在接下来的这些年里,《行政程序法》的这项条款成为环保组织就环境问题向各部门问责的重要工具。

其次,诉讼权的第二个发展是**公民诉讼(citizen suits)**形式出现在主要的环境法中。这一法条准许公民进入联邦法庭质询被实行的环境法。例如,《清洁水法》规定在州和联邦政府机构不执行相关法律时,任何公民和"受负面危害影响的人"都能起诉那些与清洁水许可证的要求相悖的违法行为(*Clean Water Act*,2007)。依据这个条款,西弗吉尼亚州市民行使了他们的公民诉讼权,反对移除山顶式的煤矿开采,因为如果这样做,泥土会堆积到附近的河流中。其他的一些环境法也准许公民诉讼,这些法律包括《濒危物种法》《清洁水法》《有毒物质控制法》(Toxic Substances Control Act)和《综合环境应对赔偿责任法》(Comprehensive Environmental Response Compensation and Liability Act)[《超级基金法》(Superfund law)]。

公民诉讼的目的是挑战政府部门不践行环境法规,当地居民和公共利益团体因此被赋权直接起诉相关机构要求其执行法律。乔纳森·阿德勒(Jonathan Adler, 2000)是华盛顿竞争企业协会(Competitive Enterprise Institute)的高级研究员,他解释了这背后的基本原理。当联邦监管机构忽视地方环境的恶化或者对某些利益团体的压力妥协时,受影响地区的群体有权要求执行相关法律(para. 48)。特别是在**部门俘获(agency capture)**的情况下,公民诉讼非常重要。在部门俘获的情况下,法律规约下的企业会向政府官员施压,或影响政府官员让他们忽视这些企业的环境违法行为(例如,向水和空气中排放污染物)。

环境诉讼权中的里程碑式案件

公民要使用诉讼权不仅仅要遵守特定法律(如《清洁水法》)中的条款,而且要符合美国宪法第三条中的**案件与争议原则(cases and controversies clause)**的司法解释。尽管乍看上去觉得标题晦涩难懂,但是其目标极为重要。根据宪法第三条的"案件与争议原则",只有利益双方是事实对抗方才能提起诉讼,因为只有真正的对抗方才会积极向法庭提供所有的争议要件(Van Tuyn, 2000, p. 42)。

判定利益方是否"事实对抗方",美国最高法院要衡量三个条件:(1)起诉者必须能够证明事实损害;(2)该损害可"合理追溯"至被告人的行为;(3)法院通过合理判决可以弥补损害(p. 42)。尽管环境法授予市民诉讼权,但是市民在提出诉讼前必须满足这些条件。

环境案件中授予诉讼权的主要问题在于事实损害的含义。什么样的损害允许个体寻求环境法条款的保护?在一些里程碑式的事件中,美国最高法院对此问题给予了不一致,有时甚至是不太明确的答案。

塞拉俱乐部诉莫顿案(1972)

1972年美国最高法院判决了**塞拉俱乐部诉莫顿案(Sierra Club**

v. Morton）。该诉讼为环境案件中如何判定宪法的"案件与争议原则"下的诉讼权提供了第一个判例。在这个案件中,塞拉俱乐部企图阻止迪士尼公司在美国加州的矿金峡谷(Mineral King Valley)修建娱乐场所,因为该娱乐场所计划修建一条穿越红杉国家公园(Sequoia National Park)的马路。

在这个案件中,塞拉俱乐部认为修建道路会"毁灭或者对国家公园的自然景观、历史遗迹和野生动物带来不利影响,威胁其后代"(Lindstrom & Smith,2001,p. 105)。尽管最高法院认可确实存在这种事实上的损害,但是塞拉俱乐部没有任何一个成员可以表明自己遭受了事实损害,因此他们不是事实对抗方。塞拉俱乐部只得重申自己的权利是基于对环境利益的保护。最高法院拒绝该俱乐部作为群体提出诉讼,并裁决认为一个问题中的长期利益不足以构成事实损害(Lindstrom & Smith,2001,p. 105)(如果想了解不同观点,请见:"另一种观点:树有诉讼权吗?")。

不管判决怎样,在塞拉俱乐部诉莫顿的案件中,最高法院提出了成功拥有诉讼权的扩展标准。可以看出,在未来,塞拉俱乐部只需要声称它的成员的利益受到了损害,比如它的成员不再能欣赏到没有遭受破坏的原野,或者无法实现正常的休闲就可以提出诉讼。塞拉俱乐部很快成功修正了它对迪士尼公司的起诉点,声称如果修建了穿越加州红杉国家公园的道路,它的成员便会遭受损害(结果矿金峡谷被划为红杉国家公园的一部分,迪士尼公司放弃了修建娱乐场所的计划)。

▶ 另一种观点

树有诉讼权吗?

大法官威廉·道格拉斯(William O. Douglas)在他著名的针对"塞拉俱乐部诉莫顿案件"的反对意见中,提出树木和河流也应该有诉讼权。他注意到美国法律已经开始赋予一些无生命的物体以诉讼权,而如果市民能够代表自然物体提出诉讼,那环保的目的就能够提升:

"诉讼权"这个重要问题应该被简化……如果我们能够在联邦部门或者联邦法院以那些被道路、推土机破坏、压毁或者入侵的无生命物体的名义进行环境诉讼,是因为这些损害所引发的正是公众的愤怒……

无生命物体有时也是诉讼的一方。一条船也有法律人格,是对航海目的来说非常有用的某种存在。

所以,山谷、高山、草甸、湖泊、河口、沙滩、山脊和小树枝都应该被尊重……例如,河流是生命的象征,因为它滋养着所有生命……作为原告,河流为它所滋养的生命代言。不管是渔民、划舟者、生物学家还是伐木人,河流对其都有相关意义,他们都可以为正在被威胁与破坏的河流的价值发言。

来源:*Sierra Club v. Morton*, 1972; 另见 C. Stone, "Should Trees Have Standing?" (1996)。

最高法院在塞拉俱乐部诉莫顿案件中对事实损害的基本解释标准,以及诸多环境法中对诉讼权的解释引发了市民和环保组织团体近二十年的环境诉讼热潮。这一热潮直到最高法院颁布了一系列相对保守的判决、缩小了市民诉讼的范围后才得以消退。

鲁坚诉"野生动物保护者"案(1992)

在 20 世纪 90 年代,美国最高法院宣布了一系列判决,严格限制了环境案件中的公民诉讼权。其中最重要的案子可能就是**鲁坚诉"野生动物保护者"案**(*Lujan v. Defenders of Wildlife*)(1992)。法院根据《濒危物种法》中的公民诉讼条例拒绝接受保守的"野生动物保护者"(Defenders of Wildlife)组织提出的诉讼。《濒危物种法》宣称任何人都可以代表自己向任何违反《濒危物种法》的人或组织提起诉讼,包括美国国家和其他任何政府机构与部门(Endangered Species Act, 1973, A71540[g][1])。在这个案件中,野生动物保护组织认为内政部部长鲁坚没有依法尽职,导致美国的海外资金项目危害了濒危物种的栖息地,即本案所指的埃及(Stearns, 2000, p. 363)。

在针对大众的书面陈述中,大法官安东尼·斯卡利亚(Antonin Scalia)认为,该组织没有达到宪法对事实损害的要求,无法依据《濒危物种法》准许这一起诉。他写道:法院不认为公民诉讼的条款赋予"所有人一个抽象的、自有的、自为的'权利',去要求行政机关遵守法律要求的程序"(Lujan v. Defenders of Wildlife,1992,p.573)。他接着解释道,原告一定要确实受到实质的、特定的伤害,就像所有普通法要求的那样(Adler,2000,p.52)。这项规定就大大限制了类似塞拉俱乐部对莫顿的诉讼,因为那时塞拉俱乐部的成员只需要证明他们的利益受到了损害即可,但是如果是在当下,他们就不再能将休闲和野营的乐趣受损作为诉讼点了。

这个案件的结果导致法院开始严格限制市民根据环境法的公民诉讼条款提起诉讼。格莱伯森(Glaberson,1999)在《纽约时报》发文写道,20世纪90年代法院的判决是"几十年来环境运动中影响最深远的倒退"之一。

"地球之友"诉兰得洛环境服务公司案(2000)

在最近的案件中,最高法院开始改变"鲁坚案件"中的严格条款,认为只要原告能够证明法律上被认可的利益(例如洁净水)可能面临威胁就可以诉诸法律(Adler,2000,p.52)。

1992年,"地球之友"(Friends of the Earth)和当地一个环保组织CLEAN依据《清洁水法》的公民诉讼条款起诉了位于美国南卡罗来纳州罗巴克(Roebuck)的兰得洛环境服务公司(Laidlaw Environmental Services)。他们在起诉中指出,兰得洛公司多次违背污染物排放许可的限制,向附近的北泰格河(North Tyger River)排放如汞这种极端有毒的物质。该地区附近的居民以及在该河流泛舟和捕鱼的居民提供了证词:"他们担心该河流含有有害污染物"(Stearns,2000,p.382)。

在**"地球之友"诉兰得洛环境服务公司案(*Friends of the Earth, Inc. v. Laidlaw Environmental Services, Inc.*)(2000)中,最高法院裁定"地球之友"和CLEAN无须证明当地居民所受的事实的(特定的)损害。大法官鲁斯·贝德·金斯伯格(Ruth Bader Ginsburg)代表多数意见总结陈词并表示:由于兰得洛公司多次违背污染物排放许可,原告所失去的价值包括"该区域的娱乐价值和美学价值",以及居民对河流的使用权(Adler,2000,p.56)。在本案中,原告不需要证明兰得洛公司违反污水排放标准导致水质发生实质性恶化。很明显,当地居民在知道河流被污染后,已不再能正常使用河水。

馬萨诸塞州诉环境保护署案(2007)：全球变暖与《清洁空气法》

2007年,马萨诸塞州诉环境保护署案是最高法院首次就全球变暖进行裁决。这一诉讼案中诉讼权成为关键议题。美国的12个州,包括马萨诸塞州、美属萨摩亚领土和许多环保组织根据《清洁空气法》(Clean Air Act)向最高法院请愿,要求环境保护署对机动车尾气排出的温室气体进行规制。最后的裁决以5票对4票否定了布什政府的"环境保护署无权,即使有权也没法行使此项权力"的说法。

这个案件的核心议题是,根据《清洁空气法》,二氧化碳和其他温室气体是否可被认定为空气污染物。根据《清洁空气法》,"任何空气污染剂……不管是物理的还是化学的物质,只要是排放到空气中的污染物质"都是空气污染物(Clean Air Act Amendments,1990,7602[g])。既然大多数人同意二氧化碳符合空气污染物的定义,法官们不得不首先决定原告是否有权在法庭上为此进行辩论。

作为一种战略,法定呈请人决定把马萨诸塞州这个沿海州列为首席原告(本案要启动法律程序,只要求一个原告是事实对抗方)。这项举措被证明是十分重要的,因为马萨诸塞州声称正面临着日益升高的海平面对其市民经济利益的威胁。该州还认为环境保护署没能设立温室气体排放标准,使其"任意无常"(这是《行政程序法》所禁止的)。大法官约翰·保罗·史蒂文斯(John Paul Stevens)就诉讼权问题表达了法庭的观点:

> 环境保护署一直坚持拒绝规制温室气体排放,这给马萨诸塞州带来了实际和迫切的风险……寻求司法援助很有可能推动环境保护署采取行动,减少风险(*Massachusetts et al. v. Environmental Protection Agency et al.*,2007,p.3.)。

参考信息:遭受全球变暖导致的海平面上升的威胁的国家是否有诉讼权?

太平洋岛屿国家如基里巴斯、瓦努阿图、图瓦卢,以及地势低洼的国家如孟加拉国是否有权起诉美国和其他主要温室气体排放国家?它们排放的温室气体导致气候变暖和海平面上升。国际环境法和发展协会(Foundation for International Environmental Law and Development)的一项研究表明,"小岛国家和其他受威胁的国家有权以可行的程序性方式在联合国'国际法庭'进行国家间诉讼"。

报社首席记者克里斯托弗·斯华特(Chrisoph Schwarte)说:"一些国家已经越来越绝望。"很多国家的领导人在寻求途径以期望美国和其他国家能够了解到它们正在面临的海平面上升、洪水等危害……

如果在未来两到三年仍没有明显的改进的话,当这些国家走进法庭时,我不会感到意外。

通过起诉来强迫一个国家减少温室气体排放是一个很棘手的问题。如果一个人受到了侵害,或者生命受到了威胁,他或者她可以因为遭受的损害而把违法者带上法庭。但是,如果受害者是整个国家,而且损害是可预见却还未见的呢?如成千上万人被迫迁移,或者由于珊瑚白化而使旅游业受到重挫呢?而更复杂的是确定犯罪者。是中国的烟囱吗?是爱荷华州一个大型购物中心一天到晚开着的空调吗?是澳大利亚的悉尼大排量的越野车吗?

来源:改编自 Friedman, L. (2010, October 4)。

最后,环境保护署反对倾向原告的裁决,认为这不能解决问题。对此,法官史蒂文斯写道:"尽管规制机动车排放也许不能扭转全球变暖,但法院依然有司法权来决定环境保护署是否有责任采取措施以延缓或减轻全球变暖"(*Massachusetts et al. v. Environmental Protection Agency et al.*, 2007, p. 4)。

最高法院的这些裁决重申了公民和各州可以根据《清洁水法》或《清洁空气法》来保护环境质量的原则。然而,对于环境案件中诉讼权的标准一直存在争议。这里存在争议的就是对事实损害的不同解释以及公民推动政府实施环境法的权利。

国际范围内公众参与在增加

公众参与环境决策的权利在美国以外也在不断增加。在 2008 年于拉脱维亚召开的会议上,欧盟重申了《奥尔胡斯公约》的目标——保证公众的信息接近权和环境决策中的参与权。联合国欧洲经济委员会(UN Economic Commission for Europe)执行秘书马雷克·贝尔卡(Marek Belka)认为公约的核心原则是"授权普通公众问责政府,使其在推动更可持续的发展形式中发挥更重要的作用"(Aarhus Parties,2008)。同样,在中国、中亚、非洲和南美的很多地方,公民参与环境决策的重要作用也在不断加强。

事实上,在过去十年里,越来越多的国家开始确保公众信息接近权,并让公众以不同方式参与到环境决策中。很显然,欧盟、联合国欧洲经济委员会和许多其他国家已经在这一领域处于领先地位。例如,联合国欧洲经济委员会成功签订了五个环境公约,规制欧洲在水污染、空气污染、水体和湖泊污染方面的跨境环境保护,并加强了对环境影响进行评估的保障。

在这五个公约中,《在环境问题上获得信息、参与决策和诉诸法律的公约》(Convention on Access to Information, Public Participation, and Access to Justice in Environmental Matters),即通常所谓的《奥尔胡斯公约》史无前例地保障了公众参与的权利。《奥尔胡斯公约》(**Aarhus Convention**)于1998年在丹麦的奥尔胡斯市签署,是一种"新型"协议,将环境权利与人权联系起来(United Nations Economic Commission for Europe,2008)。该公约第一条清晰地宣告了它的目标:

> 为保护今世后代人人得以在适合其健康和福祉的环境中生活的权利,每个缔约方应按照本公约的规定,保障在环境问题上公众获取信息、参与决策和诉诸法律的权利。

获取信息、参与决策和诉诸法律这三个原则不仅得到了细致的描述,而且有具体程序来确保市民获得这些权利。

在很多方面,《奥尔胡斯公约》都比美国那些《国家环境政策法》下的环境法走得更远,后者只是授予了获取公共信息和监督政府的"权利"。例如,《奥尔胡斯公约》第九条的接近正义权确保"要求获得信息的每个人都不被忽视,或被错误地拒绝……可以在法院或者其他独立的、公正的实体面前监督程序"(United Nations Economic Commission for Europe,2008, para. 13)。

透明原则在全球尤其受欢迎。例如,除了《奥尔胡斯公约》的补充,联合国欧洲经济委员会还追踪了美国的有毒物质排放清单的变化,以发展欧洲和其他国家的相关项目。除了欧洲,亚洲、澳大利亚、加拿大、南美和非洲的一些国家也在建立与有毒物质排放清单类似的项目,包括排放清单(收集特定化学物质的排放数据),还有一些更具综合性的制度,如**污染物排放和转移登记制度**(**Pollutant Release and Transfer Register,PRTR**)。污染物排放和转移登记制度与有毒物质排放清单一样,不仅要求收集数据,而且强制要求报告设备的化学物质排放情况并向公众公开信息。污染物排放和转移登记制度在不同国家的规定也有差异。例如,日本要求收集机动车的排放信息,而墨西哥要求工厂自愿提供信息。

很明显的是,世界范围内人们越来越强烈地要求参与。例如2008年上半年,亚特兰大的卡特中心(Carter Center)召开了公共信息权国际会议(International Conference on the Right to Public Information)。来自世界40个国家的125位代表聚集到一起,"确定保障公共信息接近权能被有效制定、实施和运作的必要步骤和措施"(Carter Center, 2008,para.2)。此外,公众参与的新设想在亚洲、非洲、拉丁美洲也不断涌现。尤其是在中国,环境保护和公共信息接近权方面的环境运动风起云涌(要想了解中国公众参与的最新发展,可登录 www. greenlaw. org. cn/enblog)。

延伸阅读

- Thomas Dietz and Paul C. Stern(Editors),*Public Participation in Environmental Assessment and Decision Making*. National Research Council. Washington, DC: National Academies Press,2008.

- An online summary *Massachusetts et al. v. Environmental Protection Agency et al.* (2007), the U. S. Supreme Court ruling on global warming, 2008: www. pewclimate. org/epavsma. cfm

- *Rio Declaration on Environment and Development*, adopted at the United Nations Conference on Environment and Development (Earth Summit) in Rio de Janeiro, 1992.

关键词

《奥尔胡斯公约》	超级基金污染场址
《行政程序法》	环境影响评估报告
部门俘获	环境侵权
公民诉讼	《信息自由法》
案件与争议原则	"地球之友"诉兰得洛环境服务公司案
《电子信息自由法修正案》	诉讼权
《应急计划和社区知情权法案》	水力压裂法
事实损害	鲁坚诉"野生动物保护者"案
山顶移除	无路区规则
《国家环境政策法》	震惊和羞愧反应
意向通知	调查
污染物排放和转移登记制度	塞拉俱乐部诉莫顿案
公众评论	阳光法案
公众听证会	透明度
公众参与	技术援助金项目
知情权	有毒物质排放清单

讨论

1. 公众知情权需要设限吗？例如，美国政府有权限制公众接触炼油厂、石油管道、核电站和其他环境设施的信息，以防止潜在的恐怖分子利用这些设施的弱点对其发动袭击吗？

2. 公众听证会只是允许那些愤怒的市民就有争议的环境行为大喷口水吗？这种论坛是否发挥了重要作用？或者它们只是摆摆样子而已？

3. 树可以提起诉讼吗？小溪、植物和动物呢？那些因为海平面上升而受到威胁的太平洋岛国和低洼的村落呢？它们可以起诉美国和其他那些排放温室气体导致全球变暖的国家吗？

4. 这些岛国如何才能符合关于事实对抗方的要求？它们是否必须符合这些要求：(1) 事实损害；(2) 损害可合理追溯至被告人的行为；(3) 法院能通过合理判决弥补损害？

参考文献

Aarhus Parties commit to strengthening environmental democracy in the UNECE region and beyond. (2008, June 11—13). UN Economic Commission for Europe. Retrieved August 31, 2008, from http:// www. unece. org.

Adler, J. H. (2000, March 2—3). *Stand or deliver: Citizen suits, standing, and environmental protection.* Paper presented at the Duke University Law and Policy Forum Symposium on Citizen Suits and the Future of Standing in the 21st Century. Retrieved August 20, 2003, from www. law. duke. edu/journals.

Buck, S. J. (1996). *Understanding environmental administration and law.* Washington, DC: Island Press.

Carter Center. (2008, February 27—29). *International Conference on the Right to Public Information.* Retrieved December 30, 2008, from http:// www. cartercenter. org.

Clean Air Act Amendments. (1990). U. S. C. Title 42. Chapter 85. Subsection Ⅲ. 7602 [g]. Retrieved November 2, 2011, from http://www. law. cornell. edu/uscode.

Clean Water Act—Citizen Suits. (2007, July 30). Washington, DC: U. S. Environmental Protection Agency. Retrieved September 5, 2008, from ht-tp://www. epa. gov.

Core values for the practice of public participation. (2008). The International Association for Public Participation. Retrieved from http://www. iap2. org.

Council on Environmental Quality. (1997, January). *The national environmental policy act: A study of its effectiveness after twenty-five years.* Washington, DC: Council on Environmental Quality, Executive Office of the President. Retrieved from http:// ceq. eh. doe. gov.

Council on Environmental Quality (CEQ). (2007, December). *A citizen's guide to the NEPA: Having your voice heard.* Retrieved December 29, 2008, from http://ceq. hss. doe. gov.

Daniels, S. E., & Walker, G. B. (2001). *Working through environmental conflict: The collaborative learning approach.* Westport, CT: Praeger.

Declaration of Bizkaia on the Right to the Environment. (1999, February 10—13). International Seminar on the Right to the Environment, held in Bilbao, Spain, under the auspices of UNESCO and the United Nations High Commissioner for Human Rights. Retrieved from http:// unesdoc. unesco. org.

Dietz, T. , & Stern, P. C. (2008).

Public participation in environmental assessment and decision making. National Research Council. Washington, DC: National Academies Press.

Environmental Protection Agency. (2010, October 7). *What is the Toxic Release Inventory (TRI) program?* Retrieved October 12, 2010, from http://www. epa. gov.

Federal court says Army Corps of Engineers ignored public process in issuing permits for mountaintop removal coal mining in WV. (2009, November 25). Sierra Club Press Room. Retrieved October 14, 2010, from http://action. sierraclub. org.

Flatt, V. B. (2010, June 5). What if drilling goes really wrong? *The News & Observer*, p. 7A.

Friedman, L. (2010, October 4). Developing countries could sue for climate action— study. *New York Times.* Retrieved November 2, 2011, from http://www. nytimes. com.

Glaberson, W. (1999, June 5). Novel antipollution tool is being upset by courts. *The New York Times.* Retrieved March 1, 2009, from http:// query. nytimes. com.

Hays, S. P. (2000). *A history of environmental politics since 1945.* Pittsburgh, PA: University of Pittsburgh Press.

Lindstrom, M. J. , & Smith, Z. A. (2001). *The national environmental policy act: Judicial misconstruction, legislative indifference, & executive neglect.* College Station: Texas A&M University Press.

Lujan v. Defenders of Wildlife, 504 U. S. 555 (1992).

Markowitz, G. , & Rosner, D. (2002). *Deceit and denial: The deadly politics of industrial pollution.* Berkeley: University of California Press.

Marston, B. (2001, May 7). A modest chief moved the Forest Service miles down the road. *High Country News*, *33(9).* Retrieved August 25, 2003, from www. hcn. org.

Massachusetts et al. v. Environmental Protection Agency et al. (2007). Supreme Court of the United States. Retrieved December 30, 2008, from www. supremecourtus. gov.

National Environmental Policy Act, 42 U. S. C. A. A7 4321 *et seq.* (1969).

Parker, L. , Johnson, K. , & Locy, T. (2002, May 15). Post-9/11, government stingy with information. *USA Today*, p. 1A. Retrieved March 12, 2005, from www. usatoday. com/ news/ nation.

ProPublica. (2010). Hydraulic fracturing: What is hydraulic fracturing? Retrieved October 23, 2010, from http://www. propublica. org/.

Rio Declaration on Environment and Development. (1992). United Nations Conference on Environment and Development. Rio de Janeiro. Retrieved October 4, 2010, from www. unep. org/.

Sierra Club v. Morton, 405 U. S. 727. (1972). FindLaw. Retrieved December 29, 2008, from http://caselaw. lp. findlaw. com.

Smith. J. Z. (2010, July 9). Fort Worth meeting on gas drilling process draws heated response. *Star-Telegram*. Retrieved October 23, 2010, from www. star-telegram. com/.

Stearns, M. L. (2000, March 2—3). *From Lujan to Laidlaw: A preliminary model of environmental standing*. Paper presented at the Duke University Law and Policy Forum Symposium on Citizen Suits and the Future of Standing in the 21st Century. Retrieved from www. law. duke. edu/journals.

Stephan, M. (2002). Environmental information disclosure programs: They work, but why? *Social Science Quarterly*, *83*(1), 190—205.

Steward, R. B., & Krier, J. (Eds.). (1978). *Environmental law and public policy*. New York: Bobbs-Merrill.

Stone, C. (1996). *Should trees have standing? And other essays on law, morals and the environment* (Rev. ed.). Dobbs Ferry, NY: Oceana.

Sunshine and shadows: The national security archive FOIA audit. (2010, March 15). Retrieved October 11, 2010, from http:// www. gwu. edu.

United Nations Conference on Environment and Development. (1992, June 3—14). Rio de Janeiro, Brazil.

United Nations Economic Commission for Europe. (2008, March 12). *Text of the [Aarhus] convention*. Retrieved December 31, 2008, from http:// www. unece. org.

Van Tuyn, P. (2000). "Who do you think you are?" Tales from the trenches of the environmental standing battle. *Environmental Law*, *30*(1): 41—49.

Walker, G. B. (2004). The roadless areas initiative as national policy: Is public participation an oxymoron? In S. P. Depoe, J. W. Delicath, & M-F. A. Elsenbeer (Eds.), *Communication and public participation in environmental decision making* (pp. 113—135). Albany: State University of New York Press.

White House. (2009, January 21). Memorandum for the heads of executive departments and agencies. Press Office. Retrieved October 11, 2010, from http:// www. whitehouse. gov/.

第五章　处理争端：协作和环境纠纷

很多市民、环保主义者、商界领袖和其他相关人士对公众听证会和传统的公共参与形式越来越不满，其中一些人试图寻求通过其他路径解决环境纠纷——比如加拿大大熊温带雨林（Great Bear Rainforest）的伐木纠纷，农场主和自然资源保护者关于草原鼠的纠纷，反对修建大坝，以保护北加州和俄勒冈州克拉玛斯河（Klamath River）的三文鱼洄游的纠纷，等等。本章的目的是描述社区领导者、环保主义者、自然资源产业及其他人如何采用一些协作的形式解决环境纠纷。

本章观点

- 在本章第一部分，我描述了人们对一些公众参与形式的不满，如公众听证会。之后我指出了一系列解决环境纠纷的替代性方案：公民咨询委员会、自然资源伙伴关系和以社区为基础的协作。

- 在第二部分，我提出问题：什么时候协作是合适的？成功的协作需要哪些传播技巧？我会探索两个领域：如何做到成功地协作，对改进水质和保护大熊温带雨林这两个具体案例进行分析。

- 在最后的部分我将阐述协作的弊端，并指出协作这一形式在有些情况下可能不适合解决环境纠纷。

当你阅读完本章，你会对通过协作解决环境争端的优势有所了解，也会了解成功的协作所需要的传播技巧。你还会意识到有效的协作会遇到哪些障碍，以及在哪些情况下协作的办法可能是不合适的。

在全美数百个社区里，公民、环保主义者、商业领袖和政府官员都在探索解决环境纠纷时公民参与的新方法。他们与反对者坐在桌子面前进行讨论，力争弥合差异，解决长期存在的纠纷。这些冲突管理的新颖形式获得了很多不同的称谓：以社区为基础的协作、公民咨询委员会、舆论决策、替代性冲突解决模式。通常它们都涉及一种传播形式——协作。

协作（**collaboration**）被定义为："建设性的、开放的、民主的交流，一般采取对话的形式；聚焦于未来；强调学习；有一定程度的权力分享和平衡"（Walker，2004，p.123）。在很多情况下，参与者努力通过**共识**（**consensus**）达成协议。这往往意味着在每个人分享他们不同的观点，并找到共识之前，讨论是不会结束的。例如，经过多年的冲突，农场主、环保主义者和越野休闲爱好者（他们总是在争夺美国西部的公共土地）最终围绕爱达荷州奥怀希大峡谷（Owyhee Canyonlands）达成了前所未有的协议；协议中指定的荒野和野外河流意味着这是近年来美国野外与景观河流系统最大的一次扩张（Barker，2010；Eilperin，2004）。

解决环境争端的新路径

自从《国家环境政策法》通过后，公众对政府影响环境的行为发表评议的权利已经得到了广泛认可，而且公众参与的论坛也发展起来。正如我们在前文了解到的那样，针对环境问题的公民评论主要采取公众听证会、公民证言以及书面评论的形式。然而，市民和政府官员都感到这些程序有时给决策制造了更多困扰和分歧，而不是带来了理性的帮助。政府官员和专家顾问经常使用技术术语，例如亿万分率这样的术语描述化学物质，而社区中的普通人感觉到他们的诉求似乎无关紧要，他们努力的发言也被专家和政府官员摒弃了。在这一部分，我将检审对传统公众听证会的批评，并指出正在兴起的公众参与的其他形式。

对公众听证会的批评

几年前，一个小镇的政府官员以非正式的方式决定在居民区和医院旁边建立一个危险废物处理厂,之后他们在小镇的矿区边宣布召开公众听证会。可以理解的是,小镇的居民和病人权益倡导者对此感到不满。公众听证会的气氛很紧张;对着面无表情地坐在礼堂主席台上的政府官员,很多人表达了自己的愤怒。在举证时,有人对着政府官员大声咆哮。一个年轻人冲到礼堂前面,将一袋垃圾扔在了政府官员面前,戏剧化地表达了他对危险废弃物的反对。地方电视台和新闻编辑斥责这些居民的行为"不理性"和过于情绪化。

普通市民真的不理性吗?还是政府官员对普通市民的担忧已经麻木,认为市民缺乏专业技术知识而无视市民的恐惧?可以肯定的是,一些政府官员认为市民的行为"过于戏剧化和歇斯底里",他们必须忍受这些愤怒、咆哮和抗议等"公共攻击"(Senecah,2004,pp. 17,18)。然而,环境传播学者苏珊·L. 塞娜卡(2004)提出了质疑:公众听证会真的会因为公民的行为而变得无效和分裂吗?还是程序本身有什么问题?她提出在很多地方冲突中,公民所期待的和他们在论坛中获得的"实际经验"之间有很大的鸿沟(p. 18)。尽管《国家环境政策法》在程序上要求政府官员征询公众的观点,但是公众参与的正规机制有时只是在程序上走个过场而已,根本不给参与的公众以影响决策的机会。所以,普通市民总是感到"挫败、幻灭、质疑和愤怒"就不足为奇了(Senecah,2004,p. 18)。

到底哪里出错了?斯蒂芬·德波(Stephen Depoe)是辛辛那提大学环境传播研究中心(University of Cincinnati's Center for Environmental Communication Studies)的主任。他和美国总审计局(U. S. General Accounting Office)的约翰·德里卡斯(John Delicath,2004)对公众参与的传统模式如书写评论和公众听证会进行了广泛的研究。他们指出了这些模式的五个基本缺点:

1. 公众参与是典型的技术统治论的运作模式,也就是说政策制定者、行政官员和专家通常视自己的角色为教育和劝服公众,以使之认可其决策的合法性。

2. 公众参与介入环境决策过程过于滞后,有时甚至决策已经形成了,公众参与才开始。

3. 公众参与通常呈现出一种敌对的轨迹,特别是当政府官员使用的是决策—宣布—辩解这种公众参与过程时。

4. 公众参与常常缺乏充分的机制和讨论,以让利益相关者开展能够获取相关信息的对话。

5. 没有确切的法律条文保障通过公众参与形成的决议能对最终决策产生切实有效的影响。

尽管公众参与影响环境决策的常规机制有时有效,但有些时候仍然达不到市民的期望。通常,关于地方土地使用或者对受化学品污染的社区的清理等问题的争端会持续多年。在这些情况下,市民、企业、政府机构和环保主义者把希望寄托于公众听证会之外的方法。

公众参与替代性形式的出现

自 20 世纪 90 年代开始,公民参与环境决策的新形式开始出现。就饮用水安全问题来说,地方、社区倡议美国环境保护署与各大城市协作形成新的标准。随着公民、政府官员、企业和一些环保主义者对传统形式越来越不满,他们开始尝试新的方法组织公众参与:调查会议、意见听取会、咨询委员会、蓝绶带委员会(blue-ribbon commissions)、公民陪审团、协作性政策制定、共识建设和专业化推广,等等(Dietz & Stern,2008)。例如,"美国环境冲突解决协会"(U. S. Institute for Environmental Conflict Resolution)就是一个独立的联邦项目,它和当地团体、政府官员一同"寻找解决环境冲突的可行性办法"(www. erc. gov)。同时,环保署提供替代性争端解决(alternative dispute resolution, ADR)服务,通过它的"冲突预防和处理中心"(Conflict Prevention and Resolution Center)(www. epa. gov/adr/cprc_adratepa. html)化解环境争端和潜在的冲突。

这些实验的核心是在相关利益方之间找到以社团或者地方为基础的协作形式。在本章后面,我将指出成功或者失败的协作的特征。但首先让我们看看针对环境冲突的协作可以采取的三种形式:(1)公民咨询委员会;(2)自然资源伙伴关系;(3)以社区为基础的协作。

公民咨询委员会
最普遍的协作形式就是**公民咨询委员会(citizens' advisory com-**

mittee）。它也被叫作公民咨询小组,通常是由当地或者国家政府机构指派的一群人,在一个社区内就一个项目或者问题,向不同利益方包括公民、企业还有环保主义者征求意见。例如,国防部(Department of Defense)通过恢复顾问委员会(Restoration Advisory Boards,RABs)就关闭军事基地以及部队土地恢复重建产生的社会、经济和环境影响为军方官员献计献策。恢复顾问委员会成立于1994年,其目标是:实现政策制定者和利益相关者的对话;提供双向交流路径;提供公众早期参与的机制(Santos & Chess,2003,p.270)。有一个成功的恢复顾问委员会,由当地利益群体和军队官员组成,他们通过协作帮助国防部把落基山脉军械厂(Rocky Mountain Arsenal)——一个化学武器厂转变成了落基山军工厂国家野生动物保护区(Rocky Mountain Arsenal National Wildlife Refuge)。现在那里的野牛和其他野生生物已经适应了高原的生活(www.fws.gov/rockymountainarsenal)。

1972年的《联邦咨询委员会法》(Federal Advisory Committee Act)让联邦部门有了让社区参与到其工作中的动力。其他一些部门也使用了公民咨询小组,由此可见这项法案的影响。例如,环境保护署让公民咨询小组参与到正在进行的清理废弃的有毒废弃物处理场所的计划中去。同样,能源部在清理前能源厂址的有毒废料时,依靠当地的公民咨询小组让当地居民参与进来,如俄亥俄州费南德(Fernald)的核武器工厂(想了解这次不太容易的协作,请见Depoe,2004;Hamilton,2004,2008)。

对大多数公民咨询委员会来说,政府机构会选取那些代表多种利益或观点的参与者,或者是"具有代表性的代表,也就是说,他们是社会经济特征的缩影,代表了公众在特定领域对某一议题的倾向"(Beierle & Cayford,2002,pp.45—46)。委员会通常通过参与者参加会议运作。尽管这是经常声称的要达到的目标,但委员会在决策过程中可能认为,也可能不认为会形成共识。一般来说,协作的结果是给机构提供一系列建议(Beierle & Cayford,2002)。

自然资源伙伴关系

在美国西部各州,随着各个团体寻求办法,克服在水、公共土地和其他自然物体使用上的分歧,协作的想法得到追捧。早在20世纪90

年代早期,科罗拉多州的《高地新闻》(*High Country News*)就有报道,"就像西部风景中遍布的树木一样,农场主、环保主义者、政府官员、伐木者、滑雪者和越野爱好者的联盟雨后春笋般冒出来"(Jones,1996,p.1)。这些联盟有时被称为**自然资源伙伴关系(natural resource partnerships)**。联盟成员包括私人土地所有者、当地官员、商界人士、环保主义者以及州和联邦机构。它们围绕着特定的自然资源地区,例如水体、林场或者草原被组织起来。其担忧的一般是自然资源的问题,如水质、木材、农业、野生生物。它们通过协作将不同的价值观和方法整合起来,以期处理自然资源问题。

最早的一个长期运作的自然资源协作模式是1992年组织起来的"阿普尔盖特伙伴关系(Applegate Partnership)"。当时,北加州和俄亥俄州西南部水流域的农场主、当地政府、伐木者、环保主义者和美国国家土地管理局之间的纷争已经持续多年。最后,争吵的多方决定采用一个不同的方法。当地土地管理局官员约翰·劳埃德(John Lloyd)解释道,"我们大家非得坐下来,开始对话"(Wondolleck & Yaffee,2000,p.7)。

当他们坐下来对话时,他们看得很清楚,自然资源保护者、伐木者和社区领导者都热爱这片土地,并担忧着当地社区的可持续发展。在第一次会议中,他们形成了伙伴关系,并就远景达成共识,这个共识后来成为西部其他社区采用的模式:

> 阿普尔盖特伙伴关系是一个以社区为基础的项目,需要工厂、自然资源保护团体、自然资源部门和当地居民一起合作,鼓励和发展有利于生态系统保持健康和多样的自然资源使用原则。通过社区的参与和教育,伙伴项目支持一切在水域内可以维持自然资源的土地管理方式,并支持这种对阿普尔盖特山谷社区的经济发展和社区稳定有益的管理模式(Wondolleck & Yaffee,2000,pp.140—141)。

相似的面向其他议题的自然资源伙伴关系也在全美成长起来,尤其是在美国西部。它们有:

• 科罗拉多州西南部的"美国黄松伙伴关系"(Ponderosa Pine Partnership),这是一个由市民、伐木者、当地大学、美国林务局等一起组成的联盟,致力于加强野生动物栖息地和林业的可持续发展。

• 爱达荷州东部和怀俄明州西部的"亨利叉水流域委员会"(Henry's Fork Watershed Council),由科学家、非营利团体和州及联邦土地管理部门展开合作,围绕该流域进行研究,并针对一些项目形成共识。

• 新墨西哥州的"基奥瓦人国家草原"(Kiowa National Grass-lands),由农场主、林务局、州自然资源保护局形成伙伴关系,通过将"野生生物、牛群和环境保护各方面看作一个整体来关注","极大地提高了该地区牧场的品质"(Ecosystem Management Initiative, 2009, para. 1)。

自然资源伙伴关系中的协作不同于受机构任命的公民咨询委员会。伙伴关系通常是自愿的,尽管成员中包括土地管理局和林务局这样的政府机构。它们关注某一地理区域和某一范围广阔的生态问题。而且,不像公民咨询委员会,自然资源伙伴关系中的成员通常有共识基础,能积极应对该地区出现的新的挑战和新的困扰。

以社区为基础的协作

与环境有关的地方争端很多:绿地退化、井水污染、机动车驾驶员和骑自行车者之间的冲突,等等。当地政府和法院越来越鼓励通过协作过程避免长期、对抗性的冲突。这种冲突可能会榨干资源,分裂群体,弱化社区关系。在本土社区中处理特定的或短期的问题时,**以社区为基础的协作(community-based collaboration)** 让个人、受影响群体的代表、商界和其他部门参与进来。通过达成共识,这种机制让大家明确共同关心的问题,形成亚团体去调查其他可能性,并寻求对特定解决办法的支持。除了由法院指定或部门支持的联盟之外,这种以社区为基础的群体还可能不是法律批准的或者不拥有任何法律力量的志愿联合体。

尽管这一形式和自然资源伙伴关系有很多共同之处,但以社区为基础的协作更倾向于关注短时间内特定的地方性问题。例如,在俄勒冈州谢尔曼县(Sherman County),西北风力发电项目(Northwest Wind Power, NWWP)提议在当地社区建一个 24 兆瓦的风力发电厂,从而引发了冲突。谢尔曼县是一个农业县,有 1900 人,其地理位置正处于太平洋风道上。因此该地被认为具有丰富的风能,从而被选为建立风电站的场所。在其他社区,建立风力发电站也引起了很多冲突,因为200英尺高的风力涡轮机会影响到航空、鸟类繁衍、文化和历史遗迹、杂草控制等(Policy Consensus Initiative,2004b)。

面对着可能的争议,俄勒冈州州长邀请了当地农民、市民群体、私有土地者,奥杜邦学会,来自地方、州、联邦和西北风力发电项目的代表,以及其他相关企业进行协作,以决定风力发电站的最终命运。在经过共同努力之后,这群人明确了可以建设风力发电站的地址和可能产生的相关问题,之后又组成亚群体来关注每一个议题。他们的努力最终达成了一个关于电站选址的协议,"这个地方应该对社区和环境的负面影响是最小的"(Policy Consensus Initiative,2004b)。

不管是公民咨询委员会、自然资源伙伴关系还是以社区为基础的协作,这三种参与形式中某些共同的特征导致了最后的成功(或者失败)。因此,在本章接下来的部分,我将提出成功的协作需要的条件是什么,以及在参与者之间建立信任,并维持公开、民主的对话的条件。

参考信息:环境争端中成功协作的案例分析

- 《下一次将是烈火》(*The Fire Next Time*):www. pbs. org/pov

这部电影讲的是蒙大拿州平头谷(Flathead Valley)的居民联合起来解决失业问题和威胁他们社区团结的环境问题,想了解这部电影及其引发的讨论,请访问 http://www. pbs. org/pov。

- 《培育共同大地》(*Cultivating Common Ground*):www. youtube. com

"湖景管理团体"(Lakeview Stewardship Group)是一个自然资源伙伴团体,它的参与者讲述了他们如何成功协作,恢复了俄勒冈州菲蒙—温妮玛国家公园(Fremont-Winema National Forest)内50万英亩的湖景。我们可以在 YouTube 上观看该片。

- 《一条河的重生:化石溪的恢复》(*A River Reborn:The Restoration of Fossil Creek*):www. mpcer. nau. edu/riverreborn

这部电影记录了美国亚利桑那州一个社区的环境冲突和协作。该社区移除了该州在高干旱区的一座有一百多年历史的水坝,从而保护了化石溪。该片 DVD 由演员泰德·丹森(Ted Danson)独白,可以在 http://www.mpcer.nau.edu/riverreborn 上购买。

想要了解更多解决环境争端的成功案例,可访问以下网站:

1. The University of Michigan's Ecosystem Management Initiative site for collaboration, "Case Studies and Lessons Learned" at www.snre.umich.edu/ecomgt//collaboration.htm。

2. The National Policy Consensus Center's "Policy Consensus Initiative" and its archive of case studies at http://www.policyconsensus.org/casestudies。

协作解决环境冲突

正如我们之前举的例子,协作与第四章谈及的公民参与形式有明显的不同。协作与对抗式解决环境冲突的模式如诉讼和倡导活动也极不同。有时协作会让对抗的双方放下分歧,彼此开始对话。协作领域的研究带头人格雷格·沃克(Gregg Walker)认为,协作与传统的公众参与形式有八点不同:

1. 协作中竞争较少。

2. 协作以共同学习和寻找事实为特征。

3. 协作允许探索潜在的价值差异。

4. 协作与谈判类似,关注利益而不是立场。

5. 协作可以实现多方责任的分配。

6. 协作的结论是通过参与者互动、反复讨论和反思的过程产生的。

7. 协作是一个持续的过程。

8. 协作可以潜在地培养个人和社区在冲突管理、领导、决策和交流等方面的能力(p.124)。

沃克列的八条有助于我们将协作看成一个过程,一个在环境决策中与对抗式的公共参与形式不同的过程。

在这个部分,我将在沃克观点的基础上描述成功的协作的一些特征。然而在开始之前,我们需要将协作与仲裁和调解这两种相关的冲突解决方式区别开来。**仲裁(arbitration)** 通常是法院要求在中立的第三方个体或小组面前再现自己的反对观点,以产生关于纠纷的判决。**调解(mediation)**是推动双方自愿或者在法院、法官或者其他部门的建议下解决纠纷。最重要的是,这种冲突管理要求有一个积极的调解人,他能够帮助争议双方找到共同点和大家认可的解决办法。虽然协作有时也可能使用调解人,但是它要求所有参与者都积极努力和有所贡献。

有了这些知识在脑海中,那我们接下来看看协作要想成功最基本的核心条件是什么。

协作成功的条件

很多学者和有效协作的参与者提出了一系列保障协作成功的条件和参与者的特征(见表5.1)。

表5.1　协作成功的条件

1. 利益相关者参加协作。 2. 参与者采取解决问题的路径。 3. 所有参与者都能接触到必要的信息,并且有同等的机会参与讨论。 4. 通过共识形成决策。 5. 通过协作产生的建议可被相关部门遵守和执行。

1. 利益相关者参加协作。当利益相关者同意参加到"建设性的、开放的公民交流"中以解决问题时,协作便开始了(Walker,2004,p.123)。**利益相关者(stakeholder)**是指那些在争端中有真正和实际利益的人。有时,他们是由赞助部门选出参加会议的,通常代表某一利益或某类选民,如当地企业、居民和环保组织、木材行业等。在另一些情况下,利益相关者是自我认定并自愿参加的。在大多数协作中,利益相关者是以地方为基础的,也就是说,他们在受影响社区或地区生活或工作(欲了解环境决策中利益相关者的更多信息,见 Dietz & Stern,2008)。

2. 参与者采取解决问题的路径。参与者之间的交流是为了努力解决问题,而不是彼此敌对或操控。双方通过讨论、对话、信息交流解决问题,明确具体问题、相关担忧和寻求恰当的解决办法,最终找到可以使各方满意的解决方案。尽管在讨论中会有冲突,但是协作关注的是利益或议题,而不是人本身。它不鼓励对抗或者完全劝服他人的姿态,而更倾向于聆听、学习和就可行的方案达成协议。

3. 所有参与者都能接触到必要的信息,并且有同等的机会参与讨论。在协作中,解决方案不是强加给你的。如果协议是各方共同达成的,那所有参与者也必须有机会发表意见,挑战其他人的观点,质疑和补充解决措施。各方还必须和其他人一样能接触到相同的信息,包括报道、专家意见等。最后,这个群体必须防备参与者中不同水平的权力拥有者或特权的影响,以确保所有人的声音都能得到尊重,并且有机会形成解决方案。

4. 通过共识形成决策。大多数协作群体的目标是通过共识形成决策,这意味着讨论会一直进行下去,直到每个人都有机会发表观点并找到共识。然而,丹尼尔斯和沃克(2001)注意到,有些人对共识的定义也为观点的差异保留了空间。这样一来,共识就成为一种协议,明确了所有利益相关者的利益,并形成了一个尽可能将所有人的担忧考虑进来的决策(p.72)。

共识也与妥协有区别。妥协是群体在形成决策时使用的另一种协作形式。人际传播学者朱莉亚·伍德(Julia Wood,2009)认为,在共识形成的过程中,"每个人也许对该决策的热情程度有差别,但是每个人一定都是同意该方案的",而**妥协**(compromise)是"成员们提出一个解决方案,它满足了每个人的最低标准,但可能并没有使所有成员满意"(pp.270,271)。在任何一种情况下,决策都是一种合作形式,要求对立的利益方一起努力。这时协作过程采用的是"参与者内部谈判"的形式(Beierle & Cayford,2002,p.46)。

5. 通过协作产生的建议可被相关部门遵守和执行。协作的结果通常对于指定该群体的部门是有参考价值的。例如,公民咨询委员会的报告被提交给了清理有毒废弃物所在地的政府部门。通过协作提出的建议大多不具法律约束力。然而,有时有些部门会愿意采纳这些建立在共识基础上的建议。对参与者来说,这些解决方案可能被采纳的愿景极大地鼓励了他们投入时间和精力进行成功的协作。当一个组织的建议没被采纳时,参与协作的人或许会有挫败感,或者会对那些无用的付出感到愤怒,因为他们的成果被忽视了(Depoe,2004 对这样的问题和成功协作的要求进行了非常好的案例分析)。

不同利益群体间成功的协作并不总是可能的,尤其是在那些利益太大或者双方分歧形成的时间太久远和太深的环境争端中。盖伊·伯吉斯和海蒂·伯吉斯(Guy Burgess and Heidi Burgess,1996)是科罗拉多大学彼尔得分校"冲突研究所"(Conflict Research Consortium at the University of Colorado at Boulder)的主任,他们认为,"在较小的利益冲突中,共识较容易达成……但如果涉及很大的价值差异、很大的利益或者零和冲突,共识就很难达成"(p.1)。那些处理过环境冲突的人通常同意只有在对抗双方感觉到他们必须改变,并能够明确可分享的未来愿景时,协作才会成功。

关于水质和热带雨林的协作

我们有必要看一下两个协作成功的案例,一个是公民咨询委员会的案例,一个是自然资源伙伴关系的案例。第一个案例是俄亥俄州成功解决了关于水质标准的争端。第二个案例是围绕加拿大大熊温带雨林产生的长时间存在的伐木冲突被化解,从而建立了环保主义者、加拿大原住民、木材工厂和当地社区进行协作的成功模式。在每个案例中,我都指出了有效协作的最低核心要求,并描绘了这些对于成功协作的重要性。

就北美五大湖的水质达成共识

俄亥俄州靠近伊利湖(Lake Erie),因此也是要严格遵守"五大湖水质倡议"(Great Lakes Water Quality Initiative)的八个州之一。很多年来,五大湖的生态正濒临死亡。来自工厂、农田和五大湖周围的城市污染物已经污染了五大湖的水质,导致鱼的体内含有高浓度的毒素。自1995年起,环境保护署发布了目标长远的"五大湖水质倡议",要求各州设立严格的废物处理和排放标准。尽管环境保护署给了俄亥俄州等地两年时间实施新标准,但这个倡议还是在受影响的工厂、环保主义者和州政府间引起了很大的争议(Policy Consensus Initiative,2004a)。

为了形成协议,俄亥俄州州长指定了一个由25名代表不同利益方的群体组成的公民咨询委员会。成员包括企业和工厂、环保组织、大学、地方和州政府的代表,以及俄亥俄州环境保护署的代表。之所以采用外部咨询小组的形式,就是为了就新的水质条款达成共识,满足"五大湖水质倡议"的要求。

咨询小组所面临的任务很艰巨。除了25个群体成员之间的利益各自不同,外部咨询小组还要处理总共99个议题,其中许多在技术上是很复杂的。例如,他们要确定排放到伊利湖中的化学物质的数值水平(Policy Consensus Initiative,2004a,para.1),还要确定可以表明水质改善的微生物的组合是什么。俄亥俄州环境保护署署长的话极大地鼓励了外部咨询小组,他说:"只要这个小组可以就某一议题达成共识,只要这个建议不违背州和联邦的法律,俄亥俄州环保署就会采纳。如果这个小组不能达成共识,那么署长会来做出决策。"这个决策将会建立在部门技术人员和大多数咨询小组成员的意见之上(Policy Consensus Initiative,2004a,para.1)。

开始的时候,外部咨询小组就讨论的基本方针形成了共同意见。首先,成员彼此间的信任程度并不高,不足以推动议题有所进展。因此,他们组成了小组的附属委员会,每个附属委员会都有引导讨论的推动者。如果附属委员会取得了进展,他们就把他们的建议提供给整个小组。如果针对某个特定议题的建议与俄亥俄州环保署成员的意见一致的话,就把这个议题从任务单中划去。随着工作的不断推进,群体成员之间的关系得到改善。最后,俄亥俄州采用了北美五大湖的污染处理和排放新标准。一个讨论推动者这样概括了这两年的工作进程:"所有的视角都被充分展现了,相关利益群体的声音被充分听到了"(Policy Consensus Initiative,2004a)。

俄亥俄州的经验清晰地展现了成功协作的条件。一开始,所有利益方都被动员起来,就水质条例达成共识。如果目标没达成的话,州环保署会自己确定条例。两年的截止期也成为达成一致意见的一种动力。此外,有效协作的要求也得到了满足:

1. 利益相关者被邀请参加到会议中(无关的人不用出席)。

2. 外部咨询小组同意采取解决问题的路径而不是鼓吹自己的看法。他们就讨论的基本方针达成了一致意见,并且得到了"公正的、有技巧的讨论推动者"的协助(Policy Consensus Initiative,2004a,para.2)。

3. 由于早期的基本方针、推动者的存在,加上附属委员会的作用,参与者们学会了如何一起工作,并感到他们有平等的机会参与讨论。

4. 大多数外部咨询小组的建议都是大家的共识。

5. 相关机构俄亥俄州环保署在本案例中遵守诺言,采纳了委员会的建议。

俄亥俄州公民咨询小组走在时代前端,处理了产业和环保主义者之间的争议。然而其他冲突就不一定能那么容易地回到谈判桌上来了。事实上,下一个案例表明冲突自身有时就会扮演劝服他人的角色,要进行协作,我们可能需要转变观点。

大熊温带雨林案例:从冲突走向协作

大熊温带雨林延绵加拿大太平洋海岸 250 英里,是世界上现存最大的温带雨林。它的面积超过 2.8 万平方英里,其中的高山、小溪、海湾、森林和河口是各种生物的家,包括灰熊、白科莫德熊(也叫白灵熊)、狼、大马哈鱼、数百万种鸟和树龄过千年的树木。这个区域也是"第一民族"(欧洲人到来之前的加拿大原住民)(First Nations)的家园。他们的社区十分封闭,不通道路。大熊温带雨林的老龄树成为伐木公司、环保主义者和第一民族数年争论的焦点。这个冲突现在已经演化为团体之间进行协作的一种模型,使得针对保护森林、土著居民权利和当地社区达成了前所未有的协议。

在 20 世纪 90 年代,大熊温带雨林的伐木数量和其他采掘活动急剧增加,这通常发生在第一民族的传统生活区域。而当环保主义者和第一民族的长老们联合起来,一同抗议和采取行动保护该区域的温带雨林和水域时,一场历时十多年的冲突开始了。1993 年,在温哥华岛(Vancouver Island)的克拉阔特湾(Clayoquot Sound),超过 900 名非暴力直接行动[1]抗议者被逮捕,缘由是他们堵住了伐木的通道。这是"加拿大历史上规模最大的集体逮捕行动"(Smith, Sterritt, & Armstrong, 2007, p. 2)。这次抗议活动是长达 15 年的冲突和全球运动的开始。报纸将这个活动称作为了保护地球上最后一片温带雨林而发

---

〔1〕 非暴力直接行动是指公众通过和平和非暴力形式,比如静坐、堵路等,表达对社会议题的诉求,以此达到变革的目的。因为这类行动有时也会给公众的日常生活带来不便,因此也被一些人批评为不理性行为。——译者

动的"森林战争"(p. 4)。

环保组织一方面堵住了伐木者的运输道路,另一方面利用博客和社交网站发起了全球活动,打击伐木产业市场。"绿色和平组织""森林伦理组织"(Forest Ethics)、"雨林行动网络"(Rainforest Action Network)和其他的一些团体旨在"告诉全世界的纸浆和纸张消费者,加拿大不列颠哥伦比亚省海岸的温带雨林发生了什么,并敦促木制品购买者改变他们的采购行为"(Conflict and protest, n. d. para. 4)。很多企业取消了它们的合同。最终,八十多家公司对这次活动有所回应,并且"承诺不再售卖该地区的木制和纸制品"。这八十多家公司包括著名品牌宜家(Ikea)、家得宝(Home Depot)、史泰博(Staples)和 IBM(Markets campaign, n. d. ,para. 3)。

随着市场活动的发展,加拿大不列颠哥伦比亚省开始出现其他方面的改变。1999 年,资深企业领袖开始讨论解决他们和环保主义者、第一民族之间的矛盾。他们决定"是时候有个新的转向了",包括"坐下来与环保主义者面对面"(Armstrong, 2009, pp. 8—9)。他们放弃了过去的想法,开始认识到"环境代表了一种核心社会价值"。而且在公众面前,"环保主义者是可信和有影响力的",而"消费者希望这些木材工厂不仅仅意识到冲突而且要切实解决好这些冲突"(Smith, Sterritt, & Armstrong, 2007, p. 4)。加拿大西部林产公司(Western Forests Products)主席比尔·杜蒙特(Bill Dumont)更是直言不讳:"顾客不希望他们买根小木头后面都有人抗议。如果我们不解决这个问题,他们就会去别人那里买产品"(p. 4)。

到了 2000 年,终于取得了突破性进展,林产公司加入了"海岸森林保护计划"(Coast Forest Conservation Initiative),同意在大熊温带雨林的一百多个水域终止伐木。斯密斯、斯特里特和阿姆斯特朗(Smith, Sterritt, and Armstrong, 2007)描述了接下来发生的事:"作为回应,'森林伦理组织''绿色和平组织'和'雨林行动网络'也调整了它们的市场活动",不再要求顾客取消他们的订单。这种共同停止"为各利益方有个新的开始创造了条件"。

同时,"绿色和平组织""森林伦理组织""雨林行动网络"和不列颠哥伦比亚省的塞拉俱乐部等环保组织联合起来组成"雨林解决计划"(Rainforest Solution Project)团体,共同保护大熊温带雨林。不久,这个团体和产业界的"海岸森林保护计划"形成联盟,被称为"联合解决方案"(Joint Solutions Project)。新的联盟成为过去彼此反对者之间的"交流和协作的平台",并为推动"第一民族、不列颠哥伦比亚省政府、劳工团体和当地社区的广泛交流服务"(Smith,Sterritt,& Armstrong,2007,p.5)。这个方法最终为各利益方的合作打开了大门,并开始为大熊温带雨林一系列意义深远的协议的达成保驾护航。

一系列工作现在仍在继续。至 2006 年,林业公司、第一民族、环保主义者和不列颠哥伦比亚省政府已经协做出了一系列建议。如果这些建议能切实落实的话,将会保护该地区的主要区域,让其他区域实现可持续发展,并为当地社区带来投资。2009 年 3 月 31 日,各利益方宣布这些协议的最终执行日期已经确定下来,包括完成大熊雨林生态系统管理(ecosystem-based management,EBM)中的土地使用计划。这些协议包括:

1.保护区网络。三分之一以上的雨林(大约 8150 平方英里)被划分到新的保护区网络内。这些区域包括老龄树林区、河口、湿地、鲑鱼活动的河流和重要物种栖息地。这些生物"代表了栖息地丰富的物种多样性"。这一保护区网络将大熊雨林保护区的面积扩大了四倍(Smith,Sterritt,& Armstrong,2007,p.8)。

2.生态系统管理。在大熊雨林其他地区进行的伐木和其他发展活动应该遵循"生态系统管理法则,并遵循该地区的自然资源使用规则"(Armstrong,2009,p.13)。生态系统管理旨在保持"生态系统的高度完整",包括维持大熊温带雨林 70% 的自然老龄树覆盖率(p.13)。

3.海岸机会基金。新协议的一个重要方面就是对该区域第一民族社区进行经济投资。新建立的海岸机会基金(Coast Opportunities Fund)的起始资金是 1.2 亿加元,由公共机构和私人提供。这项基金将用于第一民族的环保工作和对环境负责的经济发展计划(Armstrong,2009,p.15)。

如果没有确保协作成功的一些要素存在的话,这项协议是不会达成的。可以清晰地看到,协作成功是因为满足了之前提到的五个核心基本要素。但是各利益方也认为,如果没有其他的一些特定要素存在,最终的讨论也不会发生。最近,来自"森林伦理组织"的麦伦·斯密斯(Merran Smith)、"沿岸第一民族"(Coastal First Nations)的阿特·斯特里特(Art Sterritt)以及"海岸森林保护计划"的顾问帕特里克·阿姆斯特朗(Patrick Armstrong)共同反思了一些重要的变化机制,并指出了其中的四个变化机制:

持续一致的愿景 环保主义者和第一民族提出的愿景是:"让这片受保护的全球重要的温带雨林拥有健康的本土社区和多样化的经济……我们扮演整合的角色,鼓励新成员保持发展,提醒所有成员我们正在努力达成的目标"(Smith, Sterritt, & Armstrong, 2007, p. 12)。

权力转移 由于国际市场活动不断发生,这个区域林业产品的收入"刚刚达到平衡";斯密斯、斯特里特、阿姆斯特朗(2007)注意到,"当林业公司和不列颠哥伦比亚政府最终意识到这种力量时,协商……发生了根本性的转变"(p. 12)。"这个转变是非常重要的,这是促使大熊温带雨林最终得到这样的结果的最重要的因素"(p. 12)。这是因为只有当各利益方,不管是环境保护者、第一民族、林业公司还是当地州政府都拥有促使问题解决的一定力量时,"它们才会坐下来谈判"(p. 12)。

协作和伙伴关系 环保主义者、第一民族和林业公司等,每一个主要团体都成为一个解决内部冲突的非正式实体,在其他团体面前代表本团体的利益。这样一来,那些参与了"联合解决方案"的团体以及与第一民族和州政府进行广泛交流的团体"被它们自己的选民赋权,推动对话前进"(p. 13)。

领导 当林业公司、第一民族、环保主义者等团体中的一些人产生了反对与对手协作的想法时,团体中的领导就会挺身而出压制这些反对意见。就像斯密斯、斯特里特、阿姆斯特朗(2007)观察到的那样,"领导会站起来反对批评意见,甚至是对于传统上的盟军,如果它们不同意与对手合作建立解决机制,领导们也会站起来予以批评"(p. 14)。

大熊温带雨林协议正在逐步成为现实,不过在本书行将付梓之时,该里程碑最终确立的日期还在期盼中。各利益方现在正在协作以确保到2014年实现森林管理的"低生态风险"和当地社区居民的"高幸福感"(Armstrong, 2009, p. 15)。

协作和共识的局限

不是所有的协作和基于共识的解决方法都会成功。接下来,我将描述一个起初看上去进行得很成功的案例,它将伐木者、环保主义者和本地商界、社区领袖都聚拢到了一起,但是很快就有人批评它排除了其他利益相关者。不过,在进入这个案例之前,我们要明确一下评价协作的标准、被评价为失败的原因是什么,以及它是如何发生的。

对协作进行评估与以共识为基础的决策

近年来,环境学者不仅关注传统的公共参与论坛,也研究建立在共识基础上的新决策模式。例如,塞娜卡(2004)提出了一个评估环境决策中的公众参与的三方模式,名叫**三一共声(Trinity of Voices, TOV)**。这个模式的建立强调利益相关者的重要性,也强调我们之前提到的有效协作的诸多特征。因此,我们就使用三一共声模式来引导我们认识以共识为基础的决策的优缺点。

特别要注意的是,三一共声模式提出了最有效的参与过程所共有的并且给利益相关者授权的三个要素。它们是渠道、诉讼和影响。塞娜卡认为,**渠道(access)**是公民获得完全参与的机会所必需的最基本资源,包括方便的时间和地点、可获得的信息、理解议题的技术支持以及继续参与的机会。塞娜卡(2004)所提出的**诉讼(standing)**不是指在法庭上诉讼的权利(见第四章)。相反,她解释说,诉讼是"一种公民合法性,是利益相关者的观点应该被给予尊重,并被纳入考虑"(p.24)。最后,**影响(influence)**是大多数传统公众参与模式所忽略的一个因素。影响是指参与者可以有机会成为透明的决策过程的一部分。这个透明的过程会考虑所有可替代性方案,给人们充分调查可替代性方案的机会,告知人们决策标准,认真回复利益相关者的担忧和想法(p.25)。

让我们使用塞娜卡的三一共声来分析最受关注的一个协作案例——美国北加州当地社区针对国家林地管理所使用的方式。尽管最初很成功,但是**昆西图书馆团体(Quincy Library Group, QLG)**(参与者给自己取的名字)的努力最后以冲突告终,并走向了一个不同的、更加具有敌对意味的方向。

昆西图书馆团体:内华达山区的冲突

昆西(Quincy)小镇只有不到 5 万居民,位于美国加州萨克拉门托(Sacramento)东北 100 英里的地方。但重要的是,它位于发生在普卢默斯县(Plumas)、拉森峰(Lassen)和内华达山脉塔霍国家森林公园(Tahoe National Forests of the Sierra Nevada Mountains)的木材战役的地理中心。尽管自 20 世纪 60 年代到 20 世纪 80 年代,昆西附近的三个国家森林公园的伐木量持续上升,但是到了 90 年代伐木量开始大幅下降。这主要是由于市场需求发生了变化,而且林务局限制砍伐老龄树,划定了猫头鹰和其他濒危物种的栖息地。

随着伐木数量的下降,当地的锯木厂也关门了。当地的木材利益相关者和环保主义者之间出现了激烈的冲突。例如,伐木者和他们的家人责备林务局限制他们伐木,并且组织了"黄丝带联盟"(Yellow Ribbon Coalition)为自己的利益游说。"黄丝带联盟"和环保主义者相互控告对方,一方控告另一方伐树(见第二章),另一方控告对方使用钉束阻止运输木材的卡车通过(Wondolleck & Yaffee,2000,p. 71)。普卢默斯县的县长比尔·寇斯(Bill Coates)表达了他对本地社区的很多担忧:"我们的小镇正处于危险之中,伐木数量的减少将要让这些小镇消亡"(Wondolleck & Yaffee,2000,p. 71)。

最初的成功:在昆西的协作

尽管伴随着争议,但是社区中的一些人还是建议敌对双方也能分享共同的利益和价值。迈克·杰克逊(Michael Jackson)就是最早持这种观点的人。他是一个环境律师,也是"普卢默斯野生动植物之友"(Friends of Plumas Wilderness)的成员。在 1989 年,他给当地报纸《羽毛河公告》(*Feather River Bulletin*)写了一封信,提出"环保主义者、伐木者和企业需要为了'我们共同的未来'合作"(引自 Wondolleck & Yaffee,2000,p. 71)。在他的信中,杰克逊邀请伐木者和环保主义者一起努力实现一系列共同的目标:

> 环保主义者认为我们和"黄丝带联盟"有什么共同点?我们

认为我们都是诚实的人,都想继续我们的生活方式。我们认为我们热爱自己生活的地方。我们认为我们喜欢美丽的风景、狩猎、钓鱼和在乡间生活。我们认为我们已经被林务局误导了,被控制着林务局的大伐木商们误导了,他们一直误导我们认为我们彼此是敌对的,而其实我们不是(Wondolleck & Yaffee,2000,pp. 71—72)。

到 1992 年,林业公司、社区、商业领袖和环保主义者等敌对阵营中的一些人开始谈论木材产量下降对社区的影响。起初,有三个人同意彼此之间展开协作对话。这三个人是比尔·寇斯(普卢默斯县县长,也是一个企业家,支持木材产业)、汤姆·尼尔森(Tom Nelson)[塞拉太平洋木材工业公司(Sierra Pacific Industries)的林务官]和迈克·杰克逊(环境律师和积极的环保主义者)。这三个人"发现他们有很多超出预期的共同点,并决定尝试休战,如果可能的话,甚至想起草一个基于共同利益的和平协议"(Terhune & Terhune,1998,para. 8)。

很快,其他人也加入到他们三个人的讨论中来了。后来的观察者回忆,"早期的会议有时气氛很紧张,而且当时有些参与者感觉很不舒服"(Terhune & Terhune,1998,p. 8)。因为这些会谈都是在公共图书馆召开,因此他们开始自称为"昆西图书馆团体"。"一些成员半开玩笑地说,在图书馆会面可以防止人们彼此大喊大叫"(Wondolleck & Yaffee,2000,p. 72)。

到了 1993 年,昆西图书馆团体的成员通过协议达成了《社区稳定计划》(Community Stability Plan),他们希望这份计划可以指导普卢默斯县、拉森峰、塔霍国家森林公园的管理。尽管这个计划没有官方的法律效力,因为林务局没有加入到讨论中,但是它反映了这个团体的信仰,那就是"健康的森林和稳定的社区是相互依赖的,我们不能放弃任何一方"(Terhune & Terhune,1998,p. 11)。《社区稳定计划》的目的就是要将这些价值整合到一个共同的愿景中:"促进森林健康、生态完整、适量的木材供应和当地社区稳定"(Wondolleck & Yaffee,2000,p. 72)。为实现这些愿景,该团体计划向林务局提供一系列建议:

这项计划……将阻止林务局管理的土地的减少,阻止小溪和河流附近的保护区面积的减少。该计划要求成群或者单独的伐木行为都有所选择,以培养全龄的、多层次的、防火的森林体系,接近之前的自然状态。根据这个计划,当地的木材加工厂将加工所有成熟的木材。这个计划还包括提议减少已经死亡或者正在死亡的植物的数量,因为它们给当地带来了巨大的火灾威胁(Wondolleck & Yaffee,2000,p. 72)。

《社区稳定倡议》(The Community Stability Proposal)是多次会谈、艰难对话的成果,代表了所有参与者期待达成可能的共识的愿望。这个协议的达成在争议各方和周围社区中具有不同寻常的意义。但是无论怎样,昆西图书馆团体都面临着一些人的抵制,后者想要将这种协作引向更为对抗的方向。而更重要的是,林务局没有参加协作,拒绝采纳该团体的《社区稳定倡议》。

面对着林务局和其他环保主义者的反对,昆西图书馆团体难免有些挫败感,从而转向华盛顿哥伦比亚特区寻求立法程序。他们在1998年成功游说国会出台了一个《社区稳定倡议》版本的法律。接着,出人意料的是,《昆西图书馆团体森林复原法》(Quincy Library Group Forest Recovery Act)直接越过林务局的决策过程,并且指定昆西地区的三个国家森林公园的管理计划都要包含它。

尽管我要回到对这次事件的批评意见中,但是重要的是我们要意识到,起初,昆西图书馆团体的努力得到了极多的赞扬。昆西的每个人都感到变化就要来了,从而相信对于该地国家森林公园长期存在的伐木纠纷来说,出台替代性解决机制的条件已经成熟。

运用塞娜卡(2004)的三一共声模式,我们可以正面评估该团体在达成共识的过程中付出的努力:参与者认为他们有多重渠道参加会议、获得信息,并且不断有机会参与整个过程。尽管在最开始成员之间有些怀疑,但是企业和社区领袖、木材产业人员和当地的环境保护者学会了互相尊重和共同协作。用塞娜卡(2004)的话来说,他们在彼此之间已经提起了诉讼。而且通过这个过程,参与者自己也对实现组织的愿景、讨论如何使用标准以及起草最终的《社区稳定计划》等问题施加了影响。

昆西图书馆团体的成员巴特·特休恩和乔治·特休恩(Pat and George Terhune, 1998)在回顾他们自己的工作时,强调了共识在维持小组团结和关注共同议题时的重要性。"只有当团体确信决议会一致通过时才会开始投票。如果意见不一致,就会继续讨论。如果仍有人反对,那么决议就会被放弃,或者推迟,以进行更多的讨论"(p. 32)。

对昆西图书馆团体的批评

不是所有人都赞同昆西图书馆团体以及它的国家森林管理愿景。"尽管该团体起初吸引了很多公民参加,但是外围大多数有新想法的人说他们遭到了冷遇,从而不再参加该团体的活动。当昆西图书馆团体决定采取法律手段时,其他人被排除在外了"(Red Lodge Clearing-house, 2008)。一些人还反对昆西图书馆团体的决议过程,因为它排除了其他关键利益相关者,尤其是关心国家森林的环保主义者,因此规避了《国家环境政策法》,且让当地利益群体制定了管理自然资源的国家标准(见"另一种观点:质疑协作")。一些被排除在外的人对昆西图书馆团体的提议感到非常苦恼,因为这项提议将会导致拉森峰、普卢默斯县、塔霍国家森林公园这三个地方的伐木量翻倍(Brower & Hanson, 1999)。

事实上,到了 2009 年,已经可以明显看到昆西图书馆团体无法实现它制定的目标。环境组织继续通过法律诉讼和向林务局请愿等方式来阻止很多项目的执行(昆西图书馆团体在它的网站上对这些环境问题做出了回应,请访问 http://www.qlg.org)。

正如这些批评所说的,社区合作如昆西图书馆团体违反了塞娜卡三一共声模式中的渠道原则:一些(本地社区之外的)公民被排除在了设定标准的过程之外。这种排他性导致那些被排除在外的人对协作的结果不信任,也导致团体无法获得这些被排除在外的人能够提供的资源。例如,环保主义者大卫·布劳尔和查德·汉森(David Brower and Chad Hanson, 1999)指责昆西图书馆团体让企业利益控制决策过程:"昆西图书馆团体的计划意味着让这些以木材为中心的小镇的企业组织独自处理联邦所有的土地,它主要是将决策的权力从美国人民手中转移到这些大产业手中"(p. A25)。其他的环保主义者、社论和研究协作过程的学者也提出了类似的批评。例如,旺德莱特和亚菲(Wondolleck & Yaffee, 2000)评论道:"昆西图书馆团体并没有成为探寻协作的模式,相反,它突然成为激烈争论的焦点"(p. 265)。

▶另一种观点

质 疑 协 商

塞拉俱乐部的前执行董事迈克·麦克罗斯基(Michael McCloskey, 1996)在《高地新闻》上发表了一篇十分有名的文章,他在文中提出昆西图书馆团体的这种协作过程让当地小群体可以就国家森林问题给出"有效否决"。麦克罗斯基提出了这种以本土或者地方为基础的协作的两个缺点:

1. 以地方为基础的协作排除了关键的利益相关者。他们忽视"选民不同的地理分布"(p. 7)。也就是说,那些注重环境价值的人通常住在市区。因此针对有争议的国家森林附近的社区的协作,未邀请他们参与。

2. 以地方为基础的协作损害了管理自然资源(如国家森林)的国家标准。它将关于公共土地的决策权转交给了小的地方团体。本土的协作不能满足制定"反映国内大多数人的利益的国家法规"的要求。

因此,麦克罗斯基认为,这种模式意味着政府放弃了自己代表国家(公共)利益的角色。

红洛基清算中心(Red Lodge Clearinghouse, 2008)是科罗拉多大学自然资源法律中心(Natural Resources Law Center)的一个机构。它这样总结了昆西图书馆团体的合作:

> 昆西图书馆团体的协作过程问题很多。很多试图参加这个团体的人感觉受到了摆布。尽管它推动了管理联邦土地的政策的出台,但是该联盟完全无意让范围更广泛的公众进入到协作进程中……如果该组织达成了共识,并且试图吸纳所有人,没有人知道会发生什么事。昆西图书馆团体采取的是一种自上而下、联邦命令式的路径,从而限制了该项目中的公众参与。

布劳尔和汉森指责地方组织可以控制影响美国公共土地的决策

过程,这也体现了以地方为基础的协作的尴尬之处。这些模式在多大程度上提供了化解持续争端的机制? 而在多大程度上它们排除了关键的相关利益者,忽视了国家标准? 昆西图书馆团体在这方面的经验并不乐观。

▶ 从本土行动!

协作总是有效吗?

环保主义者、开发者等多方不同利益相关者之间的成功协作很难实现。如果这个协作成功了,那么就会有重要的经验要去学习。要了解成功的协作面对的困难有多大,我们可以通过采访它的参与者来调查当地的环境争端。

确定你所在社区的一个成功的冲突解决案例,或者寻找一个正在将各方联系到一起解决冲突的案例,请冲突中的一方或者多方代表到你的课堂或者研究小组中来:

1. 请不同的参与者描述冲突的本质、他们的目标和烦恼。

2. 在成功的案例中,询问参与者他们是如何成功地聚集到一起、排除分歧进行合作的? 是什么让他们可以持续进行对话? 他们认为对话的特征是什么?

3. 在正在发生的冲突中,他们尝试了什么方法以使双方坐下来探索协作的可能性? 询问不同的代表,他们认为要进一步协作,可能存在的阻碍会是什么?

或者,安排你的班级或者研究组观看关于环境争端中的成功协作的案例的视频。有效协作的必要条件出现了吗? 什么样的传播特点可以促使纷争各方愿意进行对话,达成协议?

针对协作的批评

尽管以社区为基础的协作有很多优点,丹尼尔斯和沃克(Daniels & Walker,2001)还是认为它们没有被普遍认可为处理自然资源纠纷的模式。在本章结束前,我将总结对环境冲突中使用协作和共识进行决策的普遍批评。环境学者和这类纠纷的推动者已经发现了人们对这些方法的七点不满,或是认为它们不够理想的地方。

1. 利益相关者也许不能代表广义上的公众。一些学者提出公民咨询委员会、寻求共识小组等更有目的性的替代性参与模式,也许有助于达成一致性意见,但往往是通过将范围更广泛的公众排除在外来实现的。例如,拜尔勒和凯福德(Beierle & Cayford,2002)在报告中指出,"在所研究的以共识为基础的解决冲突的案例中,33%的案例显示出将某些群体排除在外、让意见不同方离开,或者规避最终无法达成共识的议题"(p.48)。环境传播学者威廉·金塞拉(William Kinsella,2004)也发现,高度参与公民咨询委员会的个体"不一定就代表了广大公民"(p.90)。有些情况下,谁是利益相关者,谁应该决定环境政策,成为很多地方、国家乃至全球争议的核心。

2. 以地方为基础的协作可能会鼓励例外论或者是对国家标准的妥协。正如我们在昆西图书馆团体的案例中看到的一样,国家层面的环境团体被排除在外,这导致地方利益更多地控制了对国家资源的管理。丹尼尔斯和沃克(2001)在报告中提到,"这种情况会阻碍不偏不倚的第三方评议的出现,而这种评议是非常有意义的"(p.274)。它还鼓励了一种**例外论(exceptionalism)**,即鼓励了一种观点,认为地方有独特性,因此可以在总规中被豁免。而批评者所担忧的是,如果例外论成为形成其他决策的参考先例,那么这些决策可能会对有关环保政策的国家标准做出妥协。

3. 权力不平等导致一种吸纳效应。对协作和共识路径最普遍的不满是参与者之间权力的不平等,这可能会导致利益的相互吸纳。由于企业代表和政府官员拥有更多的培训资源、信息资源和更高超的谈判技巧,普通市民和环保主义者更加难以捍卫自己的利益。环保主义者如麦克罗斯基(1996)对这种权力和资源的不平等尤其进行了批评:"企业认为在地方论坛(以地方为基础的协作)中,它的想法更好表达……它相信自己假以时日可以控制它们,并使自己从国家总规中解放出来"(p.7)。

4. 达成共识的压力可能导致最小公分母。在成功协作的案例中,想要达成一致意见的各个团体也许会放弃那些争议性问题,或者将它们推迟。然而,一些评论家担心这一做法会走得过远,以至于一些能发声的少数人在整个过程中可以有效地否决别人。"任何持反对观点的利益相关者都可能使这个过程瘫痪……只有最小公分母的观点才能在这个过程中存活"(McCloskey,1996,p.7)。这种只在最没有争议的地方形成的协议只是一种推脱,将冲突的真正来源推到其他论坛或者其他时间,而不是实现双赢。

相反,成员之间的从众压力也会导致心理学家欧文·詹尼斯(Irving Janis,1977)所说的**群体思考(groupthink)**,也就是说,过于注重凝聚力会阻碍批判的或独立的思考。事实上,罗伯特·巴荣(Robert S. Baron,2005)在一个范围广泛的调查中发现,群体思考的特征在群体思考成为普遍共识的地方是很普遍的。

5. 共识也许会使冲突和倡导活动非合法化。冲突是令人不悦的。对很多人来说,以协作为规则的公共论坛可以是逃避争论的安全港湾。然而,想要避免不同意见的想法往往与群体思考紧密相连,也许会导致过早的妥协,从而推迟对长期解决方案的追寻。结果,有人批评道,想要达成共识的愿望"可能会使得冲突以及环保倡导活动非合法化"(Daniels & Walker,2001, p.274)。

6. 参与协作的团体也许无法让权威机构采纳它们的决策。在之前讨论的俄亥俄州水质标准案例中,该州宣布采纳"五大湖外部咨询委员会"(Great Lakes External Advisory Group)在共识基础上提出的各种建议。但是,事实并非总是这样。许多市民咨询委员会在长时间的商讨过程中并没有意识到他们的决策可能不能满足州政府机构的要求。例如,昆西图书馆团体在提交提案时,遭到了林务局的反对。事实很简单,大多数协作团体的成员不是被选出来的市民,还有些个体成员的职权是视他们试图影响的政府部门而定的。

7. 不可调和的价值观会阻碍协议的出台。我之前曾指出,当涉及深层次的价值分歧、重大利益、零和竞争时,协作的方法通常不会有效。我们每个人都有一些我们不会或者不应该妥协的价值。例如,我们的孩子的健康、自由、生物多样性、私人财产权或者远离工厂污染的安全权。很多自然倡导者认为自然环境已经做出了足够多的妥协。对他们来说,进一步的妥协是不能容忍的。

很多成功协作的案例都认为不是所有的冲突都是不好的,而且在团体讨论中不是所有的争论都应该被避免。事实上,传播学者托马斯·古德奈特(Thomas Goodnight)认为,争论也可以扮演重要的传播角色(Fritch,Palczewski,Farrell,& Short,2006;Goodnight,1991)。**争论(dissensus)**是对发言者在讨论中提出的某一主张或某一观点提出质疑或表示反对。争论不会将讨论终止,而是会促使讨论继续。如果操作合理的话,它会使不同利益方进行更多讨论和交流。因此,协作和共识模式所具备的吸引力不应该遮蔽这个过程中可能遭遇的困难。

延伸阅读

- Resources and case studies at the U. S. Institute for Environmental Conflict Resolution (www. ecr. gov).
- Patrick Armstrong, *Conflict Resolution and British Columbia's Great Bear Rainforest: Lessons Learned 1995—2009*, July 30, 2009, (www. coastforestconservationinitiative. com/pdf7/GBR_PDF. pdf)。
- Steven E. Faniels and Gregg B. Walker, *Working Through Environmental Conflict: the Collaborative Learning Approach.* Westport, CT: Praeger, 2001.
- Julia M. Wondolleck and Steven L. Yaffee, *Making Collaboration Work: Lessons From Innovation in Natural Resource Management.* Washington, DC: Island Press, 2000.

关键词

渠道	仲裁
公民咨询委员会	协作
以社区为基础的协作	妥协
共识	争论
例外论	群体思考
影响	调解
自然资源伙伴关系	昆西图书馆团体
利益相关者	诉讼
三一共声	

讨论

1. 冲突总是需要反对者来到谈判桌前吗？在关于环境的困扰一出现时就可以开始协作吗？

2. 在协作的过程中，当你与大多数人的观点不同时，你会感到不舒服吗？在小组考虑过你的观点后拒绝了你偏爱的解决方案时，你还会支持小组达成的共识吗？

3. 一些批评家已经感觉到工厂代表和市民之间的权力不平等和资源不平等，这些不平等导致两个小组之间不可能形成真正的共识。产业的观点和想法在这些论坛中被认为更好。产业界会一直控制着论坛，你同意这一观点吗？

4. 局外人(如国家层面的环境保护组织)在关于自然资源的地区合作上应该成为利益相关者吗？处于中心地位的其他地区的工厂代表可以成为利益相关者吗？

5. 在环境冲突中可能妥协吗，可能达成共识吗？在荒野地区的石油、天然气开采案例和社区附近的水资源的案例中可以实现妥协吗？可以达成共识吗？

参考文献

Armstrong, P. (2009, July 30). Conflict resolution and British Columbia's Great Bear Rainforest: Lessons learned 1995—2009. Retrieved November 2, 2010, from www. coastforestconservationinitiative. com/.

Barker, R. (2010, May 2). Idaho at forefront of collaboration on public land use. *Idaho Statesman*. Retrieved November 4, 2010, from http://www. idahostatesman. com/.

Baron, R. S. (2005). So right it's wrong: Groupthink and the ubiquitous nature of polarized group decision making. In M. P. Zanna (Ed.), *Advances in experimental social psychology* (Vol. 37, pp. 219—253). San Diego, CA: Elsevier Academic.

Beierle, T. C., & Cayford, J. (2002). *Democracy in practice: Public participation in environmental decisions.* Washington, DC: Resources for the Future.

Brower, D., & Hanson, C. (1999, September 1). Logging plan deceptively marketed, sold. *The San Francisco Chronicle*, p. A25.

Burgess, G., & Burgess, H. (1996). *Consensus building for environmental advocates.* (Working Paper #96-1). Boulder: University of Colorado Conflict Research Consortium.

Conflict and protest. (n. d.). The Rainforest Solutions Project. Retrieved November 12, 2010, from www. savethegreatbear. org/.

Daniels, S. E. , & Walker, G. B. (2001). *Working through environmental conflict: The collaborative learning approach.* Westport, CT: Praeger.

Depoe, S. P. (2004). Public involvement, civic discovery, and the formation of environmental policy: A comparative analysis of the Fernald citizens task force and the Fernald health effects subcommittee. In S. P. Depoe, J. W. Delicath, & M-F. A. Elsenbeer (Eds.), *Communication and public participation in environmental decision making* (pp. 157—173). Albany: State University of New York Press.

Depoe, S. P. , & Delicath, J. W. (2004). Introduction. In S. P. Depoe, J. W. Delicath, & M-F. A. Elsenbeer (Eds.), *Communication and public participation in environmental decision making* (pp. 1—10). Albany: State University of New York Press.

Dietz, T. , & Stern, P. C. (Eds.). (2008). *Public participation in environmental assessment and decision making.* National Research Council of the National Academies. Washington, DC: National Academies Press.

Ecosystem Management Initiative. (2009). The collaborative dimension of EM.

University of Michigan. Retrieved November 10, 2010, from www. snre. umich. edu/.

Eilperin, J. (2004, April 14). Groups unite behind plan to protect Idaho wilderness. *Washington Post*, p. A2.

Fritch, J. , Palczewski, C. H. , Farrell, J. , & Short, E. (2006). Disingenuous controversy: Responses to Ward Churchill's 9/11 essay. *Argumentation and Advocacy, 42*(4) ,190—205.

Goodnight, G. T. (1991). Controversy. In D. Parson (Ed.), *Argument in controversy* (pp. 1—12). Annandale, VA: Speech Communication Association.

Hamilton, J. D. (2004). Competing and converging values of public participation: A case study of participant views in Department of Energy nuclear weapons cleanup. In S. P. Depoe, J. W. Delicath, & M-F. A. Elsenbeer (Eds.), *Communication and public participation in environmental decision making* (pp. 59—81). Albany: State University of New York Press.

Hamilton, J. D. (2008). Convergence and divergence in the public dialogue on nuclear weapons cleanup. In B. C. Taylor, W. J. Kinsella, S. P. Depoe, & M. S. Metzler (Eds.), *Nuclear legacies: Communication, controversy, and the U. S. nuclear weapons complex* (pp. 41—72). Lanham, MD: Lexington Books.

Janis, I. L. (1977). *Victims of groupthi-*

nk. Boston: Houghton Mifflin.

Jones, L. (1996, May 13). "Howdy, Neighbor!" As a last resort, Westerners start talking to each other. *High Country News*, *28*, pp. 1, 6, 8.

Kinsella, W. J. (2004). Public expertise: A foundation for citizen participation in energy and environmental decisions. In S. P. Depoe, J. W. Delicath, & M-F. A. Elsenbeer (Eds.), *Communication and public participation in environmental decision making* (pp. 83—95). Albany: State University of New York Press.

Markets campaign. (n. d.). The rainforest Solutions Project. Retrieved November 12, 2010, from www. savethegreatbear. org/.

McCloskey, M. (1996, May 13). The skeptic: Collaboration has its limits. *High Country News*, *28*, p. 7.

Policy Consensus Initiative. (2004a). Reaching *consensus in Ohio on water quality standards*. Retrieved September 4, 2004, from http://www. policyconsensus. org.

Policy Consensus Initiative. (2004b). *State collaboration leads to successful wind farm siting*. Retrieved September 6, 2004, from http://www. policyconsensus. org.

Red Lodge Clearinghouse. (2008, April 11). *Quincy library group*. A project of the Natural Resources Law Center at the University of Colorado Law School. Retrieved November 22, 2008, from http://rlch. org.

Santos, S. L., & Chess, C. (2003). Evaluating citizen advisory boards: The importance of theory and participant-based criteria and practical implications. *Risk Analysis*, *23*, 269—279.

Senecah, S. L. (2004). The trinity of voice: The role of practical theory in planning and evaluating the effectiveness of environmental participatory processes. In S. P. Depoe, J. W. Delicath, & M-F. A. Elsenbeer (Eds.), *Communication and public participation in environmental decision making* (pp. 13—33). Albany: State University of New York Press.

Smith, M., Sterritt, A., & Armstrong, P. (2007, May 14). From conflict to collaboration: The story of the Great Bear Rainforest. Retrieved November 15, 2010, from www. forestethics. org/.

Terhune, P., & Terhune, G. (1998, October 8—10). *QLG case study*. Prepared for Engaging, Empowering, and Negotiating Community: Strategies for Conservation and Development workshop. Sponsored by the Conservation and Development Forum, West Virginia University, and the Center for Economic Options. Retrieved August 12, 2004, from http://www. qlg. org/pub.

Walker, G. B. (2004). The roadless area initiative as national policy: Is public participation an oxymoron? In

S. P. Depoe, J. W. Delicath, & M-F. A. Elsenbeer (Eds.), *Communication and public participation in environmental decision making* (pp. 113—135). Albany: State University of New York Press.

Wondolleck, J. M., & Yaffee, S. L. (2000). *Making collaboration work: Lessons from innovation in natural resource management*. Washington, DC: Island Press.

Wood, J. T. (2009). *Communication in our lives* (5th ed.). Boston: Wadsworth Cengage Learning.

第三部分

媒介与环境

第六章　新闻媒介与环境新闻

　　关于环境、环境灾害、环境议题或环境问题的新闻，并不是自动出现的，而是"被生产""被制造"或"被建构"的。

　　　　　　　　　　　　　　　　　　——Hansen（2010，p.72）

　　我们现在可以看出，我们对自然和环境问题的感知受到很多因素——电影、政治辩论、新闻等——的影响。环境信息最重要的来源就是新闻工作者和主流媒体（我会在第七章描述社会化媒介的作用）。在本章，我会探索新闻生产的本质，以及在传统媒体中工作的、报道环境新闻的记者受到的限制。

本章观点

- 本章第一部分描述了传统新闻媒体的发展和本质，以及环境媒介中不同的自然观。
- 第二部分指出了新闻生产中的新闻规范和限制，包括：新闻价值、媒介框架、客观性和平衡性原则、政治经济以及把关人和编辑部的工作流程。
- 第三部分研究气候变化案例，用来阐释新闻媒体实现新闻价值时遇到的挑战。
- 第四部分描述了媒介效果研究，以及媒介对我们关于环境的态度和行为的影响方面的争论。我将讨论三个理论：（1）议程设置；（2）叙述框架；（3）培养分析。
- 最后，我会描述传统新闻媒介的变化，包括所谓"报刊的消亡"

（和它们向网络的迁移），以及这些变化对环境新闻学的未来意味着什么。

在谈及新闻媒体时，将传统的纸质媒体和电子媒体与新闻网站和社会化媒体区分开来是很重要的。我所说的**传统新闻媒体（traditional news media）**指的是报纸、杂志、电视新闻网和广播新闻节目。在本章中，我将会描述这些传统资源在报道环境新闻时扮演的角色。在下一章，我将会探讨新闻网站（博客和环境新闻服务）和社会化媒体（如脸书、推特和移动应用）的爆炸性增长。它们不断成长，补充甚或替代了主流新闻媒体在生产与环境相关的新闻和信息中扮演的角色。

除了科技进步方面的原因，区分传统媒体和网络媒体还有另一个原因。传统环境新闻业的核心处于一个两难的境地。新闻学教授沙伦·弗里德曼（Sharon Friedman，2004）指出，今天在传统媒体工作的环境新闻工作者必须面对这样一个问题，"新闻的版面在萎缩，而同时对于更长的、更复杂的和更深入的故事的需要却在日益增加"（p. 176）。

按照新闻界的说法，**新闻版面（news hole）**是报纸或电视中，相对于其他内容，新闻所占有的空间总量。弗里德曼认为，新闻空间的萎缩引起的竞争给记者带来压力，使得新闻要么被简化，要么追求戏剧化，才能确保得到印刷或播报。因此，很多记者都使用网络媒体，例如博客，因为它提供了更多的自由和更大的新闻空间（我将在下一章探索网络和社会化媒体上的相关趋势）。

当你看完这一章，你会知晓影响环境新闻生产的要素，以及新闻媒体对自然和环境问题的"建构"。你也可以就某些问题提问，如新媒体对我们的感知和行为的可能影响，以及媒体就重要问题进行公共教育的潜力。

环境新闻的发展和本质

到了20世纪60年代，关注环境问题的新闻报道和视觉图像开始显要地出现在媒体中，我们看到了1968年由"阿波罗8号"上的宇航员拍摄的地球照片、表现圣巴巴拉(Santa Barbara)海岸石油泄漏的电影,以及《时代》(*Time*)周刊记录的1969年俄亥俄州凯霍加河污染物起火的事件。在接下来的十年里,媒体的兴趣周期性地增加或减少,用多元且往往戏剧性的方式描绘了环境问题。

在这个部分,我会描述环境新闻报道的起源和环境新闻报道的一些特点。我还会描述媒体对环境新闻报道的兴趣多年来发生周期性变化的本质,以及主流媒体对自然的多样化甚至彼此冲突的描绘。

环境新闻的特点

20世纪60年代,"几个新闻组织"开始持续报道环境问题(Wyss,2008,p. ix)。继蕾切尔·卡森的《寂静的春天》(1962)出版后,环境保护论崛起并成为一股异常强大的力量,"环境新闻学随之成长起来";一些报纸中也兴起了环境热,但是不管热与不热,记者们发现他们都在报道着二噁英、雾霾、濒危物种还有石油泄漏、空气污染和核微粒污染等环境问题(Palen,1998,para. 1)。到了1990年,随着"环境记者协会"的创立,环境新闻领域得到了极大的发展。环境新闻工作者协会的使命是"提升所有新闻的质量、影响力和可信性,以增强公众对环境议题的理解"(www. sej. org)。到了21世纪的第一个十年,美国已经有超过1400名新闻记者被确定为环境新闻记者,而在其他国家共有超过7500名报道环境问题的记者(Wyss,2008,p. ix)。

虽然关于环境问题的新闻报道增多了,但这些报道的特征、它们对新闻工作者的要求与新闻学其他领域相比并没有什么不同,即环境新闻报道总是被特定事件驱动,或由科学机构或者政府机构的报告引起。和其他话题一样,环境新闻也必须与战争、失业、恐怖主义及其他突发事件的新闻竞争版面。

事件驱动的报道

不可避免的是,当代新闻大多是"聚焦于事件和事件驱动的"。这个标准在决定"哪个环境议题可以报道和哪个不能报道上十分重要"(Hansen,2010,p. 95)。实际上,环境新闻报道了很多戏剧性的事件,如石油泄漏、森林失火、飓风和核电站事件等。但是,正如资深环境记者鲍勃·怀斯(Bob Wyss,2008)指出的那样,环境问题鲜有像卡特里娜飓风(Hurricane Katrina)那样戏剧性的。"较之那些激动人心的故事,一些环境故事悄无声息甚至从中几乎看不出来什么问题,比如又有一种动物或者植物灭绝了"(p.8)。我们既不能"立刻观察"到全球气候变化的长期效果,也观察不到污染和呼吸道疾病之间的联系(Hansen,2010,pp.95—96)。

许多环境现象的不可见性给记者带来了挑战,正如媒介学者安德斯·汉森(2010)指出的那样:

> 对于生命周期为 24 小时的新闻生产来说,大多数环境问题的时间框架是不适合的:很多环境问题要潜伏很长时间。对于这个环境问题产生的原因及其广泛影响,通常在很多年中都是不确定的……甚至当科学和政治的共识出现时,在广大受众面前把正在发生的事情"视觉化"还需要大量的传播"工作"(p.96)。

所以许多环境新闻报道,和医疗、教育或者经济新闻报道一样,只是呈现出一个快照,它只是一个更大的现象中的一个特定时刻、事件或者行为。

给记者带来挑战的还有另一项困难:许多环境记者本身缺乏对他们所报道的选题的训练。这些选题往往很复杂——从地球周围臭氧层的稀薄到转基因食物对健康的影响,范围极广。例如,"奈特环境新闻中心"(Knight Center for Environmental Journalism)的报告显示,"只有12%的新闻工作者有科学或环境领域的学位"(Wyss,2008,p.18)。不过还是会有一些记者,如前《纽约时报》的安德鲁·拉夫金(Andrew Revkin)擅长报道气候变化之类的复杂问题,他们会告知读者相关原因、长期影响甚至这些重要主题背后的科学知识。

然而,新闻由事件驱动的本质和许多环境问题的不可视性还是意味着环境报道必须和其他突发新闻竞争。即使是关于全球水资源匮乏的深度、复杂报道也可能被一个更有戏剧性的事件挤到一旁。确实,多年来,随着战争、经济衰退、恐怖主义和其他一些热点事件占据着电视和报纸的头条,环境新闻的报道频率时高时低。

环境新闻报道的增加与减少

随着20世纪60年代末生态运动的高涨,环境新闻报道量随之增加,并在70年代早期的世界地球日后达到一个早期的顶峰。环境新闻报道量在20世纪80年代开始减少,随后主流媒体对环境问题的报道兴趣又在1989年达到另一个高峰。这一年,埃克森瓦尔迪兹号(Exxon Valdez)油轮在阿拉斯加发生了漏油事故。被石油浸透的鸟类和水獭、被油污染成黑色的阿拉斯加州威廉王子湾(Prince William Sound)的海岸线等画面占据着每晚的电视荧幕。追踪美国电视新闻网的"泰道尔报告"(Tyndall Report)指出,在1989年,哥伦比亚广播公司(CBS)的《CBS晚间新闻》(CBS Evening News)、美国全国广播公司(NBC)的《NBC晚间新闻》(NBC Nightly News)和美国广播公司(ABC)的《ABC今晚世界新闻》(ABC World News Tonight)在节目中播出的环境报道新闻总共达到了前所未有的774分钟(Hall,2001)。

然而,在埃克森公司瓦尔迪兹号油轮漏油后的几年,媒体对环境问题的报道有了显著差异。沙博科夫(Shabecoff,2000)在报告中提到,在20世纪90年代比尔·克林顿总统执政期间,环境新闻报道不仅没有增加,而且报纸和电视网上的环境新闻报道的总数大幅下降了。"泰道尔报告"在1996年追踪发现,当年各大电视网对环境的报道只有174分钟,而1998年是195分钟(Hall,2001)。到了20世纪90年代末,美国环境新闻记者频繁地使用"新闻版面萎缩"一词,来说明环境新闻报道遇到的障碍(Sachsman,Simon,& Valenti,2002)。

在美国总统布什2001年上台后,环境报道重新崛起。霍尔(2001)观察发现,布什政府备受争议的政策让环境新闻回到了版面中。例如,对放宽对饮用水中砷含量的限制的报道。然而,这种"绿潮"很快就被截停了。2001年9月11日之后,新闻报道已经急剧集中在恐怖主义以及随后的伊拉克和阿富汗战争上。弗里德曼(2004)的研究报告指出,她所咨询的几乎所有环境记者均认为"'9·11'事件让(环境)新闻的空间进一步萎缩了"(p.179)。

到了2006年,环境新闻报道再一次在所有媒体上扩张,包括报纸、电视、网站和"绿色"商业故事。例如,在过去的三年里,像《魅力》(Glamour)、《时代》《名利场》(Vanity Fair)和《体育画报》(Sports Illustrated)等杂志都出了不少"绿色"特刊,如《你能为地球做的最简单的十件事》《体育与全球变暖》。还有 2006 年 4 月 3 日,《时代》杂志刊登的封面文章:《担心,非常担心》(关于全球变暖)。

报纸关于全球变暖的报道尤其"在过去几年不断增加"(Brainard,2008,para. 10)。网络杂志《耶鲁环境 360》(Yale Environment 360)的编辑罗杰·科恩(Roger Cohn)解释说,对环境议题报道的增加"绝对反映出人们对气候变化所造成的影响兴趣高涨"(引自 Juskalian,2008,para. 5)。两个因素导致了这种兴趣的高涨。一个是美国前副总统戈尔的纪录片《难以忽视的真相》(An Inconvenient Truth,2006)大受欢迎,该片警示了全球气候变化的危险性。另一个是联合国的政府间气候变化专门委员会在 2007 年早期的报告,这份报告总结道,从 20 世纪中期以来所观察到的全球温度上升现象很有可能是人类排放的温室气体造成的。

尽管兴趣在不断更新,尤其是在气候变化方面,但这一趋势不会持久。到 21 世纪的第二个十年,环境新闻报道量再次开始回落。

正如我在 2011 年所写的那样,环境新闻报道在传统媒体上不是一线新闻。然而,直到新的自然灾害发生、一个重大的科学报告被发布或一些其他戏剧性事件发生时,这种趋势才会改变一下。就像弗里德曼(2004)提醒我们的那样:"环境突发新闻从来都不会真正稳定,它起落的周期就像电梯一样。这些周期……似乎受到公众兴趣、事件本身和经济条件所驱动"(p. 177)。

尽管关于环境问题的新闻报道经历了起伏,但值得注意的是,公众对环境问题的兴趣可能不会消失。政治学家诺曼·维格和迈克尔·卡夫(Norman Vig and Michael Kraft,2003)发现,尽管如恐怖分子袭击等事件可能会将公众的注意力从环境问题上转移开一阵子,但随着时间的推移,"可以看到公众仍然对环境保护和加强环境管理予以强烈而持续的支持"(p. 10)。

媒体中不同的自然观

除了传统新闻媒介对环境问题的报道之外,媒体对于大自然本身说了什么,展示了什么?媒体对自然的描绘鲜有一致:电影和图片中的北极熊和融化的冰川,与声势浩大的"清洁煤"广告相冲突,也和那些多功能运动车在陡峭的山脊爬坡的媒介形象相冲突。而且,在当地电视新闻报道植树运动时,天气频道却在展示毁灭性的森林大火和龙卷风的图像。

这些对自然的描绘是否会让人们关注环境价值,还是只是满足了我们为了自己的目标支配或管理自然的欲望? 在第二章中,我们已经看到自然现象可以以不同的方式被呈现。从早期殖民牧师的讲道,到充满激情的野外地区保护主义者,例如约翰·缪尔,他们都在呈现自然。英国哲学家凯特·索珀(Kate Soper,1995)在《什么是自然》(*What Is Nature?*)一书中指出,主流媒体构建了关于自然的自相矛盾的形象——奸诈的、崇高的……

> 自然被再现为……既野蛮又神圣,既被污染又是完整的,既下流又无辜,既世俗又纯洁,既混沌又有序。把自然感知为一个女性,她既是情人、母亲,又是个泼妇:她是感性的快乐的源泉,是哺育的怀抱,还是决心对人类的破坏进行背叛和复仇的形象。自然还是高尚的和田园般的,她既无视人类的目的又愿作他们的仆人,自然让人类惊惧又安慰着人类,打击恐怖又安抚着一切,自然将她自己呈现为人类最好的朋友和最坏的敌人(p.71)。

如果大众媒介将自然描绘为"既是最好的朋友又是最坏的敌人",这是否意味着媒体对自然的描绘不存在问题? 或者说媒体的描绘中是否有稳定和经常性的趋势?

可以料想的是,相关的研究结论并不一致。例如,迈斯纳(Meisner,2005)全面研究了加拿大媒体,包括报纸、杂志及黄金时段的电视节目(新闻、电视剧、纪录片、喜剧、科幻小说和时事)对自然的报道。他说,在这些媒体中,对自然最突出的描述可以被分为以下四大主题:(1)自然是一个受害者;(2)自然是一个病人;(3)自然是一个问题(威胁、烦扰等);(4)自然是一种资源。

不同于索珀的结论,迈斯纳发现这些主题提供了两种对立的自然观:"有时人们对自然似乎有着强烈的钦佩和渴望之情,而在其他时候又有一种仇恨之情。有时人们有一种强烈的欲望去接触或者爱护自然,而在其他时候人们又去争夺和破坏它"(p.432)。但是,总的来说,他发现正面的、尊重自然的画面多于负面的画面——这个比例是3

比 1。

我们可以以美国播出时间最长的卡通片《辛普森一家》(*The Simpsons*)和《辛普森电影》(*The Simpsons Movie*)(2007)为例来看看自然是如何被再现的。《娱乐周刊》(*Entertainment Weekly*)称《辛普森一家》是"游击电视剧、一部邪恶的讽刺漫画,但伪装成了黄金时段的卡通片"(Korte,1997,p.9)。我们也可以从环境传播的角度来说,该节目借用了新闻媒介中关于环境的主题,在它的剧集中进行讽刺、评论。这是安妮·玛丽·托德(Anne Marie Todd,2002)对《辛普森一家》进行批判性研究时提出的观点。托德认为,这个节目"将自然作为一个符号,呈现出一个强烈的意识形态信号,即自然是人类剥削的客体"(p.77)。

托德特别指出,片中丽莎(Lisa)这个角色很聪明,很关注环境,她的关注往往与她的父亲荷马(Homer)的**人类中心主义(anthropocentricism)**形成幽默的对立(正如很多环保主义者认为的那样,人类中心主义的信念是自然只是为了人类的福祉而存在的)。例如,"当丽莎哀叹油船在小海豹滩失事时,荷马安慰她说:'……没事的,甜心,还会有更多油的'"(Appel,1996,in Todd,2002,p.78)。托德指出,荷马关注油船失事,只是因为他想知道是否还会有足够的油来满足他和家人的正常生活需求。

但是,为什么对自然的描述是这样的,而不是那样的呢?其中一个原因是,记者在试图向不知道或不关心环境问题的观众或者读者传递某一主题的重要性时,他在经历挣扎。目前的挑战就是,许多环境问题既复杂又不显眼。也就是说,它们太遥远了,不容易和我们具体的生活产生联系,这就让媒体很难把对环境问题的关注放入报道常规。下面让我们进一步探讨这个问题。

新闻生产和环境

环境新闻报道自己不会写作。正如我们在第三章所了解的那样,环境问题被确认为问题,是传播本身的构成性质导致的。就像汉森(2010)所说:"关于环境、环境灾害、环境议题或环境问题的新闻,并不是自动出现的，而是'被生产''被制造'或'被建构'的"（p.72）。这种新闻生产取决于某些因素，包括记者规范、编辑方针、媒体所有权，还有需要出售的报纸份额，或者是电视新闻需要增加的市场份额（Anderson，1997）。

在这一部分，我将会描述塑造或限制新闻生产，尤其是环境新闻生产的因素。我还会描述一些指导记者的行业规范，包括新闻价值、媒介框架、客观性规范和平衡报道规范等，以及其他一些可能影响记者的力量，如媒介所有权、把关人角色和编辑部惯例。

采访规范和限制

新闻价值

影响环境新闻报道最重要的因素就是新闻的价值，或者叫新闻价值。**新闻价值（newsworthiness）**是新闻吸引读者和观众的一种能力。约普、麦克亚当斯和索恩伯格（Yopp，McAdams，and Thornburg，2009）所撰写的《到达观众：媒体写作指南》（*Reaching Audiences：A Guide to Media Writing*）是很畅销的新闻写作指导书。在书中，他们提出了在大多数美国媒体指南里都会提出的用以确定某一新闻的新闻价值的标准，记者很可能运用一个或多个标准来选择和报道环境新闻。这些标准是：（1）显著性，（2）时效性，（3）接近性，（4）影响力，（5）广泛性，（6）冲突性，（7）独特性，（8）对情绪的影响。

所以，记者和编辑们认为他们必须依据这些新闻价值努力调适或打包环境问题。比如，2011年3月14日，《纽约时报》的头版头条是《核辐射水平上升，日本面临潜在灾难》：四天前日本地震和海啸来袭，使得福岛第一核电站着火。这篇报道强调了这一危机事件所具有的潜在影响和影响的广泛程度，且上述标准在第一段即被强调：

> 据日本政府和产业官员介绍，日本的核危机在周二濒临灾难边缘。当日核电站的爆炸损害了一个装有核芯的反应堆容器，而一场大火又让另一个反应堆中大量的放射性物质被释放到空气中（Tabuchi，Sanger，& Bradsher，2011，p. A1）。

在这个报道的后一部分，接近性原则或者说与读者的接近度主导了报道的叙述："在紧急内阁会议后，日本政府通告住在福岛第一核电站方圆 30 公里(约 18 英里)范围内的居民要待在室内,关闭窗户,并禁止使用空调"(p. A1)。

图 6.1 2011 年,在地震和海啸后的危机期间,日本电视台(NTV)在福岛第一核电站播报新闻。

Masaru Kamikura/Flickr

在报道环境新闻时,另一个标准——冲突性也是特别有影响力的因素:环保主义者与伐木工人的冲突、气候科学家与对全球变暖持怀疑态度的人的冲突、愤怒的居民与化工厂的冲突,等等。冲突可能让故事出现在头版位置,例如,关于全球变暖的报道通常不出现在《纽约时报》的头版;然而,"那些确定上了头版的关于全球变暖的报道倾向于关注气候科学中最具有争议的部分"(Brainard, 2008, para. 13)。《纽约时报》记者安德鲁·拉夫金(2011)指出,不幸的是,为争取头版故事而去展示冲突或者"热门的结论",会导致在争议之后粉饰了气候科学所指出的问题(引自 Brainard, 2008, para. 13)。

总的来说,安德森(Anderson, 1997)发现,环境新闻报道往往倾向于体现出这些特征:(1) 以事件为中心(例如,石油泄漏和宣传噱头);(2) 具有较多的视觉元素(图片或电影);(3) 与日常生活紧密联系。

以事件为中心的路径侧重于报道灾害,比如发生在印度的博帕尔(Bhopal)的化学事故和埃克森瓦尔迪兹号漏油事件。这些都是20世纪70年代和80年代环境新闻报道的特点。然而,弗里德曼(2004)认为,这种模式可以被看作是"这些显著的故事已经让位给更为复杂的议题,如空气污染、气候变化、内分泌干扰和非点源水污染"等(p. 179)。

然而,安德森(1997)强调,环境新闻报道仍然具有偏向视觉元素和24小时新闻循环报道的特征,这也成为在电视上进行环境新闻报道所面临的特别挑战。她引用了一个例子,英国广播公司(BBC)的一个新闻记者曾抱怨:"我们是用图像说话……所有环境新闻报道都需要好的图像……但用图像说明全球变暖是非常困难的,因为你不能真实地看到全球如何变暖"(pp. 121—122)。可以看出,很多环境问题不符合这些新闻价值的要求,因为它们要么缺乏视觉特质,要么涉及的是一个更慢、更分散和更漫长的过程。

参考信息:图像事件和环境

尽管视觉图像不适合环境新闻报道,但一些人发现新闻媒体依靠电影或图片为环保人士和记者提供了一个良机。例如,"绿色和平组织"等组织通过制造戏剧性的视觉事件,既能够满足新闻价值标准,又能使他们的活动获得报道。20世纪70年代,"绿色和平组织"用戏剧性的影片开创了这种策略,影片中环保积极分子乘坐小型充气船在太平洋上阻挡在渔船的鱼叉与鲸鱼之间。如今,保罗·沃森(Paul Watson)船长的船只[曾是电视频道《动物星球》(Animal Planet)的栏目《鲸鱼大战》(Whale Wars)的主角]在寒冷的南极水域跟踪日本捕鲸舰队,给人们提供了触目惊心的影像(http://animal. discovery. com. /tv/whale-wars/about)。

环境传播学者凯文·德卢卡(2005)称这些为**图像事件(image events)**。图像事件充分利用了电视对图片的渴求。例如大面积横幅拉在公司总部前,写着:"不要再砍伐雨林!"德卢卡引用了一位经验丰富的绿色和平活动家对这种图像事件的解释——它们成功地"将一系列复杂议题简化为符号,打破了让人舒适的平衡,让人们追问是否有更好的行事方式"(p.3)。

尽管图像事件会偶尔成功,但新闻价值的标准仍然周期性地遭到抨击。例如,一些人会问:为什么环境新闻必须符合有冲突、独特或影响情绪等标准,这些似乎更贴合娱乐事件而非新闻?原因之一是许多编辑认为公众对环境新闻很少或干脆不感兴趣。正如我之前所写的,证据显示,虽然长期来看公众支持环境保护,但短期的发展常常会转移公众的兴趣。最终,许多记者认为,既要让环境新闻准确又要让环境新闻在版面空间压力下具有新闻价值,这正是环境新闻仍要面对的挑战。

媒介的框架

沃尔特·李普曼(Walter Lippmann)在他的经典著作《舆论》(*Public Opinion*)(1922)中,可能第一个发现了新闻报道的根本难处。他写道:

> 我们去直接认识真实环境的话,它太庞大、太复杂,我们认识的时间又太短暂。我们没有能力去处理环境里这么多微妙的、多样化的排列组合。我们要在这样的环境中行动,所以在管理这个环境之前,我们把它重建为一个更简单的模式。想要环游世界的人必须有世界地图(p.16)。

因此,记者们设法简化、框架化或者做一幅"世界地图"去传递他们的故事。

框架(frame) 这一术语是经过埃尔文·戈夫曼的《框架分析:经验组织论集》(*Frame Analysis: An Essay on the Organization of Experience*)(1974)一书而普及的。戈夫曼将框架定义为认知地图或者解释模式,人们用它来组织他们对现实的理解。其他人曾把框架定义为挑选或强调关于世界的事实以及相关事务的原则(Gitlin,1980),并将框架这种行为定义为"对被感知的现实进行某些方面的挑选,并使之在传播文本中显著"(Entman,1993,p.56)。汉森(2010)认为:"框架,换一种说法,就是设定关注点,就好像绘画或照片的方框,为我们应该如何诠释或者感知被呈现的事物设置了边界"(p.31)。

在框架概念的基础上,潘忠党和科斯奇(Pan & Kosicki,1993)将

媒介框架(media frames)定义为"中心组织主题······它将新闻报道中不同的语意元素(标题、引语、导语、视觉表现和叙事结构)连接为一个连贯的整体,以告诉受众议题是什么"(Rodríguez,2003,p. 80)。通过提供这种故事的连贯性,媒介框架帮助人们了解新的经验,把它们与自己熟悉的对世界的运作方式的设想联结起来。

举个例子,《华盛顿邮报》上有一篇关于美国加利福尼亚州环保主义者保护濒危沙漠中的地鼠龟所做的努力的报道,标题是《沙漠地鼠龟保护者与太阳能支持者的环境斗争》。报道的导语强调了这一主题:"一项联邦政府的评估显示,有超过3000只濒临灭绝的沙漠龟的生活受到了加利福尼亚太阳能项目的影响。这一项目建设会致使多达700只幼龟死亡"(Associated Press,2011,para. 1)。标题和导语都采用了中心组织主题或冲突框架,即环保人士与太阳能开发者的对抗冲突,而沙漠龟的命运安危未卜。这个冲突框架在通篇报道中都得到强化:"加利福尼亚州沙漠龟的问题,突显了在美国对野生动物的保护与追求清洁能源之间的紧张关系"(para. 3)(我在2011年写此文时,美国联邦政府已经下令该太阳能项目停止其中一些工程的建设)。

如果编辑对同一则新闻选用不同的媒介框架,那这篇新闻报道可以完全不同。举个例子,美国报纸对2011年日本福岛第一核电站发生的危机事件进行了报道。当记者提出美国核电站的安全性问题时,报纸以极其不同的方式来建构框架。美国查尔斯顿(Charleston)的《邮政和信使报》(Post and Courier)采用的标题非常令人不安:"新报告细描美国核电站安全问题"(Fretwell,2011)。第一段强化了对安全问题的担忧加剧的框架:"去年,检查员研究了美国十几家核电站的安全问题,发现最严重的隐患位于南卡罗来纳州。该州的达林顿县(Darlington County)一个有40年寿命的核电站经历了两次失火和设备故障"(para. 1)。路透社(Reuters)几天后采用了不同的标题,宣称:"大多数美国人认为美国核电站是安全的。"标题和导语都清晰地用一种更让人放心的方式框架了美国的核安全问题:"58%的美国人认为美国的核电站是安全的"(paras. 1,2)。

两篇报道以非常不同的方式引导了读者。第一篇报道围绕一份令人担忧的报告和美国核电站的问题组织了核能的主题,设置了一个

"有理由担忧"或者"担心安全性"的框架。第二则报道根据公众关于核能的意见建构主题框架,这是"公众信心"框架。

因为不同的框架引导我们感知不同的意义,环境争端中的各利益方有时会争相影响一个新闻报道的框架。米勒和雷谢尔特(Miller & Riechert, 2000)解释说,对立的利益相关者试图获得公众对他们的立场的支持,他们往往"不提供新的事实或改变对事实的评价,而是改变框架或者改变评估事实的过程中的解释维度"(p. 45)。

波士顿洛根机场(Logan Airport)在工人阶级社区附近新建跑道引发的争议是一个再建构报道框架的例子。在这个案例中,机场跑道的反对者成功挑战了报纸报道中的新闻框架。马奇(Marchi, 2005)的研究发现,在这起争议的早期,新闻报道的消息来源是航空公司和企业,这些消息源将该项目框架为促进该地区的经济健康发展的必要物。然而,随着争议的持续,反对者成功地在新闻报道中引入了一个新的框架,这个框架让人们意识到这个跑道有问题的方面,例如噪音污染和对健康、环境的影响。

最后,一些学者发现,对于经济、自然或环保话题来说,媒介框架在修辞学层面上有助于维持主流话语。例如,在《图像政治》(*Image Politics*)一书中,德卢卡(2005)认为,商业新闻节目如美国广播公司的《今晚世界新闻》往往倾向于使用负面框架,从而边缘化激进的环保组织,例如"地球优先!"对木材和矿业产业的批评,及其对美国林务局的挑战。

同样,瓦格纳(Wagner, 2008)认为,全国性报纸通过报道令人恐惧的恐怖主义行为,已经成功地再框架了生态破坏演示行为(p. 25)。当然,**生态破坏演示(ecotage)**本身就是有争议的。它是指为了保护自然或某些物种,一些环保运动者采取了故意破坏和纵火等行为;很显然这些行为是非法的,但它们的目的不是伤害人类。瓦格纳研究了从1984年到2006年的报纸,发现"在2001年有一个显著的转向,将生态破坏演示建构成恐怖主义框架";虽然此后越来越多的报道使用生态恐怖主义框架,但事实上在同一时期,生态破坏演示的数量却稳步下降了(p. 25)。瓦格纳说,这种再框架帮助建构了一种"恐惧的话语",一种"道德恐慌……即一种针对社会的广泛存在的威胁"(p. 28)。

毫无疑问,一篇新闻报道的框架选择是很重要的。事实上,美国环境保护主义的历史可以部分地被理解为一场斗争,一场关于在自然以及我们与自然之关系的主题上建构截然不同但又非常有力的框架的斗争。例如,新闻媒体现在更经常地使用"雨林"和"湿地",而不是"丛林"和"沼泽"。

客观性和平衡性标准

客观性和平衡性(objectivity and balance)的价值对于新闻业而言已经根深蒂固地存在一个世纪了。原则上,新闻媒体有义务提供准确的信息。当出现不确定性和争议时,记者应该提供无偏见的信息,以平衡新闻报道中事件各方的意见。而且,当一个记者缺乏专业技能或时间去了解"真相"是什么时,对后一标准应该尤为倚重(Cunningham,2003)。

客观性

然而,要应用客观性和平衡性标准困难重重。特别是对环境新闻而言,记者要努力去保持真正的客观性。比如,一个关于石油钻探或射杀狼群的报道在某种程度上是准确无误的,但是在选择这个故事而不是其他故事的时候,某种偏见就已经发生了。举个例子,环境媒介学者安娜贝拉·卡瓦略(Anabela Carvalho,2007)在她对英国报纸的研究中发现,关于气候变化的话语建构"与意识形态立场强烈地纠缠在一起"。也就是说,深藏在不同的政治观点或者倾向性中的思想和价值观是"强大的选择装置,决定了什么是科学新闻,什么是相关的'事实',以及谁被授权成为科学问题的'定义者'"(p. 223)。

因此,"客观"报道的挑战就是需要记者拥有可靠的消息来源。也就是说,这个消息来源的理解和想法能够使读者信赖,并将其当作是"真相"的基础。通常情况下,这些人被埃里克森、巴拉尼克和尚(Ericson,Baranek,and Chan,1987)在研究中称为社会中"被授权的知者"(authorized knowers)。他们是科学家、某个领域的专家、政府和行业的领袖,等等(引自 Hansen,2010,p. 91)。后面,我会描述一些环境危害的受害者,如低收入地区的居民在环境新闻报道中很难被采访或者很难被社会看作是"可靠的"信源的经历。

平衡性

在报道新闻时,客观性有时与平衡性这一标准相关。平衡通常被看作是报道故事的各个方面的一种责任,尤其是存在争议时。然而,这也可能是有问题的。如怀斯(Wyss,2008)指出,"尽管新闻学一般倾向于获取一个故事的两面,但这种做法并不总在科学和环境报道中适用"(p. 62)。他举了一个例子,《达拉斯早报》(*Dallas Morning News*)一位资深的科学版编辑曾打趣说:"平衡地进行太空报道要求每一则有关人造卫星的报道都要采用来自'地平协会'(Flat Earth Society)的评论"(p.62)。

然而当环境问题有争议时,或者是当记者缺乏专业知识去评判冲突的观点时,新闻业的趋势是去引用多种不同的声音来平衡报道。这就要在一则有争议的报道或者声明中将来自科学家或者政府官员的对立观点摆在一起。比如,在很多早期的关于全球变暖的报道中,平衡是一项常用的操作。布依克伏等(Boykoff & Boykoff,2004)从1992年洛杉矶一家报纸的文章中引用了下面这个例子:

> 研究气候模式的能力对于"全球变暖"现象的争论非常关键。一些科学家认为,同时一些冰核研究也显示,人类制造的二氧化碳具有导致这个星球过热的潜在危险。但是怀疑论者反驳说,没有任何证据警示气候的自然变化是过度的(Abramson,1992,p. A1)。

近几年来,平衡性标准受到了严厉的批评(见"另一种观点:新闻报道中的客观性和平衡性")。一些媒体评论家质疑一个问题总是有两面的假设,尤其是当实验数据和科学研究强烈支持一方时。例如,气候学家斯蒂芬·施奈德(Stephen H. Schneider,2009)曾抱怨说:"数百名专家达成的主流共识可能被少数几个有特殊兴趣的博士的相反观点给平衡了。而对于不知情的人而言,双方似乎是同样可信的"(pp. 203—204)。因此,平衡也可以是误导人的。布依克伏等(2004)发现,美国报纸中对全球变暖的新闻报道的"平衡"行为,实际上导致了对气候变化科学和人类活动对全球变暖的影响的"有偏见的报道"(p. 125)。

▶ 另一种观点

新闻报道中的客观性和平衡性

罗伯特·A.托马斯（Robert A. Thomas）既是资深记者,又是新奥尔良洛拉大学环境传播中心（Center for Environmental Communication at Loyola University, New Orleans）的主任,他这样描述记者的责任:

> 一个记者应该在研究一个新闻故事的方方面面时使用平衡性原则。但是在下结论和报道研究结果时,他必须受到公正性和客观性的指引。例如,全球气候变化是铁证如山的,专门从事这个领域的研究的科学家们绝大多数都是支持者。有一个流派叫"否定者",它的成员是信奉自由市场政策的群体和其他通过否认二氧化碳对气候的影响来最大化自己利益的人,这些人通过使用轶事般的陈述和碎片化的数据来引起人们对相关事实的怀疑。好的记者应该熟识这些人和他们之间迥异的观念,但是要对那些用科学方法追求真理的气候科学家的观点给予足够的信任。

来源:Robert A. Thomas, PhD, Director, Center for Environmental Communication, School of Mass Communication, Loyola University, New Orleans（personal communication, April 5, 2011）。

在关于全球变暖的报道中平衡科学和怀疑论的趋势可能正在改变。例如,布雷纳德（Brainard,2008）报告说,"当涉及人类活动在全球变暖中扮演的角色时,新闻媒体似乎在缓慢但稳步地去除错误的平衡"（para. 6）。布依克伏（Boykoff）（2007）也发现关于全球变暖科学的"平衡"报道近年来已经在美国各大报纸中逐渐减少。

环境记者受到的其他影响

新闻媒体的政治经济学

媒体政治经济学（media political economy）这个词是指所有权以及报纸、电视网所有者的经济利益对媒体的新闻内容的影响。澳大利亚环境学者沙伦·贝泽（Sharon Beder,2002）批判地研究了企业对媒体的影响,她指出大多数商业媒体机构的拥有者是跨国公司,它们在其他商业领域也有经济利益,比如林业、能源、纸浆、造纸厂、油井、房地产和电力设施领域,等等。这些往往都是受到环保法规影响的产业。随着媒体所有权的合并,一些媒体的管理者和编辑可能会感受到来自所有者的压力,选择(或避免)新闻故事和报道新闻的方式,以保证形成一个对这些企业有利的政治气候。反过来,这些编辑和管理者在新闻编辑部内"代表所有者的'声音',他们要确保新闻的'独立性'与所有者偏爱的编辑方针相一致"(McNair,1994,p.42)。

以通用电气(GE)为例。它是世界上最大的企业之一,也是美国全国广播公司及其财经频道(CNBC)的所有者。贝泽(2002)发现,通用电气不是NBC电视网的甩手掌柜。相反,她发现通用电气的官员定期将商业利益插入电视网的编辑决定。尽管通用电气已经出现了环境问题,但"美国全国广播公司的记者并没有特别热衷于揭露它的环境记录"(p.224)。例如,当美国环境保护署发现通用电气在纽约的哈德逊河(Hudson River)排放了超过一百万磅的多氯联二苯(PCBs),且环保署要求通用电气支付大量的清理费用时,"通用电气公司的回应是发起了一个极有野心的活动,旨在扼杀环保署的计划"。据通用电气公司自己的估计,他们花费了1000万到1500万美元去做广告(Mann,2001,para.2)(最终,通用电气公司同意资助清理哈德逊河)。

在一些编辑室里,意识形态的影响可以表现得更为微妙。在这种情况下,经济利益决定了某些类型的报道可用新闻空间的大小。科贝特(Corbett,2006)指出,研究已经发现,在很多编辑室存在一种社会控制形式,这种控制形式是"有条件的服从",受到控制的记者"没有意识到他或她正在服从组织的规范"(p.225)。

最后,媒体政治经济学的另一个影响来自美国各大报纸所有权的变迁。皮尤研究中心(Pew Research Center)的《新闻媒体状况》(The State of the News Media)的最近报告显示,"由于(报纸)破产,现在私人股权基金大量拥有和操控了新闻行业",这涉及一些全国最大的报纸——《洛杉矶时报》(Los Angeles Times)、《芝加哥论坛报》(Chicago Tribune)、《费城问询报》(Philadelphia Inquirer)、《丹佛邮报》(Denver

Post)等（Edmunds, Guskin, & Rosenstiel, 2011, para. 59）。有些人担心，这些投资者对利润的追求会带来更大压力，影响报纸的质量，甚至是记者的数量。

把关和编辑部规范

编辑和媒介经营者决定报道或者不报道某则环境新闻，说明了新闻生产中存在**把关（gatekeeping）**的角色。简单地说，把关是用来比喻新闻编辑室里的某些个人有权决定什么新闻内容能"过关"，哪些只能留在"关外"。怀特（White, 1950）的经典研究《"把关人"：一个新闻选择的案例研究》（"The 'Gatekeeper'：A Case Study in the Selection of News"）追踪了新闻编辑室的结构与惯例，及非正式力量的传统。这些力量决定了新闻内容的排序，并塑造着新闻报道。因而，把关人研究注重的是惯例、惯习以及编辑、记者间非正式的关系，还有记者的背景、所受的训练和资源间的非正式关系。

很多编辑和编辑室都觉得处理环境突发新闻特别困难，原因有二。第一，很多环境问题本质上不清晰或者"不可见"，使得记者觉得很难以传统的新闻格式来报道这些问题。第二，我们也看到了，环境新闻之所以很难被报道，还因为很少有记者接受过科学的训练，或者是掌握了复杂的环境问题的相关知识，比如地下水污染、动物粪便、城市扩张、转基因农作物，或者癌症和疾病集群。几乎没有新闻机构有财力去聘请在这方面有天赋的人。所以，科贝特（2006）说："编辑室可能对于如何把环境新闻以最好的方式纳入编辑室的组织流程感到困惑"（p. 217）。

因此，记者和编辑陷入一个两难境地："当公众对环境问题变得越来越关注和担忧时，编辑和记者们不能凭借直接的方式报道新闻问题。新闻故事必须在技术上是准确的……然而很少有报纸或广播电台能指派一个记者全职报道环境新闻"（West, Lewis, Greenberg, Sachsman, & Rogers, 2003, p. vii）。比如，"在任何一天，一则环境新闻都可能指派给一个科学专家、一个报道健康问题的记者、一个机动记者，或者甚至是一个财经记者"（Corbett, 2006, p. 217）。

正是因为存在这些限制，记者和编辑转向使用网络新闻，如环境新闻网（Environmental News Network, www. enn. com）上的新闻。环境新闻工作者协会还提供一些有用的数据库给自己的记者(我将在下一章讨论这些更新的在线资源)。

我们已经回顾了影响新闻生产的要素——新闻价值、媒介框架、客观性和平衡性的标准、政治经济和把关人,这些要素都用不同的方式保证传统媒体得以运作,同时又限制了它们的运作。也许,能够理解这些影响的方式之一就是进行案例研究。在下一个部分,我将会描述一些记者在报道气候变化时所面临的挑战。

新闻中的气候变化(或气候没有变化)

自从20世纪80年代末科学家们在美国国会证言气候变化问题之后,如何向大众传播气候变化的重要性的问题吸引了教育家、记者、媒体顾问和科学家的关注。尽管"大部分早期传播行为相对比较狭窄地只关注了科学发现",但全球变暖还是很快成为公众兴趣、争议焦点和政策讨论的主题(Moser,2010,p. 32)。尽管如此,现今尤其是在美国,很多科学家都开始担心公众的理解力滞后于对气候变化及其影响的科学认识(Krugman,2009;Moser,2010)。

在本部分,我会描述记者在报道气候变化时面临的挑战。我会简要介绍为了创造出紧迫感,并支持致力于消除有害影响的行动,媒体(和其他人)试图重新建构气候变化问题的框架时所采用的一些方法。最后在第十一章,我还会回顾气候科学家提出的倡议,以便与记者合作,使全球变暖加速的证据更好地得到传播。

气候变化有新闻价值吗?

正如我所说,屡获殊荣的记者安德鲁·拉夫金(2011)报道说,有关气候变化的新闻报道在美国再一次衰落:"经过媒体几年来的大规模报道之后,全球变暖的故事已经鲜被提及。在公众的意识里,全球变暖这一内涵丰富却少有人问津的话题,即使算不上被彻底雪藏,也已经退回到书架尽头那本永远垂直放置的书的位置,被束之高阁了"(para. 2)。但是,为什么会这样?为什么这个"内涵丰富却少有人问津的话题"维持在媒介中成为有新闻价值的主题是如此困难?

原因之一是社会科学家和传播学家发现,相比其他环境和健康议题,气候变化的本质更加难以传播。"确实,"莫泽(Moser,2010)说,"一些富有挑战性的特征使得气候变化成为一个难以应付的议题"(p.33)。她所指出的挑战包括:(1)它的原因不可视,而影响遥不可及;(2)我们与环境的隔绝;(3)采取行动后延迟的或者缺失的满足感;(4)气候科学的复杂性和不确定性;(5)需要改变的信号不足。

环境新闻报道的数量减少还有其他原因。这可能是由于新闻机构缺少工作人员,或是受新闻主管自身的观点和视野的影响等。最近,乔治·梅森大学的气候变化传播中心(Center for Climate Change Communication at George Mason University)发布了他们对电台和电视台的新闻主管的调查结果。其中的主要发现包括:

- 电视新闻主管对科学报道感兴趣,但鲜有员工致力于这个方向。

- 相对而言,地方电视新闻对气候变化的报道频率较低。

- 大部分新闻主管满足于对气候科学天气预报式的报道。

- 虽然很多人仍质疑科学共识,但与天气预报员相比,电视新闻主管似乎不那么怀疑气候变化的科学性。

- 尽管科学共识认为气候变化正在发生而且是人类造成的,但几乎所有的新闻主管(90%)都相信,像报道其他议题一样,关于气候变化的报道必须反映观点的"平衡"(Maibach, Wilson, & Witte, 2010, pp.4, 5)。

早前我们也看到了,在气候变化报道中记者还引用了气候怀疑论者的观点,以达到新闻的平衡标准,而这助长了公众对气候变化的不确定性看法。虽然这种做法已经在减少,但气候变化报道的数量本身也在下降。而且,就像莫泽(2010)所指出的那样,气候变化的影响往往是遥远的、微妙的,或是在读者或观众的个人经历之外的。而当公众面对失业、战争和经济萧条时,他们针对环境问题采取行动的紧迫感会更弱。

新闻媒体从20世纪80年代末就开始进行气候变化方面的报道。有些时候,这些报道很密集,在2006年戈尔的纪录片《难以忽视的真相》播出后达到顶峰。然而此后数年,关于气候变化的报道持续减少。

图6.2 全球变暖能够以视觉方式被诠释吗？在最近的东非大旱期间，可以在美国和欧洲的电视上看到展示村庄外的山羊和绵羊的尸体的画面。

Oxfam East Africa/Flickr

到了2008年年底,社会学家罗伯特·布吕莱(Robert Brulle)观察到,"全球变暖已不再是新闻……在对新奇和独特性永无止境的追求中,全球变暖已不再能提供新的戏剧性头条"。他写道:"第一次冰架坍塌是'大新闻'",但第三次或第四次坍塌"就变得相当普通和正常……我们习惯了这些事件"(引自 Ward,2008)。

因此,布吕莱总结说,"我认为公平地说,对气候变化的媒介兴趣有自己的规律,而气候变化不再被认为有新闻价值了"(引自 Revkin,2011,para. 6)。那么,在全球气候变化的主题仍具有重大报道意义的情况下,环境记者该如何适应公众兴趣的缺失或萎缩的新闻空间呢?

一些人的反应是重新建构气候变化这一主题的框架,转而使用健康或国家安全框架。例如,一位美国海军舰队司令的警告成了新的标题:《全球变暖和资源竞赛可能引发北极的新一轮"冷战"》。海军司令发出的这个警告使用了国家安全框架,指出了在未冻结的北极地区有潜在的矿产冲突(Macalister,2010,para. 1)。其他新闻报道还使用了其他框架,包括清洁能源、绿色就业、火电厂对健康的影响等。而且,很多欧洲报纸将气候变化重新建构到责任(解决问题)与后果框架中,即气候变化如何影响人类的生活(Dirikx & Gelders, 2009；Hansen, 2011, pp. 16)。

▶从本土行动!

关于全球变暖的新闻报道的频率

美国和世界其他地方的报纸在全球变暖问题上的报道做得好吗? 一个衡量指标便是全球变暖或气候变化问题的报道频率。科罗拉多大学的麦克斯韦·布依克伏(Maxwell Boykoff)博士和英国埃克塞特大学(Exeter University)的玛利亚·曼斯菲尔德(Maria Mansfield)博士追踪了美国报纸在这方面的报道,同时还选取了六大洲20个国家50家报纸的报道。出现的趋势说明了什么?

关于美国最大的五家报纸在全球变暖这一议题上的报道的最新情况,可以在下列网站上查阅布依克伏和曼斯菲尔德制作的图表:http://sciencepolicy.colorado.edu/media_coverage[图中涉及的报纸包括《华盛顿邮报》《华尔街日报》(*Wall Street Journal*)、《纽约时报》《今日美国》和《洛杉矶时报》]。

同样,也可以在这个网站上看到世界各国的报纸如何报道气候变化这一主题。

上述关于新闻价值、框架、新闻报道频率的讨论,清晰地表明了新闻媒介对环境议题的报道具有影响,新闻媒体会影响我们的认知或行为。不是吗? 在下一部分,我将描述对媒介影响的一些研究,以及新闻媒介是否(如何)会影响我们关于环境问题的争论。

媒 介 效 果

在第一章,我说过我们对环境的理解和行为反应,不仅依赖于环境科学,也依赖于媒介再现、公众争论以及日常对话。不管怎样,对于**媒介效果(media effects)**一直存在激烈的争议。我在这里所说的媒介效果是指不同的媒体内容、频率和传播形式对观众态度、感知和行为的影响。

早期的理论假设媒介效果是从传者(信源)到受者直接传递信息的结果。这种早期理论将受众看作是极易受控制的人,并把人群看作是"一块同质的潮湿海绵,被统一浸泡在来自媒介的信息里"(Anderson,1997,pp.18—19)。这种研究路径很少得到支持,而且因为它在解释环境媒体的影响方面没有提供特别有用的东西,于是其他的论述出现了。这些论述超越了对个人的某种特定影响的研究,而进入到塑造议题感知、建构社会叙事等范围更为广泛的媒介影响上。

在这一部分,我将回顾关于新闻报道对公众的态度和行为产生影响的三个主要理论。这三个理论分别是:(1)议程设置;(2)叙事框架;(3)培养分析。虽然这些研究路径几乎没有提供任何直接的、有因果关系的证据,但它们认为媒介的影响是累积的,是帮助建构我们对环境的兴趣和理解的社会影响的一部分。

议程设置

也许媒介效果理论中对环境新闻最有影响的理论是**议程设置(agenda setting)**。科恩(Cohen,1963)是第一个提出议程设置概念的人。他用这个概念区分个人意见(人们所相信的)和公众对一个问题的显著性或重要性的感知。他认为:"新闻报道也许大多数时候在告诉人们'怎么想'方面做得并不成功,但是在告诉它的读者'想什么'方面却异常成功"(p.13;见 McCombs & Shaw,1972)。在对电视的研究中,艾扬格和金德(Iyengar & Kinder,1987)这样定义议程设置:"这些在国家新闻中受到明显关注的问题成为受众眼中国家面临的最重要的问题"(p.16)。

议程设置假说对很多环境传播研究都形成了影响。这些研究"明确证实,媒体在公众所关心的环境问题和公众对环境问题的知觉上发挥着强大的议程设置作用"(Hansen,2011,p.18;Soraka,2002)。但有时候研究结果也是相互冲突的。艾扬格和金德(1987)在对电视晚间新闻的研究中,发现了议程设置效果的有力证据,认为观众在观看了越来越多的对环境污染的报道后,把环境问题放到了更重要的层面上(p.19)。艾亚尔、维因特和迪乔治(Eyal, Winter, & DeGeorge,1981)

以及阿德(Ader,1995)、索拉达(Soroka,2002)发现议程设置在不引人注目的议题,以及读者和受众没法接触的议题上效果特别明显。最明显的效果就是媒介增强了受众对来源于环境的风险或者危机的感知。

另一方面,艾扬格和金德(1987)发现没有明显的证据支持电视新闻报道在其受众对环境议题的重要性的感知方面产生了影响。在这种情况下,报道一个有毒废弃物地点和对一个生病的孩子的母亲令人心碎的访谈,并将两者联系起来,或者报道中只有一个记者在解释化工生产基地和灾难性疾病之间可能存在的联系,这两种方式在吸引受众关注相关问题方面并没有太大差异。

但是,环境传播学者在这些研究的基础上反对否定议程设置的效果。阿德(1995)指出,除了新闻报道,真实世界的状况也会影响人们对问题重要性的感知。安德森(1997)还指出了其他的影响要素,比如朋友和家人都可能影响公众对环境问题重要性的感知,而议程设置研究应该把这些要素也考虑在内。

为了完善议程设置理论,阿德(1995)调查了现实世界条件、舆论以及媒体议程的影响,她研究了《纽约时报》从1970年到1990年的环境新闻报道。由于该研究被认为是一项标志性研究,所以让我们一起来进一步加以讨论:

阿德提出了两个问题:(1)受众对环境问题的关心,究竟更多地是受媒体报道驱动还是受现实世界的条件驱动?(2)受众的态度影响了媒介的报道数量,而不是媒介对议程的设置?阿德使用了盖洛普公司(Gallup)在这个阶段的调查问卷,确认受众周期性地将某些问题界定为"国家目前面临的最重要的问题"。为了控制舆论和真实世界状况对媒体报道的影响,阿德研究了盖洛普调查之前和之后三个月《纽约时报》中关于污染的报道的长度和显要程度,同时还从独立来源处搜集了同时期真实世界中垃圾处理、空气质量和水的质量等方面的数据。

阿德的研究确认了强效果的存在,尽管将现实世界的条件和之前的舆论都考虑在内了。也就是说,尽管在研究期间,客观测量表明整体污染水平在下降,但《纽约时报》增加了对污染的报道,报道长度的增加和显著度的增强,都与随后读者对该问题的关心程度的增强相关。但是,反过来的结论并不成立,也就是说媒体并不是在反映公众舆论。阿德总结道:"研究说明,媒体对污染的大量报道影响了受众对该问题的关心程度"(p. 309)。

虽然议程设置假说可以解释一个议题对公众的重要性,但它并没法表明人们是如何思考这个问题的。因此,我们还必须去了解其他理论,以关注媒体在构建环境问题的意义和受众的理解方面扮演的角色。

叙事框架

如前所述,新闻媒介不仅传播关于环境问题的事实,而且传播理解和把握这些事实的框架或方向。所以,媒介效果理论开始关注意识的形成或者是框架,这些帮助我们解释了新闻报道在协调我们的经验和我们与环境的关系方面扮演的角色。这些理论并不认为媒介报道催生了舆论,相反,它们声称,"媒体话语是个人构建意义的过程的一部分"(Gamson & Modigliani,1989,p. 2)。在本节中,我将描述框架在提供有关世界的叙事或连续的故事线索时扮演的特殊角色。

叙事研究模式很重视媒介框架的作用,认为它将新闻报道中的不同元素连成了一个整体。**叙事框架(narrative framing)**指的是媒介通过故事将现象的片段组织起来的方式,它可以帮助受众加强理解,也可以激发受众的潜力,通过组织故事来影响我们与被再现的现象之间的关系。这种框架的观点建立在传播学学者罗伯特·恩特曼(1993)对框架的定义上:"框架就是选择特定现实的方面,让它更为显著……通过这种方式为已经描述过的问题提供问题定义,阐释事件原因,提供道德评价,示意解决方案"(p. 52)。换句话说,媒介框架可以通过提供叙事结构——问题是什么、谁应该负责、解决措施是什么等来组织一个新闻报道中的"事实"。

詹姆斯·沙纳罕和凯瑟琳·麦克马斯(James Shanahan & Katherine McComas,1999)是这种理论的主要支持者,他们发现环境新闻报道"几乎从来就不是对'事实'的简单传递";相反,"记者运用叙事结构构建了有趣的环境新闻报道。……记者和媒体工作人员必须吸引受众,他们必须用打包的叙事呈现他们的信息"(pp. 34—35)。

一个典型的案例是思莱荷特维格（Schlechtweg, 1992）早期做的一个研究——关于美国公共广播公司针对"地球优先！"的抗议者所做的报道的叙事框架研究。1990年5月，《地球优先！杂志》（*Earth First! Journal*）宣布了"红杉夏天"（Redwood Summer）的开始，环保分子们涌入了加利福尼亚州北部的红杉森林，"以非暴力方式封锁了伐木道路，而且爬上大树以'保护树木不被砍伐'"（Cherney, 1990, p. 1）。"地球优先！"的组织者强调，反对非暴力的人将会被禁止参加"红杉夏天"的活动。"地球优先！"还试图和伐木工展开对话，建议他们在新成长的森林而不是在旧的区域里进行可持续的砍伐（Schlechtweg, 1992），这样他们双方就有了共同的利益。

　　然而，那个夏天，伐木工人、"地球优先！"的环保分子以及农村社区之间的紧张关系持续升级。在1990年7月20日，公共广播公司的《麦克尼尔莱勒新闻时间》（*The MacNeil-Lehrer NewsHour*）播出了一则关于这项抗议的报道——《聚焦伐木僵局》（"Focus-Logjam"）。思莱荷特维格研究的正是这则报道，以及报道中针对伐木工人、"地球优先！"的抗议者、社区居民以及暴力的叙事结构。

　　在对《聚焦伐木僵局》的分析中，思莱荷特维格明确地揭示出电视报道主题框架中关键的视觉和语言表达，包括原始森林的画面，说"小城镇经济"依赖"木材"，对用斧头或短柄小斧把树钉敲打入树的特写，以及公共广播公司记者的画外音："'地球优先！'有公民不服从的记录，它损坏私人林地，破坏伐木机器……还鼓励大家使用树钉以使大树不被砍伐"（pp. 266—267）。在这个9分40秒的新闻报道的结尾，故事通过"主人公"和"反对派"的紧张冲突明确了他们的身份，提示了真实的暴力发生的可能。

　　在节目中，主人公的形象通过一些关键的身份和价值观术语被描绘：报道介绍了"工人""伐木者"和"普通人"，他们的生活依赖"木材采集"和"小镇经济"，这是他们的"工作""生计"和他们的"生活方式"（p. 273）。相反，报道把"地球优先！"的抗议者描述为"灾难的""激进的""错误的人""恐怖分子"以及"暴力的人"，为了拯救"高大且美丽的树"，他们参与"对抗""钉树""破坏"以及"公民不服从"运动（p. 273）。思莱荷特维格认为，在《聚焦伐木僵局》这则报道里，这些名词和其他动词以及视觉表达一起清晰地建构了这样一个叙事:这是"普通人"与一个"暴力的恐怖主义组织,一个想要使用破坏活动……树钉等去拯救红杉林的组织"的对抗(pp. 273—274)。

培养分析

在媒介影响方面,培养模式与叙事理论相关。沙纳罕(1993)这样描述**培养分析(cultivation analysis)**:"它是一个讲故事的理论,它假设重复曝光一系列信息可以导致受众形成与这些信息的内涵一致的共识"(pp. 186—187)。就像它的名字所反映的一样,培养并不对受众产生即刻或者是特定的效果;相反,它是一个渐渐影响或累积效果的过程。这个模式与媒介研究者乔治·格伯纳(George Gerbner, 1990)的研究相关。格伯纳认为:

> 培养是文化所致。这不是简单的因果关系,尽管文化是人类生活和学习的基本媒介……严格地说,培养意味着某种特别的、一贯的且有说服力的符号流在复杂的社会化和文化化过程中带来的某种特定的、独立的(不是孤立的)贡献(p. 249)。

格伯纳的研究只关注观看电视暴力的长期影响——对"邪恶世界综合征"(mean world syndrome)的世界观的培养。这种世界观将社会看作是一个危险的地方,人们互相伤害(Gerbner, Gross, Morgan, & Signorielli, 1986)。

同样,运用培养分析理论的环境传播学者对媒体对环境态度和行为产生的长期影响感兴趣。也许令人惊讶的是,这项研究表明重度观看者常常对环境问题的关心程度更低(Novic & Sandman, 1974; Ostman & Parker, 1987; Shanahan & McComas, 1999)。在一项大学生电视观看行为的研究中,沙纳罕和麦克马斯(1999)发现,对电视的重度观看可能会阻碍亲环境态度的形成:"如果说媒体对环境的关注会带来更多的社会—环境担忧,那么这项研究的结论与之并不一致。电视重度观看者对环境的关心更少,这说明了相反的一点:电视中的信息在发展对环境的关心上设置了一个'刹车闸',尤其是对电视重度观看者而言"(p. 125)。

有趣的是,沙纳罕和麦克马斯(1999)还发现,对政治比较积极的学生,在观看了大量电视节目后,对环境问题的关心的减弱程度大于其他人。这个发现与我们之前所谈论的议程设置效果相矛盾,即对一个主题的报道越频繁,它的显著度会增加。这该怎么解释呢?培养理论的研究者将其解释为**主流化(mainstreaming)**模式,即差异在趋向某一个文化标准的过程中缩小。沙纳罕和麦克马斯(1999)认为,就环境媒体而言,电视一贯的信息流可能让人们更接近主流文化,而(被电视节目所呈现的)主流一直是"更接近最低层级的环境关心程度"(p.130)。

电视重度观看者对环境的关心意识减弱还有第二个解释,即沙纳罕等人(Besley & Shanahan,2004;Shanahan,1993)所谓的**反向培养(cultivation in reverse)**。也就是说,由于媒介中一贯缺乏环境图像,或者把观众的注意力引向其他的非环境故事,就会培养出一种反环境态度。由此,通过忽视或者被动地描述自然环境,电视将环境问题的重要性边缘化。培养理论学者(Shanahan & McComas,1999)也将这个现象称为**"符号灭绝"(symbolic annihilation)**——媒体通过对主题间接地或者消极地不予强调来抹杀一个主题的重要性。

与针对经常观看电视这一行为的主流效果研究的一般结论不同,最近关于电视观众对环境风险的感知的研究有些令人意外。该研究旨在通过更仔细地区分电视频道的多样性来支持培养分析理论,它研究的电视频道包括有线电视新闻网、探索频道、福克斯新闻(Fox News)以及喜剧频道(Comedy Central)。结果,研究发现了接触更多样的电视节目与对环境风险的关心程度的相关性,这种电视节目多样性的影响超过了观看电视的次数(频率)和(观看者的)个体差异的影响(Dahlstrom & Scheufele,2010,p.54)。

我们很难明确找出新闻媒介对公众的观念和行为产生的具体影响,尤其是短期内的影响。媒介的影响可以是复杂的、非线性的。然而,议程设置、叙事框架、对观众观点的长期培养等理论还是认为媒介产生了重要的影响。而且,如汉森(2011)所观察到的,"媒介可能提供了一个重要的文化情境,通过这个文化情境,不同的公众获得了理解环境问题的词汇和框架,也得到了更多针对特定环境问题的主张的词汇和框架"(p.20)。

传统(环境)新闻媒体面对的挑战

尽管传统新闻媒体在环境新闻报道中仍起重要作用,但随着传统媒体的商业模式正在遭遇危机,这一点很可能正在发生改变。

皮尤研究中心(2011)的年度《新闻媒体状况》调查给我们提供了洞悉新闻行业变迁的资料。虽然经过一段时间的衰退,一些媒体的收益开始反弹,但报纸的收入持续下降,在过去四年里跌了近50%。

收入锐减使得整个报业——日发行量、报纸尺寸、新闻版面以及记者数量——都在萎缩。这并不是说环境新闻已经消失。在每一年,环境新闻都还是在进行显著的努力。例如,詹姆斯·阿斯蒂尔(James Astill,2010)在《经济学人》(*The Economist*)上发表的关于世界森林状况调查的八篇连续报道[阿斯蒂尔荣获2011年格兰瑟姆奖(Grantham Prize)的最佳环境新闻奖]。然而,报纸的收入在下降,环境新闻学可以使用的资源日益稀缺。

总体而言,皮尤研究中心(2011)发现,2000年以来报纸的日发行量已经减少了25%。而编辑部,包括记者、编辑等比2000年时人数少了30%。皮尤的结论是:"大多数美国城市最大的新闻编辑部都伤痕累累,肯定没有十年前那么雄心勃勃"(p.6)。耶鲁气候变化论坛和媒介(*Yale Forum on Climate Change and the Media*)的编辑巴德·沃德(Bud Ward)说:"当整个队伍都在面临'被腰斩'时……很难让记者们去关注气候报道"(Ward,2008,para.28)。沃德提到的不是简单的所谓报纸的死亡,而是随着报纸收益减少,发行量降低,人们向网络媒体转移,报纸的新闻工作人员和专家队伍都会缩减。

而报纸的网络版正如雨后春笋般冒出,但这些依然依赖新闻工作者生产内容,而这其中就有一个潜在的问题。例如,当西雅图的《邮讯报》(*Post-Intelligencer*)被搬到网上时,它已经裁减了165名记者,只用20名记者来运行在线新闻(Yardley & Pérez-Pena,2009)。结果,网上日报的全国性报道越来越依赖对内容的整合。皮尤中心(2010)的《新闻媒体状况》报告发现,即使最好的在线新闻媒体生产内容的能力也十分有限,没有比过去的报纸更好的赢利模式。

图6.3　伴随着所谓的报刊消亡,许多新闻编辑部正在失去科学和环境记者。

Bananastock/Thinkstock

　　而且,随着媒体裁员,难免还有科学专业知识的流失。有些是把整个报道板块都砍掉了。《圣荷西水星报》(*Mercury News*)写道:"20年前有近150家报纸有科学版,现在只有不到20家。这些报纸往往将稀缺的版面献给了生活版和健康版"(Daley,2010,para.16)。资深电视记者约翰·戴利（John Daley，2010）直截了当地说，"大部分有着最好装备、在新闻媒体尤其是本地媒体上……报道环境和气候变化问题的记者，正在被'干掉'"（para. 6）。

而且正如戴利所说的，电视网和有线电视也呈现出类似的趋势。例如，2008 年，有线电视新闻网裁掉了所有科学、科技和环境新闻领域的工作人员，而天气频道则取消了它的每周气象节目"地球预测"（"Forecast Earth"）。随着新闻工作人员的减少，有线电视新闻逐渐用观点新闻来填满它的时间。

皮尤研究中心（2004）的《新闻媒体状况》总结道，在 21 世纪的第一个十年，"新闻业正处在跨时代的转型中，其重要性有如电报或电视的发明"（p. 4）。在下一章，我会描述在环境传播的新时代里，社交媒介的兴起及其作用等方面的新的变化。

延伸阅读

- Anders Hansen, *Environment*, *Media*, *and Communication*. London and New York：Routledge, 2010.
- Libby Lester, *Media and Environment*：*Conflict*, *Politics and the News*. Cambridge, UK：Polity Press, 2010.
- Tammy Boyce and Justin Lewis, *Climate Change and the Media*. New York：Peter Lang, 2009.
- Bob Wyss, *Covering the Environment*：*How Journalists Work the Green Beat*. London and New York：Routledge, 2008.
- 环境记者协会的网站（www. sej. org）。它在提升各种媒介产品的品质和可信度、提高到达率，从而推动公众对环境议题（及其使命）的理解等方面做得如何？

关键词

议程设置	媒介效果
人类中心主义	媒介框架
培养分析	媒体政治经济学
反向培养	叙事框架
生态破坏演示	新闻版面

框架 新闻价值
把关 客观性和平衡性
图像事件 符号灭绝
主流化 传统新闻媒体

讨论

1. 当读到环境新闻时,你能识别出影响你的框架吗? 校园报纸或地方报纸、地方广播电台或电视台会在新闻故事中用到哪些不同的媒介框架?

2. 你如何评论新闻的客观性原则? 你同意记者有权就环境问题的不同论点加以评论吗? 还是他们应该保持客观? 这可能吗?

3. 媒体会影响你对待环境的态度和行为吗? 网络或主流新闻报道改变过你对特定问题的态度吗? 例如核能、素食主义或者全球变暖这些问题。你能列出这些报道的哪些特征对你特别有影响吗?

4. 商业新闻和娱乐媒体在多大程度上复制了主流意识形态? 你能列举出质疑或挑战这些意识形态的主流媒体吗?

参考文献

Abramson, R. (1992, December 2). Ice cores may hold clues to weather 200,000 years ago. *Los Angeles Times*, p. A1.

Ader, C. (1995). A longitudinal study of agenda setting for the issue of environmental pollution. *Journalism and Mass Communication Quarterly*, 72, 300—311.

Anderson, A. (1997). *Media, culture, and the environment*. New Brunswick, NJ: Rutgers University Press.

Associated Press. (2011, April 27). Desert tortoise advocates fight solar energy backers in environmental feud. *Washington Post*. Retrieved April 30, 2011, from www. washingtonpost. com.

Astill, J. (2010, September 23). Seeing the wood. *The Economist*. Retrieved July 16, 2011, from http://www. economist. com.

Beder, S. (2002). *Global spin: The corporate assault on environmentalism* (Rev. ed.). White River Junction, VT: Chelsea Green.

Besley, J. C., & Shanahan, J. (2004). Skepticism about media effects concerning the environment: Examining

Lomborg's hypothesis. *Society and Natural Resources*, *17*(10), 861—880.

Boykoff, M. T. (2007). Flogging a dead norm? Newspaper coverage of anthropogenic climate change in the United States and United Kingdom from 2003 to 2006. *Area 39* (4), 470—481. Retrieved December 23, 2008, from http://www. eci. ox. ac. uk.

Boykoff, M. T. , & Boykoff, J. M. (2004). Bias as balance: Global warming and the US prestige press. *Global Environmental Change*, *14* (2), 125—136.

Brainard, C. (2008, August 27). Public opinion and climate: Part II. *Columbia Journalism Review*. [Electronic version]. Retrieved December 22, 2008, from http://www. cjr. org.

Carson, R. (1962). *Silent spring*. Boston: Houghton Mifflin.

Carvalho, A. (2007). Ideological cultures and media discourses on scientific knowledge: Re-reading news on climate change. *Public Understanding of Science*, *16*, 223—243.

Cherney, D. (1990, May 1). Freedom riders needed to save the forest: Mississippi summer in the California redwoods. *Earth First! Journal*, *1*, 6.

Cohen, B. C. (1963). *The press and foreign policy*. Princeton, NJ: Princeton University Press.

Corbett J. B. (2006). *Communicating nature: How we create and understand environmental messages*. Washington, DC: Island Press.

Cunningham, B. (2003). Re-thinking objectivity. *Columbia Journalism Review*, *42*, 24—32.

Dahlstrom, M. F. , & Scheufele, D. A. (2010). Diversity of television exposure and its association with the cultivation of concern for environmental risks. *Environmental Communication: A Journal of Nature and Culture*, *4* (1), 54—65.

Daley, J. (2010, January 7). Why the decline and rebirth of environmental journalism matters. *Yale Forum on Climate Change and the Media*. Retrieved October 5, 2010, from www. yaleclimatemediaforum. org/.

DeLuca, K. M. (2005). *Image politics: The new rhetoric of environmental activism*. London: Routledge.

Dirikx, A. , & Gelders, D. (2009). Global warming through the same lens: An exploratory framing study in Dutch and French newspapers. In T. Boyce & J. Lewis (Eds.), *Media and climate change* (pp. 200—210). Oxford, UK: Peter Lang.

Edmonds, R. , Guskin, R. , & Rosenstiel, T. (2011). Newspapers: Missed the 2010 media rally. Pew Research Center. *The State of the News*

Media. Retrieved May 3, 2011, from http://stateofthemedia. org.

Entman, R. M. (1993). Framing: Toward clarification of a fractured paradigm. *Journal of Communication 43* (4), 51—8.

Ericson, R. V., Baranek, P. M., & Chan, J. B. L. (1989). *Negotiating control: A study of news sources.* Milton Keynes, UK: Open University Press.

Eyal, C. H., Winter, J. P., & DeGeorge, W. F. (1981). The concept of time frame in agenda setting. In G. C. Wilhoit (Ed.), *Mass communication yearbook* (pp. 212—218). Beverly Hills, CA: Sage.

Fretwell, S. (2011, March 20). New report details safety issues at U. S. nuclear plants, the most serious in South Carolina. *The Post and Courier.* Retrieved April 29, 2011, from www. postandcourier. com.

Friedman, S. M. (2004). And the beat goes on: The third decade of environmental journalism. In S. Senecah (Ed.), *The environmental communication yearbook* (Vol. 1, pp. 175—187). Mahwah, NJ: Erlbaum.

Gamson, W. A., & Modigliani, A. (1989). Media discourse and public opinion on nuclear power: A constructionist approach. *American Journal of Sociology, 95,* 1—37.

Gerbner, G. (1990). Advancing on the path to righteousness, maybe. In N. Signorielli & M. Morgan (Eds.), *Cultivation analysis: New directions in research* (pp. 249—262). Newbury Park, CA: Sage.

Gerbner, G., Gross, L., Morgan, M., & Signorielli, N. (1986). Living with television: The dynamics of the cultivation process. In J. Bryant & D. Zillmann (Eds.), *Perspectives on media effects* (pp. 17—40). Mahwah, NJ: Erlbaum.

Gitlin, T. (1980). *The whole world is watching: Mass media in the making and unmaking of the new left.* Berkeley, Los Angeles, and London, UK: University of California Press.

Goffman, E. (1974). *Frame analysis: An essay on the organization of experience.* Cambridge, MA: Harvard University Press.

Hall, J. (2001, May/June). How the environmental beat got its grove back. *Columbia Journalism Review* [Electronic version]. Retrieved December 22, 2008, from http://backissues. cjrarchives. org.

Hansen, A. (2010). *Environment, media, and communication.* London and New York: Routledge.

Hansen, A. (2011, February). Towards reconnecting research on the production, content and social implications of environmental communication. *International Communication Gazette*, *73*(1—2), 7—25.

Intergovernmental Panel on Climate Change. (2007). *Climate change 2007: Synthesis report.* United Nations Environment Program. Retrieved April 26, 2011, from http://www. ipcc. ch/Iyengar, S., & Kinder, D. R. (1987). *News that matters: Television and American opinion.* Chicago: University of Chicago Press.

Juskalian, R. (2008, June 6). *Launch: Yale Environment 360: Roger Cohn endeavors to make ends meet online.* Retrieved December 27, 2008, from http://www. cjr. org.

Korte, D. (1997). The Simpsons as quality television. *The Simpsons archive.* Retrieved April 23, 2004, from www. snpp. com.

Krugman, P. (2009, September 27). Cassandras of climate. *New York Times*, p. A21.

Lippmann, W. (1922). *Public opinion.* New York: Harcourt, Brace.

Macalister, T. (2010, October 11). Climate change could lead to Arctic conflict, warns senior NATO commander. *The Guardian.* Retrieved May 22, 2011, from www. guardian. co. uk.

Maibach, E. , Wilson, K. , & Witte, J. (2010). A national survey of news directors about climate change: Preliminary findings. George Mason University. Fairfax, VA: Center for Climate Change Communication. Retrieved July 9, 2011, from www. climatechangecommunication. org.

Mann, B. (2001, May 26). Bringing good things to life? *On the media.* New York: WNYC. Retrieved May 3, 2004, from www. onthemedia. org.

Marchi, R. M. (2005). Reframing the runway: A case study on the impact of community organizing on news and politics, *Journalism*, *6* (4), 465—485.

McCombs, M. , & Shaw, D. (1972). The agenda setting function of the mass media. *Public Opinion Quarterly*, *36*, 176—187.

McNair, B. (1994). *News and journalism in the UK.* London and New York: Routledge.

Meisner, M. (2005). Knowing nature through the media: An examination of mainstream print and television representations of the non-human world. In G. B. Walker & W. J. Kinsella (Eds.), *Finding our way(s) in environmental communication: Proceedings of the Seventh Biennial Conference on Communication and the Environment* (pp. 425—437). Corvallis: Oregon State University Department of Speech Communication.

Miller, M. M., & Riechert, B. P. (2000). Interest group strategies and journalistic norms: News media framing of environmental issues. In S. Allan, B. Adam, & C. Carter (Eds.), *Environmental risks and the media* (pp. 45—54). London: Routledge.

Moser, S. C. (2010). Communicating climate change: History, challenges, process and future directions. *Wiley Interdisciplinary Reviews—Climate Change* *1*(1):31—53.

Novic, K., & Sandman, P. M. (1974). How use of mass media affects views on solutions to environmental problems. *Journalism Quarterly*, *51*, 448—452.

Ostman, R. E., & Parker, J. L. (1987). Impacts of education, age, newspaper, and television on environmental knowledge, concerns, and behaviors. *Journal of Environmental Education*, *19*, 3—9.

Palen, J. (1998, August). SEJ's origin. Paper presented at the national convention of the Association for Education in Journalism and Mass Communications, Baltimore, MD. Retrieved August 4, 2011, from www. sej. org/sejs-history.

Pan, Z., & Kosicki, G. M. (1993). Framing analysis: An approach to news discourse. *Political Communication*, *10*, 55—76.

Pew Research Center. (2004). *The State of the News Media 2004*. Retrieved November 8, 2011, from www. stateofthemedia. org/files/2011/01/execsum. pdf.

Pew Research Center. (2010, March 1). *The State of the News Media*. Retrieved May 19, 2011, from http://pewresearch. org.

Pew Research Center. (2011, March 14). *The State of the News Media*. Retrieved May 19, 2011, from http://pewresearch. org.

Reuters. (2011, April 4). "Most Americans say U. S. nuclear plants safe: poll." Retrieved April 29, 2011, from www. reuters. com.

Revkin, A. C. (2011, January 5). Climate news snooze? *Dot Earth*. Retrieved May 4, 2011, from http://dotearth. blogs. nytimes. com.

Rodríguez, I. (2003). Mapping the emerging global order in news discourse: The meanings of globalization in news magazines in the early 1990s. In A. Opel & D. Pompper (Eds.), *Representing resistance: Media, civil disobedience, and the global justice movement* (pp. 77—94). Westport, CT: Praeger.

Sachsman, D. B., Simon, J., & Valenti, J. (2002, June). The environment reporters of New England. *Science Communication*, *23*, 410—441.

Schlechtweg, H. P. (1992). Framing

Earth First! The *MacNeil-Lehrer News-Hour* and redwood summer. In C. L. Oravec & J. G. Cantrill (Eds.), *The conference on the discourse of environmental advocacy* (pp. 262—287). Salt Lake City: University of Utah Humanities Center.

Schneider, S. H. (2009). *Science as a contact sport: Inside the battle to save earth's climate.* Washington, DC: National Geographic.

Shabecoff, P. (2000). *Earth rising: American environmentalism in the 21st century.* Washington, DC: Island Press.

Shanahan, J. (1993). Television and the cultivation of environmental concern: 1988—92. In A. Hansen (Ed.), *The mass media and environmental issues* (pp. 181—197). Leicester, UK: Leicester University Press.

Shanahan, J., & McComas, K. (1999). *Nature stories: Depictions of the environment and their effects.* Cresskill, NJ: Hampton Press.

Soper, K. (1995). *What is nature?* Oxford, UK: Blackwell.

Soroka, S. N. (2002). Issue attributes and agenda-setting by media, the public, and policy-makers in Canada. *International Journal of Public Opinion Research*, *14*(3), 264—285.

Tabuchi, H., Sanger, D. E., & Bradsher, K. (2011, March 14). Japan faces potential nuclear disaster as radiation levels rise. *New York Times*, p. A1.

Todd, A. M. (2002). Prime-time subversion: The environmental rhetoric of the Simpsons. In M. Meister & P. M. Japp (Eds.), *Enviropop: Studies in environmental rhetoric and popular culture* (pp. 63—80). Westport, CT: Praeger.

Vig, N. J., & Kraft, M. E. (2003). Environmental policy from the 1970s to the twenty-first century. In N. J. Vig & M. E. Kraft (Eds.), *Environmental policy: New directions in the 21st century* (5th ed., pp. 1—32). Washington, DC: CQ Press.

Wagner, T. (2008). Reframing ecotage as ecoterrorism: News and the discourse of fear. *Environmental Communication: A Journal of Nature and Culture*, *2*(1), 25—39.

Ward, B. (2008, December 18). 2008's year-long fall-off in climate coverage. *The Yale Forum on Climate Change and The Media.* Retrieved February 13, 2009, from www. yaleclimatemediaforum. org.

West, B. M., Lewis, M. J., Greenberg, M. R., Sachsman, D. B., & Rogers, R. M. (2003). *The reporter's environmental handbook.* New Brunswick, NJ: Rutgers University Press.

White, D. M. (1950). The "gatekeeper": A case study in the selection of news. *Journalism Quarterly*, 27（4）, 383—390.

Wyss, B. （2008）. *Covering the environment: How journalists work the green beat.* London and New York: Routledge.

Yardley, W. , & Pérez-Pena, R. （2009, March 16）. Seattle paper shifts entirely to the web. *New York Times.* Retrieved March 28, 2009, from www. nytimes. com.

Yopp, J. J. , McAdams, K. C. , & Thornburg, R. M. （2009）. *Reaching audiences: A guide to media writing* （5th ed. ）. Boston: Allyn & Bacon.

第七章　社会化媒介和在线环境报道

> 很多时候,我们认为新闻和社交网络是一个非此即彼的命题。未来,强大的环境符号和图像的流通会……依赖于它们二者。
>
> ——L. Lester, *Media & Environment* (2010, p. 182)

> 我们延伸了你的存在,比如让你眼观六路(网络摄像头)和耳听八方(移动电话),以及增加你大脑的容量(你能在网上世界搜寻到各种信息)。这些成为你与世界和他人联系的基础,它们反过来又能改变你对自我和世界的认知。
>
> ——Jaron Lanier, *You Are Not a Gadget* (2010, pp. 5—6)

当保罗·沃森船长的船只"史蒂夫·厄文号"(Steve Erwin)最近在南极附近的冰海里干扰日本捕鲸舰队时,这场遭遇战立刻(通过卫星连线)被报道出来,被发到推特上、被写进博客、被标记、被以数字形式公布在全世界的博客和新闻网站上(Lester, 2011; Yamaguchi, 2011)。后来,探索频道《鲸鱼大战》的一集使用了这些图像。反对捕鲸的船员们对媒体的使用说明环境传播的途径正在被改变。社交媒体、数码相机和 Web 2.0 应用已经永久地改变了新闻生产者和接受者之间的关系,后者被新闻评论家杰伊·罗森(Jay Rosen)称为"被正式地称作受众的人"(引自 Wyss, 2008, p. 222)。

在这一章里，笔者描述了社交媒体和 Web 2.0 时代的新景观，以及记者、环保主义者、环境保护论者、环境保护署及其他人士对二者的一些使用。同时，笔者也会指出新媒体对环境倡导活动的未来发起的挑战。

- 本章第一部分介绍了环境新闻向网络的迁移以及绿色博客圈的爆炸式增长。
- 第二部分介绍了由社交媒体——脸书、推特、Ning、智能手机、其他移动设备和 Web 2.0 应用程序等形成的景观。这一节还描述了社交媒体改变环境传播的六种方式：

1. 环境信息和各种声音
2. 绿色社区和社会化网络
3. 报道和记录
4. 公众批评和问责
5. 动员
6. 微志愿活动和自我组织

- 第三部分介绍了环境倡导活动使用社交媒体的案例，并指出了社交媒体在实现这种目的时面临的一些挑战和限制。
- 最后一部分阐释了社交媒体的发展趋势给环境传播带来的机遇与障碍。

看完本章后，你会对环境利益群体对社交媒体的广泛使用，以及记者、公共部门、教育者及个体可使用的网络平台和 Web 2.0 应用程序的戏剧性增长有一个更好的理解。你也可以更好地理解使用社交媒体进行环境倡导活动时面对的一些挑战。

环境新闻的在线迁移

20 世纪 90 年代晚期到 21 世纪早期，有两股力量绞合在一起，促使环境新闻的生产和传播发生了巨大的改变。首先，正如我在第六章中提到的,印刷报刊和广播电视面临收益的持续减少和读者的不断流失,"因为越来越多的人到网上阅读,因为这样更及时而且免费,报纸的发行情况尤其恶化"(Krol, 2009, para. 3)。

其次,不仅主流新闻报道版面在萎缩(第六章),商业媒体的报道也缺乏深度、广度和准确性,这都让对环境问题感兴趣的读者和新闻工作者日渐烦恼。而且,尽管报纸和电视开始向网络转移,但90年代后期它们创立的网站中的内容"通常只是简单地摘录了它们已经出版或者是现场播出的内容。这种形式很快被称作'山寨'"(Wyss, 2008, p. 216)。

然而,到了21世纪第一个十年,网络平台展现出承载海量新闻和信息的特征,包括新闻工作者的博客、录像、新闻论坛、科学网站、环境团体以及诸如环保署这样的政府机构的网站等。在线平台中出现最早、最有影响力的是**环境新闻服务(environmental news services)**,如"绿色通讯"(Greenwire)和非营利的"环境连线网"(EnviroLink Network),而这些在线服务正是我现在转而关注的内容。

环境新闻服务

几乎从一开始,网络新闻服务就为寻求更具深度的环境新闻报道和即时信息的记者与读者提供了最多的途径。弗里德曼(2004)注意到,很多环境新闻记者的资源不断增加,这个改变的来源都可追溯到这些在线新闻平台。一位资深环境新闻记者声称,这些网络服务,包括定期的即时新闻推送等"彻底改变了记者的工作方式"(p. 183)。

第一个这样的新闻类型就是"环境新闻服务",它提供原创的、每日的、国际的环境新闻报道服务。"环境新闻服务"的报道被路透社、道琼斯通讯社(Dow Jones)和其他一些通讯社列入索引,它们的报道覆盖广泛的主题:环境政治学、科学和技术、空气质量、饮用水、海洋和海洋生物、土地使用、野生动物、自然灾害、有毒物质以及核问题。

在"环境新闻服务"之后,很快就有其他针对公共土地或气候变化等专业领域的网络新闻服务出现了。它们的特别报道尤其吸引环境团体和商业团体、决策者以及其他与美国国会环境立法工作相关的人士的兴趣。在这些新闻服务中,最著名的是环境与能源出版公司(Environment and Energy Publishing)（E&E，www. eenews. net）。它提供网络邮件组、通讯服务、环境和能源电视节目以及特别报道，就美国法院或国会提及的能源、公共土地问题、气候变化以及其他问题提供详细报道。例如它的"土地通信"（Land Letter）（www. eenews. net/11）专注对自然资源（荒野、石油和公共土地上的天然气钻探等）的报道，而"环境与能源日报"（E&E Daily）（www. eenews. net/eed）则集中报道空气、水和能源问题。环境与能源出版公司还主办"绿色通讯"（www. eenews. net/gw）。"绿色通讯"是最早的新闻在线服务，并被很多记者看作是每日环境新闻的优先来源。

最近，环境与能源出版公司开始出版"气候通讯"（Climate Wire）（www. eenews. net/cw）。对于与能源和气候相关的新闻报道来说，这是很前沿的资源。此外，非营利性科学和媒体网站"气候中心"（Climate Central）（www. climatecentral. org）也提供关于气候变化和可再生能源的新闻和信息。它的媒介资源极为丰富，提供带有视频、图像、链接和高品质内容的信息故事，可用于印刷媒体、电视和其他网站。

虽然上述很多新闻服务是订阅式的，但还是有其他一些环境新闻和分析网站是免费的。相关选择很丰富：

● 环境连线网（www. envirolink. org），一个非营利组织，在线提供丰富的环境新闻和信息。

● 《Grist 杂志》（*Grist magazine*）（www. grist. org），专门撰写一些关于环境运动和突发新闻的尖锐评论和发展分析。

● 环境新闻网（Environmental News Network's）（enn. com）的使命是"刊登帮助人们理解和传递我们所面对的环境问题及其解决方案的信息，并希望以此激励人们参与其中"。

在很多方面，在线新闻网站如"绿色通讯"或"环境新闻服务"都在我上一章所谈的政治经济学和把关功能等方面挑战了传统媒介理论。随着博客、新闻和其他网站的广泛被接受和互联性的出现，媒介学者正在重新思考是谁控制了获取新闻和信息的渠道，以及什么在决定新闻价值。

其他一些在线新闻平台也在重新定义新闻来源和读者的传统意义。如"博客搜索引擎"（Technorati，2008）所说的"积极的博客圈"就是"一个将新闻与对话融合、博主与读者共存的互联社区"（para. 7）。在新媒体时代重构新闻与信息的政治经济学中，环境与气候议题的博主一直处于领导者的位置。

记者的博客与绿色博客圈

关于环境这一主题的在线新闻和分析增长得最快的地方实际上不是"环境新闻服务"，而是博客圈。当然，一个**博客 (blog)**就是一个在线网站，由某个人（通常是这样）或一群作者创作形成，它发布特定主题的信息和评论；博客也提供视频和图表。我在 2011 年进行查阅时，BlogPulse 提供的全球博客总数为 168059462 个。然而，这种估算是没有意义的，因为每天几乎都会增加一万个新博客（见 blogpulse. com）。

环保主题的博客在博客圈中属于更积极的一类，这没啥好奇怪的。"博客搜索引擎"（technorati. com）列出了 9000 多个绿色博客。这些博客包括关于能源和未来的"石油鼓声"（Oil Drum）（theoildrum. com），以及关于气候变化和媒体的《耶鲁环境 360》（e360. yale. edu/）。

虽然很多博客刚开始只是在线个人日志，但博主已经逐渐演变为新一代的记者、气候学家、环保人士，个人在这个范围广泛的新闻和评论生态圈中，掌握了特定领域的专业知识。因此，环境博客——包括在线记者——在过去十年中在许多领域发挥了极具影响力的作用。下面让我们来看看其中的四个领域：

环境问题的权威

绿色博客圈中的不少博主已经获得了之前由传统新闻媒体拥有的地位和权威。例如，宾夕法尼亚州立大学（Pennsylvania State University）杰出的气候学家迈克尔·曼恩（Dr. Michael Mann）博士在 Real Climate（realclimate. org）上发表博客。曼恩博士和其他这个网站上的科学领域的博主成为想了解气候变化科学，或对科学家们对气候怀疑论的回应感兴趣的访问者（包括其他科学家）的权威信源。

扩大与普及

从一开始，环境领域的博主们在推广议题、推动关于环境问题的新闻和信息大量传播方面就起到了重要的作用。这些环境主题包括酸雨、《濒危物种法》的效力被削弱的危险以及最新的关于气候变化的报道。通常,这些博主,包括科学记者,都在他们的博客里起着传递或普及科学报道的作用,从而使这些报道再被转载到更流行的媒体网站或博客上,如"赫芬顿邮报"或"抱树者"的网站。

其中最有影响的博主之一是前《纽约时报》记者安德鲁·拉夫金,他普及了环境科学,并仍在"地球一点"(Dot Earth blog)(dotearth.blogs. nytimes. com)上撰写博客。拉夫金获得了在新闻界极具声望的约翰·钱斯勒奖(John Chancellor Award),且他多年来在《纽约时报》上关于气候变化和能源的报道被认为极富洞见。2007年,"地球一点"允许拉夫金扩充他的报道,可以在博客上发布其他网站上的突发新闻和视频,上传视频,从而在全球范围内的读者中推动了关于气候变化问题的对话。

相反地,博客圈也是病毒、反科学、批判和评论的来源,尤其是在气候变化问题上。显然,博主可以是赞成环境科学的,也可以是对此持批判意见的。我将在第十一章介绍所谓"气候门"的争论时,描述更具批判性的博主所扮演的角色。

扩充新闻

随着报纸持续往在线的方向迁移,许多记者也建立了自己的博客网站。美国排名前100的报纸中,超过95%都有记者博客(Technorati,2008)。最近,我与新奥尔良的《时代花絮》(Times-Picayune)的环境记者马克·施莱夫施泰因(Mark Schleifstein)聊了一下他的博客。马克一般报道沿海环境问题。2006年,他因为对卡特里娜飓风的破坏性影响的报道获得了普利策奖(Pulitzer Prize)。他告诉我,做报纸记者和做一个博主差别不大。他每天都在《时代花絮》的报纸网站上刊登一些更有深度的报道,这些详细和及时的信息为马克带来了大批粉丝,而且扩充了报纸提供的环境新闻报道。

环境事件的目击者

随着报纸和电视新闻栏目不断裁减新闻工作人员,现在博主们在补充现场新闻报道和边远地区的新闻报道。科学家们发博客报道格陵兰岛(Greenland)的冰川研究,环保人士在石油泄漏的现场或阿巴拉契亚偏远山区的开山挖煤抗议活动现场撰写博客,还有的人前往国际气候峰会或科学考察现场撰写博客。例如，菲利普·库斯托(Philippe Cousteau)既是探险家也是美国有线新闻网国际频道的环境记者。他跟随着科学家去北极,在那里,他每天都会写博客,发视频(cnn. com/environment),讲述气候变化对地球上最严寒之地的影响。他在英国石油公司石油泄漏灾难期间,在墨西哥湾沿岸现场发布的博客文章,也刊登在了 Planet Green. com、Treehugger. com 等环境网站上。

最后,随着博客圈的扩大,博客和主流新闻网站之间的界限变得越来越不清晰。正如"博客搜索引擎"的《博客状态报告》(*State of the Blogosphere*)所说:"大一些的博客越来越呈现出主流新闻媒体网站的特征,而主流新闻媒体网站则吸收了博客圈的风格和样式"(2008, para. 5)。一些博客,例如比较受欢迎的"抱树者博客"甚至建立了电视网站(对抱树者电视的分析,请参阅 Slawter,2008)。最后,很多博客定期发布从其他来源获得的视频和新闻。例如,《赫芬顿邮报》上流行的环境博客 HuffPost Green(huffingtonpost. com/green),以惊人的图片、视频报道、新闻简报和提供原创新闻链接为特点。

就像我在 2011 年所写的,博客正在转型。它们不再是新贵的社区。相反,博客正在对关于环境的主流叙事施加影响,并和已确立的、传统的新闻媒体展开竞争(Sobel,2010, para. 3)。一路走来,博主们改变了"新闻被生产、编译和传播"的方式,把新闻从"记者和编辑向受众的单向传播系统"变成了"双向系统。在这个系统中,很多绿色博主、科学家和个人扩展了关于环境这一主题的新闻和分析"(Wyss, 2008, p. 216)。

通过社交网络分享博客给博客圈带来的改变最大(Sobel,2010)。正如马克·施莱夫施泰因和菲利普·库斯托所说:"博客、微博还有社交网络之间的界限正在消失"(Sobel,2010, para. 3)。我现在正是要描绘环境社交媒体扩张的景象。

社会化媒介和环境

在过去的五到七年中,社会化媒介戏剧性地改变了环境传播的景观。现在,"几千万人参与到网络公共领域,使用在线工具和平台去发现、排列、标记、创造、传播、揶揄和推荐内容"（Clark & Slyke，2011，p. 239）。

在这一部分，我会描述网络公共领域，以及记者、环保团体、科学教育家、公共机构、公民团体和其他人在环境传播方面对社会化媒介的使用。之后，在下一部分，我将会列举一些环保团体在倡导活动中对社会化媒介的使用，以及它们经历的一些限制。最后，我将会关注社会化媒介的发展趋势为环境传播带来的机遇与挑战。

首先，**社会化媒介（social media）**可以被定义为基于网络技术和移动应用的人际互动，包括使用可以创建和分享用户生成的信息的Web 2.0平台。社会化媒介改变了我们学习、分享、创造以及与他人互动的方式。现在我们使用的数字工具似乎是无穷无尽的——社交网络（脸书、领英、Ning）、微博客（推特，Tumblr）、智能手机（及其无数款应用）、维基、影像网志、社会化新闻网站（Digg，Reddit）、YouTube，还有MyTown、Gowalla等定位服务。更重要的是，社会化媒介也使生产和传播"新闻"变得民主化。Web 2.0的内核就是从单向的精英新闻媒体转变成一个内容生成和分享的参与模型。

这并不奇怪，对环境问题感兴趣的人正在使用一系列这样的技术，如邮件提示、微博、脸书、在线活动、出版以及定制的社交网络服务，如Ning使用了Gowalla来鼓励人们参与集会。记者、环境团体和环保名流同样在推特中获得了不少追随者。当我写这一章时，推特报告称其用户每天生产超过2亿条推文，并且每月增加将近50万的新用户（blog. twitter. com）[**推文（tweet）**是短文本消息，最多使用140个字符，通过在线服务发送]。

在一个通过网络和移动手机与他人连接的世界里，这些媒体毫无疑问影响着我们对环境的感知和思考。新媒体先锋雅龙·兰尼尔（Jaron Lanier，2010）解释说，我们的手机和其他社会化媒介成为我们自己的延伸，"通过这个结构，我们与世界和其他人相连"（pp. 5—6）。而且，这些反过来又影响我们如何认识自己和周围的世界。

那么，这个中介化的世界如何影响我们看待自然界的方式，或者是思考环境问题的方式呢？要回答这个问题，了解一些社会化媒介帮助我们传播环境问题的技术、理解它们的主要功能和使用方式还是很有用的。所以，在接下来的这一部分中我要描述六种这样的功能。

环境信息和各种声音

毫无疑问,环境社会化媒介最基本的功能是分享来自环境组织、记者、作家以及推特、脸书、领英、YouTube 和其他媒体上的用户提供的新闻和信息。例如,在过去的几天里,我在推特、电子邮件和 RSS 上收到大量我特别感兴趣的邮件提示和最新动态:

- 戈尔的推特(@ algore)呼吁我们关注他的作品《我们的选择:一个化解气候危机的计划》(*Our Choice:A Plan to Solve the Climate Crisis*)的电子书应用程序,这个应用提供了丰富的数据、交互式图形、照片和视频。

- 社交新闻网站在讨论 Climatecentral. com 上发布的一个关于新技术的报道,这项新技术通过分解水来释放氢气,从而生产出一种新能源。

- 塞拉俱乐部(@ Sierra_Club)的推特宣布了塞拉杂志(*SIERRA*)关于美国最环保的大学的第五次年度排名。

利用社会化新闻源(如 Digg)和 RSS 订阅是个人在短时间内获取环境信息和故事的方式。尤其像 Digg 和 Reddit 这样的社会化新闻网站有用来共享和发现环境内容的亚分类,而 RSS 订阅则已经取代了过去加标签和手动返回自己感兴趣的网站的追踪方式。比如,你可以订阅一个 RSS,获得安德鲁·拉夫金在"地球一点"上的最新更新,或者环境保护署的脸书的最新更新。或者你还可以链接到 ecorazzi. com,一个"最新绿色八卦"的时尚网站,观看关于电影、时尚、音乐、汽车、动物和房子的视频。

此外,政府机构、非营利组织、环保团体经常使用社会化媒介公布、传播和获取即时信息。例如,美国国家海洋和大气管理局(National Oceanic and Atmospheric Administration, NOAA)的网站提供来自其编辑部和气候服务部门的 RSS 订阅,及其在推特、脸书和 YouTube 上的链接。它还有该局在海洋、渔业、气候、环境和气象科学方面的科学研究的最新音频播客,每两周播放一次。当"阿巴拉契亚山脉倡导者"(Appalachian Mountains Advocates)(www. appalmad. org)重振其网站时,它植入了一系列社会化网站,如在领英上的博客、推特(@ Appal-

Center)、脸书和一个在 YouTube 上的"AppMountainAdvocates"账号频道("阿巴拉契亚山脉倡导者"是一个在法律和政策方面领先的非营利中心,它与西弗吉尼亚州和其他阿巴拉契亚山脉所在州的山顶移除式煤矿开采做斗争)。

绿色社区和社会化网络

Web 2.0 技术最强大的应用就是创造了在线的**社会化网络(social networking)**站点或者社区,这些网站和社区允许使用者互动、发布内容和接收他们感兴趣的最新信息。特别是脸书,拥有超过 7.5 亿活跃用户(这个数字还在增长中),已成为许多环保组织的在线载体或者脸面,成为分享信息、交流以及与其他社会化媒介联系的主要工具。

的确,从绿色和平组织到山茱萸联盟(Dogwood Alliance)(一个阿巴拉契亚山脉南部地区的森林保护组织),大大小小的环保组织都活跃在脸书和其他社会化网站上。美国自然保育协会(The Nature Conservancy, TNC)也在推动一个绿色网络社区的发展。它的网站 MyNature.org 能够让其成员分享关于绿色生活的照片和点滴,或者探索关于该协会保护水源和濒危物种栖息地的工作的互动式地图。

同样,像美国环保署、美国鱼类和野生生物管理局甚至白宫的环境质量委员会等公共环境部门也在使用脸书与其他社会化媒介。奥巴马政府的环保署尤其热衷于社会化媒介,包括社交网络。例如,环保署的脸书网站就为依赖该部门的指导、信息和技术的地方社区和公民架起了桥梁;该网站还允许人们对环保署的政策和项目进行评论。

▶从本土行动!

在网上找到有趣和有用的环境信息源

如今,关于环境新闻、信息和观点的网络资源看起来无穷无尽:"环境新闻服务"以及数不清的顶尖绿色博客、气候博客、社会化新闻网站,等等。你对环境最感兴趣的是什么? 你最近关注了哪一个推特吗? 你阅读过"抱树者""地球一点"或者"绿色赫芬顿"的博客吗? 你使用网络书签或者 RSS 推送吗?

请你上网找到五到七个涉及你关注的问题的环境博客、推特或新闻网站和博客的 RSS 推送(关于环境博客,看看在 http://technorati.com/blogs/directory/green 上"博客搜索引擎"列举的 9000 个绿色博客的最新名单)。接着在下周关注这些信息源。

- 哪一个信息源能提供最相关、最有趣或者最有实际意义的信息?
- 哪种追随模式对你来说最方便:书签、RSS、脸书或者推特?
- 最后,这些网站的媒介形态丰富吗? 也就是说,它们上传了视频、图片、交互式表格或者更多信息和网站链接吗?

除了脸书,还有其他一些社会化网络平台也开始出现,从而使得环保团体、环境活动以及其他一些绿色事业更加容易被在线组织起来。例如,Ning(Ning.com)这个平台就允许一个团体建立定制式社会化网络服务或社区网站,该平台上的视频、论坛和博客可以在推特、领英甚至脸书上进行推广。连大亨 T. 布恩·皮肯斯(T. Boone Pickens)也用 Ning 寻求对"皮肯斯计划"(Pickens Plan)的支持——推广用天然气和风能取代石油的计划。他的个人网页最近已经拥有 20 万粉丝,他们分布在美国的 91 个众议院选区,帮助他实现这个计划(Quain,2010,para.7)。

最后,气候正义组织 350.org 等环保团体已经成为最具创新力的社会化网络发展者。明德学院(Middlebury College)的一小群学生和比尔·麦克契博(Bill McKibben)教授一起建起了 350.org 网站,将它用作组织学生、市民社会团体和全球环保积极分子的主要门户,用以呼吁对气候变化和解决该问题的紧迫性的关注。社会化网络是 350.org组织行动的核心,一些观察家将这个网站描述为"更像一个社会化媒介网络而不是运动者群体"(DeLuca, Sun, & Peeples, 2011, p.153)。我将在下一章描述在组织针对气候变化的抗议中 350.org 扮演的角色。

报道和记录

近些年里,社会化媒介最有意思的应用就是使普通市民能够记录、报道甚或是曝光现场的情况,不管是对物种进行监控、报道石油泄漏或向官员举报有毒废弃物排放地点等。市民、研究人员、环保团体都在使用移动应用程序、数码相机、智能手机、iPad 以及在线系统来记录他们对自然界的观察,或者向他人报道环境问题。

像 MyTown、Loopt、Foursquare、Gowalla 等定位服务都开始为环保团体或其他组织提供访问并记录发生在关键地点的事件的机会。这些服务能让用户用任何带有全球定位系统(GPS)的智能手机定位特定的地点。尤其是 Gowalla,在墨西哥湾钻井平台发生石油泄漏后它在 iPhone、安卓、黑莓及 iPad 上的应用程序被英国石油公司用来标记发生漏油的位置(Quain,2010, para. 13),且使用效果极好。

移动应用程序和在线注册链接,可以使公民志愿者记录自然界的变化,从而帮助科学家或公职人员,这是社会化媒介最有前景的用途之一。这些应用能让"自然主义者军队"(naturalist armies)通过"监控物种,观察行为模式,报道气候、植被、人口变化的现状"(Fraser,2011, para. 3),代表生态学家及其他自然科学家展开行动。

康奈尔大学(Cornell University)的"公民科学中心"(Citizen Science Central)就有一个雄心勃勃的公民—志愿者在线注册网站。它就像是 130 多个自然科学项目的交流所。这些项目中有很多"提供物种鉴定的训练,并邀请公众公布观察记录:灰松鼠 vs. 黑松鼠的数量(松鼠计划),春天里芽的外观……(或者)帝王蝶的迁徙行为(帝王蝶观测行动)"(para. 7)。

南加州科切拉谷(Coachella Valley)的社区积极分子更为迫切,他们正在用基于 Web 2.0 的应用记录已荒弃的废料堆,还有该区域大量贫困的雇农家庭以及冒牌移民的住房条件。通过建立一个在线任务计划,居民们现在可以在线向环境官员报告各种环境危害,包括解释不清的烟雾或污染(Flaccus,2011)。市民们的抱怨开始得到反馈。在 2011 年,环境保护署和州监管部门"摧毁了一个土壤回收厂。它受到监测空气质量的官员的谴责,因为它散发的腐臭恶气使附近一所学校的几十个学生和老师生病"(para. 2)。

最后，在新奥尔良，初中生和高中生正在学习用数字媒体记录并报道他们在沿海社区看到的水污染、油晕，或其他环境污染现象。由地球回声国际(Earth Echo International)发起的"学生通过媒体报道环境行动"(Students Reporting Environmental Action through Media)项目在墨西哥湾的英国石油公司漏油事件发生后启动了。地球回声国际是一个由菲利普和亚历山大·库斯托(Philippe and Alexandra Cousteau)建立的非营利组织，目标是支持学生社区的青年公民新闻，为他们提供训练、网络工作室，还有登载他们的报道的多媒体数字平台(earthecho. org)。

由于社会化媒介能进行记录并易于与范围广泛的媒体共享信息，越来越多的市民、积极分子、学生和研究人员关于世界变化的见识都在增长，他们的视野已经超越了主流媒体或环境官员。通过使用这些媒体加深了我们对科学的理解，也使得普通市民能够成为他们所在社区的环境问题的目击者。

公共批评和问责

纵观历史，不管是报纸还是电视，所有类型的媒介都被用来批评腐败的政客和其他强权者。有了脸书、推特等社会化媒介，公共监督与批评的范围大大扩展了。这种监督让环境破坏分子感到羞愧，让愚笨的官员得到了批评，也让一切问题，不管是空气污染还是破坏雨林的行为都得以向企业、政府、违法经营者问责。

绿色和平组织在使用社会化媒介方面尤为积极，它把它们看作保护濒危物种、反对全球变暖活动的不可分割的一部分。2011年，绿色和平组织在其脸书的官网上发起了"与煤矿解除好友关系"活动(Unfriend Coal campaign)(www. facebook. com/unfriendcoal)。其想法是让无数脸书页面表达对煤矿的不友好态度，从而向用户传达这样的信号：他们应该结束对煤矿的依赖，转向可再生能源(Carus, 2011)。

最近，绿色和平组织发起了一项针对迪士尼(Disney)、孩之宝(Hasbro)、乐高(Lego)，还有美泰(Mattel)(芭比娃娃制造商)的社交网络活动，因为它们的产品包装用料来自濒危雨林。通过使用脸书、

YouTube,还有推特,绿色和平组织希望能够集结公众的支持,给这些公司施加压力,停止其有害的行为。绿色和平组织的主要目标是美泰。他们借用芭比娃娃的男朋友肯(Ken)作为虚拟发言人,在You-Tube上挂了一段讽刺视频:

> 这段讽刺剧针对的是美泰当前的广告投放,该广告讲的是肯在七年后重新赢回女友的故事。而在YouTube这段讽刺视频里,肯发现了芭比在印度尼西亚滥砍滥伐森林的行为,戏剧性地结束了他们刚刚恢复的情侣关系。绿色和平组织在2011年7月份说,该视频上传10天之后,YouTube里各种语言版本的视频点击量就超过了100万(Stine,2011,paras.5—6)。

在YouTube上发布视频并在美泰公司的办公室挂上巨大的横幅之后,绿色和平组织接着转战脸书和推特,征募公众向玩具厂商抗议,"指导社交网站用户通过芭比娃娃主页直面美泰,并直接给美泰的CEO鲍勃·艾克特(Bob Eckert)发邮件"(Stine,2011,para.8)。

几个月之内,绿色和平组织的活动就显露出成功的迹象。为了回应公共批评,美泰在2011年6月宣布正在指示供应商停止从一家大量砍伐印度尼西亚雨林的新加坡公司购买产品,并将进一步调查关于滥砍滥伐雨林的控诉(Roosevelt,2011)。总的来说,史坦恩(2011)认为:"绿色和平组织的活动在头两个月里相对获得了成功,这揭示了在道德活动中社会化媒介的潜力"(para.4)。

其他团体还在社会化媒介上发起了针对煤矿行业的活动。有几个环保分子,组建了一个名为"煤矿杀害儿童"(Coal Is Killing Kids)的团体,他们最近就让煤矿公司巨头"皮博迪能源"(Peabody Energy)陷入了尴尬。该团体在脸书和推特上创建了一个名为"煤矿关爱"(Coal Cares)(www. coalcares. org)的讽刺网站,并宣称:

> "煤矿关爱"是世界上最大的私有煤矿公司——皮博迪能源的全新倡议,旨在帮助全美有哮喘的年轻一代,让他们在面对那些不尊重他们的人时能够头颅高昂。对于那些除了吸入雾化药没有其他选择的孩子来说,煤矿关爱牌™过滤器让他们吸入自豪(Hecht,2011,para.2)。

网站的主要画面是一个小男孩，面朝海滩张开双臂，并配文道："免费的雾化剂，让您的孩子轻松呼吸。"

"煤矿杀害儿童"网站还极具讽刺意味地宣布："喘—喘牌空气雾化器对生活在煤矿发电厂方圆 200 公里以内的任何家庭都是免费的。""煤矿关爱"的网站上有一个链接，提供各种雾化器的名单，点击上面的卡通形象就可以进入。卡通形象包括爱冒险的朵拉（Dora the Explorer）（0—3 岁）、蝙蝠侠（Batman）（3—8 岁），以及专为 9—13 岁的孩子准备的贾斯汀·比伯（Justin Bieber）。网站一出街就像病毒一样传播到了其他网站和博客中。

该环保团体的一名发言人解释说，网站的创建是"为了强调……来自火力发电厂的污染在伤害孩童。这一点并不是必然的，也不是前景昏暗的"（Palevsky，2011，para. 7）。这个讽刺性网站是与 yeslab. org 的 Yes Men 网络实验室合作创建的。

动员

社会化媒介也经常被用于动员支持者和普通大众支持各种各样的环保事业。在绿色和平组织反对玩具制造商（见上文）的活动中，它征集公众给美泰发送邮件，在芭比的脸书主页发文，并公开指责该公司。此外，我们也看到成功的大熊雨林活动（见第五章）运用博客和社会化媒介网站"煽动在线活动"，通过市场抵制不列颠哥伦比亚省的木材制品出口商（Johnson，2008）。当时，"森林伦理组织"的发言人说，社会化媒介在传播关于大熊雨林活动的信息上被证明是非常有效的：

> 这场活动在全世界许多有名的博客和社交网站上出现，包括脸书和推特等……在美国，我们发现这些信息甚至出现在一些宗教博客中，这些博客希望挽救"创世纪"……支持者们每天通过该组织的网站给不列颠哥伦比亚政府发送了大约一百封邮件（Johnson，2008，paras. 9—10，12—13）。

今天，环保人士、气候和社会正义运动者通过组织的努力尽全力使用着社会化媒介。在 2011 年环保组织和其他市民社会组织发起的国际行动日（International Day of Action）活动中，这个途径看起来十分明显。该活动号召人们呼吁世界银行（World Bank）在全球减少对以石油燃料为能源的项目的资助。组织者除了在世界银行位于伦敦、巴黎、柏林、约翰内斯堡和其他大城市的办公室外举行集会之外，还组织了在全球网络和智能手机上的协作。

例如，在国际行动日当天，它呼吁人们在推特上@世界银行，使用#WBDayOfAction标签给他们的朋友发邮件，在世界银行的脸书和博客上发表评论，要求世界银行停止给燃煤电厂和其他项目贷款。发送给世界银行的推文的样板包括："将我们从#化石燃料#中解放出来#WB-DayOfAction""还要多久@世界银行才能更新能源策略来兑现其扶贫和改善气候的承诺？#WBDayOfAction。"正像我2011年所写的那样，这个活动得到了全球数百个公民社会组织、非在地组织和气候变化活动人士的支持。

最后，在德克萨斯州，一个创新的推特—脸书活动阐释了社交网站和传统模式相联合的方式，比如通过发邮件来动员支持者。在德克萨斯州，塞拉俱乐部和一个国家联盟组织——环境德州（Environment Texas）一起发起了一个长期的、成功的活动，反对燃煤电厂。最近我得以同塞拉俱乐部的保护活动组织者弗莱维亚·德·拉·弗安特（Flavia de la Fuente）进行了对话，是她领导了这次活动中社会化媒介方面的工作。

弗莱维亚不在位于奥斯汀（Austin）的环境德州办公室工作，但她被授权使用该组织的推特账号。一个官员告诉她应当积极地用推特推动对燃煤活动的支持（弗莱维亚告诉我，作为DREAM运动〔1〕的积极分子，她已有多年使用推特的经验）。起初，她的目标是让组织的推特账号吸引更多的粉丝，并使他们保持兴趣。由于当时关于英国石油公司在墨西哥湾漏油事件和德克萨斯州的电力中断事件的突发新闻报道十分密集，做到这一点比较容易。因此，弗莱维亚开始提供这些事件的更新报道，并在推特上发布信息，以获得帮助或更多的信息。

逐渐地，弗莱维亚开始告知她的推特追随者们这些问题的根本原因在于德克萨斯州对煤矿、石油的依赖，尤其是燃煤电厂对此的依赖。这时，她开始测试有多少潜在的积极追随者。例如，她向他们提问：

---

〔1〕 DREAM法案给予一些信誉良好的非法移民学生有条件的居留权，这些非法移民学生在还是孩子的时候就来到美国，并从美国的高中毕业。

"你愿意采取行动吗?"她用个人邮件跟进每一个推特回复,并指导人们去塞拉俱乐部的脸书活动页面获取更多的当地信息。随着活动的进展,环境德州和塞拉俱乐部可以通过电子邮件锁定这些支持者,让他们在集会、公众听证会上露面。

这个路径就是建立一个推特关注关系,通过个人邮件培养关系,为跟随者提供参与、支持正在进行的活动的信息与机会。当然,在德克萨斯州,还有其他措施也被用来动员活动的支持者,为关闭或阻止建立新的燃煤电厂而努力(更多信息,请见 beyondcoal. org)。

微志愿和自我组织

微志愿(**microvolunteering**)是指一些允许人们通过手机应用程序去完成小型任务的站点,它的赞助商相信它将为不同的环保团体或慈善事业带来有意义的结果。例如,由 Extraordinaries 公司创建的 Sparked 网站(sparked. com),就有为微志愿提供的移动应用程序,并且其在线网站与其他网站协调,配对相关志愿者。例如,当我点击环境和我感兴趣的社会化媒介时,它为我配对了 15 个项目,目前有13080 人正在其中进行志愿服务。

其他非营利团体如"社会行动"(Social Actions)带来了"改变"的机遇(www. socialactions. com)。该网站有五十多个在线平台,议题从医疗保健、贫困、气候变化到无家可归者、艾滋病、动物等各个方面。当我检索时,它提供了 2342 个环境行动的链接,包括志愿服务、为笔记本电脑下载节能项目和签署请愿书等。

移动应用程序可能是微志愿使用最多的门户。例如,塞拉俱乐部发布了一个名为"地球日"(Earth Day)的苹果手机移动应用程序,让用户通过采取环保行动成为"环保英雄"。该应用程序还包括一张地图,向使用者显示美国哪些地区的用户得到了很多奖章,哪些地区需要更多的奖章。地图旨在鼓励用户通过脸书、推特和电子邮件分享实时信息,挑战他们的朋友,获得更多的奖章。

事实上,看起来有无限种方法来绿化你的苹果或安卓系统。例如,智能手机上与环境有关的微志愿应用程序包括:绿色购物指南、检查你所在区域的污染、减少你的碳足迹,或者接收美国环保署每日的环保插件。**插件（widget）**是指一段简短的程序代码，它能使一些有趣的东西出现在你的博客、维基或智能手机上。例如，在任何一天，美国环保署的"每日行动"（Daily Actions）插件都可能提供应对气候变化的小建议。而环保署的"环境事实"（Envirofacts）插件则让用户能在个人所在区域搜索有毒废弃物所在地点。

最后，社会化媒介还能通过自我组织生产类型完全不同的微志愿服务。**自我组织（Self-organizing）**是一种个人的能力，它通过所谓自下而上的网站，经由其他人积极介入的社会化媒介发起行动。**自下而上的网站（bottom-up sites）**提供在线工具，让用户能在诸如脸书、推特等平台上发起请愿。Moveon. org（Signon. org）、Care 2（thepetitionsite. com）和 Change. org 提供自下而上的工具。例如，Change. org 网站声称，有一百多万人和众多社群在使用它的在线发起请愿工具。Change. org 最近发起了一个请愿，力图向饮食电视网（Food Network）的节目施加压力，促使其停止拍摄以鲨鱼为食材的节目：

> 令人难过的是，根据国际自然保护联盟（International Union for the Conservation of Nature）提供的信息，多达三分之一的鲨鱼物种面临灭绝或处于濒临灭绝的危险中。由于鲨鱼的数量处于如此可怕的境地，人类没有理由吃掉这些面临威胁的泳者。饮食电视网及其附属台是发现饮食类电视节目的主要阵地……告诉饮食电视网，你想要一个政策，规定鲨鱼不会作为食材出现在广播、杂志上，或不会有以鲨鱼为食材的菜谱被发布在饮食电视网所拥有的网站上。

到第 16 天，在网络的驱动下，超过 3.1 万人签署了题为"停止拍摄鲨鱼食材"的请愿书给饮食电视网。

参考信息：iTunes 和环保事业

也许最简单、利己、微小的微志愿行动仅需要人们下载一首歌曲。例如，曾与巴塔哥尼亚音乐项目（Patagonia Music Collective）合作过的蓝调歌手兼作曲家邦尼·瑞特（Bonnie Raitt）说服音乐家们为尚未发表的歌曲进行捐赠，像瑞特自己的歌《真他妈的好》（"So Damn

Good"），让环保组织和活动家可以从中获得收益。其他的艺术家则从iTunes 中他们的歌曲被下载所产生的收益中，拿出一定比例的钱捐给环保事业。

尽管这些环保活动和社会化媒介工具本身就很有趣，我们还是要看看环保组织如何在活动中使用它们，或者说游说团体在整个传播项目中是如何与社会化媒介协作的。

社会化媒介和环境倡导

在就某一个特定环境问题发起关注、批判和动员时，今天的环保积极分子很少依赖于某一个社会化媒介工具。相反，个人和倡导活动都会使用一系列媒体。在这个部分，我将会描述在反抗近海石油钻井，尤其是 2010 年英国石油公司在墨西哥湾的漏油事件时，使用社会化媒介的一些方法。漏油事件也说明自发的个人社会化媒介使用与倡导活动中协同使用社会化媒介的区别。最后，我将会讨论在环境倡导活动中一些特定的社会化媒介所面临的挑战。

反对近海石油钻探

2010 年"深水地平线"钻井平台爆炸，造成 11 名工人死亡，喷涌的原油流入墨西哥湾，使世界的目光聚焦于此。一些民众在加油站和英国石油公司办事处集会，表达他们的不满。还有一些人在网上表达了他们的愤怒和愤慨。除了报纸和电视以外，"脸书和推特之类的社会化网站上充满了政府、石油企业以及全球公民的帖子"（Rudolf，2010，para. 2）。而且，正如我在第三章所述，喷涌的石油从井口涌出的实时图像在无数博客上被疯传。

在海湾原油泄漏事件中，社会化媒介的主要用途之一就是播报公众对看上去无能或者漠不关心的英国石油公司的官员的批评。个人、环保团体、客户和其他人都在指责英国石油公司，"在发生事故的两周内，整个网络上有成千上万人在推特和脸书上指责英国石油公司没能防止灾难，以及无法止住石油的泄漏"（Rudolf，2010，para. 4）。有一个人给英国石油公司发推文说："你放心，我会走路，我绝不会再买你们一加仑的汽油。"另外一些人还发推文说:"绝不能让英国石油公司给跑了"(paras. 5,3)。

还有人在推特上编段子,如@BPGlobalPR假装自己是石油公司的"线上角色"(Zabarenko & Whitcomb, 2010, para. 1)。该推主不断模仿、嘲笑英国石油公司官员所谓进行了有效清理的保证和声明。在鼎盛时期,该推特信息有超过11.4万条留言,远远超过英国石油公司官方推特信息的留言。那些订阅者还通过销售T恤向"海湾恢复网"(Gulf Restoration Network)捐赠了1万美元。他们出售的T恤上印有一行嘲笑英国石油公司的话:"英国石油公司关爱众人"(paras. 10—11)。2011年4月20日,英国石油公司"深水地平线"钻井平台石油泄漏一周年之时,@BPGlobalPR的推文说:"今天是墨西哥湾发生某事的一周年。请看进来!"(http://twitter. com/-% 21/search? q = %23bpcares)

尽管社会化媒介使得对英国石油公司和钻井平台的批评铺天盖地,但是值得注意的是,这种传播可能对一个公司或能源政策的影响非常有限。在这个意义上,我们有必要区分在社会化媒介环境中卡普夫(Karpf,2011)所谓的政治活动和通过协作活动所成立的政治组织。后者也使用社会化媒介,但相对于一次性或暂时的策略而言,它更具持续性和战略性。让我们看看在关于近海石油钻探的争论上两者的差异。

环境和其他民间团体都反对近海石油钻探,在它们发动的倡导活动中,社会化媒介扮演着重要而有差别的角色。通过使用社会化媒介,这些活动变得更具协作性和持久性,其目的在于对能源使用产生影响。例如,墨西哥湾漏油事件发生后,美国环保组织塞拉俱乐部发起了"超越石油"(Beyond Oil)活动。该活动通过使用一系列在线和社会化媒介告知和动员它的成员,组织他们发表公共评论,表达担忧,使有权改变现状的政治领袖感到了政治压力。

在动员和协调成员的活动中,"超越石油"活动用了很多方法使用社会化媒介和在线资源:

- 在井口破裂和喷涌石油的几个星期里,发表推文和现场更新博客以提示、告知其成员;

- 使用本地定位平台 Gowalla 制造"英国石油公司灾难"路线图，列出受石油泄漏影响的地点，并与到达墨西哥湾的环保分子对这些地点进行定位；
- 推出新网站（beyondoil. org），发布数千条对奥巴马总统的评论，并带来了数千的脸书点击量；
- 建立了一个单独的网站放置美国各地抗议石油泄漏事件的图片和报道，以维持公众对该事件的兴趣和热情；
- 向媒体发送新闻推送，敦促针对近海钻井的改革，这些文章被报纸的社论、新闻博客以及《纽约时报》等报纸的商业板块引用；
- 利用 Convio 系统（一个选举服务应用程序）在全美组织家庭聚会，招募新的支持者，对公共官员进行评论。

"超越石油"活动的主要部分是塞拉俱乐部参与到一个被称作"穿越沙滩之手"（Hands Across the Sands）的覆盖面更广的联盟之中，该联盟的合作跨越了本土、国家和国际团体，共同抗议近海深水石油钻探所带来的危险。

"穿越沙滩之手"活动通过社会化媒介、电视视觉影像，以及充斥着大量石油从井口喷薄而出的视频的网站，扭转了公众对海湾漏油事件的认识。除了反对石油钻探，该活动还寻求传播这样的信息："**不要**近海钻探，**使用**清洁能源。"通过使用电子邮件、脸书、推特和专门的网站（www. handsacrossthesand. com），仅在四周内，该活动就动员了大量的支持者，同一天在美国和 42 个其他国家组织了一千多个小型活动。

2010 年 6 月 26 日，该活动的支持者聚集在沙滩和海岸线上。活动的组织者希望普通公民的参与——手牵着手——能够在视觉上传达人类团结的信息："每一次我们手牵着手，信息就能被强化……拥抱清洁能源。在沙滩上连成一条线是很强大的一件事"（www. hands-acrossthesand. com）。在沙滩事件期间以及之后，参加者在 YouTube、Flickr 和活动网站上分享了在本地抗议的照片。

2010 年石油泄漏事件后的几个月乃至一年中，奥巴马政府暂停了在墨西哥湾进行深水石油钻探的许可。一年后再签署新许可时，新组织起来的海洋能源管理和执行局（Bureau of Ocean Energy Management

Regulation and Enforcement）在石油钻探、评估和检查方面设立了更加严格的标准。

当然,还有其他一些原因推动了沿海石油政策的改革。但是,公众批评和协作式的倡导活动清晰地展示了社会化媒介和 Web 2.0 应用在生产新闻和向政府施压方面的能力越来越强。正如科特尔和莱斯特（Cottle & Lester,2011）在另一篇文章中写的那样,"正是通过这个不断进化的穿插式传播网络和媒介系统……今天的抗议和示威基本上能传遍世界"（p.5）。

社会化媒介倡导活动面临的挑战

尽管社会化媒介已被广泛使用,但环境组织和其他非政府组织仍然认为在用于宣传时它还是面临着挑战（和一些局限）。这也许令人有些惊讶。最近我参加了一个座谈会,对这一点更加了解了。当时参加会议的有社会化媒介和来自 Moveon.org、Jumo、Organizing for America、EchoDitto、Media Matters、The New Organizing Insititue 以及塞拉俱乐部的数字战略家。在探讨宣传活动的新方向时,与会者发现倡导组织在使用社会化媒介和其他在线资源时面临很多挑战。下面我将简要说明其中的四个。

对绿色内容进行分类

环境组织普遍关心的是如何传播它们的消息、通告、相关议题信息,以及呼吁更广泛的受众给予支持的请愿书。不幸的是,这些内容大多只出现在某些组织的网页上。所以,除非这些内容被编辑成邮件发送、用推特推送或是在广播中介绍给潜在受众,否则人们很难在网上其他地方找到这些信息。因此对这些组织来说,寻找给绿色内容进行分类的方式就是一个挑战。**分类（unbundling）**就是让这些内容摆脱单一的门户,例如某个网站,从而确保人们上网时在其他地方也能看到它们。如果一个组织还没有适量的观众群,它就需要在网上其他地方为其内容增加曝光率;也就是说,一个组织需要有自己的观众并直面他们。

对环境内容进行分类最成功的案例之一来自美国国家航空航天局。尽管该组织有其核心使命,但它也是关于环境和气候现象的信息的主要来源。它的网站（nasa. gov）上有非常丰富的媒介资源。它的图像、交互数据以及与气候变化相关的新闻在网上广泛传播。例如，该局所辖的戈达德太空研究所（Goddard Institute）提供的研究报告显示，2010 年与 2005 年一样都成为有记录以来最热的年份。这个研究报告被大量转载，随处可见。比如在在线新闻网站如 CNN. com、气象网站如 Climatecentreal. org，还有一些科学和环境博客上都能看到（当然，有传言说美国国家航空航天局在媒体上的投入，比大多数非营利倡导组织多得多）。

很多预算更有限的环境组织都在通过脸书、RSS 订阅和掘客等来加大对其内容的传播力度。例如，美国环保基金会和大多数组织一样有内容丰富的脸书主页，还有很多刊登关于气象、健康、生态系统、海洋系统、交通和其他议题的新闻的分析性博客。但是，除非用户通过 RSS 订阅接受最新新闻更新，否则用户必须得首先访问这些（有限的）网站获取信息，网站的链接大部分可以在该组织的网页上看到。不过有一个例外的地方就是，美国环保基金会有能力制作视频新闻，并将其交付给其他媒体发布。

使用网络模式

和内容分类所面临的挑战类似，环境组织和其他会员制组织都在尝试"从播放型传播模式向网络型模式转型，这样就能够与自己的会员互动"（Clark & Slyke，2011，p. 245）。这里说的**网络化（net-worked）**是指多向互动的传播流，即"使用在线工具和平台来寻找、评级、标记、创建、传播、模拟和推荐内容"（p. 239）。环保组织所面临的挑战是他们需要发掘更多直接与这些网络互动的渠道，让会员和在社会化媒介中聚集的潜在支持者参与进来。

使用网络型模式面对的挑战与克拉克和斯莱克（Clark and Slyke，2011）观察到的新闻媒体网络化面对的挑战一样。环境组织要知道他们的成员在哪里对话比较多，而不是去等待用户发现这些内容：

> 脸书群、博客、推特推送、邮件表成千上万，自组织群体在这些虚拟空间聚合。（环境组织）得弄清楚自己如何与这些群体真正地互动……最后同样重要的是，它们必须利用这些互动将那些用户带到自己的网站中，让他们融入这些社区空间（p. 244）。

如果主要目的是倡导的话,接入这样的网络还面临着其他挑战。尽管社会化媒介是培养社会网络的好工具,但还是有很多事情是社会化媒介做不了的,尤其是在倡导方面。例如,记者马尔科姆·格拉德威尔(Malcolm Gladwell,2010)认为,因为网络里没有清晰的权威界限,"他们真的很难达成一致意见并树立统一的目标。他们不能进行战略性思考……当每个人都能说话时,你该如何针对一些复杂、困难的问题进行战略性决策或哲学思考"(para. 24)?

格拉德威尔对社会化媒介的批评偶尔过于严厉,并不被所有社会化媒介的拥护者接受(见"另一种声音:没有推特革命")。不过他的观察对那些设计环境倡导活动的人是非常有用的提醒(见第八章)。好像正如他担心的,社会化媒介使"环保分子更容易表达自己",但仅仅依赖社会化网络也可能会使"这种表达产生任何效果变得更难"(para. 32)。

对动员的小幅度提升?

从一些环境保护和公民社会领导者的经验来看,更严峻的挑战在于对倡导活动来说,脸书、推特和其他社会化媒介并不是早期动员的首选工具。尽管动员民众是我描述的社会化媒介的六大功能之一,但很多人认为在活动初期,社会化媒介并不是锁定潜在活动者首要或最有效的工具(我将会讨论推特在德克萨斯煤炭活动和"穿越沙滩之手"活动中扮演的角色)。下面我来对此做出解释。

尽管社交媒体如脸书十分流行,但人们通常不把它看作在活动中获得支持的头等工具。在我参加过的一个数字化策略会议上,一位主要的线上活动组织团队的政治领导警惕地说:"脸书并不是洒仙粉。"[1]他认为,至少在动员和组织方面,对脸书抱有期望是不现实的(A. Ruben,私人交谈,2011年7月14日)。

所以许多环保团体认识到,在前期针对目标的传播或者定位目标群体的过程中,尤其是在与团体成员进行最初的沟通时,电子邮件仍然是他们主要的工具。在这里,脸书被当作信息发布的第二平台或与活动相关的信息的存储库(之前我们讨论过,在"穿越沙滩之手"活动

---

〔1〕 在迪士尼童话中,奇妙仙子(Tinker Bell)可以给他人洒仙粉让其飞起来。

中,电子邮件被用来发动潜在的支持者,到活动的脸书网页和网站去)。刚刚提到的那位网络领导者也说,"如果第一轮邮件攻势无法覆盖所有我们想发布的内容,我们就会使用社会化媒介作为后援,在脸书页面上发布信息"。

环保倡导团体依赖电子邮件还有一个原因——电子邮件能够与通过推特以及其他方式(如网络签名或点击电子请愿书等)对行动进行回应的人保持联络。点击行为也被称为**点击行动主义(clicktivism)**,即仅仅通过点击网上链接进行行动。本质上,这种点击行动主义是没有什么效果的,所以有时也被称作懒人行动主义。它会给人一种错觉,让人以为通过鼠标点击网络链接就能发挥作用。但与之相反,推特上的煤炭活动的组织者弗莱维亚就把她的成功部分归因于对在推特上有所回应的人进行了电子邮件跟进。美国罗格斯大学(Rutgers University)教授大卫·卡普夫(David Karpf)解释说,这种跟进使得倡导组织鼓励人们进行"阶梯式参与"。随着活动的进一步推进,可以带来更多、更积极的志愿者的参与和行动(Karpf,2010)。

而另一方面,推特的声望似乎也与对社会化媒介在动员方面的质疑相矛盾。格拉德威尔(2009)认为,从为坦桑尼亚的一间新教室募集资金,到阿什顿·库奇(Ashton Kutcher's)在推特上号召他的200万粉丝采取行动终结疟疾的传染,推特已经"成为组织活动和采取行动的实际工具"(para. 8)。

尽管推特是慈善募款的极佳工具,尤其是当名人参与发声或发生自然灾害时更是如此,但许多环保领袖认为推特在动员公众时存在许多不足。在我参加的那个数字化会议上,一位与会者说推特对于这种动员目的来说只是"小幅度提升"而已。这种小幅度提升可能是真的,尤其是对那些推特上粉丝数量少,或者粉丝不积极跟进或采取行动的环保组织来说。

说到这里,我们应该记得,德克萨斯的推特活动和"穿越沙滩之手"的活动得以成功的一个关键因素是发生了墨西哥湾石油泄漏这一突发性事件。公众急切地想追踪关于石油泄漏的最新信息,因此成千上万的人涌入了这些环保组织的推特主页,然后又被指引进入环保组织的网站以获取更多信息。由此看来,社会化媒介要达到最佳效果,有一个重大的新闻事件正在发生非常重要,如一场自然灾害、核电站事故或石油泄漏事故等。换句话说,如果事件的主题不在推特的头版之上,仅靠社会化媒介自身是很难推动大众参与的。

▶ 另一种声音

没有推特革命

马尔科姆·格拉德威尔(2010)曾声称"没有推特革命",他的批评来自他对美国民权运动和当下社会化媒介运动的对比。他描述了20世纪60年代在北卡罗来纳州格林斯博罗市(Greensboro)学生进行非暴力不服从的餐馆入座运动,以及"密西西比自由夏日"(Mississippi Freedom Summer)中学生的投入。格拉德威尔认为,这些行动都依赖很强的人际关系和信任,以及在面临各种难以克服的障碍时的忍耐。格拉德威尔接着写道:

> 与社会化媒介相关的行动主义就全然不是这样。社会化媒介的平台建立在弱连接关系上。推特上你可能关注别人,也可能被人关注,但都是素未谋面之人。而脸书是一种高效管理相识之人的方式,也是与那些不怎么联系的人保持联系的途径。这就是为什么一个人可以在脸书上有上千个朋友而在现实世界中却不可能……换句话说,脸书行动主义的秘诀不是动员人们做出真正的牺牲,而是动员人们做一些如果真有牺牲就不会去做的事情。我们距离格林斯博罗市餐馆入座运动还有很长的路要走。

来源:Malcolm Gladwell, "Small Change: Why the Revolution Will Not Be Tweeted." *The New Yorker*, October 4, 2010。

对"高效"媒体的讽刺

最后,在与具有高黏度的关注者联系时,社会化媒介的"高效率"可能会显得具有讽刺意味。通过推特或邮件用户清单服务,倡导组织能够直接定位小议题公众(对某一事件特别感兴趣的群体)。然而,不止一位媒体学者指出,这样做会使范围更广泛的公众无缘得知事件。

结果,只有很少的政治对象能被动员起来。这其中的吊诡之处在于:社会化媒介无疑是锁定目标群体最高效的工具,但也正是这一优势给它带来了局限。我接着解释一下。

之前,报纸和电视等大众媒体主导着"非高效"的媒介时代。倡导组织为了使计划活动传达到更多行动者那里,必须教育更广大的公众。这就可以让信息溢出,或者"低效有益"地流向受众(Karpf, 2011)。

进入新媒体时代,人们可以更容易地通过推特或脸书与少量的特定受众进行沟通。卡普夫认为,尽管环保组织应该继续使用社会化媒介,但它们也需明白,如果只使用社会化媒介,那么全国其他人将无法听到它们的动员呼声,了解环保事件和活动。因此社会化媒介面对的挑战在于,它需要制定一个涉及面更广的媒体战略计划,以使行动者在必要时能够超越同质性进行沟通。

未来趋势:环境社会化媒介面对的挑战与阻碍

随着新社交媒体与相关技术的发展,环境传播既面临一些机会,也会遭遇一些阻碍。环境领域的领袖和教育者已经开始受到它们的影响。下面,我们来看看四个趋势,这些趋势将会影响在不久的将来环境资源在绿色公共领域传播的方式。

内容洪水

近几年来涌现出的一些新的发展,被新媒体咨询家称为社会化媒介和网络使用者面对的"内容洪水"(T. Matzzie,私人交谈,2011 年 7 月 14 日)。在多个平台上,成千上万的移动应用程序正在被开发出来,以更快的速度喷涌而出,带来了滔滔的"内容洪水"(苹果公司的 iPhone 上已经有超过 42.5 万个应用程序)。

我们上网和通过智能手机应用程序获得的内容量是巨大的。网络和社会化媒介监控服务商 Pingdom. com(2011)报告了 2010 年的一组数字:

- 推特上共发送了 250 亿条推文
- 每日 YouTube 上有 20 亿个视频文件被浏览
- 2.55 亿个网站

- 脸书有 6 亿用户
- 互联网上共发送了 107 兆封电子邮件
- 网络相册 Flickr 上有 50 亿张照片

正如我们之前所论,当我最后一次查阅 BlogPulse 的统计结果时,互联网上有 168059462 个博客。

而且,搜索引擎巨头谷歌 2011 年宣布,它准备提供一项新的互联网服务,速度达到千兆每秒,这也推动了内容洪水的泛滥。千兆每秒意味着比我们现在上网的速度快 100 倍(Goldman,2011)。这种能力,结合 4G 或者更快的移动网络,将会为社会化媒介和网络用户提供看似无穷尽的信息。

这种内容洪水对环境传播的影响是真实的。例如,对环保倡导组织来说,在线空间越来越拥挤。一个组织对行动的呼吁越来越需要和其他成千上万条信息进行竞争。此外,一般环境媒介机构的内容的确可能被进一步分裂、细化,从而导致观众的进一步碎片化。尽管新技术变得更加强大,但环境内容的生产者会发现这个运动场实在太拥挤了。

以应用程序为中心的环境

大量移动应用程序还带来了其他相关发展,越来越多的人在使用智能手机上网。然而,正如我在 2011 年所写的,只有 35% 的美国人拥有智能手机(Inman News,2011),但是这个数字还在增长。到 2015 年为止,会有将近 50% 的美国人使用智能手机。同时平板电脑的使用者数量也在增加(EMarketer,2011)。因此,随着应用程序数量的增加,网上搜索的主要方式将来自移动设备。事实上,到 2015 年,"几乎美国总人口的一半将使用移动互联网"(EMarketer,2011,para. 2)。因此,我们正在进入一个**以应用程序为中心(app-centric)**的世界,在这里,智能手机、推特、平板电脑、笔记本等上的移动应用将会成为我们获得网络信息的主要入口。

这种发展对环境传播的影响是显著的。例如,一个环保倡导组织如何进入用户的移动平台?这种信息源可能面临两大阻碍:第一,当一个环保团体开发出一种绿色应用程序时,它仍然要面对如何使该应用程序进入到用户的智能手机或平板电脑的挑战。很典型的是,一部智能手机只使用 20 个应用程序(虽然有成千上万的应用程序可用),一个组织要能保留在应用程序列表上,你知道它会采用什么手段?

第二个挑战是目前智能手机使用不同的操作系统,环境信息源就需要开发不同的应用程序(如安卓、RIM、苹果、塞班)。例如,为 iPhone 开发的环境应用程序可能不能兼容于装载了安卓系统的设备。当然,这不是不可逾越的障碍,但是要制造易于被受众接受的环境内容,就要求比以前更善于利用媒介和有更强的适应能力。

环境信息视频网

随着更快的、千兆每秒的光纤来临,环境媒体、教育者、政府部门和倡导组织有了建立自己的视频网(通过宽带)的可能。随着宽带能力的增强,尽管现在这些团体已经有了自己的 YouTube 频道,但新的(非商业)独立信息源也会播放更多或更复杂的内容。当然,困境是这样的视频网不得不和之前提到的内容洪水竞争。

游戏化

最终的发展趋势是网络的游戏化行动或尝试,以激励个人参与其中。**游戏化(gamification)** 这个术语来自数字媒介开发者,其定义为"在非游戏语境下使用游戏设计元素"(Dixon,2011, para. 1)。虽然这一概念本身来自行为经济学和市场营销,但它 2010 年末在社会化媒介和一般网络使用中被广泛采用(para. 2)。

游戏化背后的理念是人们可以把游戏元素,如竞争、趣味和与他人的社会化接触,应用在一般不被认为是游戏的东西上。这里还有奖励和透明性元素;也就是说,你会收到关于你的表现的反馈,和关于竞争对手的表现的反馈。理论认为,通过这种方式参与进来的人,可能会受到鼓励以通常不会采取的方式进行行动或回应,如参加集会或改变他们的环境行为。

游戏化行为的想法一开始被应用在像"飞行常客奖励"之类的营销活动中。最近,尼桑(Nissan)(日本汽车制造商)在新技术中设置了交互功能,对它的电动轿车 Leaf 的驾驶行为进行了游戏化:用节能模式功能追踪变量(如用电量),并提供"持续的反馈,使司机可以提高效率。这款车甚至提供在线资料,以便人们可以和其他司机竞赛"(Gamification of environment, 2011, para. 1)。

虽然游戏化主要被应用于商业营销,但它也逐渐被一些环境利益方采用。这一概念可能对微志愿网站或呼吁人们参与环保行动尤其有效。通常,这些行动的游戏化发生在像 Gowalla 这样的定位平台上,或是发生在显示"团队"成员或其他竞争者的位置的地图上。

在使用 Web 2.0 和社会化媒介工具游戏化环境问题方面,有一个有趣的例子,即 Carbonrally. com。Carbonrally 邀请用户与他人结队参与挑战,以"节约能源和防止当前的气候出现变化"。挑战内容从"孤独的光爱"(关掉空房间里的灯)到"戒掉瓶子"(放弃饮用瓶装水)。每个参赛者都会得到反馈,获知随着挑战的完成实现的二氧化碳的减少量、其他玩家的位置和其他人的交流或跟帖推文。我在写这篇文章时,Carbonrally 夸口说,通过完成挑战,"目前有 45172 位参与者已经减少了超过 7998 吨二氧化碳的排放量",相当于一年中路上少行驶了1591 辆车。

游戏化是否对每一个环境利益方都是有用的做法还是一个悬而未决的问题。一些环保领袖可能会担心游戏化气候变化或污染等议题会使这些议题变得琐碎化。其他人则质疑,玩游戏产生的效果能否达到与投入这些网站建设的努力相匹配的程度。显然,游戏设计的应用不是全能的,也不是针对所有用户的。

延伸阅读

- *Social Media Today*(socialmediatoday. com),里面(有时)有关于社会化媒介和环境的好文章。

- David A. Karpf, *The MoveOn Effect*: *The Unexpected Transformation of American Political Advocacy*. New York: Oxford, 2011.

- Malcolm Gladwell, "Why the Revolution Will Not Be Tweeted." *The New Yorker*, October 4, 2010.

- *The Social Network*, 2010,金球奖获奖影片,讲述了脸书的创立。

关键词

以应用程序为中心	自下而上的网站
博客	点击行动主义
环境新闻服务	社会化媒介
游戏化	社会化网络
微志愿	推文
网络化	分类
自我组织	插件

讨论

1. 社会化媒介是否改变了环境传播的基本规则？即，这些工具是否带来了性质不同的传播或传播效果？

2. 你是否同意马尔科姆·格拉德威尔所说的"没有推特革命"？你为什么同意或者为什么不同意？社会化媒介对环境组织来说是"小幅度的提升"吗？

3. 你如何利用社会化媒介去发起一项有关环境的传播活动？

4. 对组织和个人来说，在增强环境传播的能力方面，你认为哪种社会化媒介最有潜力？

5. 一些环保领袖认为游戏化会使像气候变化这样的环境议题琐碎化。你同意吗？游戏化该如何避免这种指责？

参考文献

Bonnie Raitt Q/A. (2011, Summer). *Earthjustice*, pp. 12—13.

Carus, F. (2011, March 30). Greenpeace targets Facebook employees in clean energy campaign. Retrieved August 18, 2011, from www. guardian. co. uk.

Clark, J., & Slyke, T. V. (2011). How journalists must operate in a new networked media environment. In R. W. McChesney & V. Pickard (Eds.), *Will the last reporter please turn out the lights* (pp. 238—248). New York and London: The New Press.

Cottle, S., & Lester, L. (2011). Introduction. In S. Cottle & L. Lester (Eds.), *Transnational protests and the media* (pp. 3—16). New York:

Peter Lang.

DeLuca, K. M. , Sun, Y. , & Peeples, J. (2011). Wild public screens and image events from Seattle to China. In S. Cottle & L. Lester (Eds.), *Transnational protests and the media* (pp. 143—158). New York: Peter Lang.

Dixon, D. (2011, May 7—12). Gamification: Toward a definition. Retrieved August 28, 2011, from http://hci. usask. ca.

EMarketer. (2011, August 24). Two in five mobile owners use internet on the go. Retrieved September 3, 2011, from www. emarketer. com.

Flaccus, G. (2011, June 17). Sewage pile, illegal dump on Calif toxic tour list. *CNSNews. com.* retrieved August 18, 2011, from http://www. cnsnews. com.

Fraser, C. (2011, July 11). Tapping social media's potential to muster a vast green army. *Yale Environment 360.* Retrieved August 18, 2011, from http://e360. yale. edu.

Friedman, S. M. (2004). And the beat goes on: The third decade of environmental journalism. In S. Senecah (Ed.), *The environmental communication yearbook* (Vol. 1, pp. 175—187). Mahwah, NJ: Erlbaum.

Gamification of environment. (2011, August 23). *Gamification wiki.* Retrieved August 28, 2011, from http://gamification. org/wiki/Gamification_of_ Environment.

Gladwell, M. (2009, May 12). 10 ways to change the world thru social media. Retrieved August 27, 2011, from http:// mashable. com.

Gladwell, M. (2010, October 4). Small change: Why the revolution will not be tweeted. *The New Yorker.* Retrieved August 12, 2011, from http://www. newyorker. com.

Goldman, D. (2011, March 30). Google chooses Kansas City for ultra-fast Internet. *CNN Money.* Retrieved August 28, 2011, from http://money. cnn. com.

Good, J. (2011, November 18). On strategizing, leveraging, and not losing the miraculous. Paper presented at the National Communication Association meeting, New Orleans, LA.

Hecht, S. (2011, May 11). Anti-coal satire (with My First Inhaler) punks Peabody Energy. Retrieved August 18, 2011, from http://legalplanet. wordpress. com.

Inman News. (2011, August 30). Number of smartphone users jumps 10%. Retrieved September 3, 2011, from www. inman. com/news.

Johnson, L. (2008, November 28). Environmentalist turns to online campaign to protect B. C. forest. *CBC News.* Retrieved April 28, 2011, from www. cbc. ca/news.

Kaplan, A. M. , & Haenlein, M.

(2010). Users of the world, unite! The challenges and opportunities of social media. *Business Horizons 53*(1), 59—68.

Karpf, D. (2010). Online political mobilization from the advocacy group's perspective: Looking beyond clicktivism. *Policy & Internet*, 2(4), Article 2.

Karpf, D. A. (2011). *The MoveOn effect: The unexpected transformation of American political advocacy*. New York: Oxford.

Krol, C. (2009, January). Newspapers in crisis: Migrating online. Retrieved August 13, 2011, from www. emarketer. com.

Lanier, J. (2010). *You are not a gadget*. New York: Knopf.

Lester, L. (2010). *Media and environment: Conflict, politics and the news*. Cambridge, UK: Polity.

Lester, L. (2011, March). Species of the month: Anti-whaling, mediated visibility, and the news. *Environmental Communication: A Journal of Nature and Culture*, 5(1): 124—139.

Palevsky, M. (2011, May 12). Yes Men hoax uses Twitter, Facebook to put Peabody Energy on the defensive. Retrieved August 18, 2011, from www. poynter. org.

Pingdom. com. (2011, January 12). Internet 2010 in numbers. Retrieved August 28, 2011, from http://royal. pingdom. com.

Quain, J. R. (2010, October 15). How social networking is changing politics and public service. *U. S. News and World Report*. Retrieved August 11, 2011, from www. usnews. com.

Roosevelt, M. (2011, June 10). Pressured by Greenpeace, Mattel cuts off sub-supplier APP. *Los Angeles Times*. Retrieved September 3, 2011, from http://articles. latimes. com.

Rudolf, J. C. (2010, May 3). Social media and the spill. The *New York Times'* Green Blog. Retrieved August 25, 2011, from http://green. blogs. nytimes. com.

Slawter, L. D. (2008). TreeHuggerTV: Re-visualizing environmental activism in the post-network era. *Environmental Communication: A Journal of Nature and Culture*, 2 (2), 212—228.

Sobel, J. (2010, November 3). State of the blogosphere. *Technorati*. Retrieved August 15, 2011, from http://technorati. com.

Stine, R. (2011, August 5). Social media and environmental campaigning: Brand lessons from Barbie. Retrieved August 18, 2011, from www. ethical corp. com.

Technorati. (2008). State of the Blogosphere/2008. Retrieved December 23, 2008, from http://technorati. com.

Wyss, B. (2008). *Covering the envi-*

ronment: How journalists work the green *beat*. London and New York: Routledge.

Yamaguchi, M. (2011, February 16). Sea Shepherd activists prompt Japan to suspend whaling. *Huffington Post*. Retrieved August 14, 2011, from www. huffington post. com.

Zabarenko, D., & Whitcomb, D. (2010, June 6). A groundswell against BP on Facebook and Twitter. *The Washington Post*. Retrieved July 30, 2011, from www. washingtonpost. com.

第四部分

环境运动与活动

第八章　倡导活动与信息构建

　　草根活动"超越煤炭"赢得了极大的支持和广泛的胜利,几年前不会有人认为这是可能的。全国各地成千上万的人与他们的邻居交谈……在媒介上发声,更重要的是,与决策者交流,至今已经成功阻止了 150 个煤炭计划的实施。

　　　　　　——Sierra Club, Beyond Coal Campaign(2011, paras. 1—2)

　　"超越煤炭"活动(如上所示)展示了环境传播的一种形式——**倡导(advocacy)**。这是为了支持某一事业、政策、观点或价值体系而进行的劝服或争论。活动只是倡导的一种形式。商业机构、公职候选人、公关公司,当然还有环保组织都会用到倡导这一手段。它有很多形式,包括广告、政治竞选、社区活动、游行示威、合法争论,等等。在这一章,我将会集中关注倡导的一个主要形式——**环境倡导(environmental advocacy)**活动(我们将在接下来的章节中看到其他形式)。

本章观点

　　● 在本章的第一部分,我将大致介绍什么是倡导,并区分倡导活动与批判性修辞、对于现状的质疑或批判的不同。

　　● 在第二部分,我将探讨倡导活动的基本要素,关注:(1) 目标;(2) 受众;(3) 战略。

　　● 在第三部分,我将描述一个成功的倡导活动的设计,即祖尼盐湖联盟活动。这是一项为了阻止在神圣的美国土著人居住地附近开采煤矿而开展的活动。

● 在最后一部分,我将描述信息建构在活动中的作用,并指出它面临的两个挑战:(1)弥合"态度—行为沟";(2)运用信息建构中的价值观以激励支持者。

我希望当你看完这章后,能够更加了解在环保宣传中倡导者所广泛使用的传播手段,同时也能欣赏他们在培养公众对环境保护的需求这一过程中,在质疑那些根深蒂固的价值观和意识形态时所面临的挑战。

环 境 倡 导

倡导对于各类寻求社会变革的组织来说是一个强大的工具。各类组织,不管其目标是为无家可归者提供支持,还是关停血汗工厂,都要为新兴的声音和思考提供论坛。人道主义协会(The Humane Society)(致力于动物保护),健康、环境与正义中心(Center for Health, Environment, and Justice)(致力于反有毒物质),350. org(气候正义社会化网站),"越来越好组织"(It Gets Better)(致力于支持女同性恋、男同性恋、双性恋和跨性别的青年人),还有其他一些组织都会为那些缺乏途径和权力以推动改变的人们提供集体的声音。此类团体促使那些掌握更多权力的机构遵循民主与人道主义原则,保护弱势群体及其利益,例如为艾滋病病毒携带者或是艾滋病患者提供新研发的药物,或是与一些大学签订协议,不从雇用第三世界国家的劳工的公司那里购买衣服。

为了帮助那些没有表达途径的人们发声,倡导组织通常在个体与大型的,通常是公共生活领域的非个人机构中扮演调解的角色。环保团体尤其如此。前《纽约时报》作家菲利普·沙博科夫(2000)认为,环保团体的首要角色是充当"科学与公众、媒体以及立法者之间的中介"(p. 152)。例如,北卡罗来纳大学教堂山分校(University of North Carolina at Chapel Hill)的学生们联合校友、国家环保团体以及经济学专家和物理学教授们向大学施压,促使校园不再建立燃煤发电厂。作为中介,名为"超越煤炭"的校园组织让其他学生学习了相关的专业知识,并且向校方表达了他们的担忧。

环境倡导模式

环保人士使用了各种各样的倡导模式或传播形式。这些模式可能目标不同,使用的媒介不同,目标受众也各异。它们可能包括公共教育、影响国会中关于环境的立法的活动、社区活动、联合抵抗,以及在公司大楼外悬挂横幅等直接抗议行动(见表8.1)。

表 8.1　环境倡导的模式

倡导模式	目　标
政治和法律途径	
1. 政治宣传	影响立法或规章制定
2. 诉讼	寻求机构与商业组织对环境标准的服从
3. 政治选举	动员选民投票
直接吸引作为公众的受众	
4. 公共教育	影响社会态度和行为
5. 直接行动	通过抗议行动影响特定行为,如公民不服从运动
6. 媒介事件	开展宣传或通过媒介报道扩大宣传效果
7. 社区活动	动员公民或居民采取行动
消费者与市场	
8. 绿色消费主义	利用消费者的购买力影响企业行为
9. 企业责任	通过消费者的联合抵制和股东行动影响企业行为

在本章以及后面的章节中,我将会更详细地描述其中的一些倡导模式。例如,在第九章,我将会讲述环境正义团体如何组织一次"有毒旅行",邀请人们前往被有毒化学物质污染的社区,去看、去闻、去感受生活在那里的人们的日常生活(Pezzullo,2007)。现在,我将描述两个被广泛运用的倡导模式:倡导活动与批判性修辞。我没有将它们放到表8.1 中,因为它们比表中所列的倡导形式范围更宽泛。事实上,活动尤其将使用很多这些特定的倡导类型,如媒介事件或社区活动,以

实施活动策略。

与活动相区别的批判性修辞

在环境倡导活动开始之前,通常会有一段质疑现状和渴求更佳表达方式的时间。这就是批判性修辞在起作用。例如,蕾切尔·卡森(1962)的经典著作《寂静的春天》就尖锐地批判了农药产业,以及政府部门让公众暴露在有害化学物质之中的行为。结果,公共健康宣传者和诸如"环境行动组织"等组织开始针对联邦立法机构发起活动,试图控制对 DDT 的使用,以通过法律的强制措施保护空气和水资源。尽管活动和批判性修辞在某些方面存在不同,但它们可以互补。因此,详细地了解这些倡导模式尤为重要。

批判性修辞

批判性修辞(critical rhetoric)是对某种行为、政策、社会价值或意识形态的质疑或谴责。此类修辞也可能包含了对可替代的政策、愿景或是意识形态的表达。通过现代环境运动,许多声音——并不限于某一特定活动——质疑或是批判了针对社会和自然的行为中一些想当然的看法。例如,绿色和平活动人士自 20 世纪 70 年代开始在媒介上释放思想炸弹,以增强世人对现代捕鲸业的残忍性的认识。绿色和平组织的创始人罗伯特·亨特(Robert Hunter)将**思想炸弹(mind bombs)**定义为用简单的图像"轰炸人们的头脑",以创造新的意识,例如绿色和平组织的环保分子划着小气垫船置身于鲸鱼和捕鱼者之间的画面等(引自 Weyler,2004,p. 73)。

批判性修辞也会包括可替代性政策、愿景和意识形态的融合。深层生态学基金会(The Foundation for Deep Ecology)提出这样的愿景,认为社会的基本经济结构和技术结构必须改变侧重点,"让事物的最终状态和现在大有不同"(Naess & Sessions,n. d.)。"可持续性正义"(Just Sustainability)组织的倡导者发起了对现代化发展的批判,认为这种经济增长导向型的经济的负担绝大多数压在了贫困的以及权利被剥夺的人身上。这些批判性修辞为真正的可持续社会鼓与呼,强调正义是首要的,并设想"在有限的生态系统里,不管是现在还是未来,以一种公正、公平的方式为所有人带来更好的生活质量"(Agyeman,

Bullard,& Evans,2003, p.5）。这样一来,批判性修辞经常用于扩大在日常政治斗争中被侵蚀的社会选择与愿景的范围。

"可持续性正义"组织与深层生态学基金会的倡导用礼貌的语言表达了对社会的批判。尽管如此,批判性修辞也会以其尖锐的谴责和不那么体面的方式挑战现有规则而引发公众关注。有时,它会采取传播学者罗伯特·斯科特和唐纳德·史密斯（Robert Scott and Donald Smith,1969）最初所称的**对抗性修辞（confrontational rhetoric）**的形式,使用刺耳的语言、猥琐的语言或例如侵占式静坐和占领建筑等行动批判种族主义、战争或是对环境的掠夺。尽管这样的修辞或行为总是面临争议,斯科特和史密斯仍然呼吁我们认真对待他们提出的批评。他们解释道,有时,社会呼吁的"礼貌和礼仪其实是保护不公正的面具","它们成为那些权力'拥有者'的工具"（p.7）。

在环境倡导的语境里,研究对抗性修辞的学者们研究了游行、示威、静坐和其他的视觉修辞,以及具有高度象征意义的行为,如破坏伐木设备、城市越野车、动物实验室。环境传播学者凯文·德卢卡（2005）把这些称为"生态破坏"（p.6）。

倡导活动

尽管倡导活动也呼吁重大的社会变革,但是它们在路径上与批判性修辞并不相同。最重要的是,倡导活动都是围绕具体的、战略性的行动展开,使我们更接近那些更大的目标。从这个意义上说,**倡导活动（advocacy campaign）**可以在广义上被定义为一个行动的战略性过程,包括为特定目的而进行的传播。也就是说,发起活动是为了赢得胜利或期待一个具体的结果;因而,它超越了对政策简单的质疑或批判。

这一点很重要。例如,当地居民可能会质疑或批判在他们社区附近建一个有毒废物填埋场的计划。活动可能会走得更远,组织者会组织当地居民、企业、教会的领袖去现场观看情况,也会游说有政策决定权的市议会成员,以达到阻止建设填埋场的许可被批准的目的。所以,倡导活动与批判性修辞之间的区别并不是它们的目标（阻止有毒垃圾填埋场的建设）,而是为达成这些目标而采取行动的战略过程。

在当代社会,倡导活动是被众多组织、机构使用,以达到多重目的的传播模式。例如,除了其他目的,信息活动的基本形式还被用于减轻吸烟对健康的危害、促进计划生育,以及鼓励人们通过适当使用充气轮胎或是关掉他们的恒温器来节约能源。环境倡导活动与这些信息活动的特征有很多共通之处,在认识它们的差异之前,认识这种相似之处是很重要的。

参考信息:活动的特征

埃弗雷特·罗杰斯和道格拉斯·斯特瑞(Everett Rogers & Douglas Storey,1987)在其对活动的经典研究中,确定了大多数活动所共享的四个特征:

1. 活动是有目的的。也就是说,"一项活动努力进行传播是为了实现特定的结果"(p. 818)。

2. 活动指向大规模的受众。要达成活动的目的,通常需要有组织的努力,超越一个人或几个人通过人际关系去劝服另一个人或少数几个人。

3. 活动通常有明确的时间限制。例如,目标受众对活动的回应,不管是投票、个人饮食习惯的改变或是通过一项法律,都应当在规定的期限内完成,而进一步的反应的窗口将会被关闭。

4. 活动包括一系列有组织的传播活动。在建构活动的主旨信息时,活动中的传播行为尤为明确。

来源:Everett M. Rogers and Douglas D. Storey, "Communication Campaigns," in C. R. Berger & S. H. Chaffee (Eds.), *Handbook of Communication Science* (pp. 817—846). Newbury Park, CA: Sage: 1987。

尽管与针对公共健康和其他议题的活动有很多共同特点,但在基本方式上,环境倡导有时会与它们不同。其中的两处差异尤为突出:

首先,大多数旨在降低风险或是影响个人行为的活动都是由机构赞助的;也就是说,它们是由政府健康部门、美国肺脏协会(American Lung Association)、联合国或大学发起的。而环境倡导活动则经常是由非机构性源头——关心议题的个人、环保组织或是小的社区行动团体发起的。

其次,大多数公共关系以及公共健康活动都寻求改变个人的态度或行为(例如,改变个人的生活方式,消费选择,饮食、吸毒或酗酒的习惯,或者性行为等),而不是寻求法律或者企业行为的更大幅度的改变。而大多数环境倡导活动寻求外在条件的变化,例如,清理存放废弃的有毒物质的场地,或是寻求更为系统的改变,即政府或企业实体的政策或行为的改变。

表 8.1 中列出了活动中会运用的几种倡导形式。例如,许多环保倡导活动牵涉到立法或选举政治;它们可能也参与公共教育、社区活动和关于企业责任的活动。在第十章,我将介绍企业在活动中使用不同的倡导形式以影响关于环境的立法,例如游说和观点广告。重要的是,为了达到特定的目的,一个活动会依赖多种倡导形式,作为其具有战略性且又有时间限制的行动的一部分。

从我自己在美国环保活动中获得的经验来看,我一直坚信,在影响公众对环境政策的讨论和决定方面,活动的作用越来越重要。因此,在接下来的部分,我将更详细地描述许多倡导活动采用的基本设计。我还将提供两个成功的例子。

环境倡导活动

在庆祝 1970 年的第一个地球日之时,生态运动已经开始改变公民与官员就环境问题进行交流的方式。因为不满足于仅仅通过杂志文章或电视上的自然节目教育公众,很多环保组织开始设计倡导活动以实现特定的变化。这项新战略的设计师之一是迈克·麦克罗斯基,塞拉俱乐部的前执行董事。在一次采访中,麦克罗斯基回忆了在从环境运动向环境活动的转向中,他自己扮演的角色:

> 我所强调的是为实现我们的目的而采取的一条严肃的路径。我认为我们在这里不仅仅是为了见证或宣誓对信仰的忠诚,事实上,我们在这里要将信仰变成现实……这意味着我们不能满足于说正确的事情……我们还必须制订计划去实现它们。我们必须知道政治系统是如何运作的,如何识别决策者……我们必须让人们关注完成任务所需的所有操作细节(Gendlin,1982, p. 41)。

麦克罗斯基的描述回应了我所描述过的批判性修辞与活动之间的根本区别,也就是"说正确的事情"和"计划去实现它们"之间的区别。要制订计划,意味着活动者需要问,"要实施我们的行动,我们需要做什么,包括以什么传播手段实现我们的目的?"从我对过去 30 年中成功活动的观察来看,我发现环保领袖常常问自己并试图回答的三个基本问题是:

1. 你到底想达到什么目的?
2. 哪个决策者有能力对此做出回应?
3. 什么可以说服这些决策者为你的目标采取行动?

这三个问题分别问到了活动的:(1)目标;(2)观众;(3)策略(我将在下面讨论这每一个问题)。

在回答这三个问题的过程中,倡导活动还要完成三个相应的**传播任务(communication tasks)**。第一,有效的活动寻求创造范围更广泛的需求和支持,无论这个目标是阻止建设危险废物焚烧炉,还是推动建立一条自行车道的基金获得批准。第二,活动努力动员相关选区(受众)的支持,以要求决策者承担责任。第三,活动有明确的战略,以便相关决策者认可它们的目标。第四,认识到活动中其他的、竞争的以及反对阵营的声音很重要。成功的活动会在这个多元的、不断变化的传播环境中调整它们的传播。

在后文,我将介绍这三个问题及其相应的传播任务(参见图 8.1)。

创造需求:活动的目的

成功的倡导活动需要明确地专注于一个具体的目标。例如,约翰·缪尔保护优胜美地的活动聚焦于一个法案的通过。在 1890 年,美国国会指定优胜美地为国家公园。因此,在设计一个倡导活动时,首要的问题是组织目标。它首先要问:"你到底想达到什么目的?"

目标还是目的

当活动的目标不清楚或将远期的目标或愿景与短期可实现的具体行动或决定相混淆时,活动就会是瞎折腾。宣布"美国应该保护原始森林"是一回事,动员公民说服美国林务局签署具体规定、停止建设通往原始森林的道路是另一回事。阻止在国家森林中建设公路,对于保护美国的原野这个长远目标有用,但将这个目的与为了永久保护原始区域所采取的长期努力予以区分非常重要。

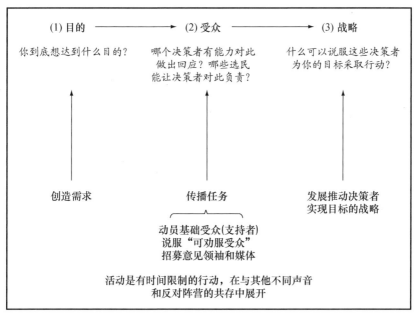

图8.1 环境倡导活动的设计

"你到底想达到什么目的?"这意味着什么?首先,重要的是要区分活动的长期目标和具体目的。在此处,**目标(goal)**这个词指的是一个长期愿景或价值,如渴望保护原始森林、减少饮用水中的砷,或减少进入大气中的温室气体排放量。批判性修辞往往在阐述这些更远大的愿景时很重要,但它们并不是活动。

另一方面,**目的(objective)**是指一个特定的行动、事件或决定,它们使一个组织更接近它的长远目标。目的是一个具体的、有时间限制的决定或行动。例如,美国环境保护署可以签署一个法规,对饮用水中砷的含量进行更严格的规定。这就是为什么第一个问题的重点是问"你到底想达到什么目的?"

大多数成功的活动通过确定一个具体、有时间限制的行动或决定来回答这个问题。在过去的活动中,有代表性的目的包括通过全民支持的关于清洁水债券的公决,市议会投票支持禁止在学校十英里范围内建设危险废物处理设施,州公共事业委员会决定拒绝燃煤发电厂的许可证申请。这些目的一旦达成,能帮助实现更长远的目标,而它们本身又都是具体的、可实现的决策或行动。

创造公共需求

活动一旦识别了它的目的,就会面对很重要的传播任务。这个传播任务是为其目的创造更广泛的公共需求。**公共需求(public de-mand)**是关键的选举群体为实现活动的目的而开展的积极的行动。这种群体的成员可以是一个重要的摇摆区域的选民、有小孩的家庭、有呼吸问题的人、通勤者或者体育俱乐部的成员。尽管美国公众普遍支持对清洁的空气、洁净水和自然资源进行保护,但特定事件和争议也常常需要公众的关注和积极支持(正如我早些时候提醒的那样,其他声音和选区也可能在为获得同样的支持而竞争)。

因此,许多环保组织的培训项目强调,活动所面临的挑战是将公众对于环境价值的被动支持转化为活跃的需求,从而采取行动保护这些价值观(与塞拉俱乐部员工的私人交流,2009 年 1 月 6 日)。创造这样的公共需求需要劝服公众认为这里有一个特定的、即刻存在的威胁,它威胁了环境价值、生态系统或者人类社区,从而促使人们萌发保护这里的想法,以及向主要决策者表达他们的担忧。

创造公共需求迫使一个活动必须回答第二个核心问题,"谁有能力做出回应?"这进而要求活动必须教育和动员相关选民和支持者成为战略的一部分。

动员支持者

一旦一个活动决定了它到底要达到什么样的目的,它就必须回答第二个问题:"哪个决策者有能力做出回应?"在回答这个问题时,活动的组织者必须确认有权行动的决策者,以及相关选区的选民(受众),因为他们能够让相关的领导负起责任来。

首要受众还是次要受众

在这里,很重要的是要区分两种不同类型的受众:(1) **首要受众(primary audience)**是有权采取行动或实现活动目的的决策者;(2) **次要受众(secondary audience)**(也称为公共受众)是由公众、联盟伙伴、意见领袖和新闻媒体等不同部分组成的。他们的支持往往是让首要受众或决策者对活动目的负责的关键因素。

直到有人有能力或权威对活动的目的进行良好回应,活动才能达成目的。决策者是一个活动的首要受众。例如,如果活动的目标是禁止沿着州高速公路竖立闪光的(数字的)广告牌,那么活动的首要受众最有可能是州议会的预算或商业委员会。另一方面,如果一个活动需要对燃煤电厂排放的汞进行更严格的监管,那么首要受众将会是执行《清洁空气法》的环保署。

动员选民

一旦活动回答了第二个问题,它就会面临一项重要的传播任务:必须首先目的明确并接着动员相关的选民,他们可以帮助影响首要受众或决策者。完成这第二个任务基于这样的假设:决策者最终是对选民、媒体或其他组织负责的(这种假设是民主政治的核心,其自身也是一个处于争论中的话题)。另一方面,一些决策者可能不是公共官员,因此可能不容易受影响并为他人负责(例如,环境运动通常发现很难影响企业的行为,因为企业并不直接对公共选民负责)。

在动员相关选民以使决策者担负责任时,区分媒体、舆论领袖和公众成员是很重要的。意见领袖的发言通常在媒体和首要受众成员中有影响力。例如,美国自然资源保护委员会在它的许多活动中都依赖知名环保人士罗伯特·小肯尼迪(Robert F. Kennedy, Jr.)等人。在很多活动中美国本地环保组织会求助于社区中广受尊敬的成员——商人、运动员或宗教领袖——以求获得公开代言。

当活动面向公众时,受众会被区分为三种类型:(1) **基础受众(base)**(活动的核心支持者和潜在联盟伙伴);(2) 反对者;(3) **可劝服受众(persuadables)**,即尚未做出决定的公众,但他们有可能同情活动的目的。通常,活动不试图说服其反对者,因为他们已经有了自己的目的了。而可劝服受众构成了传播活动的核心,因为他们往往会改变活动的结果。

需要注意的是,虽然可劝服受众可能是潜在的支持者,但他们也可能一开始对活动的目的没有倾向性,或者没有动机。塞拉俱乐部的"超越煤炭"活动就是这样(http://beyondcoal.org)。最初,社区居民、父母和其他人并没有意识到煤电厂的排放会对家人健康或全球气候产生影响。然而,"超越煤炭"活动认为他们潜在地对活动要传递的信息持开放态度,因而最终说服他们去参加了关于煤电厂申请许可证的公众听证会。

因此,活动通过动员支持者的关系网回答了第二个问题,尤其是动员了基础受众和可劝服受众,以及意见领袖和媒介,从而使活动动员了充足的资源。在这一点上,成功的活动通常计划寻求公众支持,以影响首要决策者。所以,接下来的问题是:"什么样的战略最有可能劝服首要受众实现组织的目的?"

发展影响决策者的战略

活动需要回答的第三个问题是:"什么可以说服这些决策者以达到你的目的?"这是一个关于战略的核心问题。战略是一个油滑得惊人的概念,常常与活动的战术相混淆。所以让我们进一步看看这个重要的术语。

战略还是战术

环境教育家大卫·奥尔(David Orr, 1992)曾说,战略问题让我们在实践、高效行动研究或实现目的的最佳手段等领域安全着陆。批判性修辞有助于我们想象一个期盼中的未来,而活动则更进一步地提出:"我们如何才能真正到达这个未来?"战略是回答此问题的核心。

战略的概念令人很困惑,因此最好从定义和举例开始。简单地来界定,**战略(strategy)** 就是影响或撬动首要决策者向着活动目的的方向行动的关键来源。有时,活动中的具体行动,如游说、抗议等被错误地看作是战略。这些是战术,并不是活动中能一直使用的更为有力的杠杆。**战术(tactics)** 是为了实施或实现范围更广阔的战略而采取的具体行动。

举个关于战略的有趣例子。这是环境与卫生组织运用杠杆撬动麦当劳改变其食品采购政策的例子。2003 年,快餐连锁店麦当劳承认它们使用的大型农场在饲养和售卖的家禽及牛肉里注射了刺激生长的抗生素,而这是威胁人类健康的。许多科学家认为,在动物身上注射过量的生长激素会增加具有抗药性的细菌的数量,从而影响人类对疾病的免疫力。麦当劳在 2003 年发表声明,同意放弃购买用该方式饲养的家禽,这迫使家禽业开始改变其喂养方式(公司协议中对于猪肉和牛肉没有更多规定)(Greider,2003,p.8)。

是什么带来了麦当劳以及美国最大的肉类供应商的变化?在麦当劳的案例中,环境、宗教和公共卫生领域的 13 家组织形成了联盟,包括美国环保协会、"人道主义协会"和"全国天主教农村生活会议"(National Catholic Rural Life Conference)等。它们不仅依赖指向公共官员的活动,更创新性地利用了市场的力量。它们的活动战略是聚集消费者的力量改变行业行为,"不是通过一次购买行为,而是针对大品牌的中间商形成大规模的行动"(Greider,2003,p.8)。也就是说,它们选择针对肉类产品的最大买家之一——麦当劳采取行动来影响整个肉类产业的行为。

记者威廉·格雷德(William Greider,2003)细致地研究了这个活动中的战略转变。他观察到,传统的绿色购买活动单纯依赖个体消费者购买,对企业行为只有很有限的影响,"被改变的是基本的战略性视角"(p.10),他解释说:

> 消费者处于弱势地位,对于自己购买的东西以及它们是如何被生产的很少有实际影响力……改良后的活动关注产业结构自身,并试图影响整个行业。活动者们明确地以大企业"消费者"为目标,这些企业购买一个产业的产品,并以大众品牌名称零售这些产品。它们不那么容易面对舆论压力,因为它们经常宣称顾客就是上帝。当它们中的一个大品牌向消费者施加的压力弯腰时,它就会向供应商发出强信号,正如麦当劳所做的一样(p.10)。

在麦当劳的案例中,活动的战略试图利用连锁快餐巨头自身的购买力,而不是个体消费者去影响家禽产业。通过锁定这个全球知名品牌和其标志,活动能够利用麦当劳的购买力去影响供应商的行为。如果给麦当劳供应肉类产品的产业农场想继续做生意,就必须减少在家禽以及其他动物中对生长激素的使用。

这个针对麦当劳和家禽产业的劝服活动也显示了战略和战术之间的区别。在这个案例中,战略作为影响源或影响力,就是使用大公司的品牌和购买力影响肉类产业是否给肉鸡喂食生长激素的决定。

而执行这一战略的战术包括到麦当劳餐厅分发材料、与公司官员会面、在餐馆外组织抗议活动，等等。这些措施极为重要，但它们的重要功能是实施范围更广阔的战略，也就是利用麦当劳这一品牌面对公众压力的脆弱性，最终通过其购买力促使肉类产业发生改变。

政治理论家道格拉斯·托格森（Douglas Torgerson，1999）声称，环境战略尤其依赖奇迹。他认为，绿色战略思想有一个基本但又愤世嫉俗的假设："环境问题肯定会变得更糟……而当它越来越糟糕，就会有越来越多的人加入绿色事业，从而使真正的改变更有力量也更有可能"（p. 22）。托格森认为这种假设近乎相信奇迹。我同意他的说法。环境活动如果识别了影响源或影响手段，可以影响拥有更大权力的人或决策者，就有可能取得成功。施加这种影响而不是等待契机是战略的意义。让我们通过阻止燃煤电厂建设的例子，看看如何创新性地使用这种影响力和手段。

作为手段的战略：浇灭燃煤热

自 2007 年以来，越来越多的民众、公共卫生和环保组织在地方一级成功地阻止、推迟或取消了燃煤电厂的许可证颁发。燃煤是全球二氧化碳的主要来源之一。在 2007 年年初，美国能源部宣布有 150 多处新的燃煤发电厂被提议修建，但仅在那一年，"其中 59 项计划要么被州政府拒绝颁发许可证，要么自己悄然放弃了"（Brown，2008）。正如我在 2011 年所写的，在美国，几乎所有新的燃煤电厂计划都被推迟或中止了；最近，电力公司还宣布了关闭一些现有燃煤电厂的计划。

有些人将这个活动称为"超越煤炭"活动，它已经对美国的能源经济产生了真正的影响。取消建设燃煤电厂的计划暗示着资本市场的风险在不断增加，因为它是以碳为基础的能源经济。而这反过来又潜在地让更多投资转向其他可再生能源。但是，这个结果并非依靠运气。它至少在一定程度上依赖的是环境组织在设计活动时的战略选择。让我来解释一下。

建设一个新的燃煤发电厂的花费是高昂的。通常情况下，能源公司会从私人资本那里借大量的钱建造电厂。因此，将审批许可证的时间放缓或取消审批在这个情况下有特别的意义。投资公司可能需要等待更长的时间得到回报；它们的资本被套牢了。环保组织看到了这个可以让投资流向其他更清洁的能源的机会;也就是说,通过推迟审批或叫停个体煤电厂的建设申请,它们也许能够改变资本市场的风向。例如,人们会认为燃煤电厂是一项高风险的投资。

有证据表明"超越煤炭"战略已经开始产生影响。在 2008 年,美国最大的三个投资公司——花旗集团(Citigroup)、摩根士丹利(Morgan Stanley)和摩根大通(J. P. Morgan Chase & Co.)——都已经宣布对融资建设执行新要求,"这将使企业在美国建立燃煤电厂的难度更大"(Ball,2008,1)。这种更为严格的规则,反过来"向能源部门发出了强有力的信号。脏煤的金融前景堪忧,精明的投资者正朝着更清洁、更可持续的能源进军"(Beinecke,2008,1)。最终,环保人士希望,有了这一潜在的发展方向,又有多个地方就煤炭许可证进行多样化、本土化的争论,就能建立一个关于美国能源政策转型的更全面的议程。

活动的主旨信息

最后,在设计战略时,活动也有一个重要的传播任务,那就是确定适当的、有说服力的信息,发言人,材料和媒体,并向首要受众中的决策者和活动支持者进行传播。这些材料有助于动员基础受众,也可以帮助说服可劝服受众、意见领袖和媒体,使首要受众向着活动的目的的方向行动。例如,在麦当劳的活动中,支持者宣传了关于农场动物过量服用抗生素的科学研究,向消费者发出在麦当劳餐厅外进行抗议的很有说服力的请求,并向新闻媒体发布报告,在麦当劳公司总部向政府官员提出控诉。

活动的传播战略中有一个重要元素,那就是主旨信息。许多倡导组织都提出了主旨信息。**主旨信息(message)** 在这里指的是一个短语或句子,它简明地表达了活动所追求的目标和价值观。虽然活动中出现了大量的信息和争论,但主旨信息本身通常是短暂的、引人注目的和令人难忘的,在任何一个活动的材料上都可以看到。通过广告的世界,我们熟悉了下列这些主旨信息:"想象力在工作"(通用电气),"就是那个事"(可口可乐),"永动驾驶器"(宝马)。主旨信息不是完整的传播,但是相比活动中的其他材料,它当然开启了目标受众的关注之门。

主旨信息只是活动的传播过程的一个部分,但它们的目标任重道远。主旨信息总结了一个活动的目的,陈述其中心价值,为受众理解和接受其他信息材料提供了一个框架。在确定主旨信息时,活动常常需要尝试去确认和自己的基础受众与可劝服受众能产生共鸣的价值观和语言。因为主旨信息的选择对倡导活动如此重要,我将在本章后面回到这个主题,并探讨价值观在动员支持者时的作用。

总而言之,培养公众对一个具体并可实现的目的的需求,动员支持力量,并通过战略选择促使政府官员、公司或其他决策者为实现这个目标负起责任来,这样的倡导活动往往会成功。设计良好的倡导活动相比简单的抗议或是批判性修辞有几个优势:

- 有计划的战略行动过程,可增加实现目的的可能性。
- 活动利用人们的集体力量和资源,规划和实施行动过程。
- 活动充当日常生活中的个体与大型的、非个人化的组织这种公共生活机构之间的中介。

美国印第安人、宗教团体和环保组织组成联盟,反对在新墨西哥州部落圣湖附近修建大型露天煤矿的计划,这个活动展现了环境倡导活动的每一个核心元素。让我们深入看看这个成功的活动。

保护祖尼盐湖活动

2003 年 8 月 4 日,美国第三大电力公司盐河工程(Salt River Project, SRP)公司宣布放弃在新墨西哥州西部附近的祖尼盐湖(Zuni Salt Lake)进行煤矿开采的计划。该公司的声明可被视为印第安部落、环境和宗教团体以及祖尼联盟共同的胜利。祖尼人为保护神圣的祖尼盐湖和周围的土地不受采矿和其他环境威胁的影响,多年以来都在进行活动。

我举这个例子是因为它清楚地说明了活动设计必须考虑的三个核心要素:(1) 明确的目的;(2) 清楚可辨的决策者;(3) 采用说服首要决策者为实现活动目的采取行动的战略。祖尼盐湖活动也展现了一个小群体与盟友合作,运用倡导活动的原则达到重要目的——保护一个神圣的部落所在地的能力。

祖尼盐湖和煤矿开采

盐河工程公司计划从 1.8 万英亩的联邦、州和私人土地中露天开采超过 8000 万吨的煤炭（露天开采就是移除地表，暴露下面的煤层）。为解决由于露天开采造成的煤尘问题，盐河工程公司计划从地下含水层每分钟泵 85 加仑的水（Valtin，2003）。1996 年，新墨西哥州能源、矿产和自然资源部（New Mexico Department of Energy，Minerals，and Natural Resources）授予了该公司开采许可证，但是工程并没有马上开始。到 2001 年 6 月 22 日，反对煤矿开采的情绪日益高涨。

对于祖尼人和地区部落来说，盐湖是神圣的。祖尼人相信它是祖尼人的神——"盐母"的家乡。祖尼人认为是她给部落提供了宗教仪式需要的盐（在干燥的季节，湖水蒸发，留下盐层，这是祖尼人和邻近部落盐的来源）。

祖尼盐湖周围的地区被称为"圣所"。这里被用来做墓地，还包含其他神圣的场所。祖尼人、纳瓦霍人（Navajos）、阿科马人（Acomas）、霍皮人（Hopis）、拉古纳人（Lagunas）、阿帕奇人（Apaches）以及延伸到祖尼盐湖的其他西南部落都交错生活在此地。根据传统，"圣所"是一个休战区，战斗的部落在这里放下武器，共同收集"象征盐母肉身的盐"（Sacred Land Film Project，2003，p.1）。

露天煤矿位于"圣所"的核心，离祖尼盐湖 10 英里。虽然矿地不在祖尼人生活的土地上，但部落领袖仍担忧该公司从沙地泵出大量地下水的计划会导致盐湖沙漠含水层的枯竭。马尔科姆·鲍威凯蒂（Malcolm Bowekaty），前祖尼普韦布洛族（Pueblo）族长告诉记者，"如果他们注入大量压力迫使水层升高，我们就不再有盐了"（Valtin，2003，p.3）。

联盟活动

到 2001 年，祖尼人领袖已经建成了一个共同保护祖尼盐湖和圣所的联盟。在那两天里，该组织在一个祖尼人领袖家的厨房里进行了非正式会面，计划了一个为期两年的倡导活动。[1] 2001 年 11 月 30

---

〔1〕 在描述祖尼盐湖联盟的活动时，我要感谢联盟成员和塞拉俱乐部的组织者安迪·贝斯勒（Andy Bessler）给我提供的联盟会议记录和活动材料。他慷慨地在我于 2003 年 9 月 24 日进行的个人访谈中与我分享了他搜集的活动材料。

日,祖尼部落领袖、水信息网(Water Information Network)、生物多样性中心(Center for Biological Diversity)、公民煤炭委员会(Citizens Coal Council)、Tonatierra(一个本地部落组织)、地球之友、塞拉俱乐部和第七代印第安人发展基金会(Seventh Generation Fund for Indian Development)公开宣布成立祖尼盐湖联盟。接下来,我将描述这个活动如何体现了倡导活动的核心元素。

活动目的:创造需求

从一开始,祖尼盐湖联盟就视其长期目标为"让盐河工程公司放弃围湖煤矿开采计划,(和)长期保护祖尼盐湖"(Zuni Salt Lake Coalition, 2001)。更为迫在眉睫的是,联盟将面临盐河工程公司着手开采前的准备工作所带来的问题,包括在达科塔蓄水层(Dakota Aquifer)钻井,而这个蓄水层是祖尼盐湖的水源。

因此,联盟明确了眼下要实现的两个目的:(1)确保盐河工程公司没有触及达科塔蓄水层。(2)说服新墨西哥州政府和内政部拒绝批复煤炭开采许可证;如果许可证被批准了,那么活动目的将转为起诉以上决定,以延迟对煤矿的实际开采(Zuni Salt Lake Coalition, 2001)。联盟成员觉得,只要他们成功地实现了这两个目的中的任何一个,他们就可能劝服盐河工程公司取消它的开采计划。

受众:动员他们支持问责要求

祖尼盐湖联盟确定了两组首要决策者,最终,他们试图说服盐河工程公司执行官撤销煤矿开采计划。为实现这个目标,活动确定了两个更具体的目的——锁定政府内政部和监管许可证颁发的新墨西哥州官员。

影响这些决策者的关键是祖尼盐湖联盟是否有能力动员相关选区选民的支持,从而促使决策者对他们的行为负责。想让一个力量庞大的事业单位低头似乎是不现实的,盐河工程公司的执行官并不是由公共选举产生的,所以他们不会受选民影响。然而,联盟认为,该企业的信誉和确保合作实现的能力(包括获得许可证)还是依赖许多选区及其选民,包括政府官员、意见领袖和媒体,而这些群体中的一些人是可以被动员的。

起初,联盟不得不走向其基础受众——祖尼人自己及其部落地区的盟友。此外,它也锁定了几个可劝服群体所在区域的教堂、环保组织以及有信仰的人（Zuni Salt Lake Coalition，2001）。反过来,这些群体的支持也带来了意见领袖、媒体以及关键的官员的支持。

为了实现目的,联盟要创造公共需求,动员次要受众。为此,联盟制作了利用说服源的传播材料。尤其是在动员基础受众和其他关键支持者方面,联盟强调:(1)祖尼盐湖的精神和文化价值、祖尼部落的历史,以及该地区的原住民文化。(2)呼吁大家注意对祖尼盐湖的损害是不可挽回的。我在其他文章里提到过将**不可挽回(irreparable)**定义为最坏结果出现之前的行动警告（Cox,1982,2001）。这种预警明确说明:(1)某样东西是独一无二或罕有的,因此有极大的价值;(2)现在其存在正受到威胁,或不再安全;(3)其损失或毁灭是不可逆的;(4)因此,保护行动必须及时或十分紧迫。

联盟为活动制作的材料反映了这些有说服力的诉求。对该地区的原住民来说,祖尼盐湖和附近的"圣所"是非常有力量的地方。祖尼委员会（Zuni Council）成员雅顿·库凯特（Arden Kucate）在提示他们面对的挑战时,提醒联盟的支持者注意这种价值观:"我们不得不开始以传统的方式思考。它不是一片土地,是土地母亲。祖尼人不会为了给亚利桑那州或南加州提供廉价煤炭就献出盐湖母亲的身体,因为她是不可替代的"（LaDuke,2002）。

最后,祖尼盐湖联盟影响了它的次要受众。而最重要的是,活动开始借助部落和公众选民越来越多的支持去获得新闻媒体的关注,并赢得了新墨西哥州公众与官员的支持。在我描述联盟的战略时,这些群体的重要性会一目了然。

战略:影响首要决策者

鉴于其目标是劝服盐河工程公司的官员撤回他们的计划,祖尼盐湖联盟决定最好的策略是增加公司获得许可证所需的费用。在第一次会议上,联盟就决定对盐河工程公司发出问责,"让他们（盐河工程公司执行官）自己放弃实在太难了。我们要让他们意识到这个项目会无功而返"（Zuni Salt Lake Coalition,2001）。这个核心战略就是增加费用,它指导了联盟的一系列决策和行动。

具体地说,联盟通过两个方式影响了盐河工程公司和联邦官员对发放煤炭开采许可证负责:(1)针对从祖尼盐湖蓄水层泵水造成的生态影响提供科学证据;(2)积极接触意见领袖、新闻媒体和新墨西哥州政府官员。通过这些组织行动,联盟意在不断给盐河工程公司设置障碍,从而增加它的成本费用,持续对公司施压以迫使其自己取消煤矿开采计划。

联盟战略的第一个要素是提出祖尼盐湖环境受损害的证据,以此作为向州和联邦颁发过的许可证进行挑战的基础[1]。要让内政部对《国家环境政策法》中的环境影响评估负责,新的研究是很关键的部分(我在第四章描述了《国家环境政策法》的重要性)。例如,联盟认为"每一个水文研究,除了盐河工程公司自己的之外都表明泵水将对盐湖造成极不利的影响"(Zuni Salt Lake Coalition, 2003)。基于其水文信息(压泵测试),联盟要求内政部进行环境影响补充研究。同样,它要求州颁发许可证时要完成对蓄水层泵水的进一步测试。

由于内政部没有考虑从地下蓄水层抽水可能造成的影响,发起质询的威胁也增加了推迟颁发许可证的可能,因此造成开采煤矿计划的费用的增加。

祖尼联盟还将其战略转向第二个要素:积极接触新闻媒体和新墨西哥州政府官员。这个部分是直接回应盐河工程公司的反公关活动。同时,这也是联盟在许可证方面的补充工作,那就是把祖尼盐湖面对的威胁放到范围更广阔的公众眼前。从活动一开始,联盟成员就在寻找保持该议题活跃的创新性办法。

这个战略的核心就是努力生产"众多公共宣传"(Zuni Salt Lake Co-alition, 2001)。从2001年到2003年,祖尼盐湖联盟向报纸、政府官员和联合团体发送了成千上万封信件。它在当地电台播放多语种的广告,让传统的跑步者从祖尼族村落一直跑到盐河工程公司在凤凰城(Phoenix)的公司总部。联盟公布其他部族议会和新墨西哥教堂会议(New Mexico Conference of Churches)的支持决议,并发动了两次传真轰炸——让无数传真信涌向内政部,以敦促它延迟批准许可证。最后,盐湖被美国国家历史古迹保护基金(National Trust for Historic Preservation)列为全美最濒危的地方之一(Victory,2003, p. 6)。

---

〔1〕 2002年5月31日,美国内政部准许了盐河工程公司的煤炭开采计划,而新墨西哥州的官员也颁发了许可证。如果没有面临挑战,围湖开采计划本将在2003年春天开工。

传播信息

在所有的传播材料中,该活动都重申着它的基本主旨信息:"盐河工程公司的目标是我们神圣的土地。拯救祖尼盐湖。"活动采用这个主旨信息与关键的次要受众——教堂成员和有信仰的人进行对话。尤其是在美国西南部,许多人都对本土印第安人遭遇的不公平对待很敏感。有一个支持者给盐河工程公司的主席寄了一张明信片,强调要尊重圣地以及对祖尼盐湖的潜在危害是不可挽回的。这就是基于这种历史敏感的例子。明信片上写道:"有信仰的人不希望任何神圣的领域被露天矿井亵渎……以换取脏煤带来的廉价电;梵蒂冈不想,麦加不想,盐湖城的神圣广场不想……祖尼盐湖也不想。"

该活动有一个创新之举,就是把它的主旨信息放在一辆卡车侧面。瓦尔丁(Valtin,2003)报告说,凤凰城的公司都拒绝接受该联盟的广告板,这之后组织者就联系了一个搬家公司,将广告板放在卡车的侧面。广告板上有一张很大的图片,上面是一个步枪靶子,靶子的中心是祖尼盐湖。它很明显地展示了活动的主旨信息:"盐河工程公司的目标是我们神圣的土地。拯救祖尼盐湖"(见图 8.2)。联盟组织者安迪·贝斯勒回忆道:"我们的车开过盐河工程公司总部,开遍整个亚利桑那州和新墨西哥州的印第安人部落所在的村落。很多人为我们的请愿书签名"(引自 Valtin,2003,p.3)。

为了让公众对祖尼盐湖遭遇的威胁保持警惕,活动还寻求通过创新方式引来新闻媒体的报道。贝斯勒解释道:

> 部落成员的不同路径启发了我们的"创意性思维"。塞拉俱乐部可能通过广播传达我们的主旨信息,而祖尼人建议派出送信人。我们也在电台用英语、西班牙语、祖尼语、纳瓦霍语、霍皮语、阿帕契语等播放广告,从而使这些广告可以在部落电台广播,就像在凤凰城和阿尔伯克基(Albuquerque)的主流电台广播一样(引自 Valtin,2003,p.3)。

这种创意性思维的例子包括组织传统送信人从祖尼部落所在的村落跑到盐河工程公司在凤凰城的总部,以发动公众向能源公司施压,迫使其撤销煤矿开采的计划。另一个例子是 2003 年 7 月 19 日,活动安排人们参加祖尼部落所在村落的祖尼盐湖听证会。这一事件

图8.2　祖尼盐湖联盟成员在活动中使用的移动广告牌边合影。

感谢祖尼盐湖联盟提供照片

包括播放一段视频,提供活动最新动态,以及公众听证会。五百多人参加了这个非正式的听证会,并提供了自己的证词。"在听证会结束时,暴雨倾盆而下,祖尼人把这视作来自上天的祝福"(Valtin,2003, p. 1)。

　　活动还努力将针对这场争论的新闻报道框架(见第六章)定位为一场精神价值观和生态价值观的斗争,这一点逐步开始带来利好。2003年7月,来自新墨西哥州的国会代表团致信美国内政部部长盖尔·诺顿(Gale Norton),请求她如果关于蓄水层的新研究还没有完成,就不要颁发采矿许可证。他们在信中还宣布,如果内政部拒绝补充一个环境影响评估报告,他们将依据《国家环境政策法》提起诉讼。联邦诉讼的前景进一步迫使盐河工程公司将计划延期,从而使得活动的战略得以实施,那就是"让他们觉得如此困难,因此想要放弃"露天采矿计划。

祖尼盐湖的胜利

　　2003年8月4日,盐河工程公司宣布该公司取消煤矿开采计划,而且还会放弃它已经获得的许可证和煤矿开采租赁权。这是原住民和环境组织的一次罕见胜利,因为此类开发项目通常都会继续推进,

假如自然不沉默(第三版)

252

这也是此次活动值得注意的原因之一。

在盐河工程公司发布声明之后,祖尼部落议员雅顿·库凯特率领一个团体到祖尼盐湖岸边进行祈祷,向盐湖母亲供奉了绿松石和面包。回到祖尼村落之后,部落首席议员卡尔顿·艾伯特(Carlton Albert)向联盟的合作伙伴们表示自己终于松了一口气,并向一直以来一起组织祖尼盐湖活动的合作伙伴表达了感激之情:"斗争已有二十年之久……但是我们的声音被听到了……如果这里有经验需要汲取的话,那就是永不放弃,专注于你想要完成的事情"(Seciwa,2003,p.2)。

▶ 从本土行动!

为你的学校或社区设计一次环境倡导活动

近来,我的学校北卡罗来纳大学教堂山分校的学生和美国其他学校的学生成功地劝服了他们的大学放弃或结束使用校园内的燃煤电厂。这是他们精心策划的倡导活动的胜利,而且他们为学校选择了一条使用可替代清洁能源的道路和环境保护措施,以降低能源消耗。

要让你所在的校园或社区支持环境价值观,重要的步骤是什么?让大学的校车和大巴使用生物燃料?减少纸的使用?不投资或者卖掉环保表现差的企业的股份?

与一个小组合作,设计一个追求特定目的的倡导活动(例如,北卡罗来纳大学的学生提出让他们的校长承诺,到 2020 年逐步废除使用煤作为能源)。你会如何回答关于此次活动的核心问题?

1. 你究竟想达到什么目的?
2. 谁有能力做出回应?
3. 什么将影响这个人或者权威机构进行回应?

哪个群体可能是为你提供支持的基础受众?谁将成为你的联盟伙伴?谁是你的可劝服受众?需要什么主旨信息和其他传播资料,以完成创造需求、动员决策者提供负责任的支持,以及设计一系列行动以影响这些权威的传播任务?

与几个朋友或同学起草一个实施方案,提交给对实现这个活动感兴趣的组织。

信 息 建 构

　　祖尼盐湖活动成功地动员了地区部落、教堂、当选官员和其他人，他们的支持对活动至关重要。然而，这并非总是可能。在有些情况下，倡导活动可能成功地改变了受众的信仰或态度，但却未能动员他们或改变他们的行为。这种信仰或态度与行动的脱节被称为态度—行为沟。这是倡导活动面临的主要挑战。

　　所以，在这最后一节中，我将描述态度—行为沟，以及环保活动必须面对的问题：倡导活动如何建构主旨信息或劝服性诉求，以动员或影响受众的行为？为了回答这个问题，活动通常要做两件事：(1) 确定与活动目标相关的重要价值观；(2) 为阐明这些价值观念，明确主旨信息的框架。我将描述每个步骤，看看成功的活动案例中的主旨信息。

态度—行为沟与价值观的重要性

态度—行为沟

　　美国关注环境问题的公众在过去几十年里越来越多了，他们通常对清洁的空气和水、不含化学物质的食物、公园和开放空间等有很高的期待。然而，这些态度并不能让我们很好地预测出人们会做什么，或者将采取什么样的行动。文学评论家斯坦利·费什（Stanley Fish，2008）提供了一个自我反省的态度—行为沟案例：

　　　　别误会。我是完全被那些我所反对的观点说服了的。我认为回收是好事，一次性纸制品不好。我相信全球正在变暖……但相信一些事情而仍然拒绝采取你的信仰要求的行动也是可能的（我相信安全带能拯救生命，但是我从来不系它，即使在飞机上）。我知道在伟大的关于环境保护的书上，我将被称为污染惯犯。但是，我就是不想为此采取太多行动（para.9）。

　　研究环境活动的社会科学家将这种现象称为**态度—行为沟（atti-tude-behavior gap）**（Kollmuss & Agyeman，2002）。"沟"一词指出了这样一个事实——尽管个人可能就环境议题持有带有倾向性的态度或信念,但他们可能不会采取任何行动。个人可能相信回收是好的、全球变暖是真的,但他们仍不会改变自己的行为(如回收垃圾、开高能效的车)。因此,他们的态度与他们的行为是脱节的。例如,莫泽(Moser,2010)的报告指出,虽然许多人认为全球变暖是真的且仍在进行中,但是他们可能感觉不到任何改变自己的行为或为之发言的紧迫性。这种沟也出现在消费者的行为中。例如,奥美地球(OgilvyEarth,2011)的研究发现,美国人的购买行为中有一个"绿色沟":"82%的美国人有良好的绿色意图……但只有16%的人实现了这些意图(para. 3)。"

最近的公共教育活动劝说消费者采取措施节约能源,或在他们的屋子里安装节能家电,而活动所担忧的就是难以改变人们的行为。当地的事业公司和美国政府近年来花费大量的时间和精力提高家庭和企业的能源效率,但收效甚微。劳伦斯伯克利国家实验室(Lawrence Berkeley National Laboratory)的研究人员在一项研究中发现,改变个人的能源消费行为很难。玛丽安·富勒(Merrian Fuller),伯克利研究的一位作者解释说:"劝服数以百万计的美国人花时间和资源来给他们的家庭设施升级,以消除能源浪费,避免高额花费,帮助刺激经济,成了整个国家的能源效率项目面对的最大难题"(引自 Mandel,2010,p. 8)(我将在后面指出这个研究提出的建议)。

活动经常失败的原因之一是组织者认为提供信息教育人们就够了。只知道在我们的阁楼上安装更好的绝缘材料可以为我们省钱,这不足以劝服我们去花钱安装更高级的节能绝缘材料。富勒解释说,原因在于公共教育活动"提到了提高能源效率的益处,但它们忽略了如何激发消费者利用家庭能源升级项目"(引自 Mandel,2010, para. 9)。

活动(有时)会成功说服人们改变他们的行为,或者成功地动员其支持者,就像我们看到的祖尼盐湖的例子。虽然这与许多因素有关,但成功的活动有一个重要的组成部分,那就是主旨信息框架被建构在活动能实现的重要的价值观之中。

价值观和亲环境行为

显然,我们的态度在某种程度上与我们的行为相关。但问题是两者之间并不总是有强大的因果关系;也就是说,我们的信念或态度不一定会直接影响我们的行为。事实上,这一领域的研究发现我们的行为常常影响我们的态度,而不是反过来(Rose & Dade,2007)(我们有时称之为合理化)。因为行为往往强烈地决定人们的态度,倡导活动不能只通过试图改变我们对事情的态度来影响行为。

另一方面,人们的价值观也影响他们的行为。事实上,大量证据表明支持环保的行为与某些价值观念相关(Crompton,2008;Schultz & Zelezny,2003)。出于这个原因,一些社会变革者敦促重新思考倡导活动,以更深入地反思价值观的作用[例如,wwf. org. uk/strategiesfor-change 上的报告《墙头草与路标》(Weathercocks and Signposts)]。因此,让我们来看看倡导活动在其主旨信息中有时会考虑的几种不同类型的价值观。

最近的研究表明,与环境行为相关的价值观有三个比较大的范畴:

1. 关注自我的利己考虑(如健康、生活质量、繁荣、便利等)。

2. 关注他人的社会—利他考虑(如孩子、家庭、社区、人类等)。

3. 关注所有生物的生物圈考虑(如植物、动物、树木等)(Farrior,2005,p. 11;也可以参见 Stern, Dietz, & Kalof, 1993)。

有些人可能会担心水污染,因为这会危害到自身(例如,"我不想喝受污染的水")。其他人可能出于社会—利他主义考虑,会担忧他们的孩子或社区("我不希望我的孩子喝受污染的水")。例如,塞拉俱乐部有一个广告敦促父母采取简单的措施帮助遏制温室气体排放,这就唤起了社会—利他主义思考。广告中有一张照片,照片里影视明星伊芙·拉茹(Eva La Rue)抱着她的小女儿凯雅(Kaya),手里举着这样的信息:

> 我们的孩子指望我们伸出援手保护他们的世界。科学家们说,如果我们到 2050 年能减少 80% 的二氧化碳排放,我们就能减轻全球变暖带来的最危险的影响。每年降低 2%,这是可以实现的——2% 的解决方案!了解你能做什么,请访问 www. sierra-club. org/twopercent。

最后,其他人可能会担心被污染的水对动植物的影响;也就是说,他们是对范围更广泛的生物圈表示担忧。

一项关于大学生价值观的国际调查发现,社会—利他价值观排名最靠前。但调查也发现不同国家的学生对其他价值观的重要性认识不同。在美国，大多数学生对个人的担忧高于对生物圈的担忧；而在拉丁美洲国家，学生们认为生物圈的价值高于个人的价值（Schultz & Zelezny, 2003, pp. 129—130）。研究人员总结道："一个在自我提升上得分高的人，当环境问题直接影响到他时，他会关心环境问题"（p. 130）。

这一发现让宣传者在选择他们将要使用的活动主旨信息所持有的价值观时，面对一个有趣的两难困境。例如，在探讨荒野的价值时，激进组织"地球优先！"（2011）拒绝针对与荒野有关的一切利己主义行为进行阐述，如娱乐或用本地植物制药。相反，该组织传递了非常清晰的生物圈价值观主旨信息。该组织说，"在保护地球母亲一事上没有妥协"，对此该组织的解释是：

> 受深层生态学的指导，"地球优先！"不接受任何以人类为中心的"自然为人类服务"的世界观。相反，我们认为生命只以它本身为目的，工业文明及其哲学是反地球、反女性和反自由的。简而言之，地球必须被放在首位（paras. 5—6）。

"地球优先！"因此面临着一个两难境地：它能在呼吁生物圈价值观的同时，仍然让它必须劝服的人组成听证会吗？或者，荒野倡导者是不是必须诉诸个人的利己思考或他们的社会—利他价值观去赢得听证会，并获得范围更广泛的公众的支持？

对价值观困境的应对各有不同。加拿大环境研究学者尼尔·艾威登（Neil Evernden, 1985）为关于生物圈的思考提供了经典的辩护。在《自然的外来者》（The Natural Alien）一书中，艾威登警告说：基于利己主义的劝服（"什么对我有用？"）是短视的、危险的："把所有争论建立在明确的利己主义基础上……一旦个人利益在别处被发现，环保人士就自己走向了失败"（p. 10）。艾威登提醒说："只要（山）作为'容器罐'的价值高于其作为风景的价值，那么山其实就消失了"（p. 11）。

另一方面，生物多样性项目（Biodiversity Project, Farrior, 2005）建议，基于舒尔茨和泽莱兹尼（Schultz and Zelezny）的研究（如上），支持生物多样性的活动应该基于"社会—利他主义思考，或是生物多样性与日常生活相关的信息"（p. 11）。关键是要"锁定目标受众，并使用满足不同价值取向的多样性信息捕获人心"(Farrior,2005, p.11,引自 Schultz & Zelezny,2003, p.134)。

正如生物多样性项目所阐明的,活动必须能够潜在动员或影响受众的价值观,而这得依靠对信息的建构。

信息建构:价值观与框架

正如我在本章前面所提到的,一项活动的战略有重要的传播任务——确定适当的具有教育性和说服性的主旨信息、发言人和媒体,以及与活动的支持者和首要受众交流。我将主旨信息描述为一个短语或句子,它简洁地表达活动的目的,而且有时还传达价值观。它通常是引人注目的、难忘的并且被用于活动的所有传播材料中。

主旨信息在活动的传播中具有重要的功能。除了为观众提供一个理解问题的框架,主旨信息还寻求动员或影响活动的基础受众、可劝服受众、意见领袖和媒体。活动的主旨信息因此在许多受众的态度—行为沟问题上发挥着关键性作用。尤其是当一个活动的主旨信息指向一个重要的价值观,而受众感知到它受到了威胁时,如他们的健康或有特殊意义的自然区域受到了威胁。因此,让我们进一步了解价值观在活动的主旨信息中扮演的角色,以及活动建构这些主旨信息的方式。

框架和活动的价值观

最近,环保组织在捍卫美国环保署在温室气体排放问题上的管理权时,展示了价值观在活动的传播过程中扮演的角色。《纽约时报》报道,由于美国国会近来提出限制环保署的权威,为了说服立法者不要限制环保署,环保人士"提出了一套新的以健康为核心的主旨信息进行传播"(Schor,2011, para.1)。例如,"无害医疗组织"(Health Care Without Harm)的发言人告诉记者:"不让环保署保护我们的空气……会让成千上万的人患上慢性病,包括我们的孩子"(引自 Schor,2011, para.2)。

作为捍卫环保署的一个组织的顾问,我知道这个活动的主旨信息转变的重要性。健康、慢性病、我们的孩子以及不断增多的健康问题意在唤起活动的目标受众思想中的基本框架。在第六章中,我将框架描绘为认知地图或人们用来组织他们对于现实的理解的诠释模式。重要的是要明白,框架不仅是单词而是具有更深的层次,常常是无意识的概念结构。认知语言学家乔治·莱考夫(George Lakoff,2010)解释说,框架"是在大脑的中枢神经回路被以物理方式感知的。我们所有的知识都会用到框架,每个单词都是依据它所激活的框架被定义的"(p.71)。此外,我们的许多"框架回路都与大脑的情感区域有直接联系"(p.72),而活动的主旨信息必须能够唤起或激活这些受众头脑中更深层的连接。

因此,活动的主旨信息使用的语言对受众来说,"在其现有框架系统中是有意义的"(Lakoff,p.72)。媒介研究者在谈及媒介框架时,说的是头条、导语和其他帮助读者了解新闻故事的意义的线索,但莱考夫所用的框架不是这个意思。媒介框架是关于故事的主题引导;它们(通常)不企图通过反复强化来激活更深层的中枢回路,而是与更基础的情绪或价值观相连。因此,按照莱考夫的意思,我们不能轻易地创建一个新的框架。不管怎样,尽管语言本身不是框架,但他解释说:"在适当的条件下,语言也可被选来激活想要的框架"(p.73)。一个活动的主旨信息要想成功,就要使用现有的、与情绪相关的框架。我们看到,环保主义者捍卫美国环保署的活动使用了可以用以唤起现有的、强大的框架的词汇——很多美国人都担心他们的健康,尤其是孩子的健康。

▶ 另一种观点

框架或组织?

社会学家罗伯特·布吕莱(Robert Brulle)和克雷格·詹金斯(Craig Jenkins)不同意乔治·莱考夫和其他人关于框架及其对环保倡导活动的重要性的观点。在他们的文章《编造可持续性?》("Spinning Our Way to Sustainability?")中,他们认为,仅仅重新框架一个议题,而不提及政治和经济变化的根本原因是不会改变根深蒂固的权力的。在总结莱考夫的观点时,他们写道:

社会现实只是通过我们如何感知现实而被界定。如果我们在这里得到了正确的框架,它将创造政治共识,然后进步的联盟就可以掌权。然而,尽管这个想法听起来令人心怀安慰,但只是语言学上的一种神秘主义,假设社会机构可以仅仅通过对文化的重新界定而改变……权力结构必须改变,这是进程的一部分,而任何有效的修辞策略必须将修辞与范围更广阔的政治战略相连接,该政治战略包含基础的草根组织……虽然更好的框架是有用的,但如果只有它也不行。我们要超越简单化的分析和耍小聪明的策略。我们所需要的是新的组织战略,让公民参与进来,推动开明的利己主义的发展,强化关于社区长远利益的意识(pp. 84,86)。

来源:Robert J. Brulle and J. Craig Jenkins. (2006, March). Spinning our way to sustainability? *Organization & Environment*, 19(1): 82—87。

让我们来看看两个例子,主旨信息在这里唤起了强大的精神框架。首先是美国、欧洲、亚洲、南美洲和非洲的一些公民组织一起参加了一个名为"水就是生命"(Water Is Life)的活动。该活动反对把全世界的水资源通过商业化、私有化变成私有物品,并进行大规模开发。活动明确将水与生命联结在一起,向生活在干旱地区的人们传递出活动具有紧迫性的信号。第二个经典信息是"灭绝是永恒的"(Extinction Is Forever)。这则信息在多年前被环境教育中心(Center for Environmental Education)采用,用以呼吁禁止商业捕鲸的活动,而现在它已经被许多团体运动采用以保护濒危物种。通过诉诸不可挽回(见祖尼盐湖活动部分对这个词的定义)这个词,"灭绝是永恒的"这一短语唤起了人们对死亡和生命本身强烈的感触。

最近,美国劳伦斯伯克利国家实验室在关于家庭能源消费的研究里,看到对活动主旨信息的框架建构还是要依赖关键的价值观。在调查了全美14个操作得最好的家庭节能项目后,伯克利实验室的研究员得出结论:只是提供信息是不够的;传播必须涉及人们想要得到的或感到有价值的东西,比如"健康福祉、舒适度、社区荣誉感或其他消费者关心的福祉"(Fuller, Kunkel, Zimring, Hoffman, Soroye, & Goldman, 2010, p.2)。研究者因此建议,能源活动要花时间研究它们的受众——居民消费者——"为它的受众裁剪信息"（Fuller et al.，p.2）。在构建主旨信息方面，他们建议项目"避免无意义或易引发负面联想的词汇，如'改造'和'审核'。相反，交流使用的语言和交流方式要直击消费者现有的精神框架"（Fuller et al.，p.2）。

伯克利实验室开展的成功项目之一是在保守的堪萨斯州开展一项敦促人们节约能源的实验。

框架一则节能信息

"别提全球变暖，"南希·杰克逊（Nancy Jackson）警告说："别提戈尔。这里的人们恨他"（引自 Kaufman，2010，p. A1）。杰克逊领导着"气候行动和能源项目"（Climate Action and Energy Project）。这是堪萨斯州的一个非营利组织，其目标是说服人们减少导致气候变化的石油燃气的排放。但是，在堪萨斯州乡间，任何关于气候变化或全球变暖的话题都非常不受欢迎。所以，这个项目该如何建构主旨信息，以说服人们不再使用石油或煤炭发电呢？

杰克逊认为节能是另一回事。项目的主旨信息可以同阻止全球变暖的诉求剥离开来。她解释说，"如果目标是说服人们减少使用石油燃料，那为什么不把这个加以明确，激励人们做这件事，而不是困在他们不想做的事情上？"（Kaufman，2010，p. A4）因此，该项目对威奇托（Wichita）和堪萨斯城（Kansas City）周围地区的独立选民和共和党人进行研究，以明确人们关心什么、担心什么，以及什么价值观念能够动员他们。

在这个研究的基础之上，该项目进行了一个实验，"看看通过将信息聚焦在节俭、爱国主义、精神信念和经济繁荣上，是否可以集合六个堪萨斯城镇的居民采取措施，节约能源，反思石油燃料"（Kaufman，2010，p. A4）。在与公民领袖、教会和学校合作时，它还以不同方式使主旨信息适合对象的需求。例如，杰克逊和公民领袖谈及可再生能源创造了工作机会，如风力发电的工作等，把这当作是对当地经济的促进。

杰克逊还和堪萨斯州的牧师们谈"关爱创造世界"，基督徒有责任"充当上帝为他们创造的世界的牧羊人"（Kaufman，2010，p. A4）。同样重要的是，杰克逊还使用节俭诉求说服六个城镇相互竞争，看谁可以节省最多的能源和钱。例如，作为竞争的一个部分，学生们"寻找电力负荷的'吸血鬼'，或是即使关闭也在吸收能源的设备"。此外，城镇的餐馆还在情人节提供烛光晚餐。该项目发现，尽管许多城镇居民认为全球变暖是一个"骗局"，但他们关心"省钱"；正如一个人解释的那样："这才是真正能激发他们的东西"（引自 Kaufman，p. A4）。

到实验的第一年年底，项目开始出现成功的迹象。总的来说，六个城镇节约了超过 600 万千瓦小时的能源（Fuller et al.，2010，p. 13）。"这些城镇相对其他地方来说能源消耗降低了 5%——这是在能源保护上跨出的巨大一步"（Kaufman，2010，p. A4）。

最后提醒一下：虽然建构活动主旨信息很重要，甚至力量很大，但是单凭这个也不能成功实现组织的目标。主旨信息必须与活动战略的其他部分相配合。例如，主旨信息是否与关键受众持有的特定价值观相一致？这些受众是否能影响首要决策者？换句话说，信息要有助于执行一个活动的战略，它的手段或影响模式要旨在用以说服首要决策者，他们是能对活动的目标发挥作用的人（Cox，2010）。

延伸阅读

● Roger Kaye, *Last Great Wilderness*：*The Campaign to Establish the Arctic National Wildlife Refuge*. Fairbanks：University of Alaska Press，2006.

● Simon Cottle and Libby Lester（Eds.），*Transnational Protests and the Media*. New York：Peter Lang，2011.

● Bill McKibben, *Fight Global Warming Now*：*The Handbook for Taking Action in Your Community*. New York：St. Martin's Press，2007.

● 关于祖尼盐湖的图像、影片和历史记录，以及保护活动的材料，可以登录 www. sacredland. org/zuni-salt-lake。

关键词

倡导	不可挽回
倡导活动	主旨信息
态度—行为沟	思想炸弹
基础受众	目的

传播任务　　　　　　　　可劝服受众

对抗性修辞　　　　　　　公共需求

批判性修辞　　　　　　　首要受众

环境倡导　　　　　　　　次要受众

目标　　　　　　　　　　战略

战术

讨论

1. 一个普遍的关于战略的看法是,随着环境不断恶化,人们会觉醒并开始采取行动。这个观点正确吗? 如何真正有效地唤醒人们?

2. 作为一个消费者,你是否有能力影响环境变化? 记者威廉·格雷德(2003)说,消费者处于弱势地位,没有推动大企业开展行动的能力。你同意吗?

3. 针对荒野或濒危物种问题的倡导者可以一方面诉诸生物圈价值观,一方面仍然从它必须劝服的受众那里获得认可吗? 或者说,要赢得听证会或者发动支持,他们必须诉诸个人的利己主义考虑,或者他们的社会—利他主义价值观吗?

4. 建构活动主旨信息的框架在多大程度上有效? 你是否同意布吕莱和詹金斯("Another Viewpoint,"p.236)的观点——如果没有提及政治和经济变化,简单地重新框架一个议题不足以改变根深蒂固的权力?

参考文献

Agyeman, J., Bullard, R. D., & Evans, B. (Eds.). (2003). *Just sustainabilities: Development in an unequal world.* London: Earthscan/ MIT Press. Retrieved December 19, 2008, from http://www. appropedia. org/ Just_ sustainability.

Ball, J. (2008, February 4). Wall Street shows skepticism over coal: Banks push utilities to plan for impact of emissions caps. *Wall Street Journal.* Retrieved July 26, 2008, from

http:// online. wsj. com.

Beinecke, F. (2008, February 11). The twilight of dirty coal. *NRDC Switchboard.* Retrieved July 26, 2008, from http:// switchboard. nrdc. org/blogs/ fbeinecke/ the_twilight_of_dirty_coal. html.

Brown, L. R. (2008, February14). *U. S. moving toward ban on new coal-fired power plants.* Earth Policy Institute. Retrieved August 13, 2008, from http://www. earth-policy. org.

Brulle, R. J., & Jenkins, J. C. (2006, March). Spinning our way to sustai nability?. *Organization & Environment*, *19*(1): 82—87.

Carson, R. (1962). *Silent spring*. Boston: Houghton Mifflin.

Center for Environmental Education. (n. d.). *Will the whales survive?* [Brochure]. Author.

Cox, J. R. (1982). The die is cast: Topical and ontological dimensions of the locus of the irreparable. *Quarterly Journal of Speech*, *68*, 227—239.

Cox, J. R. (2001). The irreparable. In T. O. Sloane (Ed.), *Encyclopedia of rhetoric* (pp. 406—409). Oxford, UK, and New York: Oxford University Press.

Cox, R. (2010). Beyond frames: Recovering the strategic in climate communication. *Environmental Communication: A Journal of Nature and Culture*, *4*(1), pp. 122—133.

Crompton, T. (2008). *Weathercocks and signposts: The environment movement at a crossroads*. World Wildlife Fund-UK. Retrieved December 17, 2008, from wwf. org. uk/strategiesforchange.

DeLuca, K. M. (2005). *Image politics: The new rhetoric of environmental activism*. London: Routledge.

Earth First! (2011). No compromise in defense of mother earth. *Earth First! Journal*. Retrieved June 14, 2011, from www. earthfirstjournal. org.

Evernden, N. (1985). *The natural alien: Humankind and the environment*. Toronto, ON: University of Toronto Press.

Farrior, M. (2005, February). *Breakthrough strategies for engaging the public: Emerging trends in communications and social science for biodiversity project*. Retrieved December 18, 2008, from http://www. biodiversityproject. org.

Fish, S. (2008, August 3). *Think again: I am therefore I pollute*. Retrieved August 15, 2008, from http:// fish. blogs. nytimes. com.

Fuller, M. C., Kunkel, C., Zimring, M., Hoffman, I., Soroye, K. L., & Goldman, C. (2010, September). *Driving demand for home energy improvements*. Environmental Energies Technology Division, Lawrence Berkeley National Laboratory. Retrieved July 17, 2011, from http://eetd. lbl. gov/EAP/EMP/reports/lbnl-3960e-web. pdf.

Gendlin, F. (1982). A talk with Mike McCloskey: Executive director of the Sierra Club. *Sierra*, *67*, 36—41.

Greider, W. (2003, August 5). Victory at McDonald's. *The Nation*, pp. 8, 10,36.

Harris, S. (1977). *What's so funny about science?* Los Altos, CA: Wm.

Kaufmann.

Kaufman, L. (2010, October 19). Kansans scoff at global warming but embrace cleaner energy. *New York Times*, pp. A1,4.

Kollmuss, A. , & Agyeman, J. (2002). Mind the gap: Why do people act environmentally and what are the barriers to pro-environmental behavior? *Environmental Education Research*, *8*(3), 96—119.

LaDuke, W. (2002, November/December). The salt woman and the coal mine. *Sierra*, pp. 44—47,73.

Lakoff, G. (2010). Why it matters how we frame the environment. *Environmental Communication: A Journal of Nature and Culture*, *4*(1), 70—81.

Mandel, J. (2010, October 5). Don't say "retrofit," say "upgrade"—study. *Greenwire*. Retrieved October 5, 2010, from www. eenews. net/gw.

Moser, S. C. (2010). Communicating climate change: History, challenges, process and future directions. *Wiley Interdisciplinary Reviews—Climate Change* *1*(1): 31—53.

Naess, A. , & Sessions, G. (n. d.). *Deep ecology platform*. Foundation for Deep Ecology. Retrieved October 8, 2003, from www. deepecology. org.

OgilvyEarth. (2011). *Mainstream Green: Moving sustainability from niche to normal*. Retrieved June 14, 2011, from www. ogilvyearth. com.

Orr, D. W. (1992). *Ecological literacy: Education and the transition to a postmodern world*. Albany: State University of New York Press.

Pezzullo, P. C. (2007). *Toxic tours: Rhetorics of pollution, travel and environmental justice*. Tuscaloosa: University of Alabama Press.

Rogers, E. M. , & Storey, J. D. (1987). Communication campaigns. In C. R. Berger & S. H. Chaffee (Eds.), *Handbook of communication science* (pp. 817—846). Newbury Park, CA: Sage.

Rose, C. , & Dade, P. (2007). *Using values modes*. Retrieved December 18, 2008, from www. campaignstrategy. org.

Sacred Land Film Project. (2003). *Zuni salt lake*. Retrieved September 24, 2003, from www. sacredland. org/zuni _salt_lake.

Schor, E. (2011, February 1). Enviro groups' public health pivot in support of EPA regs hitting red states too. *New York Times*. Retrieved June 14, 2011, from www. nytimes. com/.

Schultz, P. W. , & Zelezny, L. (2003). Reframing environmental messages to be congruent with American values. *Research in Human Ecology*, *10*, 126—136.

Scott, R. L. , & Smith, D. K. (1969). The rhetoric of confrontation. *Quarterly Journal of Speech*, *55*, 1—8.

Seciwa, C. (2003, August 5). *Zuni Salt Lake and sanctuary zone protected for future generations.* [News release]. Zuni Pueblo, NM: Zuni Salt Lake Coalition.

Shabecoff, P. (2000). *Earth rising: American environmentalism in the 21st century.* Washington, DC: Island Press.

Sierra Club. (2011). Beyond coal. Retrieved Augist 31, 2011, from http://beyondcoal. org/act-now/.

Stern, P. C. , Dietz, T. , & Kalof, L. (1993). Value orientations, gender, and environmental concerns. *Environment & Behavior, 25,* 322—348.

Torgerson, D. (1999). *The promise of green politics: Environmentalism and the public sphere.* Durham, NC: Duke University Press.

Valtin, T. (2003, November). Zuni Salt Lake saved. *Planet: The Sierra Club Activist Resource* [Newsletter], 1.

Victory and new threats at Zuni Salt Lake, New Mexico. (2003, Winter). *The Citizen* [Newsletter of the Citizens Coal Council], 6.

Weyler, R. (2004). *Greenpeace: How a group of journalists, ecologists, and visionaries changed the world.* New York: Rodale.

Zuni Salt Lake Coalition. (2001, October 6—7). [Zuni Salt Lake Coalition's campaign plan: Edward's kitchen. Notes from first meeting of coalition members]. Unpublished raw data.

Zuni Salt Lake Coalition. (2003). Background. Retrieved September 23, 2003, from www. zunisaltlakecoalition. org/.

第九章　环境正义、气候正义 与绿色工作运动

> 作为地球上贫困和被边缘化的人群的代表……我们誓将积极构建社区运动,从人权、社会正义和劳动的视角面对气候变化议题。
>
> ——Delhi Climate Justice Declaration(November 1,2002)

在城市边缘,在阿巴拉契亚山脉的山谷,在被污染的路易斯安那州走廊那个名为"癌症小巷"(Cancer Alley)的地方,在美洲土著人的保留地,在贫穷国家的村庄,草根的声音正在响起:反对环境种族主义,呼吁环境正义和气候正义。

本章观点

- 本章的第一部分[1]检视了将环境视为一个与人们的生活和工作相分离的地方的主导性话语面临的各种挑战。在这一部分,我介绍了:

1. 将低收入社区和有色人种社区遭受的不成比例的环境伤害称为环境种族主义的一种形式。

2. 新运动的兴起、环境正义话语,以及它们的一些成功案例。

---

〔1〕 我非常感谢印第安纳大学(Indiana University)的菲德拉·佩佐罗(Phaedra Pezzullo)博士允许我从我们还未发表的论文《重新勾连"环境":修辞的创造、庶民的反公共行为和环境正义运动》("Re-Articulating 'Environment':Rhetorical Invention, Subaltern Counterpublics, and the Movement for Environmental Justice")中引用了很多材料。

● 第二部分介绍了"不得体的声音"的概念,并指出了经历危机的社区的居民试图公然反对所面临的危害而遇到的障碍。这部分内容包括:

1. 传播实践——把这些声音视作不恰当的或情绪化的。

2. 在低收入社区和有色人种社区开展有毒旅行活动,唤起人们对环境种族主义的景象、声音和气味的注意。

● 在第三部分,我将介绍全球气候正义运动,其话语寻求在伦理层面将全球气候变化置于人权和环境正义的框架中。

● 在最后一部分,我描述了与美国绿色工作相关的运动,及其在可再生能源、工作、人和社区关系方面的话语。

除了环境保护,草根和多种族的斗争将环境的意义重新界定为社会正义,他们的努力令人动容。在社会活动家和学者研究运动时,他们使用了**环境正义(environmental justice)**一词。环境正义是指:(1)呼吁识别并阻止将恶劣的环境状况带来的负担不成比例地强加给穷人和少数民族社区;(2)让那些受影响最严重的社区有更多的机会就影响自己社区的决策发出声音;(3)勾勒环境健康与经济可持续发展的社区愿景。正如我们在后面会看到的,借助于符号寓意强大的话语,气候正义运动已经兴起。

我希望当你读完了这一章时,能够对环境的意义有更丰富的认识,它包括人们生活、工作和游玩的地方。你还将了解贫困和少数民族社区的公民在呼吁人们关注环境危害时经常面临的一些障碍。最后,你将理解为什么环境正义运动和气候正义运动也是朝向一个更加民主和包容的世界的运动。

环境正义:对置身事外的挑战

美国的环保运动——历史性地与白种欧美人相关联,关注荒野和自然界。而在20世纪60年代,人们所关注的范围有所扩大,环保运动开始涉及人类健康和环境质量。然而,这场运动还是提供了人类在自然中"是脱节的,有时是矛盾的"这一解释,即人类假定"社会和生态环境是长久分离的"(Gottlieb,2002,p.5)。

也是为了回应这种状况,到了20世纪80年代,少数民族和低收入社区的活动家开启了新的对抗,挑战社会将自然与人的居所分离的观念(在第二章中,我将对抗定义为想法或主流观点的认知局限;认清这种局限就可以让重新定义事件状态和条件的其他声音得以出现)。这种新声音的出现,也可以努力确保有关环境的决策过程更包容、民主和公正。

环绕我们的有毒之海

20世纪60年代,随着大规模化学制造业的发展及其产生的有毒废物的增加,美国人开始对由此带来的对健康的影响感到担忧。在这个新的石油化工社会,一些科学家和公民对公共事业机构能否保护公民的健康持怀疑态度。蕾切尔·卡森(1962)在其畅销书《寂静的春天》中对使用强力化学产品——例如农业和公共卫生机构使用的DDT发出了最有影响力的质疑。她的书引发了全美对于农药行业的争论。二十年后,纽约北部的爱河社区也成为国家对化学文化之危害性有所意识的一个隐喻。[1]

越来越多的市民开始觉得自己被包围在环境历史学家塞缪尔·海斯(1987)所谓的"有毒之海"中(p.171)。[2]很多人担心,新合成的化学物质会给人们的健康带来毁灭性的影响,带来癌症、先天性缺陷、呼吸道疾病和神经系统疾病。公众担心"环境威胁已经失控"(p.200)。越来越明显的是,某些特定社区——低收入和少数民族社区——受到有毒污染物及其相应的健康和社会问题的影响最大。

质疑环保主义话语

在环境正义运动兴起之前,一些人尝试呼吁关注环境危害带来的特定影响。在20世纪60年代后期和70年代,有些民权组织、教会和环境领袖尝试关注城市社区和工作地的某些问题。马丁·路德·金

---

〔1〕 1978年,爱河居民发现"虎克化学公司……向爱河倾倒了200吨有毒化学品和21600吨各类化学物质……而在1953年,虎克公司填平了运河,平整了土地,并把它以1美元的价格卖给了当地学校董事会"(Gibbs,1995, p.XVII)。对于爱河的背景材料,见第一章。

〔2〕 海斯采用的这个短语源自蕾切尔·卡森的第一本书《环绕我们的海》(*The Sea Around Us*)(New York: Oxford University Press, 1950, 1951)。

（Martin Luther King, Jr.）博士在 1968 年去了田纳西州的孟菲斯（Memphis），加入当地非裔美国环卫工人的队伍，为争取更多薪酬和更好的工作条件举行罢工。社会学家和环境正义学者罗伯特·布拉德（1993）认为这是最早尝试将民权和环境健康问题联系到一起的事件之一。为解决工作环境问题，美国国会在 1970 年通过了《职业安全与卫生法》（Occupational Safety and Health Act, OSHA）。这个具有里程碑意义的法律"刺激了崭露头角的工作环境运动……也激励了社区组织中的活动人士和专业人士"（Gottlieb, 1993, pp. 283, 285）。

早期还有一些努力，包括 1971 年的城市环境会议（Urban Environment Conference, UEC），它是将环境和社会正义问题联系在一起的成功尝试之一。城市环境会议是一个劳工、环境和民权组织的联盟，它试图"增加公众定义环境议题的方式，并关注城市少数族群面对的特定环境问题"（Kazis & Grossman, 1991, p. 247）。[1]

尽管早期已有人尝试将环境、劳工和民权领袖联合起来探索共同利益，但是在 20 世纪 60 年代和 70 年代，大多数运动都没有意识到城市居民或是穷人和少数民族社区的问题。

环保主义话语本身带来了一些困难。一些社区的活动人士，尤其是女性有色人种抱怨她们试图与传统环保组织进行交流时遇到了种种障碍。例如，吉欧瓦纳·蒂切诺（Giovanna Di Chiro, 1996）报告说，在 20 世纪 80 年代中期，她试图阻止在洛杉矶中南部的某个社区建造一个每日处理 1600 吨固体废物的焚烧炉，但"这些问题在当地的环保组织如塞拉俱乐部或美国环保基金会看来还够不上'环境问题'"（p. 299）。蒂切诺解释说，当主要是非裔美国人和低收入社区的居民接近这些组织时，"别人告诉他们，焚烧炉带来的城市社区毒化问题是

---

〔1〕 其他不同联盟的尝试包括：1972 年在伊利诺斯州的伍德斯托克（Woodstock）举办的"环境质量和社会正义会议"（Conference on Environmental Quality and Social Justice）；1976 年美国汽车工人联合工会（United Auto Worker）组织的"黑湖会议"（Black Lake Conference）——"为环境和经济正义与就业而战"（Working for Environmental and Economic Justice and Jobs）；1979 年在底特律举办的以城市环境为主题的"城市关怀会议"（City Care conference），它是由国家城市联盟（National Urban League）、塞拉俱乐部和城市环境会议共同举办的。

'社区健康问题',不是一个环境问题"[1]（p. 299）。美国其他地区的行动者也有类似抱怨，"在环境这一语境中，主流环境社区不愿涉及公平和社会公正的问题"（Alston，1990，p. 23）。

到 20 世纪 80 年代初期，一些低收入和有色人种社区的居民和活动人士都经历过部分组织的冷漠，于是他们开始着手自己解决问题。在这样做的时候，他们重新将环境定义为也包括"我们居住与工作之所，我们玩耍与学习的地方"（Cole & Foster，2001，p. 16）。

有毒废料与运动的诞生

1982 年，美国北卡罗来纳州沃伦县的居民举行抗议，反对在该地修建多氯联苯有毒垃圾填埋场，该事件成为为所处环境发声的关键事件（参见第二章）。

在沃伦县和其他地方的抗议的推动下，20 世纪 80 年代和 90 年代联邦机构和学者开始确认低收入人群和有色人种社区所经历的不成比例的环境侵害。例如，美国总审计局（1983）发现，在绝大多数情况下，在有害垃圾填埋场附近生活的人大多是非裔美国人。美国联合基督教会种族正义委员会（United Church of Christ's Commission for Racial Justice）在题为《美国的有毒废料和种族》（*Toxic Wastes and Race in the United States*）的研究报告中发现了类似的模式（Chavis & Lee，1987）。其主要研究结论为：

- 在测量到的与企业排污设施所在地相关的变量中，种族被证明是最主要的变量……尽管社会经济地位看上去发挥着重要的作用，但种族仍然被证明是更重要的（p. xiii）。
- 每五个黑人和西班牙裔美国人中，有三个居住的社区存放有不受管控的有毒废料（p. iv）。
- 约一半的亚洲/太平洋岛民和美洲印第安人居住的社区存放有不受管控的有毒废料（p. xiv）。

接下来的研究报告《有毒废料和种族 20 年：1987—2007》（*Toxic*

---

〔1〕 蒂切诺（1996）指出，"最终，环境和社会正义组织，如绿色和平组织、'国家卫生法项目'（National Health Law Program）、'公共利益法律中心'（Center for Law in the Public Interest）、'为营造更好的环境而努力的市民'（Citizens for a Better Environment）等组织加入了公民关注运动（Concerned Citizens' campaign），叫停了建设提案"。

Wastes and Race at Twenty, 1987—2007）揭示，"危险废物分布方面的种族差异比之前"，即 1987 年的研究报告显示的还要大（Bullard, Mohai, Saha, & Wright, 2007, p. X）。

其他关于环境恶劣社区的种族和收入特征的研究迅速跟进。怀特（1998）报告说，87% 的环境危害分布研究揭示了种族不平等（p.63）。这些研究得出的结论是，少数民族和低收入人群不仅更容易生活在这些危险附近，而且"相比其他人，更严重地暴露于环境危害所带来的潜在的致命和破坏性毒素之中"（p.63）。

我们为自己发声：给环境种族主义命名

随着对低收入社区和有色人种社区的危害设施的关注，关于环境危害的新声音和新叙事开始涌现。在许多案例里，人们都讲述了与地方官员打交道的烦恼，并寻找词语来表达他们的愤怒和痛苦。居民开始发明新的词汇或者用改编的词汇来解释他们的情况，表达这些不满。许多人控诉他们正在承受环境歧视，这种批判性修辞谈到了那些被毒害且被指定作为牺牲品的社区，因为它们忽视了人的存在，却对污染企业曲意逢迎（见第八章）。布拉德（1993）创造了**牺牲区（sacrifice zones）**这个词来形容这些社区的共同特点："它们已经有了超出份额的环境问题和污染企业，而且还在吸引新的污染者"（p.12）。

为了描述这些社区的困境，活动者们捕捉到了一个强有力的词汇——环境种族主义。1991 年，在一个环境正义活动者峰会上，联合基督教会种族正义委员会的本杰明·查维斯（Benjamin Chavis）谈到，他试图描述在贫困和少数民族社区放置有毒废料的持久模式。他说："我找到了——环境种族主义。我造出了这个术语"[1]（引自 Bullard，1994, p.278）。查维斯将**环境种族主义（environmental racism）**描述为：

> 在做出关于环境的决策和执行法律法规方面存在种族歧视，故意将排放有毒废物的设施建在有色人种社区，官方默许威胁生命的有毒物质和污染存在于我们的社区，以及在环境运动的领导

---

[1] 查维斯声称找到了环境种族主义这个词汇，这一点一直有争论；沃伦县的一些活动者坚持认为是他们最先使用这个词的。

者中一贯排除有色人种(引自 Di Chiro, 1996, p. 304)。

查维斯强调了"故意"以有色人种社区为目标,而其他人则指出,歧视也有可能来自环境危害对少数民族社区的**差别性影响**。1964 年的《民权法》(Civil Rights Act)使用了术语**差别性影响(disparate impact)**,指的是在决策或行为中不顾他人的意愿,让一些群体承受不成比例的负担的歧视形式。换句话说,种族(或环境)歧视是不公正对待的积累效果,它所包括的不只是故意歧视或有意定位。

将这一问题命名为环境种族主义非常重要。遭受环境危害的社区居民经常寻找能指代他们的经验的语言。罗斯·玛丽·奥古斯汀(Rose Marie Augustine)在亚利桑那州图森市(Tucson)的经历就是一个典型案例。奥古斯汀尝试让当地官员认识到她所在社区的井水污染和疾病问题,但是没有成功。之后她参加了西南地区社区活动者研讨会。她说:"我第一次听到'经济勒索''环境种族主义'这样的字眼。有人用词语、名称道出了我们的社区正在经历的事情"(Augustine,1993)。在其他的案例里,活动者们开始将强加给低收入社区的状况称为经济勒索的一种形式。例如,布拉德(1993)解释道:"你可以得到一份工作,但你必须愿意让这份工作伤害你、伤害你的家庭和你的邻居"(p. 23)。

随着此类模式的抗议的增加,而主流环境运动又没能涉及这些问题,活动者们开始坚持认为受影响社区的人要能够"为自己说话"(Alston,1990)。社会正义活动家达纳·阿尔斯通(Dana Alston,1990)在她的书《我们为自己说话》(*We Speak for Ourselves*)中认为,环境正义"呼吁重新定义关于人们正面对的情况的术语和语言"(引自 Di Chiro,1998, p. 105)。事实上,我们发现新运动中批判性修辞的不同之处在于,"它通过重新定义、再造和建构新颖的政治和文化话语的过程,转变了基本的社会和环境变迁的可能性模式"(Di Chiro, 1996, p. 303)。环境律师迪洪·费里斯(Deehon Ferris)说得更坦白:"我们转变了争论的术语"(Ferris, 1993)。

争论中的术语有一个重大的转变,这发生在 1990 年。当时,西南组织计划(SouthWest Organizing Project, SWOP)公开批评美国最大的环境组织,尤其是属于"十大组织"〔1〕的成员。批评信被称为"对传统环保主义最激动人心的单次挑战"(Schwab,1994,p.388),且最终得到了一百多位民权和社区领袖的签名。批评信指责了主流组织在用人和政策中的种族歧视。信件中有一个特别刺眼的段落,表明了签名者的忧虑:

> 几个世纪以来,我们这里的有色人种遭遇着种族主义和种族灭绝的苦难,包括偷窃我们的土地和水、杀害无辜的人以及我们不断退化的环境……尽管环保组织自称"十大组织",常常声称代表了我们的利益……但你们的组织也一样在分裂我们的社区。从美国和国际上来看,十大组织对西南部第三世界社区明显缺乏责任感(SouthWest Organizing Project,1990,p.1)。

《纽约时报》和其他报纸报道了该信,"启动了一次媒体风暴",带来了"召开环境、民权和社区组织紧急峰会"的呼吁(Cole & Foster,2001,p.31)。

构建环境正义运动

第一届全国有色人种环境领导峰会

1991年10月,在美国首府华盛顿哥伦比亚特区,来自社会正义、宗教、环境〔2〕和民权组织的本地社区领袖与全国领袖召开紧急峰会,这就是**第一届全国有色人种环境领导峰会(First National People of Color Environmental Leadership Summit)**。基于下述三个理由,这次会议被认为非常重要。第一,它是新生的环境正义运动的历史的一个"分水岭"(Di Chiro,1998,p.113)。在三天的时间里,本土社区的活动者们分享了他们的悲伤故事,试图对狭隘的环境观,以及在影响社区的决策中将有色人种排除在外的做法提出集体批评。第二,峰会的参与者围绕《环境正义原则》达成了共识,这将有力地塑造新兴运动的

---

〔1〕 十大组织包括美国环保基金会、地球之友、埃塞克·沃尔顿联盟(Izaak Walton League)、国家奥杜邦学会、国家公园保护协会、国家野生动物联盟、美国自然资源保护委员会、塞拉俱乐部、塞拉俱乐部法律辩护基金会(Sierra Club Legal Defense Fund)[现在的地球正义(Earth Justice)]和旷野社会组织(Wilderness Society)。

〔2〕 我有幸参与了这些会议,与会者还包括传统环保组织的领袖。

愿景。第三,许多参与者将此次会议视作对传统环境运动的独立宣言。一位参与者宣称:"我不在乎是否参与了环保运动,我已经属于一个运动了"(引自 Cole & Foster, 2001, p.31)。

这是第一次,新兴的环境正义运动的不同力量汇聚在一起,挑战传统的有关环保主义的定义,并借鉴社会正义和环境保护领域强大的修辞,使用了全新的环境正义话语。这样一来,峰会的参与者就能将他们关于有毒物体排放的经历放入早期的美国民权运动叙事中。在峰会期间,监视器上播放的一个录像就是此类批判性修辞的一个鲜活的案例。

在录像中,工业排污管向空气和水中排污,而污染所在地是路易斯安那州非裔美国人居住的里维勒镇(Reveilletown)。这个社区是由南北战争后获得自由的奴隶建立的。这个社区被附近的化工厂严重污染,以至于在 20 世纪 80 年代不得不被废弃。当录像中出现了三 K党在 20 世纪 60 年代焚烧十字架的影像时,在类似社区工作的非裔美国人活动家贾尼斯·迪克森(Janice Dickerson)读了这样一段画外音:

> 从非裔美国人的角度来看,这是一个民权问题;它们是交织在一起的。民权运动和环境运动是交织在一起的。因为,又一次,我们是受害最深的……在离我家两三百英尺的地方建石化厂,将我杀死,与三 K 党横冲直撞跑到黑人社区吊死黑人没有什么区别(Greenpeace, 1990)。

由于指向了民权运动的"道德指控领域",峰会的参与者显著地改变了公众关于环境辩论的术语(Harvey, 1996, p.387)。通过将对有毒废料和其他环境危害的担忧放进民权的框架中,他们就能"指出环境危害的分布实际上是范围更广泛的社会不公正的一部分,是与对公平和平等的根本信仰相抵触的"(Sandweiss, 1998, p.51)。这样一来,他们相信他们可以抗争或者重新定义环境自身的意义。

峰会上的许多发言者还敦促参与者盘问政治代表,与公共官员、企业和传统环境运动进行强有力的对话。在峰会上,查维斯解释道:"这是我们为自己定义和重新定义的机会……这里有问题的是我们的能力,我们与自己对话的能力,与所有人,尤其是与那些将我们引入目前境况的强大力量对话的能力"(Proceedings, 1991, p.59)。最后一天,参与者们戏剧性地通过了《环境正义原则》(**Principles of Environmental Justice**)17 条,表现了自己发声的能力。这是一个对他们的社区来说极为开阔的愿景,是他们直接为自己的环境做出决策的权利。

这些原则也以非常深刻的伦理声明开头:"环境正义确信地球母亲的神圣,确信生态统一,以及所有物种的相互依存,并相信所有物种有免于生态毁灭的权利"(*Proceedings*,1991,p. Ⅷ)。《原则》将环境扩展为包括人类居住、工作和活动的场域,并列举了一系列权利,包括"所有人基本的政治、经济、文化以及环境的自决权"(p. Ⅷ)。

对新兴的运动来说,峰会在《环境正义原则》中包括了自决权是尤为重要的。许多峰会参与者批评官方在就他们的社区进行决策时,没有"为那些受环境决策影响最大的人"提供有意义的参与机会(Cole & Foster,2001,p. 16)。在采用这些原则时,他们坚持认为环境正义不单指所有人免于环境毒害的权利,其核心是让所有人参与到影响他们的健康和社区的福祉的决策中去。某位代表说,《环境正义原则》反映了"有色人种自己如何将环境议题定义为社会和经济正义问题"(*Proceedings*,1991,p. 54)。

峰会之后,南部社会和经济正义组织会议(Southern Organizing Conference for Social and Economic Justice)对"'环境'这一术语的新定义"表示欢迎;这个组织邀请社区活动人士使用在峰会上通过的《环境正义原则》"发起一项新的运动"(私人信件,June 2,1992)。事实上,许多社区活动者和来自民权组织和社会正义组织的人在 1991 年峰会后,继续建设传播工具和网络,以满足在社区和政府机构改变实践的需要。

打开闸门

在接下来的几十年里,环境正义运动获得了明显的收益。华盛顿哥伦比亚特区民权委员会(Lawyers' Committee for Civil Rights)律师迪洪·费里斯(1993)观察到,"作为实地斗争和争论的结果,环境正义兴起,成为热门议题。媒体的闸门打开了"。城市规划学者吉姆·施瓦布(Jim Schwab,1994)指出,"新运动赢得了一席之地。南方腹地、整个国家都永远不会以同样的方式讨论环境问题了"(p. 393)。费里斯将 20 世纪 90 年代初称为"分水岭",而《国家法律期刊》(*National Law*

Journal)也报道,该运动主要由女性领导,赢得了"关键的大众"(Lavelle & Coyle,1992, p.5)。随后,2002 年 10 月 23 日至 26 日,第二届全国有色人种环境领导峰会在华盛顿哥伦比亚特区举行。该峰会强调了女性在运动中的领导角色。第二届峰会规模甚至更大,吸引了 1400 多名参与者。

运动中的关键大众开始让人印象深刻——我们看到了关于少数族群社区被污染的媒介报道、环境组织的新联盟、为基层和社区组织提供的培训、关于环境正义的总统命令、州和联邦机构的意识的萌芽。让我们来看看其中的一些发展。

1993 年,运动说服美国环保署成立了**国家环境正义咨询委员会(National Environmental Justice Advisory Committee,NEJAC)**,以确保环境正义组织在其决策中能发出声音。委员会负责向环保署官员提供来自环境正义社区的建议,并向环保署署长提供推荐方案。例如,国家环境正义咨询委员会就清理棕色地区(受污染的城市区域)、鱼的汞污染,以及确保低收入和少数民族居民就在其社区建立工厂的许可证问题参与决策等问题,提供了咨询报告。

运动还实现了一个重要的政治目标。1994 年,克林顿总统签署了题为《联邦政府为少数民族和低收入人口居民实现环境正义议题的行动》(Federal Actions to Address Environmental Justice in Minority Populations and Low-Income Populations)的第 12898 号行政命令。**环境正义行政命令(Executive Order on Environmental Justice)** 让美国所有联邦机构"确认和面对……针对少数民族和低收入人口的项目、政策和活动有没有对人类健康和环境造成不合比例的负面影响,以实现其环境正义的使命"(Clinton,1994, p.7629)[尽管克林顿政府计划实施该行政命令,但随后的乔治·布什政府却让该命令雪藏了八年(Office of the Inspector General,2004)]。

在奥巴马政府当政时,环境正义的行政命令获得新生。美国环保署新署长莉萨·杰克逊(Lisa Jackson)主持了环境正义白色论坛,并在全国推动社区会议。杰克逊说:"现在,是时候把它推进到下一个层次了。"她还补充说,奥巴马政府将专注于在弱势社区创造"绿色的工作机会"(引自"Obama revives panel on environmental justice,"2010, p.2A)。

最后,由于环保主义批评了将环境看作人们的居所之外的存在的观点,美国主流环保运动本身也发生了改变。例如,帕佐罗和桑德勒(Pezzullo & Sandler,2007)观察到,在主流环境正义运动"内部……和周围都已经发生了很多改变"(p.12)。

主流的绿色组织与环境正义社区的领袖之间充满活力的对话,有时推动了这些组织与贫穷和少数族群社区的协作。绿色和平组织、塞拉俱乐部、地球岛屿研究所(Earth Island Institute)和地球正义(Earth Justice)(一个法律倡导组织)在对环境正义问题的支持上尤为积极。

但是,环境正义运动也将面临新的障碍,需要确定新的传播方式,以追求《环境正义原则》提出的愿景。下一部分描述了其中一些挑战,以及有毒旅行这种方式,看看当地社区如何试图引起人们对它们的担忧的注意。

不得体的声音与有毒旅行

身处环境恶劣的社区的个体有权参与影响他们生活的决策,这是环境正义话语的重要主题。在第五章中,我介绍了塞娜卡(2004)的三一之声模式,用以描述要让公民之声被听到,或者公民有效参与决策必须具备哪些元素。其中一个元素就是个人的控诉——不是法律意义上的法庭上的原告,而是"公民的合法性,即所有利益相关者的观点都应该被尊重、赋予尊严和仔细考虑"(p.24)。在这一部分,我描述了当贫困社区或少数族群社区的居民试图在技术论坛上谈及自己的担忧时,部门官员或专家认为他们有失体统或不合时宜,这就是这种尊重、尊严或道德立场面对的障碍。[1]

让"不得体"的声音消失

首先,让我来说明一下我说的**不得体的声音(indecorous voice)**的含义是什么。我的意思是,一些政府官员将其他人的声音符号化地框架为不合时宜或没有资格,认为其不应该出现在官方论坛上。他们相

---

[1] 这部分内容摘自我在第五届传播与环境双年会(Fifth Biennial Conference on Communication and the Environment)上的发言(Cox, 2001)。

信普通人在为化学污染或其他环境问题提供证词时可能太情绪化或太愚昧。要让公众没有资格谈论技术问题，方法之一就是让人相信低收入社区的居民违背了知识和客观性的某些规范。罗斯·玛丽·奥古斯汀的故事就是被公共官员无视的典型案例。

罗斯·玛丽·奥古斯汀的故事："歇斯底里的拉美裔家庭主妇"

在亚利桑那州图森市的南部，拉丁美洲裔和美国原住民是这里的主要居民。在这里，好几个化工厂的化学物质渗入地下水，这污染了作为47000位居民饮用水源的水井。当地的居民罗斯·玛丽·奥古斯汀描述了她和邻居们的担心："我们不知道这里发生了什么……从没有人告诉我们饮用了受污染的水会怎样……我们这里有很多癌症患者。我们想，天啊！发生什么事情了？"（Augustine，1991）环保署官员后来确认，严重的有毒化学物质泄漏来自附近的图森工厂，这些物质流入井水，使该地被列为国家超级基金优先清理之地（Augustine，1993）。

在当地被列为超级基金清理点之前，南部的居民曾试图让当地官员听到他们的担忧。奥古斯汀（1993）在报告里说，当官员会见居民时，他们拒绝回应饮用井水对健康造成的影响。她说当居民坚持询问时，一个县主管告诉他们："南边的人又肥又懒，饮食习惯又不好。""是我们的生活方式，而不是水里的有毒化学物质导致了我们的健康问题。"奥古斯汀说："当我们向一位官员求助时，他称我们为'歇斯底里的拉美裔家庭主妇'。"

社区公共官员驳回社区居民对环境疾病的抱怨，这种情况还发生在其他案例中。例如，罗伯茨和托弗隆—维斯（Roberts & Toffolon-Weiss，2001）报道说，路易斯安那州"癌症小巷"所在地的官员反驳居民的抱怨，说这些由当地污染造成的疾病是由于生活方式或吃高脂肪食物造成的（p.117）。早些时候，海斯（1987）发现，当社区成员向官员们提供身体疾病的证据时，她们的话往往"被贬斥为'家庭主妇'的抱怨"（p.200）。正如我们在第一章看到的，这种错误的公共领域概念假设只有理性的或技术的传播模式才是公共论坛唯一允许的话语形式。

公共论坛的礼节和规范

图森官方驳回了罗斯·玛丽·奥古斯汀的投诉,认为奥古斯汀在与政府官员谈话时,违反了规范。最初这显得有些奇怪,因为让我们震惊的是官方对她的无礼。但是,环境正义的倡导者坚持认为,在环境健康和法律责任问题上,贫困和少数族群的居民经常不被认真地对待,因为对于什么是合适的或合理的,这里有隐形的规范。当他们努力建设一个更包容和更健康的社区时,遭遇的正是这种微妙的障碍。

在很多论坛上,涉及环境问题时,没有说出口的规则以很多方式发挥着作用。这些规则与古代的"得体"原则有类似之处。在经典的古希腊和古罗马修辞手册里,**得体(decorum)**是一种美德,常常被翻译为合规矩或者适合特定听众和特定场合的。例如,古罗马修辞学者西塞罗(Cicero)写道,明智的演讲者"能以情境要求的方式说话",或以最"合适的"方式说话。他提出,"让我们称这种品质为得体或'规矩'"(Cicero,1962,XX.69)。

然而,在贫困社区和少数族群社区的人试着谈及技术问题时,得体这个想法就成为约束他们,甚至是贬低他们的东西。在法制论坛上,判断什么合适什么不合适的规范往往将普通公众的讲话方式建构为不得体的,因为普通市民说话的方式和知识水平常常达不到卫生与政府部门要求的规范的程度。尽管环境受害社区的成员可能在公众听证会上发言,但他们的地位和尊严会被部门程序和知识规范上非正式的规则和期待贬低。

在这一点上,我们应该看看公共官员认为在公众听证会或技术论坛上应该有些什么规范和期待。违背了它们,低收入社区的成员会怎么被视作不得体的。

"证据在我身体里!":挑战部门规范

在部门发言的规范

由于暴露在化学污染之下,而官员们却予以否认或抵赖,被影响的居民常常感到烦恼、失望和愤怒。讽刺的是,正是与他们互动的部门,那些被政府任命帮助他们远离危机的部门,比如州卫生部门或环保署,激起了居民的这种反应。与这些部门打交道时,个体经常发现自己陷入了一个令人困惑的环境。这里机构管理权限重叠,各种技术论坛充斥其中,在危机评估中关于有毒物质的语言令人不解。这些情境不仅对于低收入社区的居民,就是对于我们大多数人来说都是不熟悉的。环境学家迈克尔·埃德尔斯坦(Michael Edelstein, 1988)解释说:"这些社区居民感到迷茫。他们缺乏能力理解,也不能直接参与到决定他们生活的重要行动过程中去"(p. 118)。他们,在某种意义上"被部门俘虏了。因为他们依赖部门的澄清和救助"(p. 118)。

很多机构的官员倾向于将公众参与的框架建构在机构流程和规范的受限制的界限内,这使得他们可以俘虏公众。正如我们在第一章中所见,产业和政府部门的官员经常将环境争论的基础从公众讨论领域转移到技术领域,后者更倾向于"理性的"讨论形式。这也是记者威廉·格雷德(1992)的书《谁将告诉人民?》(*Who Will Tell the People ?*)中的观点。格雷德在书中写道,技术论坛经常假设在关于环境和社区健康的讨论中已经有了合法的依据,以此将底层公众排除在讨论之外。

过去沉重的实践也帮助我们解释了为什么一些机构不愿向受委屈的社区开放技术听证会。通过限制底层目击者的证词,机构得以感知它的决策不会受到"被唤起而又可能很无知的公众"的妨碍(Rosenbaum, 1983,引自 Lynn, 1987, p. 359)。在这种得体的规范下,对一些市民来说,发言意味着面对痛苦的困境。一方面,进入有关毒理学、流行病学或水质的技术层面的讨论,是默认了一种话语疆界,在其中,对家人健康的担忧被看作是私人的或情绪化的问题。另一方面,忧心忡忡的父母在对话中注入这种个人担忧,就是逾越了由技术知识、理性和得体的礼仪构成的强大边界,而这样一来他们的危机根本就不会被听到。

夏洛特·基斯的故事:"证据在我的身体里!"

夏洛特·基斯(Charlotte Keys)就逾越了这个边界。基斯是一名年轻的非洲裔美国女性,生活在密西西比州南部哥伦比亚市(Columbia)的一个小镇上。20世纪90年代中期,我担任塞拉俱乐部主席时,曾与她一起工作过。基斯和她的邻居居住在里奇霍特化工公司(Reichhold Chemical)旗下的一个化工厂附近,早些年这里发生过爆炸并被烧毁。

因爆炸和火灾喷出的有毒气体蔓延至整个社区。居民还怀疑工厂遗弃的一些化学物质已经浸入居住地周围的土地,并且污染了哥伦比亚地区的饮用水源。

基斯的很多邻居居住在被废弃的工厂附近,抱怨患上了不寻常的皮疹、头痛和疾病。环保署的官员和哥伦比亚市市长很快驳回了居民的投诉,认为这是未经证实的,也从来没有进行过健康评估。里奇霍特化工公司发言人亚历克·范·莱恩(Alec Van Ryan)后来向当地新闻媒体承认:"我认为自美国环保署以下每一个人都承认,他们最初并没有与社区进行过沟通"(Pender,1993, p. 1)。

最终,夏洛特·基斯将邻居组织起来,在公共会议上与当地官员进行对话。有一次会议是与美国联邦有毒物质与疾病登记署(Agency for Toxic Substances and Disease Registry, ATSDR)的官员一起开的。当时那些官员正前往哥伦比亚市,并提议进行居民健康研究。会议召开了。但是,官员提出只针对最近接触过有毒物质的居民进行尿液和头发样本的检查。基斯和其他居民表示反对。他们解释说他们与有毒物质的接触早就发生了,从工厂爆炸开始持续到了现在。他们做足了功课,坚持认为对长期的、慢性的暴露于有毒物质的血液和脂肪组织样本进行检查才是恰当的。基斯敦促官员采用这种方法,因为她说:"证据就在我的身体里!"(C. Keys,个人通信,September 12,1995)

官员们拒绝了这个请求,声称是受到预算的限制。反过来,居民们感觉,他们长期接触化学物质,重要的个人证据显然就在自己身体里,但是他们试图向官员解释时却受挫。会议沦为愤怒的对峙,以无限期延迟健康研究计划结束。[1]

不幸的是,美国联邦有毒物质与疾病登记署和密西西比州哥伦比亚市的居民之间的紧张关系并非特例。部门官员常常无视那些面对化学物品接触危机的低收入社区的投诉与建议,认为这些人是情绪化、不可靠和不理性的。例如,政治科学家林顿·考德威尔(Lynton Caldwell,1988)早期研究过公众对环保署的环境影响评估的评论,他发现:

---

〔1〕 里奇霍特化工公司最终向社区成员提供了帮助,它资助了一项健康研究,还资助了一个社区咨询小组,协助在被污染地区制定决策。

> 政府官员并不认为公众对于问题的投入特别有用……在考虑风险和权衡问题时,公众被认为是所知甚少、头脑简单的……虽然政府官员还是会接受公众参与,但是很多时候都是很不情愿的(p. 80)。

我也听到过部门官员在听到受害的家庭成员或社区成员报告他们的恐惧时,抱怨说:"这太情绪化了,但是证据呢?""我已听过这个故事。"或简单地说:"这无济于事。"

简而言之,把人的言行视为不得体的——情绪化或无知的——就可以无视普通民众的非正式控诉,还可以忽视他们对公共机构或产业的质疑。这里要说清楚一点,我并没有说不得体的声音会导致一个人的修辞无能,或不能找到"正确的词"来表现悲伤。相反,我认为,通过狭隘地定义环境决策中可接受的修辞规范,权力的安排和程序可能破坏修辞性控诉,即对这些群体相应的尊重。

结果就是,贫困社区和少数族群社区的公民经常面对环境社会学家迈克尔·里奇(Michael Reich, 1991)所谓的**有毒政治(toxic politics)**。这就是在话语的边界内无视社区的道德和传播地位,或居民的权利。而影响居民命运的决策正是在这个话语边界内被思考的。有毒政治这个短语不仅指放置或清理化学设施的政治,有时也指这种政治有毒的本质。

面对这样的有毒的政治,许多受害社区开始创造新的传播方式来表达不满,并绕过官方论坛和专家,邀请见证人进入他们的家庭和邻舍,亲眼见证他们这里的环境危害。

有毒旅行:看、听、闻

环境正义组织开始越来越多地使用一种非常引人注目的方式进行传播,其用意是将本地社区与更广泛的公众联系起来。这样的传播形式被草根活动者称为**有毒旅行(toxic tours)**。传播学者菲德拉·佩佐罗 (Phaedra Pezzullo, 2007)著有书籍《污染、旅行和环境正义的有毒旅行修辞》(*Toxic Tourism Rhetorics of Pollution, Travel, and Environmental Justice*),在书中她将这种旅行定义为"去被有毒物质污染的区域进行非商业旅行"。这些地区正是罗伯特·D. 布拉德(1993)所说的"'人类牺牲区'……越来越多的社区开始邀请外人进入，将旅游作为教育人们的方式，并寄望以此来改变自己的处境"（p.5）。

通常，这些外来者包括记者、环境联盟、宗教组织和其他生活在有环境压力的社区里的人，这些人能更广泛地分享他们的经验。

与环保署或其他部门对有毒场所进行检查不同，有毒旅行强调"污染、社会正义和需要文化变革等话语"（Pezzullo，2007，pp.5—6）。过去几十年里，环保倡导者曾带记者到优胜美地、大峡谷等地来，希望他们的保护运动能赢得支持，但是开展有毒旅行是近期的事。

亲自参观边境加工厂

几年前，我有机会与佩佐罗博士和其他环境领域的领导者一起来到位于美国德克萨斯州布朗斯威尔（Brownsville）南部边境的墨西哥马基拉朵拉（Matamoros），参加了一次有毒旅行。这个区域是马基拉朵拉区域或者说边境加工厂的一部分。这里有大量（基本上不受监管的）的工厂。按照北美自由贸易协定（North American Free Trade Agreement，NAFTA）的规定，这些工厂从美国搬迁到这个区域。边境加工厂的工人住在附近的安置点（一片拥挤的临时住房）。工人和他的家庭遭受着严重的空气和水污染的危害。许多人患有多种疾病（见第十二章关于边境加工厂无脑儿高生育率的讨论）。

在塞拉俱乐部和墨西哥盟友的组织下，此次旅行穿越了拥挤的安置点，以向环保组织的领导者介绍工人和他们的家庭遭受的污染和不健康的生活环境的威胁。当经过坑坑洼洼的街道路旁的工人家庭时，我们被所见、所闻和被破坏的环境惊呆了。强烈的化学气味弥漫在空气中，在房屋旁污染严重的溪河边，稚童在玩耍，而其他年龄稍大些的孩子们，在燃烧过的大堆垃圾里拨弄，希望找到东西可以卖几个比索。

佩佐罗后来谈到了这次经历，她认为（2004）到这样一个环境被污染的社区去，来访者的视觉、听觉和嗅觉通道都被打开了。这种意识有助于支持社区抗争："难闻的气味导致居民和来访者眼睛充水，喉咙发紧……提醒人们他们在生理上受到了化工废料的冲击"（p.248）。她和我们分享了一个有毒旅行引导者的观察，即这样的旅游让来访者获得了关于"当地居民受到环境侵害"的"第一手"证据（原来污染源和居民的家这么近），也获得了关于在社区弥漫的有毒气味的"第一手"证据(p.248)(关于路易斯安那州臭名昭著的"癌症小巷"的有毒旅行,参见 Pezzullo,2003,2007)。

我的有毒旅行是在美国—墨西哥边境经历的,这些有毒旅行主要是邀请记者、机构官员和其他外界人士来参观美国环境受损区域。"为了更好的环境社团"(Communities for a Better Environment)(cbe-cal. org)、"路易斯安那州三角洲的塞拉俱乐部"(Sierra Club's Delta Chapter in Louisiana)(louisian. sierraclub. org)和"德克萨斯环境正义倡导服务"(Texas Environmental Justice Advocacy Services)(tejasbarriors. org)的活动分子开展了洛杉矶、新奥尔良、休斯敦、奥克兰、丹佛、底特律、波士顿和其他城市的有毒旅行。本土组织也越来越多地开展有毒旅行,带州或联邦的官员进入有毒地区,教育官员以当地的条件为基础,或是以一颗人道的心来看待环境伤害。

有毒旅行显示,环境正义运动会继续面对真实的世界和当下的挑战,为往往被排除在正式决策之外的社区发声。事实上,环境正义的愿景并不仅仅是卸下低收入和少数族裔社区所承担的不成比例的负担。除此之外,环境正义人士坚持运动呈现出"一个新的愿景。它来自社区驱动的过程,其核心是公共话语转型,导向一个真正健康、持久和至关重要的社区"(National Environmental Justice Advisory Council Subcommittee on Waste and Facility Siting, 1996, p. 17)。

要培育这样一种转型话语,在制定决策时将受影响的民众和社区民主地包含在内至关重要。然而,我们将在下一个部分看到,全球气候变化给世界各地的社区和人们都带来了新的威胁。这种威胁也带来了新的挑战——看普通民众如何在这个关乎全球事务的地理政治学论坛上有意义地参与其中。因此,气候正义的新运动出现了,它在新的语境中起步,将人们对环境正义的要求和人权勾连起来。

全球气候正义运动

近年来,充满活力、日渐成长的气候正义运动拥抱了环境正义话语。**气候正义(climate justice)** 运动是很分散的草根运动,它从社会正义、人权和对原住民担忧的视角来看待环境,以及人类对气候变化的影响。与美国对主流环保主义的批评相似，来自亚洲、南美洲、非洲和太平洋岛国等国家的气候变化倡导者、原住民和贫困居民认为，气候变化不是简单的环境问题。相反，气候正义运动断言，全球变暖不成比例地影响着这个星球上最脆弱的地区的人，而这些地区和人是常常被排除在关注此问题的论坛之外的。

在这个部分，我将描述建构气候正义的新框架，以及受气候变化影响的人和社区如何努力在国际峰会上发出声音。在国际峰会上，来自世界各国政府的代表一起就气候变化问题协商着新协议。

气候正义：一个新的框架

气候科学家和气候正义倡导者普遍认为，"受到气候变化影响最大的将会是（已经是）世界上最贫穷的人们"（Roberts，2007，p. 295）。政府间气候变化专门委员会发出了迄今为止最强有力的声明，它预测，"数以百万计发展中国家的人民将面临由于气候变化导致的自然灾害、水资源短缺和饥饿"（Adam, Walker, & Benjamin, 2007, para. 5）。

持续干旱、农作物歉收，以及对稀有资源的争夺已经影响了许多脆弱的人民和国家。例如，我在 2011 年写道，"环境新闻服务"报道非洲东部正在发生 60 年来最严重的干旱，尤其是在索马里和肯尼亚出现了严重的粮食危机。在肯尼亚，世界上最大的难民营里到处都是"遭受旱灾的难民，数量每星期都在增加，他们在寻求水、食物和庇护"（"Millions of African refugees desperate,"2011, para. 1; Knafo, 2011）。超过 1200 万人正面临饥荒，他们"在绝望中寻求帮助"（Angley, 2011, para. 1）。

一个残酷的讽刺：气候变化的影响

人权组织和环境学者也指责，那些受气候变化影响最大的人的声音往往没有成为关于解决方案的讨论的一部分。戴尔·杰米逊（Dale Jamieson, 2007）指出："如果稻田被海水淹没，那么 7000 万孟加拉国的农民和他们的家庭将失去生计。然而，尽管世界各地有那么多人正在遭受气候变化的危害，但是在做出相关决策时他们中绝大多数没有被考虑在内"（p. 92）。他补充道，正是因为这个原因，"全球层面的参与式正义也很重要"（p. 92）。

前《纽约时报》记者安德鲁·拉夫金（2007）观察到，将这些气候变化承受者排斥在外还蕴含着一个残酷的讽刺："几乎在每一个实例中，受气候变化威胁最大的人所生活的国家都是二氧化碳和其他温室气体排放最少的国家，而这些气体正与最近的气候变暖有关"（para.2）。

在亚洲和非洲等特别脆弱的地区，气候变化的影响开始在本土社群和地区出现。随着这种发展，这些国家的 NGO 组织开始和欧洲、美国的环保人士建立联盟与协作。这种联盟带来了最为直接的发展，那就是对气候正义的阐释成为建构气候变暖这一主旨信息和动员他人的新框架。

建构气候正义框架

很显然，"气候正义"一词最先在学术文献中被应用是出自爱蒂丝·布朗·魏伊丝（Edith Brown Weiss，1989）的《公平地对待人类未来：国际法、共同遗产与世代公平》（*In Fairness to Future Generations*：*International Law*，*Common Patrimony*，*and Intergenerational Equity*）一书。但是，在 20 世纪 90 年代中期，"原住民环境网"（Indigenous Environmental Network）的创始人汤姆·古德图斯（Tom Goldtooth）提出了更能满足运动导向需求的气候正义说法；1999 年"企业观察"（CorpWatch）的报告将这个词进一步发展，使之成为 2002 年第二届全国有色人种环境领导峰会的决议的基础（Tokar，2010，pp.45—46）。

2000 年，数千草根组织和气候活动者聚集在荷兰海牙（Hague），参加气候正义峰会（Climate Justice Summit）。这是气候正义支持者的第一次大规模聚会。此次峰会是联合国气候变化会议的一个替代性论坛，目的是建构一个"提出全世界各国政府还没有提到的关键性议题"的话语空间（Bullard，2000，para.5）。

之后的几年里，除了联合国气候变化会议，非政府组织、原住民组织和其他社会正义人士聚集在一起，组织集会、会议和抗议活动。之前，还有两次很重要的努力，即本地环保人士和国际非政府组织一起参与了 2002 年 8 月在印度尼西亚的巴厘岛和 2002 年 10 月在印度的新德里举行的联合国气候变化会议。

在巴厘岛，包括国家人民运动联盟（National Alliance of People's Movements）（印度）、"企业观察"（美国）、国际绿色和平组织、"第三世界网"(Third World Network)(马来西亚)、"原住民环境网"(北美各国)和"基础工作"(groundWork)(南非)等在内的 NGO 组织一起组成了国际非政府组织联盟,起草了第一份从环境正义和人权角度重新定义气候变化的声明。

在联合国代表准备参加巴厘岛会议前,非政府组织举行了会议,提出了《巴厘岛气候正义原则》(**Bali Principles of Climate Justice**)。这一原则以1991年的《环境正义原则》为基础,是对这个原则的呼应,呼吁"发动为了全人类的气候正义运动"(Bali Principles of Climate Justice, 2002, para. 19)。例如,《巴厘岛气候正义原则》的开头也是:

1. 明确地球母亲、生态团结和所有生物共生的神圣性。

2. 气候正义坚持社区有权不受气候变化及其相关因素的影响,不受其他生态破坏形式的影响。

3. 气候正义明确要求减少制造温室气体和其他本土污染物。

4. 气候正义明确认定原住民和受影响社区代表自己发言的权利(para. 20)。

《巴厘岛气候正义原则》及其宣言的意图是转换"气候变化的话语框架,将其从科技争论转向关注人权与正义的道德争论"(Agyeman, Doppelt, & Lynn, 2007, p. 121)。2002年10月28日,这种转变的重要时刻来临了。1500多位来自20多个国家的农民、原住民、穷人和年轻人在印度新德里为气候正义发动了游行(Roberts, 2007)。当时正在举行气候正义草根峰会,其目的是组织国际规模的气候正义运动。来自受影响社区的代表们聚集起来,"为一个事实提供证词,那就是气候变化是事实,它的影响已经被世界各地所感知"(Delhi Climate Justice Declaration, 2002, para. 1)。

峰会的高潮是《德里气候正义宣言》(**Delhi Climate Justice Declaration**)。《宣言》总结说:"我们,是穷人和世界边缘人群的代表。我们代表渔民、农民、原住民、达利人(Dalit)(印度贱民)、穷人和青年,决心积极发动一场运动……它将从人权、社会正义和劳工的视角解决气候变化问题"(para. 12)。《宣言》表达了与会者的决心,要"构建跨越国家和边界的联盟,反对气候变化诱导模式,倡导和实践可持续发展"(para. 12)。

其他国际集会和声明紧跟其后,包括:《德班碳交易宣言》(Durban Declaration on Carbon Trading,2004),这是一项针对碳排放交易市场计划的批评;印度尼西亚巴厘岛的《人民气候正义宣言》(People's Declaration for Climate Justice,2007),该宣言意在影响新的后《京都议定书》时代世界各国政府的谈判;在哥本哈根(2009)和坎昆(2010)召开的联合国气候会议在会上进行了国际性动员。

为气候正义发起动员

由于被排除在官方论坛之外,气候正义人士寻求建立一个可替代的传播结构。这是一个在峰会之外的传播结构,通过在线网络协调活动,与各个地区的活动者和组织保持密切联络,同时在现实空间让当地活动家围绕商业或其他与气候变化有关的网站组织活动。

全球组织

在新德里、巴厘岛还有其他地方的峰会上,气候活动人士强调需要跨越国家和地区进行传播,以发展气候正义运动。2002 年在巴厘岛,气候活动人士决心"开始发展为所有人的国际气候正义运动"(para. 19),草根代表决心"跨越国家和边界建立联盟"(para. 12)。同样,在 2004 年的《德班碳交易宣言》中,活动人士承诺他们将"帮助开展一个以实现全球气候正义为目的的草根运动"(para. 9)。

到 2007 年巴厘岛会议时,该运动已经成为"关于气候变化的全球公民社会辩论的前沿……在 2009 年多方参与的哥本哈根联合国气候峰会上,该运动备受瞩目"(Tokar, 2010, p. 44)。

2009 年 12 月在哥本哈根召开的联合国气候大会是气候正义运动的一个转折点,但这也是一个令人失望的大会。该运动当时成功地动员了成千上万的支持者。在会议召开的几个月前,来自 21 个国家的气候正义组织签署了《行动呼吁》(Call to Action),作为大众动员的一个步骤。到了会议时,数千行动者聚集在哥本哈根,举行集会,展示各种彩色横幅,举办小型研讨会,并进行和平游行和示威活动。

随着官方会议继续进行,贝拉中心(Bella Center)外的抗议活动不断增多。行动者们因感到自己被排除在正式会议之外而愤怒,他们与警方的冲突也爆发了。尽管一些非政府组织的代表和记者被允许进入中心，但是数千人因空间有限而被拒之门外。因此，一些行动者试图强行进入"'人民'大会"（Peoples' Assembly）的中心。为了阻止他们，警察朝上千名行动者使用了催泪瓦斯和胡椒喷雾；数百人被捕（Gray，2009）。"地球之友"总干事称这是"对民主的侮辱"。他向记者抱怨，原住民和公民社会团体都被"禁止在这个全球会谈中代表自己的社区发言"（Gray，2009，paras. 9，10）。许多人认为只有直接听到这些组织的发言，联合国的代表们才会意识到气候变化问题的紧迫性及其影响。

不管由于何种原因，联合国的代表们没有在哥本哈根达成一致意见。虽然会议上达成的非正式协议认同科学发现，认为全球温度上升不能超过2°C，但是它并"不包含实现这一目标的减排承诺"（Vidal，Stratton，& Goldenberg，2009，para. 2）。随后在坎昆和其他地方的联合国会议上，正如我所写的，再也没有任何后续，以达成一个新的国际条约来取代早期的《京都议定书》（Kyoto Accord）。

气候正义运动本身主要通过社会化网络和邮件列表继续坚持，以帮助行动者们在"哥本哈根会议"等站点上发起行动。例如，"印度气候正义论坛"（India Climate Justice Forum）由印度资源中心（India Resource Center）主持，它是"全球抵抗"（Global Resistance）的一个项目，其目标是"通过支持和连接世界各地的地方、草根的反全球化斗争，加强抵制企业全球化"（indiaresource. org）。

另一方面，气候正义运动启用了（并持续保持在线）新的社会化网站、博客和自己的信息网站。

其中一个重要的网站是"气候正义涨潮联盟"（Rising Tide Coalition for Climate Justice）（risingtide. org. uk），其基地在伦敦。它由来自世界各地，尤其是欧洲的环境和社会正义组织组成（Roberts，2007）。北美也有一个涨潮网络联盟（Rising Tide North American network）（2008，risingtidenorthamerica. org），这个联盟的诞生是2000年在海牙举办联合国气候大会时，各组织团结一致努力的结果。

其他著名的网站包括："环境正义气候变化倡议"（Environmental Justice Climate Change Initiative，ejcc. org）；"这里越来越热"（It's Getting Hot in Here）(itsgettinghotinhere. org)，这是学生和青年行动者反对气候变化的社区媒体网站；"气候正义，就是现在！"（Climate Justice Now！）(climatejustice. blogspot. com)，这是一个活跃的博客，提供无数气候正义网站的链接；"第三世界网络"（twnside. org. sq)；还有350. org，它曾经动员成千上万的气候行动者，在同一天在世界各地联合举行抗议。

在气候正义的话语中，350 这个数字指的是对于全球气候来说，大气中二氧化碳的浓度要低于 350ppm 才安全。和其他许多在线网站一样，350. org 提供每日更新，上传本土行动者的视频，分析官方提案。该网站在过去几年里也发挥了突出的作用，它动员气候正义行动者参加丹麦的哥本哈根联合国气候大会，并从那时起，每年在那一天发表"全球关注"。此外，其他气候正义群体在 2009 年形成了"气候正义动员组织"（Mobilization for Climate Justice）(actforclimatejustice. org)，"将美国不断增加的气候斗争与全球气候正义运动连接起来"，以增加对哥本哈根会议上的行动的支持（Tokar，2010，pp. 48—49）。

由于存在这样的在线组织，气候正义运动将学生、反核和社会正义行动者们、原住民、学者、碳排放交易的反对者、宗教团体等聚集在一起，形成了联盟。

气候变化与草根的能量

尽管气候正义运动的参与者在很大程度上由"一系列联盟组成，有时似乎大多存在于……网站中"（Roberts，2007，p. 297），但显然它还有其他重要优势。除了组成跨界联盟，声讨不正义的"主导框架"，"在这些社会化组织和草根能量中还有一些核心资源"（p. 297）。大多数草根组织的能量源自本土社群有创造力的直接行动，以及大型组织发出的各种动议。

很多关于气候正义的本土组织动议来自美国和欧洲更年轻的行动者，以及亚洲、非洲和南美洲的农民、原住民和人权行动者。"新兴的青年气候运动正在开展有创造性的直接行动，他们不仅针对煤炭行业的网站，也会出现在行业公司的总部和企业大会上"（Tokar，2010，p. 48）。直接行动事件使用过的一个战术是，将全球气候变暖与资助煤炭开采的银行之间的联系公之于众,因为煤炭是温室气体的主要制造者。例如,行动者们封锁了北卡罗来纳州阿什维尔(Asheville)的美国银行(Bank of America),以引起人们对山顶煤矿开发贷款的注意:

> 两名行动者堵在美国银行的大厅里,其他行动者堵住了前往银行的主干道。抗议活动中有很大一群充满活力的公民,他们装扮成金丝雀和北极熊。行动者们举着标语和横幅,上面写着:"美国银行停止资助气候变化""美国银行停止山顶移除式开采"……以及"美国银行是气候罪犯"(Climate Convergence,2007,para. 2)。

图9.1　在全球,青年气候正义运动已经被组织起来,要求就气候变化进行即刻的行动。行动者的身影出现在矿场、企业总部和国际会议上。

Adopt a Negotiator/Flickr

近来,美国、加拿大、澳大利亚、英国和新西兰的气候正义行动者们将发生英国石油公司"深水地平线"钻井平台爆炸和墨西哥湾漏油事件的4月20日规定为"国际反燃油提炼行动日"(Day of Action Against Extraction)。行动者们在石油燃料提炼公司的门口举行了"激进的抗议和公民不服从运动,他们的身影出现在企业和政府办公室前、山顶移除式采矿点前,以及发电厂和加油站前"(The Day of Action Against Extraction, 2011,paras. 4,5)。

尽管一些行动者仍在继续追求符号性抗议,如在峰会上的集会、在企业办公室前的公民不服从运动等,但在范围更广泛的气候正义运动中,关于这种战术的有效性的讨论已经开始。许多激进的领导人坚持认为气候灾难"不会被会议或谈判终结";他们认为现在需要的是"大众的街头行动"(Rebick,2010,pp.7,8)。

然而,其他人还是质疑,依赖大众行动本身是否足以应对导致气候变化的全球经济体系及其规模和复杂性:"我们确实需要一个长期计划",南非公民社会中心(Center for Civil Society)主任帕特里克·邦德(Patrick Bond)说:"我们需要一个可以让我们在街道和社区的努力和收获……真正实现的计划。如何将它们变成好的公共政策呢?"("Only political activism," 2010, p. 186)激进的环保主义者埃里克·艾格莱德(Eirik Eiglad, 2010)同样问道:"我们如何能超越当前……而不只是聚焦在像哥本哈根和坎昆这样的气候峰会上,尽管它们很重要?"(p.10)

当环境和气候正义组织未能说服美国国会在气候变化问题上采取行动时,其他环保组织正在政治进程之外寻求更具战略性的运动,直接减少温室气体排放。这其中最成功的案例可能是塞拉俱乐部针对煤电厂的"超越煤炭"活动(见第八章)。这个运动针对各个州的公共事业委员会、银行和能源公司自身,行动者和支持者们在过去五年里,阻止或取消了150多个修建提案。然而,即使这些电厂在美国取消了修建计划,但在其他国家,为了追求自己的经济发展道路,它们仍在修建。

因此,一些人认为,减缓或扭转气候变化需要对全球经济进行重新建构。他们认为,所需要的是"世界各地的人们和运动结成范围广泛而有远见的联盟,去开启社会的根本转型"(Petermann & Langelle, 2010, p.187)。如何才能实现这个目标呢? 什么战略手段可以影响全球经济? 这都是仍处于争论之中的具有挑战性的问题。

▶▶从本土行动!

对于全球气候变化你能做些什么?

自地球日被设立以来,"全球化思考,本地化行动"(Think globally，act locally）一直被环保运动奉为圭臬。现在它的建议比以往任何时候都更有用。但是，一个个体怎样才能针对全球气候变化这样的问题采取本土行动呢？尽管面对许多困难，许多学生、家庭和相关人士每天仍在寻找解决这个问题的方式——减少他们的碳足迹、参加反对颁发燃煤电厂建设许可证的公众听证会、给公共官员发电子邮件、支持可再生能源，等等。

1. 调查你的学院或大学做了什么来减少能源消耗，或以一个更可持续的方式运作。你能为此做些什么？

2. 使用一个应用程序或在线碳足迹追踪器来计算（并减少）你自己的二氧化碳输出量。查看如 http://carbontracker.com 上的碳足迹追踪器，在 iPhone、iPad 和 Android 上都有这样的应用。最好是发起一个众多人参与的比赛，发现你的校园或组织中的前三名。

3. 给你当地的电力公司打电话或登录其网站，获取其节约能源的指南或申请一个能源审计，找到在你的公寓或家里节约能源的方法。

4. 你有机会在关于可再生能源的听证会上发言吗？比如关于州议会的法案，它会决定你所在的州由风能、太阳能或其他清洁能源形式生产的电所占的比例；或是在镇议会就建设轻轨或新的自行车道等问题发表评论。

如前所述，2011 年 12 月，联合国的代表们在南非德班开会，试图找到应对气候变化的后京都议定书时代的协议。自从有了哥本哈根（2009）和墨西哥的坎昆（2010）两次失败之后，他们努力发现世界主要经济体——美国、日本、欧盟、巴西和中国——的政治意愿，试图达成一个捆绑协议。这一协议如能达成，接下来的两到三年将对子孙后代产生重要的影响。

绿色就业运动

一些气候正义倡导者在寻求影响即将到来的联合国磋商的办法，而在美国，其他一些人启动了与这个目标密切相关的绿色就业运动。

绿色就业运动(**green jobs movement**)通过资助如抗风化建筑、太阳能电池板安装、风力涡轮机安装等劳动密集型、清洁能源型项目,支持新的就业资源,尤其是针对经济萧条的社区和失业工人的就业资源。而且这也有助于减少美国的温室气体排放。这个运动雄心勃勃,它通过将就业、清洁能源和气候变化连接在一起,已经开始改变美国的政治对话。

转变政治议程

在过去的五年里,绿色工作的愿景,或者清洁能源经济在媒体、政界以及清洁能源生产商和企业的招聘中变得司空见惯。例如,2008 年美国总统大选时,民主党和共和党候选人都承诺他们将支持绿色就业。巴拉克·奥巴马承诺将在未来十年用 1500 亿美元创造 500 万个新的绿领工作。而约翰·麦凯恩(John McCain)则向他的竞选活动观众保证,美国经济的除碳化会为"美国带来上万、上百万计的新就业机会"(Walsh,2008,para.1)。此外,联合国环境规划署(United Nations Environmental Program,2008)报道,在全球层面,"在一些领域和经济体第一次实现了绿色就业"(p. vii)。

绿色就业明显的吸引力部分来自于这一概念本身的灵活性。康吉(Conger,2010)注意到:"对于这些大肆宣扬的就业其实并没有什么广泛的认同"(para.4)。例如,联合国环境规划署(2008)将绿色就业(也称为绿领工作),广义地定义为"在农业、制造业、研发部门、行政部门和服务行业的工作,这些工作将大大有助于保护或恢复环境质量"(p.3)。还有一些人坚持认为,绿色就业必须明确地与有助于减少温室气体排放的清洁能源或工作联系在一起。对于这些定义的差异,乔治城大学教育和劳动力中心(Georgetown University's Center on Education and the Workforce)的研究分析师米歇尔·梅尔顿(Michelle Melton)解释说:"这是因为(绿色就业)运动真的不是来自经济学家和统计学家的研究……它来自倡导活动"(引自 Conger,2010,para.4)。

对一些运动政策中心,如劳工和环境组织联盟"阿波罗联盟"(Apollo Alliance)来说,绿色就业的基础是应对气候变化的需求。这些组织认为,为了抑制温室气体的排放,美国需要让其经济除碳化,也就是说用清洁能源取代石油能源。"阿波罗联盟"这样的组织认为,这将创造数以百万计的新就业机会,因为人们将安装太阳能电池板、建设风力发电场等。"阿波罗联盟"的主席菲尔·安吉利德斯(Phil Angelides)对某个记者解释说:

> 从现在到2030年,美国75%的建筑要么是新的,要么大体上是重建的。我们低效率、危险且不稳定的电网需要检修。这些工作可以被看作是绿领工作的范围,政府要做出环境友好型的政策抉择(引自Walsh,2008,para.6)。

随着气候变化、经济的除碳化与就业之间的联系越来越清晰,也有人抓住了绿色就业这一短语来概括这种复杂的联系,并增加人们对这些项目议案的资金支持。在这种传播工作中,最主要的行动者包括"阿波罗联盟"、工会和环境组织间的战略伙伴"蓝绿联盟"(Blue Green Alliance)(bluegreen-alliance.org)、"艾拉·贝克人权中心"(Ella Baker Center)(ellabakercenter.org)创始人和领袖范·琼斯(Van Jones)。"艾拉贝克人权中心"是一个非营利性组织,致力于寻找在城区对暴力和监禁的可替代性方法。在琼斯的领导下,该中心还开展了绿领工作活动,清晰地将绿色经济和增加就业联系在一起。

将就业与清洁能源联系起来

美国人脑子里关于就业的重要性、能源安全和清洁环境等基本框架的创意性勾连或连接,有助于解释为什么绿领工作会在公众及政治领袖中如此受欢迎。尽管绿色就业有时指的是环境服务中的任何工作,如废物处理或回收,但是运动的本意是要宣传将绿色就业视为针对失业和气候变化的共同解决方法。事实上,像"蓝绿联盟""为了所有人的绿色"(Green for All)、"阿波罗联盟"等组织都试图描绘一个新的鼓舞人心的愿景,那是一个新式的、繁荣的经济,它给社区和人们以重生,同时还可以应对世界上最大的挑战。

范·琼斯是绿色就业运动的首要推动者之一。他是奥巴马政府前任绿色就业组织的领导者,也是加利福尼亚州奥克兰(Oakland)"为了所有人的绿色"这一组织的创始人。在创建"为了所有人的绿色"的初期,琼斯的目标就是"增强环境行动的吸引力,同时为贫穷社区带来就业"(Kolbert, 2009, para.5)。该组织的标志是一个在拥挤的城市上空冉冉升起的太阳。在他的《绿领经济:一个方案如何解决两个最大问题》(*The Green Collar Economy: How One Solution Can Fix Our Two Biggest Problems*)一书中,琼斯(2008)清楚地说明了运动如何将就业与气候变化联系在一起:

> 抗击全球变暖和城市贫困的最佳方式是创造数百万个"绿色工作"岗位——重新修整建筑使之适应气候条件、安装太阳能电池板和建设公交系统。琼斯没有很清楚地说明这些工作占有多大比例,但是他指出这些工作很多都应该提供给弱势群体和长期失业者。"绿色经济不应该只是回收废弃的东西",他写道:"它应当与回收被遗弃的社区相关"(Kolbert, 2009, para.31)。

范·琼斯强调社区和环境的再造,这显示了我在第八章中描述的批判性修辞或倡导形式的一个功能。在那里,我将批判性修辞定义为不仅是对行为、政策或意识形态的质疑或谴责,也将其看作是与可替代的愿景或意识形态的勾连。对琼斯来说,这一愿景与今天许多城市生活的现实形成了鲜明对比。例如,在美国进步中心(Center for American Progress)的一次演讲中,琼斯提出了美国愿景的矛盾:

> 我们有无事可做的工人,他们要闲上 12 个月、24 个月、36 个月……我们有人从战场上回到家中,从监狱中回到家中,从高中毕业,却没有任何工作机会。让我们将最需要工作的人与最需要被做的事联系在一起(引自 Kolbert, 2009, para.40)。

这一景象在"为了所有人的绿色"的对外传播和绿色网站中得到了生动的展现。在这些视频里,贫困的社区、被关闭的企业、失业的工人和遭受污染的孩子们与翻新屋子、安装太阳能电池板、重建社区的人们形成了鲜明的对比。而愿景正是那些被"旧经济"抛弃的人可以获得多达数百万的新的洁净的工作:

> 每天,美国大约有 1.35 亿人在上班。想象一下,如果上百万这样的工作以及为失业者提供的新的工作机会来自可再生能源、可持续农业和绿色建筑等领域,那会发生什么?我们关于生存最主要的

两个担心——环境与生计合在了一起。一个人对工作的承诺也就成了他对地球的承诺(Greenforall. org/green-collar-jobs)。

企业家、工会和环境组织的年会也将工作与清洁能源的类似连接设定为主题。"好工作、绿色工作全国会议"(Good Jobs, Green Jobs National Conference)由"蓝绿联盟"及来自财富 500 强的盟友、绿色产业贸易协会、工会、环保组织和教育机构的盟友共同赞助。为期两天的会议举办了研讨会,组织了演讲,并为工人、商界领袖和公共官员举办了清洁能源经济小组展示会。"这种经济会创造绿色就业机会,减缓全球变暖,保护美国的经济和环境安全"(来自 2011 年大会网站,www. greenjobsconference. org)。

正如我在 2011 年年末所写,该运动获得了广泛的支持和一些有形的胜利。对绿色就业岗位的需求已经发出了让环保和反贫穷的倡导者、工会、清洁技术企业和一些政治领导人广泛联盟的号召。早在 2007 年,美国国会就通过了《绿色就业法》(Green Jobs Act),授权为低收入的实习生提供资助。最近,国会通过了 2010 年经济刺激法案的绿色就业部分,包括将花费 50 亿美元的清洁能源计划、绿色建筑修建和其他绿色就业机会。

延伸阅读

- *Climate Refugees*, 2010 年。这是一部记录气候变化条件下人类问题的纪录片,见 www. climaterefugees. com。
- Brian Tokar, *Toward Climate Justice*: *Perspectives on the Climate Crisis and Social Change*. Communalism Press, Porsgrunn, Norway, 2010.
- Phaedra C. Pezzullo, *Toxic Tours*: *Rhetorics of Pollution*, *Travel and Environmental Justice*. Tuscaloosa: University of Alabama Press, 2009.
- "为了所有人的绿色",一个非营利性组织,"旨在建立一个具有包容性的绿色经济,它强大到足以使人摆脱贫困",www. greenforall. org。

《巴厘岛气候正义原则》   气候正义

得体   《德里气候正义宣言》

差别性影响   环境正义

环境种族主义   环境正义行政命令

第一届全国有色人种环境领导峰会   绿色就业运动

不得体的声音   国家环境正义咨询委员会

《环境正义原则》   牺牲区

有毒政治   有毒旅行

讨论

1. 为了享受现代社会的好处，我们是否应该承受一些风险？如果是这样，谁最可能获得好处？谁最可能承担风险？

2. 环境历史学家罗伯特·哥特里博提出了一个具有挑战性的问题："主流组织和可替代组织能找到共同的语言、可共享的历史、共有的概念上和组织上的家园吗？"(Warren，2003，p.254)你觉得呢？环保主义者和来自贫困和少数族群社区的行动者们需要共同的语言与共享的历史，以展开合作吗？

3. 为什么美国和其他国家在应对全球气候改变的行动中反应迟缓？你在多大程度上认为传播(新闻报道、博客、有线电视)会对公众关于气候变化及其可能的原因的看法产生影响？

4. 迄今为止，气候正义运动对涉及气候变化的行动有什么影响？在街上或全球范围内，在同一天举行类似350.org在2009年10月24日国际气候行动日那天(International Day of Climate Action)举行的抗议，会有多大效果？

5. 你相信从燃油经济(煤电厂、石油等)转型到可再生能源经济(风力涡轮机、太阳能电池板等)可以增加就业机会，而且是绿色的就业机会吗？谁有可能获得这些工作？

参考文献

Adam, D., Walker, P., & Benjamin, A. (2007, September 18). Grim outlook for poor countries in climate report. Retrieved December 12, 2008, from http://www.guardian.co.uk/.

Agyeman, J., Doppelt, B., & Lynn, K. (2007). The climate-justice link: Communicating risk with low-income and minority audiences. In S. C. Moser & L. Dilling (Eds.), *Communicating a climate for change: Communicating climate change and facilitating social change* (pp. 119—138). Cambridge, UK: Cambridge University Press.

Alston, D. (1990). *We speak for ourselves: Social justice, race, and environment.* Washington, DC: Panos Institute.

Angley, N. (2011, August 18). *Famine in East Africa.* Retrieved August 19, 2011, from www.cnn.com.

Augustine, R. M. (Speaker). (1991). *Documentary highlights of the First National People of Color Environmental Leadership Conference* [Videotape]. Washington, DC: United Church of Christ Commission for Racial Justice.

Augustine, R. M. (Speaker). (1993, October 21—24). *Environmental justice: Continuing the dialogue* [Cassette recording]. Recorded at the Third Annual Meeting of the Society of Environmental Journalists, Durham, NC.

Bali Principles of Climate Justice. (2002). Retrieved December 11, 2008, from http://www.ejnet.org.

Bullard, R. D. (1993). Introduction. In R. D. Bullard (Ed.), *Confronting environmental racism: Voices from the grassroots* (pp. 7—13). Boston: South End Press.

Bullard, R. D. (Ed.). (1994). *Unequal protection: Environmental justice and communities of color.* San Francisco: Sierra Club Books.

Bullard, Robert D. (2000, November 21). *Climate justice and people of color.* Retrieved May 25, 2009, from www.ejrc.cau.edu/climatechgpoc.html.

Bullard, R. D., Mohai, P., Saha, R., & Wright, B. (2007, March). *Toxic wastes and race at twenty, 1987—2007.* Cleveland, OH: United Church of Christ. Retrieved December 14, 2008, from http://www.ejrc.cau.edu.

Bullard, R. D., & Wright, B. H. (1987). Environmentalism and the politics of equity: Emergent trends in the black community. *Mid-American Review of Sociology, 12,* 21—37.

Caldwell, L. K. (1988). Environmental impact analysis (EIA): Origins, evolution, and future directions. *Policy Studies Review, 8,* 75—83.

Carson, R. (1962). *Silent spring.* Boston: Houghton Mifflin.

Chavis, B. F., & Lee, C. (1987). *Toxic wastes and race in the United States: A national report on the racial* and socio-economic characteristics of communities *with hazardous waste sites.* New York: Commission for Racial Justice, United Church of Christ.

Cicero, M. T. (1962). *Orator* (Rev. ed.). (H. M. Hubell & G. L. Hendrickson, Trans.). Cambridge, MA: Harvard University Press.

Climate Convergence. (2007, August 13). *Activists block Bank of America in downtown Asheville.* Retrieved December 10, 2008, from http://asheville. indymedia. org.

Clinton, W. J. (1994, February 16). Federal actions to address environmental justice in minority populations and low-income populations. Executive Order 12898 of February 14, 1994. *Federal Register, 59,* 7629.

Cole, L. W. , & Foster, S. R. (2001). *From the ground up: Environmental racism and the rise of the environmental justice movement.* New York: New York University Press.

Conger, C. (2010, November 24). What are green jobs? *Discovery News.* Retrieved July 5, 2011, from http://news. disco very. com/.

Cox, J. R. (2001). Reclaiming the "indecorous" voice: Public participation by low-income communities in environmental decision making. In C. B. Short & D. Hardy-Short (Eds.), *Proceedings of the Fifth Biennial Conference on Communication and Environment* (pp. 21—31). Flagstaff: Northern Arizona University School of Communication.

The day of action against extraction is one week away! (2011, April 14). BeyondTalk. net. Retrieved February 27, 2012, from www. beyondtalk. net/2011/04/the-day-of-action-against-extraction-is-one-week-away/.

Delhi Climate Justice Declaration. (2002). India Climate Justice Forum. Delhi, India: India Resource Center. Retrieved December 11, 2008, from http://www. indiaresource. org.

Di Chiro, G. (1996). Nature as community: The convergence of environment and social justice. In W. Cronon (Ed.), *Uncommon ground: Rethinking the human place in nature* (pp. 298—320). New York: Norton.

Di Chiro, G. (1998). Environmental justice from the grassroots: Reflections on history, gender, and expertise. In D. Faber (Ed.), *The struggle for ecological democracy: Environmental justice movements in the United States* (pp. 104—136). New York: Guilford Press.

Durban Declaration on Carbon Trading. (2004, October 10). Glenmore Centre, Durban, South Africa. Retrieved March 1, 2009, from http://www. carbontrade watch. org/.

Edelstein, M. R. (1988). *Contaminated communities: The social and psy-*

chological impacts of residential toxic exposure. Boulder, CO: Westview.

Eiglad, E. (2010). In B. Tokar, Toward climate justice: Perspectives on the climate crisis and social change (pp. 7—12). Porsgrunn, Norway: Communalism Press.

Flaccus, G. (2011, June 17). Sewage pile, illegal dump on Calif toxic tour list. Associated Press. Retrieved February 27, 2012, from http://abcnews.go.com/US/wire Story? id = 13864711 #. TouXg9VNqcc.

Ferris, D. (Speaker). (1993, October 21—24). Environmental justice: Continuing the dialogue [Cassette recording]. Recorded at the Third Annual Meeting of the Society of Environmental Journalists, Durham, NC.

Gibbs, L. M. (1995). Dying from dioxin: A citizen's guide to reclaiming our health and rebuilding democracy. Boston: South End Press.

Gottlieb, R. (1993). Forcing the spring: The transformation of the American environmental movement. Washington, DC: Island Press.

Gottlieb, R. (2002). Environmentalism unbound: Exploring new pathways for change. Cambridge, MA: MIT Press.

Gottlieb, R. (2003). Reconstructing environmentalism: Complex movements, diverse roots. In L. S. Warren (Ed.), American environmental history (pp. 245—256). Malden, MA: Black-well.

Gray, L. (2009, December 17). Copenhagen climate conference: 260 arrested at protests. The Telegraph [UK]. Retrieved July 10, 2011, from www.telegraph.com.

Greenpeace. (1990, April). Ordinary people, doing extraordinary things. [Videotape]. Public service announcement broadcast on VH-1 Channel.

Greider, W. (1992). Who will tell the people? The betrayal of American democracy. New York: Simon & Schuster.

Harvey, D. (1996). Justice, nature, and the geography of difference. Malden, MA: Blackwell.

Hays, S. P. (1987). Beauty, health, and permanence: Environmental politics in the United States, 1955—1985. Cambridge, UK: Cambridge University Press.

Jamieson, D. (2007). Justice: The heart of environmentalism. In P. C. Pezzullo & R. Sandler (Eds.), Environmental justice and environmentalism: The social justice challenge to the environmental movement (pp. 85—101). Cambridge, MA: MIT Press.

Jones, V. (2008). The green collar economy: How one solution can fix our two biggest problems. New York: HarperCollins.

Kazis, R., & Grossman, R. L. (1991). Fear at work: Job blackmail, labor, and *the environment.* Philadelphia: New Society.

Knafo, S. (2011, August 19). *Scientists link famine in Somalia to global warming.* Retrieved August 19, 2011, from www. huffingtonpost. com.

Kolbert, E. (2009, January 12). Greening the ghetto: Can a remedy serve for both global warming and poverty? *The New Yorker.* Retrieved July 5, 2011, from www. newyorker. com.

Lavelle, M., & Coyle, M. (1992, September 21). Unequal protection: The racial divide in environmental law. *National Law Journal*, S1, S2.

Lynn, F. M. (1987). Citizen involvement in hazardous waste sites: Two North Carolina access stories. *Environmental Impact Assessment and Review*, 7, 347—361.

Millions of African refugees desperate for food, water. (2011, July 6). *Environmental News Service.* Retrieved July 10, 2011, from ens-newswire. com.

National Environmental Justice Advisory Council Subcommittee on Waste and Facility Siting. (1996). *Environmental justice, urban revitalization, and brownfields: The search for authentic signs of hope.* (Report Number EPA 500-R-96-002). Washington, DC: U. S. Environmental Protection Agency.

Obama revives panel on environmental justice. (2010, September 23). *USA Today*, p. 2A.

Office of the Inspector General. (2004, March 1). *EPA needs to consistently implement the intent of the executive order on environmental justice.* Washington, DC: Environmental Protection Agency. Retrieved March 1, 2009, from http://www. epa. gov/oig/reports.

Only political activism and class struggle can save the planet. (2010). In I. Angus, (Ed.), *The global fight for climate justice: Anticapitalist responses to global warming and environmental destruction* (pp. 182—186). Black Point, Nova Scotia: Fernwood Publishing.

Pender, G. (1993, June 1). Residents still not satisfied: Plant cleanup fails to ease Columbia fears. *Hattiesburg American*, 1.

People's Declaration for Climate Justice (Sumberklampok Declaration). (2007, December 7). Bali, Indonesia. Retrieved March 1, 2009, from http:// peoplesclimatemovement. net.

Petermann, A., & Langelle, O. (2010). Crisis, challenge, and mass action. In I. Angus, (Ed.), *The global fight for climate justice: Anticapitalist responses to global warming and environmental destruction* (pp. 186—195). Black Point, Nova Scotia: Fernwood Publishing.

Pezzullo, P. C. (2001). Performing critical interruptions: Rhetorical invention and narratives of the environmental justice movement. *Western Journal of Communication*, *64*, 1—25.

Pezzullo, P. C. (2003). Touring "Cancer Alley," Louisiana: Performances of community and memory for environmental justice. *Text and Performance Quarterly*, *23*, 226—252.

Pezzullo, P. C. (2004). Toxic tours: Communicating the " presence " of chemical contamination. In S. P. Depoe, J. W. Delicath, & M-F. A. Elsenbeer (Eds.), *Communication and public participation in environmental decision making* (pp. 235—254). Albany: State University of New York Press.

Pezzullo, P. C. (2007). *Toxic tours: Rhetorics of pollution, travel and environmental justice*. Tuscaloosa: University of Alabama Press.

Pezzullo, P. C. , & Sandler, R. (Eds.). (2007). *Environmental justice and environmentalism: The social justice challenge to the environmental movement*. Cambridge, MA: MIT Press.

Proceedings: The First People of Color National Environmental Leadership Summit. (1991, October 24—27). Washington, DC: United Church of Christ Commission for Racial Justice.

Rebick, J. (2010). Foreword. In I. Angus (Ed.), *The global fight for climate justice: Anticapitalist responses to global warming and environmental* destruction (pp. 7—8). Black Point, Nova Scotia: Fernwood Publishing.

Reich, M. R. (1991). *Toxic politics: Responding to chemical disasters*. Ithaca, NY: Cornell University Press.

Revkin, A. C. (2007, April 3). The climate divide: reports from four fronts in the war on warming. *New York Times*. Retrieved July 10, 2011, from www. nytimes. com.

Rising Tide North America. (2008, December 1). *Climate activists invade DC offices of environmental defense*. Retrieved December 14, 2008, from http://www. risingtide northamerica. org.

Roberts, J. T. (2007). Globalizing environmental justice. In P. C. Pezzullo & R. Sandler (Eds.), *Environmental justice and environmentalism: The social justice challenge to the environmental movement* (pp. 285—307). Cambridge, MA: MIT Press.

Roberts, J. T. , & Toffolon-Weiss, M. M. (2001). *Chronicles from the environmental justice frontline*. Cambridge, UK: Cambridge University Press.

Rosenbaum, W. (1983). The politics of public participation in hazardous waste management. In J. P. Lester & A. O. Bowman (Eds.), *The politics of hazardous waste management* (pp. 176—195). Durham, NC: Duke University Press.

Sandweiss, S. (1998). The social con-

struction of environmental justice. In
D. E. Camacho (Ed.), *Environmen-
tal injustices, political struggles* (pp.
31—58). Durham, NC: Duke Uni-
versity Press.

Schwab, J. (1994). *Deeper shades of
green: The rise of blue-collar and mi-
nority environmentalism in America.*
San Francisco: Sierra Club Books.

Senecah, S. L. (2004). The trinity of
voice: The role of practical theory in
planning and evaluating the effective-
ness of environmental participatory
processes. In S. P. DePoe, J. W.
Delicath, & M-F. A. Elsenbeer(Eds.),
*Communication and public participa-
tion in environmental decision making*
(pp. 13—33). Albany: State Univer-
sity of New York Press.

SouthWest Organizing Project. (1990,
March 16). Letter to the "Group of
Ten" national environmental organiza-
tions. Albuquerque, NM. Retrieved
March 1, 2009, from http://soa.
utexas. edu.

The Day of Action Against Extraction is
one week away. (2011, April 14).
Retrieved July 16, 2011, from www.
beyond talk. net.

Tokar, B. (2010). *Toward climate jus-
tice: Perspectives on the climate crisis
and social change.* Porsgrunn, Nor-
way: Communalism Press.

United Nations Environmental Program.

(2008, September). *Green jobs: To-
ward decent work in a sustainable,
low-carbon world.* Retrieved July 6,
2011, from http://www. unep. org.

U. S. General Accounting Office.
(1983). *Siting of hazardous waste
landfills and their correlation with ra-
cial and economic status of surrounding
communities.* Washington, DC: U. S.
General Accounting Office.

Vidal, J., Stratton, A., & Goldenberg,
S. (2009, December 19). Low tar-
gets, goalsdropped: Copenhagen ends
in failure. Guardian [UK]. Retrieved
July 10, 2011, from www. guardian.
co. uk.

Walsh, C. (2008, May 26). What is a
green-collar job, exactly? *TIME*. Re-
trieved July 5, 2011, from www. time.
com/time/.

Warren, L. S. (2003). *American envi-
ronmental history.* Malden, MA, and
Oxford, UK: Blackwell.

Weiss, E. B. (1989). *In fairness to fu-
ture generations: International law,
common patrimony, and intergenera-
tional equity.* Ardsley, NY: Transna-
tional.

White, H. L. (1998). Race, class, and
environmental hazards. In D. E. Cam-
acho (Ed.), *Environmental injustices,
political struggle: Race, class, and the
environment.* Durham, NC: Duke Uni-
versity Press.

第十章 绿色市场营销与企业宣传

你了解得越深入,就会知道更多石油和天然气的好处。这一产业给美国提供了 920 万个工作岗位……从制造业使用的能源,到农场中使用的肥料,再到未来医药行业所使用的基本原料,我们支撑着各行各业。

——美国石油协会(American Petroleum Institute)的电视广告(2011)

电视屏幕里天天都播放着这样的商业广告:在石油井架和钻井平台的背景下,一个金发女郎穿着深色的职业套装从玻璃电梯里缓缓降落,平静地向观众们讲述"你要了解的石油和天然气的好处"。此时,屏幕上还闪耀着一句巨幅标语:"920 万个工作岗位。"这则广告由美国石油协会赞助,该协会是一个增加能源生产商利益的贸易组织,它服务的生产商包括埃克森美孚公司(Exxon Mobil)和 400 多家其他的生产商、炼油商及海洋运输和服务公司。

有关石油和天然气行业的电视广告是企业在公共领域中惯常使用的一种环境传播形式。"绿色"产品的广告、宣传公司形象的电视和广播广告以及以影响政府机构或游说美国国会为目的的活动,都属于企业环境传播的形式。

本章观点

- 在本章第一部分,我首先描述了大部分企业的环境传播活动使用的自由市场话语。

- 在第二部分,我剖析了企业的"绿色营销"及其三个主要形式:(1)产品广告(销售);(2)形象提升;(3)企业形象修复。
- 在第三部分,我探讨了利用公众对环境价值的支持进行的两种传播实践:
  1. 漂绿,或使用欺骗性广告来提升企业的环保形象。
  2. "绿色消费"话语,即通过购买绿色产品做"好事"。
- 在第四部分,我探讨了在公共领域影响公共舆论和环境法规的企业公关活动的作用。
- 最后,我介绍了第三种,也是被运用得较少的传播实践,即使用反对公众参与的策略性诉讼,来贬损或威胁那些批评行业破坏环境的人的名誉。

总体而言,企业的环境传播有三个不同的类型:(1)"绿色营销",即为企业的产品、形象以及行为建构环境身份;(2)为影响公共舆论、环境立法或部门规章进行企业公关;(3)更具攻击性的策略,用以贬损或威胁批评者。在本章中,我会谈论上述每种传播形式的案例,勾画出复杂的企业传播特性——尽管一些(不是全部)企业看起来是"绿色"的,但在实际行动上却与环境保护相左。

自由市场话语和环境

在进一步探讨企业传播的多种形式之前,我们必须先充分理解这些诉求之中隐含的意识形态前提和说服力来源。企业就环境问题进行公关活动并非空穴来风。相反,它来自一种意识形态话语(第三章),这种话语传播了一系列关于企业的意义,以及政府的正确职能的信息。这是一种关于经济市场的本质和政府的合适角色的话语,在企业反对环境标准时表现得尤其明显。

在很多企业的环境传播话语的背后都是对**自由市场(free market)** 的信仰。自由市场在这里是指在企业和商业行为中,政府管制的缺席。作为一种话语,它隐含的意思是,私有的市场是自我约束的,并将最终推动社会向好的方向发展。因此,自由市场的话语建构了一种强有力的对抗(第二章),那就是质疑环境法规,它所使用的修辞形式是:"我们要将'大政府'从我们身后赶走",还有"当企业进行自我管理时,它们会找到最好的解决办法"。

这种修辞的核心是许多企业领袖持有的信念:环境保护可以通过不受限制和管理的产品买卖及服务交易这种市场运作得到保障。这种对市场的信心假定"自由市场有能力发现公共利益,并通过将其转型为对个人利益的追求,以实现对社会资源的高效分配"(Williams & Matheny,1995,p. 21)。

这种认为市场是解决社会问题的首选方式的假设,源于苏格兰经济学家亚当·斯密(Adam Smith)的市场中的**无形之手(invisible hand)**的理论。这个理论诞生于18世纪,亚当·斯密用这个隐喻来形容在私有市场里,有一种决定社会价值的无形或自然的力量。斯密在他的经典著作《国富论》(*An Inquiry Into the Nature and Causes of the Wealth of Nations*,1910)中提出,个人在市场中的逐利行为的总和会推动公共利益,或共同利益的实现。他解释说,个人"既无意于推动也不知道自己推动了多少公共利益……的实现。他只考虑自己的所得。而他在这里……受到一只看不见的手的引导,达到了一个并非他本意想要达到的目的"(p. 400)。像卡脱研究所(Cato Institute)或者哈兰德研究所(Heartland Institute)这种自由主义利益团体就毫无保留地引用了亚当·斯密的理论假设,论证市场中自由、开放的竞争会自然而然地带来创新,确保诸如更干净的空气和更安全的产品等的质量。

自由市场的话语在近期美国与欧洲关于所谓自由贸易协定的争论中尤为明显。特别是新自由主义经济学家和全球化的支持者们,他们坚信通过开放全球市场、鼓励海外投资,贫困国家不但可以在经济上获得发展,还能够促成更强大的环境保护。举例来说,美国的贸易代表罗伯特·佐利克(Robert Zoellick,2002)在国会发言时声称"自由贸易推动了自由市场的发展,还推动了经济增长,带来了更高的收入。当国家变得越来越富庶时,公民就会对劳动和环境的标准提出更高的要求"(p. 1)。塞缪尔·奥德里奇和杰伊·莱尔(Samuel Aldrich & Jay Lehrwriting,2006)为自由主义智库哈兰德研究所撰文表示,"那些在环境保护和提升方面保持最佳纪录的国家,自由市场的资本主义程度最高……而那些生活在计划经济制度下的人们，仅能满足基本的对食物、衣物和住所的生存需求，并最大限度地使用他们的自然资源"（paras. 4，6）。

在接下来的一部分，我们来看看企业在反对政府强加的环境绩效标准时，如何使用自由市场话语作为自己的修辞和意识形态依据。实际上，很多企业传播实践都在使用这套话语，包括企业绿色营销，还有复杂的企业政策影响项目。

企业绿色营销

过去四十年来，随着公众对环境保护的支持日益增加，很多产业已经为提升自己的环境表现做了诸多努力。因此，很多公司如今都有一个包含双重目标的环境传播项目：(1) 将公司目标和行为与流行的环境价值观联系在一起；(2) 尽量规避，如果不行就尽可能影响可能影响生意的新增环境规章。

在这一部分，我将聚焦于企业的第一个目标：通过企业公关和营销，为企业的产品、形象和行为建构环境身份。美国企业每年投入数十亿美元在这类环境公关（又称绿色营销）上。**绿色营销（green marketing）**这个词指的是企业试图将自己的产品、服务或企业身份与环境价值观和形象相联系。

在这一部分，绿色营销更明确地指为达到以下三种目的而进行的企业传播：(1) 产品广告（促销）；(2) 形象提升；(3) 形象修复。我也将讨论为何有人控诉这些市场营销方式是一种**漂绿（greenwashing）**的形式。所谓漂绿是由漂白而来。在《牛津简明字典》（*Concise Oxford Dictionary*）里，漂绿被定义为"通过组织大范围传播的误导性信息，借以呈现一种对环境负责的公共形象"（引自 Greenwash fact sheet, 2001, para. 1）。无论绿色营销是什么，它首先要影响消费者、媒体、政客和公众的感知，而正是这种功能引发了关于企业行为的争论。

绿色产品广告

我们最熟悉的企业绿色营销形式或许是将公司产品同那些与环

境相关的流行画面和广告语结合起来。这类**绿色产品广告（green product advertising）**试图向市场展示自己的产品是对环境影响最小的,并且还"打造出一个高品质的形象,说自己的产品从属性到制造流程都符合环境要求,是具有环境敏感性的"(Ottman, 1993, p. 48;又见 White,2010, for the American Marketing Association's definition of green marketing of products)。

绿色广告和生态标签

在市场上被标记为"环保"的产品清单很长:咖啡、轿车、滤水器、服装、发胶、城市越野车、计算机、抗过敏药、早餐麦片、唇膏以及儿童玩具,这些还只是很少的一部分。仅一年,美国专利局(U. S. Patent Office)就收到 30 多万份与环境相关的"品牌、商标、标签"的申请(Ottman,2011)。

这些品牌的产品广告总是伴有山巅、森林、绿水、蓝天的图像,这也没啥好奇怪的。例如,碧然德(Brita)最近做了一个电视广告,画面是一个因纽特人喝着纯净冰冷的北极水,这时一个女人突然跑过冰面大喊"Yoo hoo!",并递给因纽特人一瓶碧然德过滤水,然后说:"这个来自商场的自动饮水机。"因纽特人喝了那瓶水,然后笑了。虽然这则广告看起来很幽默,而且在文化上也不够敏感,但是在观众脑海中会形成一个印象:碧然德滤水器可以净化任何地方的水。

当然,与产品同时销售的往往是与自然环境的联系:"城市越野车广告展现车在户外的风采……抗过敏药物广告会拍摄鲜花或'野草'的特写。"其中,"环境本身是非卖品,但是广告商依赖非人类世界的品质和特征来帮助……销售信息"(Corbett,2006, p. 150)。在绿色广告中,环境似乎为这种形象和身份特征提供了无尽的可能性。吉普车的广告鼓励都市人通过吃"纯天然"或"有机的"早餐食品,逃离喧嚣,驱往山岭。这些绿色广告依靠的是一种能够被唤醒的对大自然的向往,并将其作为一种卓有成效的修辞框架。

绿色产品广告的案例不胜枚举,但这类广告的内在框架却使用了相同的主题。环境传播学者斯蒂夫·德波(1991)二十年前的发现至今仍然适用。他指出,绿色广告有三种基本框架:(1)将大自然当作背景幕布(吉普车的广告使用的是山岭);(2)将大自然当作产品

（"纯天然的"葡萄干）;(3) 将大自然作为结果（产品不会伤害甚至有可能改善自然环境）。传播学者茱莉亚·科贝特（Julia Corbett, 2006）通过观察发现，"在广告中，无论是呈现野生动物、群山还是潺潺流水，都是仅仅将大自然当作背景，这是广告对自然界最常见的使用方式"（p.150）。

通用汽车公司（General Motors）在自然杂志《奥杜邦》（Audubon）的封底投放的全页彩色广告，就是将大自然当作背景使用的一个经典案例。这则广告表现了一辆通用汽车公司的新款汽车停放在一片"古老的红杉树林里，阳光柔和地滤过树荫，照射在地面的蕨类植物上"（Switzer, 1997, p.130）。图片附带的文字说："我们对大自然的敬仰远不止为您提供广阔的视野这么简单"，这也就是要你留意通用汽车公司已经"为保护自然做出了相当大的努力"（引自 Switzer, p.130）。

除了使用视觉图像，绿色产品广告还依赖在产品上贴象征环境友好的标签这一被广泛使用的做法。这些标签声称产品是有机的、无毒的、无磷的、可降解的、纯天然的、自由放养的，等等。产品也可能贴有人们熟悉的可回收标识。事实上，绿色标签的使用看起来越来越多。环境营销公司 TerraChoice（2010a）发现，在 2010 年，绿色产品的销量增长了 73%。该公司还发现，虚假的绿色标签也在不断增加（我将在下面描述漂绿的做法）。

此外，大多数美国消费者（84%）正在购买绿色产品——环境友好型的衣服、食品、清洁用品、个人护理用品等（Ottman, 2011, p.9），而且许多人会在商店里寻找生态标签。不足为奇的是，罗珀调研公司（Roper's Green Gauge）的民意调查显示了一个相关的趋势，"人们越来越倾向于'买制'——从那些被认为有着良好环境记录的公司购买产品"（引自 Ottman, 2003, p.4）。**买制（pro-cotting）**这个术语来自抵制，或源于对特定商品的抵制。罗珀的一份绿色评估发现，来自 25 个国家的消费者在商店中"仍然十分渴求更加绿色的选择"（Green marketing insight, 2011, para.2）。

最后，越来越多的绿色产品广告给产品贴上环境标签，或实施**生态标签认证程序（eco-label certification programs）**。一个产品被贴上生态标签，就在表面上标志着某个独立组织向消费者保证了该产品是环境友好型的,或者该产品是以对环境无害的方式生产的。例如,美国环境保护署给灯泡和家电贴上能源之星(*Energy Star*)标签,意味着它们是节能产品。还有美国森林管理委员会(Forest Stewardship Council)在木制品上贴上美国森林管理委员会认证标签,标明这块木头来自实行了生态管理的森林。

近年来,生态标签或其他用于认证的印章不断增多。目前,已有400多个生态标签认证系统。其中存在的问题就是这些标签可能只是对产品进行了泛泛的、不合标准的说明。因此,美国联邦贸易委员会(Federal Trade Commission,FTC)拟议在规章中新增一部分来解决这个问题。例如,公司必须说明它们使用的生态标签是由公司自身,或是贸易组织,或是第三方认证的。而且生态标签本身必须更加具体;产品的认证标签不能写成"绿色智能",而是必须使用像"绿色智能,可回收认证"这样的标签(Vega,2010)。

绿色营销声明指南

对绿色广告保持警惕还是有必要的。这个领域实在缺乏规范,除了有机这个标签(由美国农业部负责监督管理)以外,美国对大部分标示环境友好的标签和绿色产品声明都不过是遵循着一些自愿准则在实施管理。美国联邦贸易委员会确实对绿色营销声明进行了监督,并发布了《环境营销声明指南》("Guidelines for Environmental Marketing Claims")[或称《绿色指南》("Green Guides")]。然而在过去的几年中,这些指南相当模糊,是否遵从由公司自愿决定。

美国农业部在美国国家有机认证计划(National Organic Program)中为有机产品设定了标准(见 www.ams.usda.gov/nop),然而,其他的标签就没有统一标准了,如自由放养和无笼养殖等标签。事实上,"一家公司所宣称的自由放养或许仅仅意味着动物们每天到户外活动15分钟,而另一家公司则是指所有动物一辈子就是在一块面积仅为十英亩的牧场上被放养"(Consumers beware,2006, p. 23A;还可见 Foer,2010)。

因此,在这种松散的规范的管理下,绿色产品广告或许传达的是很宽泛的意义——从未经证实的声明,到关于产品质量或企业行为的准确信息都有。事实上,商业博客 *GreenBiz. com*(Marketing and communications，2009）曾大肆鼓吹"由于缺乏行业标准来决定何谓绿色产品或绿色企业"，这为许多人带来了商机。该博客还指出，随着意欲购买绿色产品的顾客的数量不断增长，生态标签越来越流行，"任何东西，只要冠以绿色之名，无论是简单地更换包装，还是从根本上使得产品和服务减少原料使用、能量消耗和废弃物生产量"，都能获得发展机会（para.1）。

2010年，美国联邦贸易委员会提议修改《绿色指南》，以增强对营销声明的指导，尽管这些营销声明在现行的规章中已经被提及。而且，委员会还针对一些标签认证提供了新的指南，如"碳补偿"这样的标签在1998年修订《绿色指南》时还不为人熟知（Federal Trade Commission，2010a）。

▶ 从本土行动！

对欺骗性绿色营销声明进行检查

你有没有想过某些贴着标签的食物、个人护理用品或者服装类产品是否真的是绿色或环境友好的？你买的产品上贴着可回收、可生物降解或无毒害的标签意味着什么？

美国联邦贸易委员会的"使用环境营销声明指南"（Section 260.7）明确规定：

"直接或含蓄地表示产品、包装或其服务能提供环境效益，都是欺骗行为。"联邦贸易委员会有权开展执法行动，禁止《联邦贸易委员会法》（Federal Trade Commission Act）第五条所规定的不公平或者欺骗性行为。

联邦贸易委员会如何行使它的权力呢？联邦贸易委员会的《指南》是否为绿色营销声明提供了更清晰的定义？它对欺骗性绿色广告是否采取过行动？欲浏览新《指南》，请点击 http://www.ftc.gov。然后请回答下列问题：

● 联邦贸易委员会对可回收、可降解、可分解、可再生能源或者碳排放值的指导有多精确或有多大帮助？

● 联邦贸易委员会最近对欺骗性环境广告或标签采取了什么执

法行动? 关于特定的企业或产品,你可以查阅"联邦贸易委员会行动"(FTC's Actions)的网站链接,点击 www.ftc.gov/os/index.shtml。例如,查询"竹子"就能看到联邦贸易委员会追查了几家公司,这些公司都欺骗性地将某些产品标示为竹纤维制造,但实际上是人造纤维。

● 总体而言,你认为联邦贸易委员会的《绿色指南》在打击错误的或具有误导性的环境标签或广告上有多大效果?

　　美国联邦贸易委员会拥有的唯一执法权是《联邦贸易委员会法》的第五条。这个条款禁止广告中的欺骗性行为。尽管它的《环境营销声明指南》并非强制执行,但如果一个公司被证实在有关产品的声明中弄虚作假,那联邦贸易委员会可以据此起诉这个公司。而且,联邦贸易委员已经处理了几个被指控为虚假或不实的环境声明。例如在2009年,委员会控诉三家公司"制造虚假和不实的声明,声称自己的产品可生物降解"。此外,它还起诉了四家服装纺织企业,因为它们"使用欺骗性的标签和对外广告,声称它们的产品是用竹纤维制造的,是使用环境友好的程序制造的,而且/或者是可生物降解的"(Federal Trade Commission, 2010b, pp. 19—20)。

　　正是由于有些人认为绿色营销声明指南的法律执行力太弱,所以出现了一些独立组织,对环境广告声明进行监督或核实。目前最著名的组织是 SourceWatch(sourcewatch.org),它对企业的资金和行为进行全面监督。还有其他组织专门监督某类声明,如无笼养殖的鸡生的鸡蛋,以及天然的、自由放养的、人道养殖的蔬菜和肉类产品。

　　一些动物福利组织会发布自己的标识,证明一些产品符合某些标准。例如美国人道主义协会有"美国人道认证"项目(American Humane® Certified program)(之前被称为自由养殖项目)。它的标签给消费者提供了来自第三方的独立认证,保证对农场动物的饲养符合有科学依据的动物福利标准。而全食组织(Whole Foods)则推出了一个"动物怜悯"(animal-compassionate)项目,要求所有动物在被屠宰前必须以"人道的方式"(无笼化等)被饲养(Martin, 2006)。

　　近来,加拿大禁止使用那些"用含糊的声明暗示对环境有益"的标签(Sustainable Life Media, 2008, para. 1)。加拿大商务竞争局

（Canada's Competition Bureau）转而发布了一系列指南，要求公司张贴"清晰、明确、准确"的已获证实的声明。竞争局局长谢里丹·斯科特（Sheridan Scott）表示："除非企业自己能提供充分的证据，否则不应该使用那些环境声明"（Sustainable Life Media，2008，para.2）。

形象提升：沃尔玛和"清洁燃煤"

公司必须在一个持续变化的商业环境里运行。它常常需要对一些资源进行投资，以确保公众对该公司的形象和表现一直持有正面的印象。有时就需要采取形象广告的形式。例如，当埃克森美孚公司提议从加拿大的大片油沙储存地中开采原油时，环保人士担心这会导致大量温室气体排放，为此埃克森美孚公司（2011）赞助了一系列电视广告，以宣扬其对能源、就业和环境的关注。在一个电视广告中，来自埃克森美孚公司的工程师表情严肃地说：

> 美国正面临一些严峻的挑战，最重要的两个方面是能源安全和经济增长。实际上，北美拥有世界上最多的石油储备。其中很大一部分是油沙。这种储备有能力创造成千上万的就业。在我们位于加拿大的克尔（Kearl）的工厂，我们有能力用与开采其他石油所产生的相同的气体排放量来生产这些油沙。这是一个巨大的突破（对美孚和埃克森公司第一批环境形象广告的分析，见 Crable & Vibbert，1983，还有 Porter，1992）。

塑造一个企业正面的环境形象依赖于**形象提升（image enhancement）**的做法，即通过公关或者广告来改善企业自身的形象，反映企业对环境的关注。随着环境价值观在美国和世界各国越来越流行，许多企业改善了它们与公众的传播关系，将企业形象强化为对环境负责的企业公民。当媒体、政府或者环境组织质疑公司的行为或意图时，这种传播尤为重要。

在这一部分，我将阐述形象提升在两个绿色营销活动中的功能：（1）煤炭行业销售"清洁燃煤"，以之作为一种能源形式；（2）沃尔玛发起"可持续发展"倡议，以消灭浪费和减少它的碳足迹。

重新将煤炭定义为"清洁燃煤"

近来，最令人瞩目的形象提升行为就是煤炭行业投入了数百万美元的"清洁燃煤"广告活动。我们在电视、广播、广告牌以及网络上看到了数千次关于该活动的高品质广告。从 2002 年开始，这些广告就向美国人宣称"清洁燃煤技术取得的进步正在有效地改善我们的环境"，并向听众保证"即将在 2020 年左右开始建设的全新火力发电站会很好地使用这种先进技术，它们将会是完全无污染的"（引自 SourceWatch，2009，para. 4）。

这些广告的目的不是要销售产品，如一吨煤或一座发电站。相反，它们是想让立法者和其他意见领袖相信煤炭工业对美国的能源未来至关重要。因为煤炭是"清洁的"——燃煤发电站能够在不产生污染的情况下提供电力——所以，这个产业不应该被管制。为什么？商业环境发生了什么变化，使得煤炭工业觉得它为了生存必须要进行重新定位？

从根本上来说，煤炭行业所处的商业环境正在发生改变。美国环保署设置了更严格的污染物排放标准，如从燃煤发电厂排出二氧化硫和汞的标准，环保署现在还首次提出要管制二氧化碳（这种温室气体也是导致气候变化的主要因素）。而且，正如我们在第八章所见，环保组织一直在阻止修建新的煤电厂，而主要的金融机构也开始针对这些工厂的建设提出更严格的贷款要求。

因此，煤炭产业在这场花费数百万美元的"清洁燃煤"广告活动中投入巨大，以期阻止针对燃煤发电站的新规出台。仅在 2008 年，一些行业组织，如美国清洁煤电力联盟（American Coalition for Clean Coal Electricity, ACCCE）就投入了 3500 万到 4500 万美元做形象广告。"2008 年的广告活动投放的电视广告，大部分将'清洁燃煤'定位为一种新型的环境友好型燃料"（LoBianco, 2008, para. 2; Mufson, 2008）。美国清洁煤电力联盟以前被称为"美国平衡能源选择"（Americans for Balanced Energy Choices）组织，它是一个公关组织，服务于煤矿开采公司、煤炭运输行业（铁路）、煤电生产者（SourceWatch，2009）。许多电视广告和广告牌都引导观众直接去浏览美国清洁煤电力联盟精心制作的网站 AmericasPower. org 上的详细信息。

美国清洁煤电力联盟有一则提升形象的电视广告，名为《再见，一路走好》。它展现了一对老夫妇坐在自家门廊前，一位年轻女士开着

她的敞篷车,两个工人进入工厂,孩子们在挥手,以及海滩边的一家人。一段(男声)旁白念道:

> 我们希望能摆脱对外国能源的依赖。我们也想对不断增加的能源开支说"再见,一路走好"。但首先,我们得向自己关于煤炭的过时理念说"再见"。为了减排,我们必须不断发展新的清洁燃煤技术,包括最终捕捉并贮存二氧化碳。如果不这么做,我们就得向自己熟悉和热爱的美国式生活"告别"。清洁燃煤,美国的动力(America's Power, 2009)。

这则广告运用了唤起社会规范的战略,敦促普通的美国民众——比如"你我"——和"过时的煤炭观念"说"再见",并建议让煤炭继续为"美国式生活"提供能源。

有证据表明,这则广告的确影响了公众对煤炭的态度,以及规制火力发电厂的提议。2010年,美国国会未能通过关于气候变化和火力发电厂的立法。而在2008年美国大选之夜的一份民意测试显示,"全国范围内72%的意见领袖支持使用煤炭来发电,这一比例较往年有极大提升,是该组织发起民调十年以来的最高水平"(*Business Wire*, 2008, para. 3)。最后,在2011年,环保署延迟颁布了两个计划中的关于火力发电厂的法规。

沃尔玛的"可持续发展"活动

2005年10月24日,在阿肯色州本顿韦尔(Bentonville)的沃尔玛总部办公室,沃尔玛首席执行官李·斯科特(Lee Scott)面对着一群观众,他们是沃尔玛的员工。斯科特发表了一场讲话,讲话的内容以现场直播的方式同时传达给沃尔玛在全球的6000家门店和62000个供应商。李·斯科特宣布,沃尔玛"以可以想象的最强大的方式走向环保,拥抱可持续发展"(Humes, 2011a, p. 100)。沃尔玛看起来不像是会采纳环境价值观的公司,它以"本顿韦尔压榨"知名,多年来一直因面临"无限的负面新闻、抗议、政治反对派、调查、劳工问题、医疗保险问题、分区问题和超过以往水平的环境问题"(p. 13)而引人关注。而斯科特当天宣布的倡议在随后几年也成为最雄心勃勃但也经常受到质疑的绿色企业倡议。

图 10.1 "讨厌沃尔玛变得越来越难。"虽然它的可持续发展指数"有很多问题",但如果它成功了,它基本上将"一举改变零售业的面貌"(Treehugger. com 上的一个博主说)。

斯科特在本顿韦尔的演讲中委婉地说:"如果我们用我们的规模和资源使这个国家和地球变成对我们所有人而言都更好的地方会怎么样?"(引自 Humes,2011a, p. 102)接着他宣布了沃尔玛的长期环境目标:

1. 100% 使用可再生能源;

2. 实现零浪费;

3. 销售有利于人类和环境可持续发展的产品(Walmart, 2011, p. 1)。

斯科特的宣言上了新闻头条,而且迷惑了竞争对手。虽然一些环保组织对沃尔玛新的环境目标表示了兴趣,但它们中的大多数持保留态度,"等着看公司的行为是否符合他们的高谈阔论"(Humes,2011a, p. 104)。其他人的反应更加激烈,他们怀疑这么大的零售商怎么可能实现可持续发展,还有的指控这就是漂绿行为(Mitchell, 2007)。

然而,在随后的几年,沃尔玛继续宣布并开始实施一系列可持续发展计划——减少商店的碳足迹,提升运输车队的燃油率,使用有助于减少浪费的包装。在 2006 年,公司推出了"绿色评级系统,用以推动全世界六万个制造商减少它们使用的包装的 5%,并使用更多可再生材料,减少总体的能源使用"(Ottman,2011, p. 172)。

然后,在 2009 年,沃尔玛更进一步宣布它将创建"可持续发展指数"(Sustainability Index)。这将是衡量沃尔玛整个供应链的可持续性的记分卡。该指数将衡量一个供应商的碳足迹、对自然资源的使用、能源使用效率和对水的使用,等等。最终,沃尔玛希望把关于供应商的表现的数据转化为每一个产品的分数,"为消费者了解产品的可持续性提供一个简单的评级——这是有环保意识的购物者的终极梦想"(Makower,2010,para. 6)。因此,沃尔玛的意图是,通过决定供应商的哪一种产品有资格放在商店货架上,使可持续发展指数影响范围更广泛的供应商的行为(Ottman,2011,p. 168)(更多关于可持续发展指数的信息,请见 http://walmartstores.com)。

公众的反应主要是正面的。《纽约时报》的社论称赞这个指数是"一个可靠的想法",并补充道:"鉴于沃尔玛强大的购买力,只要它做得好,它就能创造出我们急需的透明度并实施更多的环境敏感型的实践"("Can Wal-Mart be sustainable?" 2009,para. 2)。布莱恩·莫千特(Brian Merchant,2009)在"抱树者"网站上发表博客承认:"讨厌沃尔玛变得越来越难。"虽然企业巨头的可持续发展指数"还有很多问题",但如果成功了,它基本上将"一举改变零售业的面貌"(para. 1)。两年之后,爱德华·休姆斯(Edward Humes,2011b)在《洛杉矶时报》的评论版上更正面地说:"我不是向沃尔玛道歉。这个零售业巨头在很多方面依然需要面对各种批评,不管是雇佣问题还是劳工问题,以及对本土企业和社区的影响问题。但在可持续发展领域,沃尔玛做对了"(para. 5)。

当然还是有其他人对此存疑,而且批评远不止一点点。一些批评者提醒人们,沃尔玛不能将可持续发展目标和公司对环境与人的影响的相关问题分隔开来。梅丽莎·罗伯茨(Melissa Roberts,2011)在《宾州政治评论》(Penn Political Review)上撰文指出,环保人士多年来推动企业把可持续发展列入底线,而"真正的环保主义不能把环境责任和社会责任分开。如果一个公司购买了有机棉但是少付了钱给农民,那么农民就不得不使用不可持续的耕作方式(或者)烧毁亚马孙雨林,那么环境并没有获益"(para. 3)。

还有一些人相信沃尔玛和其他大零售商从根本上说推动的是不可持续经济,并提出了他们的批评意见。在他们看来,"无论努力多么真实,结果多么正面,可持续发展只是转移了媒体和公众的视线,事实上真正的问题是大体量经济本身"(Humes,p. 2011a,p. 227)。

沃尔玛的可持续发展倡议是真实的,而它最终是否能成功还有待观察。同时,一些环境观察家对此持乐观态度,例如,布里奇特·梅恩霍德(Bridgette Meinhold,2009)在名为 Inhabitat 的网站上发表社论:"沃尔玛的可持续发展指数可能会改变游戏规则。"但是她也承认:"这需要多年的实验、测试、数据收集和研究,以发展出一个公平、平衡、翔实的可持续发展评级系统……在目前的发展水平下,可持续发展指数还是一个婴儿"(paras. 6,7)。

修复企业形象:道歉还是逃避?

一个公司要成功度过困难时期,修复或恢复信誉是最关键的企业传播形式。**形象修复(image repair)**就是在危害环境的事故发生后,利用公关手段恢复公司的信誉。做错事的企业常常要面对来自公众的信任危机,以及可能的法律或者经济余波。因此,企业形象修复总是试图将事件造成的危害,以及随之而来的可能"带给企业无法弥补的损失"的公众的负面看法最小化(Williams & Olaniran,1994,p. 6)。形象修复,又称危机管理,对公司的持续运营至关重要,但该行为本身也可能引发争议,尤其是当企业传播被视为不真诚时。

我在 2011 年就写过,英国石油公司仍在努力,从 2010 年墨西哥湾石油井口破裂事件导致的信誉受损中恢复元气。奥巴马政府在事故发生几周后,就对该企业展开了刑事和民事调查,而民事诉讼堆积成山。而英国石油公司仍然做出了一系列努力,尝试恢复其信誉。在事故发生后,该公司开始发布电视广告,在主要报纸如《华尔街日报》《今日美国》和《华盛顿邮报》上刊登整版广告,还在沿岸国家本地刊登广告。《纽约时报》刊登的广告上有一张照片,照片中工人们正在放置吊杆,以保护海岸线不受浮油污染。照片说明上写着:"英国石油公司为清理墨西哥湾负全部责任……我们将会使这里恢复如常"(We will make this right,2010,p. A11)。

然而,漏油事件中英国石油公司的危机管理很快成为一个形象修复无效的案例。就在灾难发生之后,该公司首席执行官托尼·海沃德(Tony Hayward)就公开抱怨他在该灾难上花费了多少时间。他说:"我想让我的生活恢复常态",而且他还试图淡化漏油事件造成的生态影响。他说墨西哥湾是一个"巨大的海洋",而"这次灾难对环境的影响可能是非常非常有限的"（MSNBC.com，2010，para.4）。这样做肯定无助于修复企业的信誉。

还有一个被多次研究的相似案例，也是一个效果不佳的形象修复案例。那就是1989年埃克森公司的瓦尔迪兹号油轮在阿拉斯加威廉王子湾发生的重大漏油事故。当时油轮触礁后泄漏了近1100万加仑的原油，"立刻给附近环境造成了巨大破坏，漏油弥漫在约1100英里的海岸线上"（Hearit，1995，p.4）。这次污染事故造成数千只海鸟、海獭以及其他野生动物的死亡，并给当地渔业带来了巨大损失。

埃克森公司面对着一场公众负面舆论的疾风骤雨，当时全世界的电视、广播、报纸和杂志都大量报道被石油浸泡的鸟类以及挣扎着求生的海狮。《纽约时报》的一篇报道这样写道：

> 在埃莉诺岛（Eleanor Island）的一片小石滩上，一块貌似黑石头的东西却是一只全身被石油裹着的海鸟。当直升机降落时，这只受惊的小鸟展翅欲逃，但怎么也飞不起来。在海豹岛沿岸，一大群海狮紧紧地挨在一起，努力保持它们的头部能抬起在油面以上（Shabecoff，1989；引自 Benoit，1995，pp.119—120）。

悲剧发生后，埃克森公司立刻采取了挽救措施——协助清理工作，配合联邦部门的调查——打响了一场大规模的形象修复战。该公司实施了一项由三部分组成的形象恢复战略，这其中包括公司总裁在主流报纸上发表了一封整版的"致公众的公开信"。传播学学者威廉·班诺特（William Benoit，1995）注意到，埃克森起初试图将问责之声引向船长，该船长被发现在事故前有饮酒行为。该公司还试图通过采取班诺特所谓的"最少化"和"提升"的方法，以减少对漏油事故的攻击（p.123）。具体而言就是，埃克森试图"最少化"其关于环境遭受破坏的报道，而且通过宣布自己"迅速高效的行动"减少了石油对自然界和野生动物的影响，以提升公司的形象（引自 Benoit，1995，p.126）。

不管怎样，埃克森公司没能缓解公众对它的责难，而且在灾难发生之后迅速失去了公司信誉。它的修复形象的努力失败了。尽管公司想将自己的形象定位为努力修复事故灾难，但它的承诺很模糊，而且在清理沿岸污染的工作上的拖沓又破坏了自己的形象。班诺特总结道，"埃克森公司由于瓦尔迪兹号原油泄漏事故而遭遇了声誉受损，它试图在短期内恢复其声誉的努力看起来是无效的"（p.128）。海里特（Hearit,1995）称，对于埃克森公司在处理危机时的官僚做派以及重塑合法性的失败，公司的公共传播行为不能以一封道歉信了事，而是"要持续打一场长期的战役，就漏油事故后公众的持续关注和评价，不断与公众沟通"（p.12）。

漂绿和绿色消费主义话语

企业的绿色广告、形象提升和形象修复行为并不缺少批评之声。在这一部分，我将特别介绍两种批评：（1）指控企业的绿色营销是一种漂绿行为；（2）绿色消费主义话语，即认为购买环境友好的产品就能拯救地球。

企业漂绿

在研究早期企业违反环境法规的行为时，杰奎琳·斯维泽（Jac-queline Switzer,1997）发现，通常企业中"被环境组织称为'漂绿'的公关活动，被企业用于软化公众对其行为的认知"（p.xv；以及Corbett,2006）。早前，我将漂绿定义为"组织传播误导性信息，以呈现其对环境负责的公众形象"。环境营销公司TerraChoice（2010b）是美国保险商实验室（Underwriters Laboratories）的分支机构，它是这样描绘这个术语的："这是公司误导消费者的一种行为，让消费者对公司的环境行为，或者其产品、服务的环境效益产生错误的认知"（para.2）。

环境组织惯常使用漂绿一词来唤起人们对企业欺诈行为的注意。企业努力误导公众，或转移公众对其糟糕的环境行为或产品的关注。比如，绿色和平组织（2008）将"绿色画笔"奖（Emerald Paintbrush Award）颁发给英国石油公司，以"认可该公司在2008年漂绿其品牌的努力，尤其是它投入了数百万美元的广告费，宣布承诺开发可替代性能源……以及使用诸如'从地球到太阳，还有其间的万物'这样的标语"（para.4）。绿色和平组织通过查阅英国石油公司的内部文件证实，2008年"该公司93%的总投资资金（200亿美元）被用于开发和炼取石油、天然气以及其他化石能源。相比之下，对太阳能（分析人员称这种技术目前正面临重大的技术突破）的投入只占 1.39% , 对风能的投入只占 2.79% ”(para. 5)。而另一方面,英国石油公司却坚称自己正致力于发展新的可再生能源(BP,2009)。

那么到底谁能分清一个公司的广告是漂绿,还是合情合理的环境成果报告呢? 许多批评家提出了判断欺诈的基本标准。由广告传递的信息或印象是否有确凿的证据来支撑? 很多时候,普通消费者很难判定一项声明的真实性。在另一些情况下,会有像 SourceWatch 这样的组织来监督企业的声明和行为,提供企业遵守环境法规的信息,甚至评估特定的营销活动。

环境营销公司 TerraChoice 总结了六种常被企业使用的模式,它称这些模式为“漂绿的六宗罪”。例如,当某产品广告做出一个“或许是真实的,但对于消费者挑选环保产品的行为并不重要且毫无帮助的声明”时(p. 4),TerraChoice 就将其定义为犯有无关痛痒罪。比如一个烤箱清洁剂产品声明自己“不含氟氯烃”。事实上,这种能消耗臭氧层的化学物质早在三十多年前就被法律禁用了。

参考信息:漂绿六宗罪

环境营销公司 TerraChoice 指出了六种企业漂绿模式,并称其为“漂绿六宗罪”。以下是这些“罪名”,以及公司 2007 年的报告的简短摘录,包括给营销人员的指南:

1. 隐瞒全面信息罪　仅凭单一的环境属性就宣称产品是“绿色的”(如,产品中含有纸,因此是可回收的,p. 2)。

2. 举证不足罪　这是指“任何不能被可轻松获得的支持信息证实的环境声明,或没有被可信赖的第三方认证的环境声明”(p. 3)。

3. 含混不清罪　这是指定义含混的声明,其真实意义可能被潜在的消费者误解(p. 3)。

4. 无关痛痒罪　做出一个“或许是真实的,但对于消费者挑选环保产品的行为毫不重要且毫无帮助的声明”(p. 4)。

5. 避重就轻罪　给出一个声明,该声明能够证明产品所在类别是“绿色的”,但是却使消费者忽视了产品所在的整体类别会产生更重要的影响,比如“有机香烟”(p. 4)。

6. 撒谎诈骗罪 做出虚假的环境声明(p.4)。

来源: TerraChoice Environmental Marketing Inc. (2007)。

在美国和加拿大,漂绿的做法其实相当常见。在最近的一次调查中,TerraChoice(2010b)发现,"超过95%声明是绿色的产品,犯了至少一项漂绿罪"(para.1)。此外,该公司还发现对虚假标签的使用正在增长。其2010年的调查报告称,32%的"绿色"产品包含有误导信息,而相比之下2009年的比例为26.8%(TerraChoice,2010a, p.20)。有趣的是,调查还发现,所谓的大型仓储式零售店比小的"绿色"精品店"储存了更多'绿色'产品,而且有更多产品能提供合法的环保认证"(p.13)。

最后,社会化媒介也来帮助消费者尽力避免接触从事产品漂绿的企业。例如,加州大学伯克利分校(University of California at Berkeley)的教授达拉·奥洛克(Dara O'Rourke)为iPhone开发出了GoodGuide应用程序,只需在商店里打开应用程序,扫描或拍摄产品的条形码,就能看到数千家公司的详细的环境(还有健康和社会责任)评级。该应用程序已成为"最成功的绿色程序之一",下载量超过60万次(Graham,2011, p.3)。

绿色消费主义话语

绿色营销及其话语是基于自由市场的,它向学习环境传播的学生提出了另一个重要问题:消费者可以通过购买特定产品,将对环境的危害降到最小甚至改善环境吗? 也就是说,我们能够通过购买可回收再利用、可降解、无毒害以及无臭氧损害的产品,来减少空气污染,减少在国家森林的乱砍滥伐,或者保护臭氧层吗? 似乎许多人是这么认为的。正如我们之前看到的,罗珀调研公司的调查报告显示,消费者倾向于买制,或者说"从那些被认为有着良好环境记录的公司购买产品"。埃文(Irvine,1989)最先将"利用个体消费者的偏好来推销对环境影响较小的产品或服务"定义为**绿色消费主义(green consumerism)**(p.2)。这种行为的理念是,通过购买环境友好型的产品,消费者为保护地球做出了自己的贡献。

绿色消费主义是否真的有助于保护环境还存在着争议。正如我们所知,"绿色"这一标签的含义常常是含糊的,而对贴了这些标签的东西执行联邦标准又不是强制的。此外,加拿大社会理论家托比·史密斯(Toby Smith,1998)指出,"一些生态学者坚称,只有当一个产品通过了所谓的严格的环境审计,才能被称为真正的生态友好型产品"(p.89)。例如,在当前的评判标准下,一个产品可能是可降解的,但同时也是有毒害的,但它仍然可以宣称自己是环境友好的。

为什么绿色消费主义如此流行呢?我们中的大部分人都不希望伤害环境,并且我想我们大多数人都相信我们可以通过有意识的选择,减少对地球的影响。有一系列信念在支持我们这样的想法。而绿色广告就通过生产某种身份固化着这种想法。托比·史密斯的书《绿色营销的神话:在天启边缘看护羊群》(*The Myth of Green Marketing: Tending Our Goats at the Edge of Apocalypse*,1998)振聋发聩,她指出绿色消费主义不是一种简单的行为——购买特定产品而已,它是一种关于个体消费者身份的话语(在第三章里,我将话语描述成一种说话或书写的反复再现模式,它的功能就是为某个重要话题反复提供一整套连贯的意义)。史密斯解释说,我们的购买行为并非凭空而来,而是一种"信念的行动";也就是说,"它建立在我们关于世界如何运转的信仰之上"(p.89)。我们的行为会产生影响,其中一个影响就是我们的购买行为对生产者的影响。换言之,绿色消费主义话语使我们相信,当我们的购买行为是绿色的时,我们的购买不仅能够影响诸如石油公司这样的大企业的行动,也可以改变我们与地球的关系和对其的影响。简而言之,购买者获得了一个特定的身份。

史密斯认为绿色消费主义与我们产生了共鸣,因为我们的购买行为被笼罩在一个权威话语的光环之下,而这个话语加固了我们作为购买者的身份。她解释说,我们认为可以通过绿色消费来保护环境的信念得到了某种话语的保障。有两种话语尤其为我们的购买决定赋予了意义:市场力量的话语和参与式民主的话语。

首先,绿色广告明确了一个信念,即市场是一个能产生改变的地方;换句话说,通过做好分内的事,我们就能让自由市场中那只看不见的手发挥作用。"当所有小力量汇总起来,结果将会是全面的利好"(Smith,1998,p.157)。其次,参与式民主的话语培育了这样一种信念:在自由民主制度下,我们中的任何人都有权对那些关系自身的决策发表意见。正因如此,美体小铺(The Body Shop)的创始人安妮塔·罗迪克(Anita Roddick)表示:"我们可以运用终极的力量,用自己的双脚和钱包投票。"而另一个零售商也断言:"顾客在收银机那儿投票"(引自 Smith, p.156)。这些都是鼓励消费者相信他们的购买行为实践了民主:消费者在收银机那儿"投票",可以直接让零售商判断哪个商品是成功的,哪个不受欢迎,而这也承认了消费者是对地球负责任的人的身份。

绿色消费主义的话语是一个有吸引力的磁极,将购买者拉向一个令人信服的身份。"绿色消费主义有道理",史密斯(1998)解释道,"这就是为什么人们为它所吸引;他们不是非理性的、不道德的,抑或不明就里的。恰恰相反,他们……因为能善尽本分因而是有道德的人"(p.152)。尽管如此,她认为绿色消费主义也会带来一种危险,那就是对过度消费造成的社会和环境影响形成一种怀疑的态度。史密斯的指控很尖锐,她认为绿色消费主义使我们偏离了对我们的文化中更强大的**生产主义话语(productivist discourse)**的严肃质疑,这种话语支持的是"一种扩张主义的、以增产为导向的伦理"(p.10)。事实上,绿色消费主义是否能成为一种真正的市场力量,还是微妙地转移了我们对消费社会的质疑,这的确是一个环境学者在授课和研究中需要严肃讨论的问题。

总之,绿色营销的手段正被广泛使用。它巧妙地将公司的产品、形象和行为与环境友好的价值观联系在一起。我们看到,构建绿色身份可以服务于三个目的:(1) 推销产品;(2) 提升公司形象;(3) 公司在遭受公众负面舆论后进行形象修复。在接下来的部分,我们将看到某些企业即使在反对过多的环境保护时,也能树立一个"绿色"形象。

企业的倡导活动

早在 20 世纪 60 年代,环境化学和毒理学领域就开始记录工业和制造过程带来的健康危害。这些发现也相应地对工业提出了新的要求。结果,受到影响的企业在每一个环节都要挑战环境科学,"不管是采用的研究方法和研究设计,还是得出的结论"(Hays,2000,p.222)。化学品制造厂、石油和天然气提炼厂、电力公司以及其他采掘产业(采矿和伐木)等受到管制的行业向环保署等联邦机构施压,要求针对每一个新法规提供解释。许多企业还发动了宣传战,以废止更严格的空气质量法规、汽车燃油标准和关于有毒化学物质排放的法律法规或削弱其效力。

在这一部分,我将探讨两种企业宣传维度:影响立法和部门法律制定的活动,以及企业常常在这些活动中使用的信息框架(如:就业 vs 环境)。在下一部分,我将探讨一种更具侵略性的战术:利用法院。

企业的活动

不是所有的企业都会抵制或企图降低那些可能影响它们的利益的环保标准。正如我在上一部分所描述的,一些企业,例如沃尔玛已经开展了自己的可持续发展项目。而其他公司,如克莱斯勒(Chrysler)、杜邦(DuPont)、通用电气,还有杜克能源公司等也都加入了温和的环境组织,组成了"美国气候行动合作组织"(U. S. Climate Action

图10.2 煤炭行业使用清洁燃煤和就业框架,推动美国继续将煤炭作为一种能源形式,进行煤矿开采和消费。

America's Power/ Flicker

Partnership, USCAP)，"呼吁联邦政府尽快制定强有力的国家立法,实现大规模温室气体减排"(www.us-cap.org)。

不过,很多企业还是投入了相当大的资源,来阻止或抵制美国国会、各州的立法机构和制定法规的联邦部门制定环境法规。记者马克·道伊(Mark Dowie,1995)曾将这些企业在这个过程中使用的传播策略称为**三咬苹果战略(three-bites-of-the-apple strategy)**。他解释说,"咬第一口是通过游说反对任何限制生产的立法;咬第二口是削弱那些无法击败的法规;咬第三口则是最常被采用的策略,即规避或破坏环境法规的执行"(p.86)。在这一部分,我将介绍"三咬苹果战略"中的每一口。

企业反对或削弱法律法规的活动

从20世纪90年代末开始,商业组织对环境政策制定的影响越来越大。通过专业的游说者、竞选捐款、行业协会以及像美国清洁煤电力联盟这样的资金充裕的公关组织的行动,美国的企业对环保法律和法规的制定施加了巨大影响。史学家杰拉尔德·马克维茨和大卫·罗斯纳(Gerald Markowitz and David Rosner,2002)描绘了一些用来反对环境法律的企业传播活动:

> 像商业圆桌会议(Business Roundtable)这样由全国200强企业的CEO组成的组织,已经加强了他们对政府官员的游说,并在华盛顿哥伦比亚特区设立了资金充足的大办事处。企业通过政治献金、"主旨信息广告"、支持亲行业立委以及直接与最高层的管理部门成员接触,努力保障它们的利益(p.9)。

这些传播实践通常都采用了三咬苹果战略。要更好地了解这一点,我们可以看看两个成功的企业倡导案例。一个案例是阻挠关于气候变化的环境协议的活动。另一个案例,是一次成功地削弱关于反对山顶煤矿开采的法规的活动。

最为有效的一次企业倡导活动是由全球气候联盟(Global Climate Coalition, GCC)发起的。全球气候联盟成立于1989年,它标榜自己是"商业和产业的领袖声音"(Global Climate Coalition, 2000, para.1)。其早期成员包括美国商会(U.S. Chamber of Commerce)、德士古石油(Texaco)、壳牌石油、通用汽车,以及美国森林和纸业协会(American

Forest and Paper Association）。该联盟声称自己的角色是协调企业在全球变暖的公共讨论中的参与："全球气候联盟代表其成员针对立法机构和政策决策者的观点。它……对被提议的法律和政府项目发表评论"（para.1）。事实上，全球气候联盟掌握着一笔庞大的战争资源，用于发动保护其成员利益的攻击性公关活动。

从1997年开始，全球气候联盟就以雄厚的资金为基础，发起了一场大规模宣传战，反驳全球变暖理论背后的科学依据，以影响当时美国正在日本京都和其他国家谈判的新条约。签署于1997年的《京都议定书》，针对各国政府对二氧化碳和其他导致气候变化的气体的减排设立了国际标准。全球气候联盟的宣传战包括"积极地在国际气候协商会议上进行游说，提升公众对失业问题的担忧程度，因为这可能是减排规定导致的"（PR Watch, 2004, para.6）。它还出版报告，指出气候变化科学的不确定性（我将在第十一章讲述关于这种"不确定性"的比喻）。

尽管美国在1997年签订了《京都议定书》，但按照美国宪法，时任总统比尔·克林顿仍然不得不将条约递交参议院申请通过。为此，全球气候联盟在美国单独组织了一场广告活动，反对该议定书的要求。它最主要的批评之一就是，议定书对于美国减排温室气体有严格的时间限制，而许多发展中国家包括中国都得以豁免。

由于全球气候联盟和其他批评家提出的质疑，参议院在一次咨询投票中以97∶0的结果否决了《京都议定书》。因此，克林顿总统决定不向参议院提交这个条约。随后全球气候联盟继续努力咬第一口苹果，当新任总统乔治·W.布什于2001年正式将美国从《京都议定书》缔约国名单中撤出时，这场宣传大战宣告胜利。

2002年，全球气候联盟解散。它的资助者认为这场游说活动取得了成功。联盟的官网宣布，"对于气候变化，产业的声音业已完成了自己的使命，我们推动对全球变暖采用新的应对方法……此时此刻，不管是国会还是政府，都同意美国不应该接受《京都议定书》提出的强制性减排要求"（Global Climate Coalition, 2004）。

全球气候联盟解散的另一个原因或许是，许多企业已经不再接受该联盟的主要论调，而是认识到气候变化是一个严重的威胁。许多公司,诸如杜邦、福特汽车公司、戴姆勒—克莱斯勒(Daimler-Chrysler)、德士古以及通用汽车都在联盟成立三年内脱离了这一组织。它们中的许多还发出倡议,要发展可替代的、更清洁的能源。

削弱环境条例的效力

通过游说来阻止法律的实施或削弱法律的效力是最常见的企业倡导模式,尽管如此,商业组织还是会努力在联邦和州政府部门内施加影响。在这种战略中,"第三口苹果"指的就是通过瞄准那些制定和执行环境法律的部门官员,迂回地达到目的。斯维泽(1997)说,企业之所以这么做是因为"通过将某个环境议题从立法领域转移到更隐蔽也更难追踪的官僚机构领域,组织能够更好地掌控争论"(p. 154)。

三咬苹果战略有一个戏剧性的案例,那就是为了削弱联邦政府对美国境内阿巴拉契亚山区山顶移除式开采进行的法律管制,煤炭行业发起了一项活动。我们之前已经看到,**山顶移除(mountaintop removal)**是指通过移除山顶,使埋藏在山体内的煤矿得以显现。对环境而言,这是一种极具破坏性的开采方式。"开采者的目标是那些绿色的山顶,他们要移除树木和土表,然后一层又一层炸掉岩石直至山顶被完全移除"(Warrick, 2004, p. A1)。除了这些损害,由成吨的岩石爆炸产生的碎石会被倾入山体两侧的谷底,掩埋掉数百英里的山泉。

尽管《清洁水法》的规定明确禁止向溪流倾倒采矿废物,然而负责执行该项法案的美国陆军工程兵团拖拉的执法能力还是使山顶移除式开采行为持续了多年。但是,到了2000年,环境律师们终于成功地挑战了这种非法行为,此后山顶移除式采矿项目的许可证颁发数量开始减少。也就是从这时开始,采矿行业决定咬第三口苹果——暗箱游说联邦部门更改定义废弃物的法规,也就是更改被《清洁水法》禁止的填埋物的定义。

2001年4月6日,美国矿业协会(National Mining Association)的说客与布什政府的环保署官员会面,要求做"一个微小的字面更改"(Warrick,2004, p. A1)。他们指的是禁止向山谷溪流倾倒山顶土壤和岩石的规定。游说的结果是该部门官员"简单地将采矿遗留物由可能引起反对的'废弃物'改为法律上能被接受的'填充物'"(p. A1)。用"填充物"(法律上可接受的术语)代替"废弃物",就表示"明确允许了向河床倾倒采矿废弃物"(p. A6)。对此,管理部门的官员坚称对条款的更改只是为了澄清现有政策。[1]

对山顶采矿法规的修改体现了三咬苹果战略反对环境法规的逻辑。《华盛顿邮报》记者乔比·沃里克(Joby Warrick,2004)解释说,"相比提议不甚明了的修改或起草新的法案,管理部门更倾向于在现有规章上做小文章,进而带来大效果"(p. A1)。

最近,产业和政治利益团体反对奥巴马政府用更严格的环保署法规执行《清洁空气法》,这也是一个瞄准部门规章制度的活动案例。面对来自产业的"激烈抵抗",2011年,美国总统撤销了拟针对地面臭氧层(烟雾)的管制,这个管制一旦实施,将会"迫使各州和全国范围内的各社区减少当地的空气污染,否则将面临联邦处罚"(Eilperin,2011,para.1)。在这一幕后面,就是受影响的企业全力以赴发起的"对抗公关战,它们声称它们会被经济衰退所累"(paras.1—2)。

建构企业活动的信息框架

尽管公司活动的最终目标可能是阻止某一法律或法规的实施或削弱其效力,但这场战役最初的战场却往往是媒体或公共舆论场。传播学者安德斯·汉森(2010)指出,虽然许多行业通过政治和游说渠道进行宣传,但"公关和公共'形象管理'越来越成为企业活动的中心和关键维度"(p. 68)。事实上,在过去的数十年,这些活动中很多都是就"形象"、文化共鸣争论、恐惧战术、胡编乱造、风格和老练的游说等进行话语或者修辞层面的公共辩论(pp. 68—69)。

在企业活动中,"修辞的公共辩论"的中心是就议题形成框架,该框架要与活动受众的价值观形成共鸣(我在第八章描述过活动信息的框架)。这些活动寻求影响公众关于环境议题的讨论,尤其是要在经济增长、就业等方面建构框架。在这一部分,我将介绍两种最常见的企业信息框架,这些框架设置了关于环境法律和条例的讨论话语,它

---

〔1〕 2011年,奥巴马政府的环保署发布了针对山顶采矿的最新指导意见。该指导意见参考了《清洁水法》,要求如果会导致国家河流"明显退化",如果会导致违反各州的水质标准规定,或如果"存在另一种对国家水生环境伤害更小的可行方案",就不得排放或倾倒任何"填充物"。煤炭产业指责这个指导意见扼杀了就业,而环保主义者则认为修改后的条例还不够严厉(Cho,2011,para.12)。

们就是：自由市场框架和所谓的就业对抗环境框架。

自由市场框架

企业的倡导活动要成功，关键往往在于影响公众讨论环境的用语。20世纪70年代至80年代，石油和化工等产业开始号召公众反对环境法规，当时很多企业都试图用流行的价值观——经济增长、就业、自由市场等——建构对环境问题的讨论。美孚石油公司（现在的埃克森美孚公司）最早尝试建构反对政府法规的框架。它率先绕过了媒体过滤，在各大报纸运用观点广告建构其担心的问题的框架。

在一个早期的观点广告中，美孚公司首次使用了后来也在使用的媒体框架，反对对市场进行管制。通过唤起民族身份和爱国主义的价值观，这个广告框架传递出了一条在文化上和受众产生共鸣的主旨信息：自由自在、无拘无束的商业环境才是美国之路。一张报纸的广告是这样写的：

> 商业通常是一位睦邻……时不时，出于政治目的或某些激进派时髦人物的原因，有些人想给商业环境降温。这时我们就要纠偏……商业是美国体系的一部分，美国体系常常在调整……因此谈到商业环境，我们很高兴大多数人能够意识到，美国体系不需要拙劣的修补（Mobil Oil ad，引自Parenti，1986，p.67）。

而更常见的是，自由市场话语经常被构建为对经济增长或蓬勃的经济形势的关心。例如，环保支持者要求减少酸雨、提高汽车每加仑汽油行驶里程的标准、提升核电站的安全标准，但这种种努力都遭遇了批评，批评者认为这些行为将减少就业机会或者破坏经济。确实，在这些年对抗环保的进程中，没有什么控诉比环保将减少美国人的就业机会带来的损伤更大。

就业对抗环境框架

环境管制将会扼杀就业，这一指控多年来在企业活动中被反复使用，而且常常是一个成功的框架。这一框架的影响力如此之大，原因之一是这是一个冲突导向的框架，而且符合主流新闻学的新闻价值标准（第六章）。它还利用了许多人多年来对就业安全的担忧心理。

20世纪90年代早期，在关于太平洋西北部的斑点猫头鹰的争议中,就很典型地使用了这种就业对抗环境的框架。太平洋西北部的原始森林是这种濒危物种的重要栖息地。而木材行业认为限制在这片森林伐木将削减工作机会。从俄勒冈州到华盛顿州依赖伐木的社群里,运木材的卡车和店面的窗户上都贴着贴纸和条幅,上面写着"保留一个樵夫,吃掉一只猫头鹰""这个家庭全靠伐木所得维持"(Lange,1993,p. 251)。环境传播学者乔纳森·兰格(Jonathan Lange,1993)研究称,木材行业通过《纽约时报》《华尔街日报》和其他全国性媒体上那些关于失业威胁的报道,"成功地在媒体中塑造了'猫头鹰对抗人'的情节"(p. 250)。

虽然这一框架经常被使用,但声称环境管制会削减工作机会也被很多经济学家质疑过于简单化。有人指出,尽管这些管制会造成一些损失——工厂可能会被关闭而不是清理污染——但工作框架忽略了其他因素。"比起生命的延长、住院人数的减少和其他健康利益,短期的损失相形见绌"(Rich & Broder,2011,p. B5)。经济学家还指出,当其他公司"开发新技术应对管制要求时,也创造了新的工作机会"(Rich & Broder,2011,p. B1)。例如,当环保署提议修改《清洁空气法》以减少因煤电厂排放的废气造成的酸雨时,

> 电力设施行业警告说,它们(新条例)可能会造成 75 亿美元和数万个就业岗位的损失。但是该计划的成本只是接近十亿美元而已……而环保署在 2011 年发布的一篇文章里引用了一项研究,该研究显示该法律织就了一个创造工作机会的网络,行业可用之进行技术研发(p. B1)。

在其他案例中,这种声明的核心基础——更严格的环境法规会扼杀工作机会——被证明是夸大其词了。例如,"工作对抗环境"的框架一直在企业活动中被很显著地使用,最近美国国会欲提高每加仑汽油的燃油标准而引发的争论也是这样。传播学者约翰·比利斯(John Bliese,2002)研究了这些活动,发现美国汽车制造商的一个声明很可疑。汽车制造商认为,将燃油标准提高到每加仑 40 英里"将会摧毁整个行业,导致 30 万汽车工人失业"(p. 22)。这种声明在工人及其家庭中产生了共鸣,随后这些人成了在国会前参与争论且极具影响力的选民。但是,这种声明准确吗? 30 万的数据是从何而来的?

比利斯(2000)在研究中发现,声称 30 万人会失业来自一个错误的假设。他说汽车行业的研究"仅仅是将目前制造燃油标准低于 40 英里的汽车的工人总和加起来,然后假定他们中的每一个都有可能丢掉自己的工作"。换言之,这项研究假设"该行业甚至不会尝试去制造一辆新的、能够达到新标准的汽车"(p. 22)。

尽管工作对抗环境这一框架可能过于简化,甚至是错误的,但它仍然对很多企业的倡导活动具有强大的吸引力。例如,最近在美国经济低迷期间,这个框架就获得了特别的显著性。《华盛顿邮报》记者朱丽叶·艾尔柏林(Juliet Eilperin,2011)观察到,反对环保署雾霾条例的活动指责新条例的特征就是"毁灭就业"(para. 1)。尽管奥巴马政府已经试图重新将争论拉回到"绿色经济"(对太阳能、风能和其他可再生能源进行投资)的框架中,从而使之成为数百万新工作的来源(Dickerson,2009),但工作对抗环境的框架在当前的经济形势下,仍然保持了强大的吸引力。

反对公众参与的策略性诉讼

尽管企业和行业贸易组织惯常采用绿色营销和倡导活动,有些却以其他更激进的方式回应环境运动对它们的批评。在本章的最后一部分,我将描绘一些企业采取的一些令人齿寒的策略——压制、打击或威胁批评者。这一法律行为被称为反对公众参与的策略性诉讼。

拿科琳·恩克(Colleen Enk)的遭遇为例。开发商要在位于加利福尼亚州圣路易斯奥比斯波县(San Luis Obispo County)的萨利纳斯河(Salinas River)开采砂金矿,住在附近的恩克对此提出了质疑。不久后,她发现自己成了开发商诉讼的对象,罪名是诽谤和中伤。这项诉讼同时还向她提出了经济损失赔偿。"他们这么做的目的显而易见",恩克的律师罗伊·奥格登(Roy Ogden)说:"他们想让科琳闭嘴"(Johnston,2008, para. 12)。最终,恩克被迫支付了数千美元的律师费和庭审费。

开发商提出要在 20 年时间里,从萨利纳斯河挖沙和开采砂金矿。在恩克和她的邻居们开始质疑这项计划后,一位传票员在 2008 年 5

月的一个黄昏出现在她家门口。当时她并不在家。第二天,恩克在圣路易斯奥比斯波县计划委员会(Planning Commission)重申了自己的观点,"我的心当时在震颤",她说(引自 Johnston,2008,para.11)。第二天早晨,工作人员在她家找到了她,将传票交给她,传唤她出庭。她的律师解释说,"科琳因行使美国的言论自由权而被起诉。她的权利被践踏了"。

最近,一家大型水泥企业提出要在北卡罗来纳州的威尔明顿市(Wilmington)附近修建一座燃煤水泥生产厂。在市委员会会议上,两名当地居民发言反对修建该工厂。他们列举了公司的表现和工厂对儿童的潜在健康影响(Faulkner,2011)。该公司的回应是在联邦法庭提起两起诉讼,控告这两人诽谤公司。其中一名被告凯恩·达雷尔(Kayne Darrell)回应说:"我有点震惊。我只是一个母亲和家庭主妇。我正在和一个拥有数十亿美元的资产的公司斗争,这个公司试图阻止我说出我相信是正确和真实的事情,阻止我保护我的空气和水"(引自 Faulkner,2011,para.17)。雷拉夫(Raleigh)当地的《新闻和观察者》(News and Observer)上有一篇社论,称这场官司是"公然企图恐吓。这是一次彻底的反对公众参与的策略性诉讼的写照"(Bullying behavior,2011,p.9A)。我在 2011 年编写此书时,这个案件正在调解中。

恩克和达雷尔都发现自己面对着"被开发商们运用多年的应对其反对者的战略,即**反对公众参与的策略性诉讼**"(Johnston,para.3)。普林和坎娜(Pring & Canan,1996)将这类诉讼定义为一种"以影响政府行动或决定为目标的传播,它发起:(1)公民诉讼……(2)针对非政府的个人或组织……(3)就一个事关公众利益或具有重大社会意义的实质性事件",比如环境进行传播(pp.8—9)。这类诉讼如今非常常见。加利福尼亚州环境资源中心(California's State Environmental Resource Center,2004)的报告显示,每年有数千人受到这类诉讼的打击。

大部分这类诉讼在最后阶段都由于《第一修正案》保护公民的言论权和向政府请愿的权利而宣告撤销。但是这些以诽谤、中伤或者干扰商业合同为由而提起的诉讼仍然在经济上和情绪上打击了被告们。普林和坎娜(1996)解释说,发起这类诉讼的企业"很少能获得法律上的胜利——标准程序意义上的诉讼胜利——但是却常常达到了它们在现实世界中的目的……许多人(被起诉者)都被击垮了,放弃了他们的政治参与,并且发誓再也不参与美国的政治生活"(p. 29)。即使是组织或公民获胜了,他或她也有可能"支付了大量的诉讼费,并且长年累月被置于公众视野中。这种非法的威胁迫使人们在面对那些议题时不再那么活跃和坦率敢言"(California State Environmental Resource Center, 2004, para. 7)。

反对公众参与的策略性诉讼的目的不是赢得诉讼,而是迫使企业的批评者们花费时间、精力和钱财来捍卫自己,以及阻止其他人参与到公共生活中来。但是,有些人决定对此予以反击。事实上,许多州法庭一旦判定该诉讼为针对个人的反对公众参与的策略性诉讼,都会提供补偿。在一些州,如果某项诉讼显现出诸如禁止言论自由的违宪行为,法庭会迅速撤销诉讼,并要求原告方支付诉讼和庭审开支。

多年来,针对反对公众参与的策略性诉讼提出了两个辩护原则——一个是基于宪法保障的民主权利,另一个是基于人身伤害法。普林和坎娜(1996)指出,这两个防御资源"强强联手",是这类诉讼反击成功的特征。

反抗反对公众参与的策略性诉讼的基本力量来自美国宪法《第一修正案》赋予公民的权利,尤其是言论自由权和向政府请愿权。通常,如果公民的批评是向政府请愿的一部分,法院会让听证会解除诉讼。在这种情况下,原告(提起诉讼的一方)要继续原来的诉讼,必须证明公民的请愿是捏造的。

第二个防卫措施是使用**反诉讼**,起诉企业或政府部门对公民发出的指控。在这里,之前的被告提起反诉讼,控告原告侵害公民言论自由权或向政府请愿权。反诉讼通常要求赔偿之前的律师费,并做出惩罚性赔偿,因为被告违反了宪法,并对原告造成了损失和伤害。

在反击反对公众参与的策略性诉讼的行动中,环境学家、劳工、公民个人和其他人已经获得了财政上的奖励。普林和坎娜研究称,反诉讼的奖赏有时是巨大的。在 20 世纪 80 年代到 90 年代,陪审团判决了 500 万到 8600 万美元不等的奖励,发放给对抗者。越来越多的开发商、污染者和其他人在提起反对公众参与的策略性诉讼前不得不考虑一下反诉讼的可能。普林和坎娜观察发现,"纵使反诉讼不是一剂万能药,但可能要与之抗衡的风险仍然使它成为众多威慑手段中最有效的一个"(p. 169)。

延伸阅读

● Terry L. Anderson and Donald R. Leal, *Free Market Environmentalism* (Rev. ed.). New York: Palgrave Macmillan, 2011.

● Edward Humes, *Force of Nature: The Unlikely Story of Walmart's Green Revolution.* New York: HarperCollins, 2011.

● Jacquelyn A. Ottman, *The New Rules of Green Marketing.* San Francisco: Berrett-Koehler, 2011.

● Motoko Rich and John Broder, "A Debate Arises on Job Creation vs. Environmental Regulation." *New York Times*, September 5, 2011, pp. B1, B5.

● George W. Pring and Penelope Canan, *SLAPPs: Getting Sued for Speaking Out.* Philadelphia: Temple University Press, 1996.

关键词

生态标签认证程序	绿色产品广告
自由市场	漂绿
绿色消费主义	形象提升
绿色营销	形象修复
无形之手	反对公众参与的策略性诉讼
山顶移除	反诉讼
买制	三咬苹果战略

讨论

1. 产品上的广告标签,如有机的、可降解的或可回收的会影响你的购买行为吗? 这些标签总是准确的吗?

2. 政府对商业行为进行管制以阻止其对环境的破坏，你对此怎么看？或者，你同意亚当·斯密的理论，认为市场中有只"无形之手"，它最终服务于公众的利益吗？

3. 绿色消费主义能保护环境吗？我们能通过购买可降解、无毒、可回收的产品影响空气污染程度、砍伐国家森林的行为或全球变暖的速度吗？哪怕只是一点影响？

4. 沃尔玛或其他大型仓储式零售店能够可持续发展吗？沃尔玛宣称在盈利的同时会保护环境，这种说法的可信度有多高？一家公司必须有单纯的保护环境的动机，才是可信的吗？

5. 那些发起反对公众参与的策略性诉讼的企业只是几个烂苹果吗？还是说企业有权利起诉它们认为损害了公司名誉或诽谤了公司的个人？

参考文献

ACCCE. (2008, April 16). *I believe.* [TV ad]. Retrieved January 8, 2009, from http:// www. youtube. com.

Aldrich, S. , & Lehrwriting, J. (2006). *Free enterprise protects the environment.* Retrieved January 8, 2009, from http:// www. heartland. org.

America's Power. (2009). *Ad archive.* Retrieved January 8, 2009, from http:// www. americaspower. org.

Beder, S. (2002). *Global spin：The corporate assault on environmentalism* (Rev. ed.). White River Junction, VT：Chelsea Green.

Benoit, W. L. (1995). *Accounts, excuses, and apologies：A theory of image restoration strategies.* Albany：State University of New York Press.

Bliese, J. R. E. (2002). *The greening of conservative America.* Boulder, CO：Westview Press.

BP. (2009). *Alternative energy.* Retrieved January 10, 2009, from http://www. bp. com.

Bullying behavior. (2011, March 14). *Raleigh News and Observer*, p. 9A.

Business Wire. (2008, November 6). *New poll data reveals 70 percent public opinion approval for coal-fueled electricity.* Retrieved January 9, 2009, from http:// biz. yahoo. com.

California State Environmental Resource Center. (2004). *"Eco-SLAPPs" are a frequent occurrence.* Retrived October 31, 2004, from http: //www. serconline. org.

Can Wal-Mart be sustainable? (2009, August 6). *New York Times.* Retrieved September 12, 2011, from http: //www. nytimes. com.

Cho, R. (2011, August 11). Mountaintop removal: Laying waste to streams and forests. Retrieved September 9, 2011, from http://blogs. ei. columbia. edu.

Consumers beware: What labels mean. (2006, November 19). *Raleigh News and Observer*, pp. 23A—24A.

Corbett, J. (2006). *Communicating nature: How we create and understand environmental messages.* Washington, DC: Island Press.

Crable, R. E., & Vibbert, S. L. (1983). Mobil's epideictic advocacy: "Observations" of Prometheus-bound. *Communication Monographs*, *50*, 380—394.

Depoe, S. P. (1991). Good food from the good earth: McDonald's and the commodification of the environment. In D. W. Parson (Ed.), *Argument in controversy: Proceedings from the 7th SCA/AFA Conference on Argumentation* (pp. 334—341). Annandale, VA: Speech Communication Association.

Dickerson, M. (2009, January 4). Why Obama's green jobs plan might work. *The Los Angeles Times*. Retrieved January 12, 2009, from http://www. latimes. com.

Dowie, M. (1995). *Losing ground: American environmentalism at the close of the twentieth century.* Cambridge, MA: MIT Press.

Eilperin, J. (2011, September 2). Obama pulls back proposed smog standards in victory for business. *Washington Post*. Retrieved September 4, 2011, from www. washingtonpost. com.

ExxonMobil. (2011). "Oil sands" TV ad. Retrieved September 6, 2011, from http://exxonmobiloilcorp. net.

Faulkner, W. (2010, March 4). Titan suing two residents for slander over comments made at commissioners meeting. *Star News Online*. Retrieved September 7, 2011, from www. starnewsonline. com.

Federal Trade Commission. (n. d.). Guides for the use of environmental marketing claims. Retrieved November 25, 2004, from http://www. ftc. gov.

Federal Trade Commission. (2010a, October 6). Press release: Federal Trade Commission proposes revised "Green Guides." Retrieved September 5, 2011, from http:// www. ftc. gov.

Federal Trade Commission. (2010b, October). *Proposed revisions to the green guides.* Retrieved September 5, 2011, from http://www. ftc. gov.

Foer, J. S. (2010). *Eating animals.* New York: Back Bay Books.

Global Climate Coalition. (2000). *About us.* Retrieved October 4, 2004, from http:// www. globalclimate. org.

Global Climate Coalition. (2004). [Statement]. Downloaded October 30, 2004, from http://www. global-climate. org.

Graham, J. (2011, May 13). Good-Guide app helps navigate green products. *USA Today*. Retrieved September 2, 2011, from www. usatoday. com.

Green marketing insight from GFK Roper's Green Gauge® at green marketing conference. (2011, February 24). *PR Web*. Retrieved September 4, 2011, from www. prweb. com.

Greenpeace. (2008, December 22). *BP wins coveted "emerald paintbrush" award for worst greenwash of 2008*. Retrieved January 10, 2009, from http://weblog. greenpeace. org.

Greenwash fact sheet. (2001, March 22). Corpwatch. Retrieved September 4, 2011, from www. corpwatch. org.

Hansen, A. (2010). *Environment, media, and communication*. London and New York: Routledge.

Hays, S. P. (2000). *A history of environmental politics since 1945*. Pittsburgh, PA: University of Pittsburgh Press.

Hearit, K. M. (1995). "Mistakes were made": Organizations, apologia, and crisis of social legitimacy. *Communication Studies*, *46*, 1—17.

Humes, E. (2011a). *Force of nature: The unlikely story of Walmart's green revolution*. New York: Harper Collins.

Humes, E. (2011b, May 31). Wal-Mart's green hat. *Los Angeles Times*. Retrieved September 3, 2011, from http://articles. latimes. com.

Irvine, S. (1989). *Beyond green consumerism*. London: Friends of the Earth.

Johnston, K. (2008, October 29). Shut down for speaking up: SLAPP suits continue to chill free speech, despite legislated remedies. *New Times*, *23* (13). Retrived January 12, 2009, from http://www. newtimesslo. com.

Lange, J. I. (1993). The logic of competing information campaigns: Conflict over old growth and the spotted owl. *Communication Monographs*, *60*, 239—257.

LoBianco, T. (2008). Groups spend millions in "clean coal" ad war. *The Washington Times*. Retrieved January 8, 2009, from http://www. washingtontimes. com.

Makower, J. (2010, July 19). Walmart and the sustainability index: One year later. Retrieved September 12, 2011, from www. greenbiz. com/blog.

Marketing and communications. (2009, January 8). *GreenBiz. com*. Retrieved January 8, 2009, from http://www. greenbiz. com.

Markowitz, G. , & Rosner, D. (2002). *Deceit and denial: The deadly politics of industrial pollution*. Berkeley: University of California Press.

Martin, A. (2006, October 24). Meat labels hope to lure the sensitive carnivore. *The New York Times*. Retrieved March 2, 2009, from http://www.nytimes.com.

Meinhold, B. (2009, August 6). Is it green?: Wal-Mart's sustainability index. Retrieved September 12, 2011, from http://inhabitat.com.

Merchant, B. (2009, July 14). Walmart's sustainability index: The greenest thing ever to happen to retail? Retrieved September 3, 2011, from www.tree hugger.com.

Mitchell, S. (2007, March 28). The impossibility of a green Wal-Mart. Retrieved September 12, 2011, from www.grist.org.

MSNBC.com. (2010, June 8). I would have fired BP chief by now, Obama says. Retrieved September 6, 2011, from www.msnbc.msn.com.

Mufson, S. (2008, January 18). Coal industry plugs into the campaign. *The Washington Post*, p. D1. Retrieved October 4, 2008, from http://www.washingtonpost.com.

Oil slick spreads toward coast: FBI begins probe. (1989, April 2). *The Los Angeles Times*, Sec. 1, p. 1.

Ottman, J. A. (1993). *Green marketing: Challenges and opportunities for the new marketing age*. Lincolnwood, IL: NTC Business.

Ottman, J. A. (2003). *Hey, corporate America, it's time to think about products*. Retrieved October 14, 2004, from http://www.greenmarketing.com.

Ottman, J. A. (2011). *The New Rules of Green Marketing*. San Francisco: Berrett-Koehler.

Parenti, M. (1986). *Inventing reality: The politics of the mass media*. New York: St. Martin's.

Porter, W. M. (1992). The environment of the oil company: A semiotic analysis of Chevron's "People Do" commercials. In E. L. Toth & R. L. Health (Eds.), *Rhetorical and critical approaches to public relations* (pp. 279—300). Hillsdale, NJ: Erlbaum.

PR Watch. (2004). Global Climate Coalition. Retrieved October 4, 2004, from http:// www.prwatch.org.

Pring, G. W., & Canan, P. (1996). *SLAPPs: Getting sued for speaking out*. Philadelphia: Temple University Press.

Rich, M., & Broder, J. (2011, September 5). A debate arises on job creation vs. environmental regulation. *New York Times*, pp. B1, B5.

Roberts, M. (2011, January 18). Wal-Mart environmentalism. Retrieved September 4, 2011, from http://pennpoliticalreview.org.

Shabecoff, P. (1989, March 31). Captain of tanker had been drinking, blood tests show. *The New York*

Times, pp. A1, A12.

Smith, A. (1910). *An inquiry into the nature and causes of the wealth of nations: Vol. 1.* London: J. M. Dent & Sons. (Original work published 1776).

Smith, T. M. (1998). *The myth of green marketing: Tending our goats at the edge of apocalypse.* Toronto: University of Toronto Press.

SourceWatch. (2009, January 5). *American Coalition for Clean Coal Electricity. (ACCCE).* Retrieved January 8, 2009, from http://www.sourcewatch.org.

Sustainable Life Media. (2008, June 26). Canada bans "green" and "eco-friendly" from product labels. Retrieved January 8, 2009, from http://www.sustainablelife media.com.

Switzer, J. V. (1997). *Green backlash: The history and politics of environmental opposition in the U. S.* Boulder, CO: Lynne Rienner.

TerraChoice. (2007, November). *The six sins of greenwashing.* Retrieved January 8, 2009, from http://www.terrachoice.com.

TerraChoice. (2010a). The sins of greenwashing home and family edition 2010. Retrieved September 3, 2011, from www.terrachoice.com.

TerraChoice. (2010b). TerraChoice 2010 sins of greenwashing study finds misleading green claims. Retrieved September 3, 2011, from www.terra-choice.com.

Vega, T. (2010, October 6). Agency seeks to tighten rules for "green" labeling. *New York Times.* Retrieved October 10, 2010, from www.nytimes.com.

Walmart. (2011, August). Sustainability facts. Retrieved September 3, 2011, from http://walmrtstores.com.

Warrick, J. (2004, August 17). Appalachia is paying the price for White House rule change. *The Washington Post*, pp. A1, 6—7.

We will make this right. (2010, June 1). [Advertisement]. *New York Times*, p. A11.

White, A. S. (2010, August 4). Defining green marketing. Retrieved September 4, 2011, from http://dstevenwhite.com.

Williams, B. A., & Matheny, A. R. (1995). *Democracy, dialogue, and environmental disputes.* New Haven, CT: Yale University Press.

Williams, D. E., & Olaniran, B. A. (1994). Exxon's decision-making flaws: The hypervigilant response to the *Valdez* grounding. *Public Relations Review, 20*, 5—18.

Zoellick, R. B. (2002, February 6). *Statement of U. S. trade representative before the Committee on Finance of the U. S. Senate.* Washington, DC: Office of the U. S. Trade Representative.

第五部分
科学与风险传播

第十一章　科学传播与环境争议

倡导还是不倡导？这是现今环境科学家面临的最基本的道德困境之一。

——Vucetich and Nelson,"The Moral Obligations of Scientists"(2010)

在美国,关于气候变化的公共讨论提出了许多有关科学家以及科学传播在环境争议中的角色的问题:

- 在一个民主社会中,科学研究与公共政策之间的恰当关系是什么?
- 科学家有责任去公开解释诸如污染、物种灭绝与气候变化等重要问题背后的科学知识吗?
- 科学中通常都存在不确定性,在这种情况下科学家如何公开传播他们的发现?

在这一章中,我将环境科学作为一种知识来源来探究,同时也将其作为民主社会中有关科学家的恰当角色的冲突场域来探究。当科学本身的合法性受到来自工业、气候怀疑论者,以及那些试图在科学的意义与使用方面影响公众和政府的人的挑战时,各种科学主张就催生了冲突发生的场所。

本章观点

- 本章第一部分描述了在一个被复杂性与科技知识所包围的社会中,科学如何成为一种象征合法性的来源。

- 在第二部分,我将预警原则描述为一种处理科学的不确定性的方式。相反,一些批评家以及气候科学怀疑论者声称不确定性是延缓某些行动的手段,而这些行动可能会让工业付出巨大的代价。

- 在第三部分,我将介绍科学家作为社会的早期预警者所扮演的角色,即介绍科学家告知、建议以及警醒公众有关环境的危险的责任。

- 第四部分将检视环境科学的可信度所面临的挑战,这种挑战是符号性合法性冲突的一种形式。我将会描述这一挑战中存在的两种情形:

1. 使用关于不确定性的隐喻。

2. 所谓的气候门丑闻;在这一争议中,气候变化怀疑论者指责科学家伪造他们的研究成果,并且维持全球变暖这一骗局。

- 最后,我将介绍来自科学家、记者以及媒介生产者的最新倡议,这些倡议旨在改进关于科学与气候变化的影响的传播。

在结束本章时,我希望读者们能够更好地欣赏民主社会中科学以及科学家的角色,同时也希望读者们有更多的兴趣去学习气候变化和其他关于环境危害的争议背后的科学知识。

科学与象征合法性

我曾在 2011 年写过,我所在的州(北卡罗来纳州)的政策制定者和环保主义者一直都在争论,本世纪末我们州的海平面将上升多少。《美国国家科学院简报》(*Proceedings of the National Academy of Sciences*)的一篇文章为这一争论增添了新的紧迫性。这篇报道说,在过去的 2000 年里,美国大西洋沿岸的海平面上升最快,而且这种上升与全球地表温度的上升一致(Kemp, Horton, Donnelly, Mann, Vermeeer, & Rahmstorf, 2011)。自从 2007 年政府间气候变化专门委员会预测到 2100 年海平面将会上升 1 英尺到 2 英尺(主要由于海水的热膨胀),随着全球气温的升高,海平面将上升多快(或多高)就成了一个不确定的主题。

科学研究中类似的复杂问题也出现在其他同样重要的环境与人类健康议题中,例如转基因生物、类荷尔蒙合成化学品对人类繁殖力的影响、濒危物种急需的栖息地,等等。这些科学中的复杂性问题并不新鲜,让公众参与这些议题的传播困难也不大。因此,去回顾早先曾面临类似问题的时代,以及科学和科学传播在指导重要的环境决策时最初扮演了什么角色也许是很有用的。

复杂性与公众的问题

在 20 世纪早期,哲学家约翰·杜威(John Dewey,1927)就曾写过关于现代生活复杂性的文章。那时,美国公众经历了城市卫生系统与工业安全所带来的困扰,同时也经历了传播科技的革命性变革。在他的《公众及其问题》(*The Public and Its Problems*)一书中,杜威警示了他认为可能发生的"公众的消失",因为他感到公民们缺乏专门知识去评估他们所面临的问题的复杂程度。摆在公众面前的决定是如此之多,他写道,"相关的科技问题是如此的专业……以至于公众无论花多少时间都无法去定义和把握它们"(p. 137)。随着在做决策时对专业科技知识的需求的增长,杜威担心美国正在由一个民主社会向他所说的**技术民主化(technocracy)**的政府形式转变,即国家是由专家们治理的。

20 世纪 20 年代到 30 年代美国的"进步运动"(Progressive movement)所倾向的解决方案基于改革者对科学和技术的信仰,即将科学和技术作为州和联邦政府管理新工业社会的合法性来源。威廉姆斯和马西尼(Williams & Matheny,1995)解释说,在管制性政策方面,进步主义者试图依靠在政府组织中工作的受过训练的专家去发现一种客观的公共利益(p. 12)。政治决策的合法性将取决于这些专家"判断公共政策时使用的中立的、科学的标准"(p. 12)。

尽管**进步主义理想(Progressive ideal)**的中立且基于科学的政策日后受到了挑战,但是公众赋予科学的合法性和可信性却在稳步增强。的确,在整个 20 世纪和 21 世纪早期,流行文化"赋予了官方的、被公开证实的知识体系,即科学以巨大的权威"(Harman,1998,p. 116)。正因为如此,科学获得了一种**象征合法性(symbolic legiti-**

macy），即被认为是权威或可信的知识的来源。举例来说，当人们批评环保署花费了太长时间研究水力压裂对饮用水的影响时，它回应说"坚实的科学"正在推动该研究（Dlouhy，2011，p. 13）（水力压裂法是一种钻取方式，被用来从地底的页岩底层中提取天然气，见第四章）。

求助于"坚实的科学"反映了这样一种理想，即政策应该独立、排除偏见，而且应该基于可信而有效的知识。因此，政府部门也寻求把环境科学家的研究发现不仅整合到环保署的政策中去，还要整合到内政部以及诸如美国渔业与野生动物保护组织等机构的措施中去。此外，来自国家研究委员会、大学以及各种研究中心的科学家也常规性地在环保提案中就其科学影响向政策制定者提供建议。

然而，进步主义者理想中的那种中立的、基于科学的政策，常常兑现不了它的承诺。正如我们将在本章后面所看到的那样，政治或商业利益、部门预算减少、意识形态和其他因素的压力有时会限制科学研究影响公共政策的程度，尤其是在环境政策方面。下面我们来更仔细地看看这一问题，以及环境科学成为冲突场所的一些原因。

挑战科学的象征合法性

尽管公众一般都将科学家视为权威的知识来源——他们具有象征合法性，环境科学却仍然是一个充满冲突的场域。当不同的利益群体（工业界、公共卫生部门以及环保主义者）都试图去影响公众的认知或政府部门对某一问题或某一提议的观点时，这一点就尤为正确了。诸如电力公司、油气精炼企业、化学制造企业和老一代的炼化工业（采矿和伐木）这样的工业企业经常会给政府部门施加巨大的压力，要求其去证明新规的科学性。

例如，电力公司向环保署施压，要求环保署延迟推出关于减少来自燃煤发电厂的有害污染物的提案。环保署的研究结论是燃煤发电厂制造的空气污染物——汞以及其他金属如砷、铬、镍等，对美国人的健康尤其是儿童的健康是有害的。这一研究是基于环保署的科学家、美国肺脏协会、美国儿科学会（American Academy of Pediatrics）的研究以及其他经过匿名评议的研究结果的（McGowan，2011）。另一方面，环保组织和公共卫生组织也在捍卫环保署以及这一法规的科学性。

在关于环保政策的争论中,争议之一是质疑是否有"结论性的"或完整的证据,而这通常是科学研究所无法提供的。约翰·菲茨帕特里克(John Fitzpatrick)是康奈尔鸟类实验室(Cornell Laboratory of Ornithology)的主任,他说这反映了一种困境:"**保护的悖论(paradox for conservation)**在于知识总是不完整的,然而人类对生态系统的影响规模却要求刻不容缓的行动"(引自 Scully,2005,p. B13)。这一悖论也向公众支持环境保护的意愿提出了一个严峻的挑战。同时,它也给更强硬的法规的反对者提供了辩驳的机会,"他们要放缓对科学知识的应用……对公共部门的政策制定者发出警示。他们的暗语是'科学证据不充分'"(Hays,2000,p. 151)。

当科学无法告诉官员们如何在技术和政治问题中抉择(例如,什么是"可接受的"风险)时,或者如何在相互竞争的价值中做决定(例如,应当实现的健康利益与遵守法规的代价之间的对立)时,政府部门所面临的挑战尤其尖锐。在上面所提到的例子中,就环保署要求燃煤发电厂更新其污染处理设施的法规建议而言,遵守这项法规的代价就会与因为减少进医院的次数、保险费用等而获得的健康利益相冲突。

因此,环境科学必须与某种不确定性做斗争(与其他所有科学一样),同时在采取行动时也要在所得和所失之间保持一种平衡。因为关于得与失的决定需要做出价值判断,而科学家的声音并不是唯一的。因此,这里产生了两个重要的问题:其一,在民主社会中,科学家和科学在重要决策中应该有什么样的地位与影响?其二,科学家有责任公开阐释诸如污染、物种灭绝、气候变化等议题背后的科学问题吗?提出这个问题也就是在问科学自身的象征合法性的边界问题。

为了理解科学和环境的冲突,我们需要探讨社会中各竞争方处理科学的不确定性的方式,同时也要探讨在环境与健康议题方面,求得得失平衡时采用的传播方式。当警告原则的支持者和那些利益受到这些警告的损害因而反对科学主张的人之间发生冲突时,关于科学的冲突就会一再发生。

风险预防原则

正如我们在上文所见,环境科学的悖论就是关于人类行为对环境造成的影响的知识总是不完整的,而我们对地球的影响程度又要求我们采取行动。斯坦福大学(Stanford University)生物学家保罗·埃利希和安妮·埃利希(Paul Ehrlich & Anne Ehrlich,1996)曾经评论说,环境科学的一个巨大讽刺就是,科学自身从来都不能提供绝对的确定性或者证据,而许多误解科学的人却说这正是我们的社会所需要的(p.27)。尽管确定性为社会改革者、宗教拥护者和广播评论员提供了强大的力量,"但科学家们从未承认有这个东西"(p.27)。

在化学污染、食品安全以及气候变化和生物多样性消失这种重大问题的领域,"绝对确定性"的缺失催生了许多冲突和争议。埃利希夫妇(1996)担忧地写道,在复杂的环境系统中更为精确的知识缺失的情况下,"人类正在针对生物界及其自身进行一场大型实验"(p.29)。

不确定性的问题

科学的确定性的缺失也为一些人呼吁政府放缓采取行动打开了方便之门。几十年来,工业领域环境管制的反对者们把科学的不确定性当作抵制管理危险化学品的新标准的逻辑依据,这些化学品包括铅、DDT、二噁英以及多氯联苯类化合物等。

1922 年,在汽车的汽油中加入四乙基铅的事件就是工业界利用科学的不确定性的一个案例,它虽然不著名但是很经典。尽管公共卫生官员认为铅会导致健康危害,并且认为应该首先进行更细致的研究,该产业却坚称对其危险性并没有统一的科学论断,并在其后 50 年中向市场推销含铅汽油。环境研究基金会(Environmental Research Foundation)的皮特·蒙塔古(Peter Montague,1999)写道,"结果是……延迟颁布含铅汽油标准的决定创造了一项历史纪录——上千万美国人的大脑受到损伤,因为暴露在铅尘中,他们的智商永久性地降低了"(para.3)。

从历史上看,风险预防评估程序有益于对新产品提出质疑,即使这些程序在后来被证实是有误的(关于在危机评估中使用的方法,我会在第十二章予以描述)。例如,现有的标准要求,在美国用于商业用途的七万多种化学品中只有极小的一部分"要完全接受检测,看它们是否会对健康和环境产生危害"(Shabecoff,2000,p.149)。然而,在

20世纪90年代,许多科学家、环保主义者和公共卫生倡议者指出,举证的重担应该倒置,即从由公众举证转为由带来风险的活动者举证。

早在20世纪60年代,像雷纳·杜博斯(René Dubos)、蕾切尔·卡森以及巴里·康芒纳(Barry Commoner)这样的科学家就已经对来自水、空气、土壤、食物链以及母乳中含有的新化学物质对人类健康的危害,以及可能导致的生态灾难提出了警告。在粮食中测到了大气监测中发现的核泄漏沉降物也加重了公众的焦虑。还有一些人警告新的有机氯化合物(如多氯联苯类化合物)是有危害的,它能够"减少精子数,扰乱雌性生殖循环……引发先天性缺陷,损害大脑发育和大脑功能"(Thornton,2000,p.6,in Markowitz & Rosner,2002,p.296)。

风险预防原则及其批评者

最终,科学家和卫生官员都主张采用一种新的方式对待环境不确定性,这种方式"不是将科学的不确定性当作没有危险的标志,而是将其作为严重的危险有可能存在的标志"(Markowitz & Rosner,2002,p.298)。这种观点强调在评估未来可能会危害人类的产品时,应该秉持小心或谨慎的伦理观,即使那些产品的风险程度很低。1991年,美国国家研究委员会为这种新的预警原则提供了一个强有力的论证逻辑:"除非发现更充分的证据,否则考虑到潜在的健康危机,谨慎的公共政策要求提供最大程度上的安全……我们在设计桥梁和建筑时就是这个要求……那么在危害美国人健康和生活质量的问题上,我们也应该坚持这个标准"(p.270)。

1998年,在美国威斯康星州的拉辛市(Racine),风险预防原则终于迈出了重要的一步。当时,科学与环境健康网站(Science and Environmental Health Network)以及那些资助科学研究的基金会召开了温斯布莱德风险预防会议(Wingspread Conference on the Precautionary Principle),定义了新的谨慎原则。32名与会者,包括来自美国、欧洲和加拿大的科学家、研究者、哲学家、环保主义者和劳工领袖分享了同一个信念,即"压倒性的证据说明对人类和全球环境的损害在其深度和广度上都足以要求建立新的原则,即人类采取措施是有必要的"

（Science and Environmental Health Network，1998，para. 3）。

在这场为期三天的会议最后，与会者签署了《关于风险预防原则的温斯布莱德声明》（Wingspread Statement on the Precautionary Principle），这一声明呼吁政府、商界和科学家在做有关环境和人类健康的决策时考虑新的原则（Raffensperger，1998）。该声明还为**风险预防原则（precautionary principle）**提供了扩展性定义："当一项活动对人类健康和环境产生了威胁时，即使因果关系不能在科学上被完全证明，也应当采取预防性的措施。在这里，应当由该活动的主张者，而不是公众，承担相应的举证责任"（Science and Environmental Health Network，1998，para. 5）。

当某一种人类活动同时具有潜在的危害和科学的不确定性时，新的原则就适用了。这一原则要求：（1）秉持审慎的伦理观（避免危机）；（2）以一种明确的责任去行动，以阻止危机。这一原则将举证责任转移到活动的支持者身上，让他们证明"他们的活动不会对人类健康和生态系统产生过度危害"；并且，它还要求政府部门和公司采取积极主动的措施去减少和消除危害，包括当出现任何偏差时，"他们负有监督、理解、调查、告知和行动的责任"（Montague，1999，p. 13）。

并不是所有的组织都急切地拥护风险预防原则。一些商业组织、保守的政策中心和政治家们担心，应用这一原则带来的后果会与主流社会范式中的假设产生冲突（见第三章）；也就是说，他们反对这一原则的理由在于它可能会由于过于谨慎而犯错。罗纳德·贝利（Ronald Bailey，2002）为自由主义政策研究中心卡托研究所所写的文章指出，"风险预防原则是一种反科学的规制概念，它允许规制者基于最空泛的怀疑，以这些东西可能产生未知的威胁为由而禁止生产这些新产品"（p. 5）。

贝利（2002）引用了欧盟禁止从美国进口基因增强型作物（也称转基因作物）的例子。他指出，科学研究小组已经证明转基因食品是可以安全食用的，"欧盟的禁令并不是安全风险预防，而是贸易壁垒"（p. 4）。关于转基因食品的安全性的争论一直在持续，这场争论把风险预防原则直截了当地置于争议的中心位置。

对风险预防原则的争论反映了关于不确定性在环境政策中的角

图 11.1　近年来,在关于生物多样性的流失、全球气候变化、空气污染、物种灭绝与其他问题的公众争论中,人们越来越多地看到了环境科学家的作用。

NASA/Kathryn Hansen

色的更大冲突。这个冲突正在试图挑战科学本身的象征合法性。这正是我们接下来要探讨的问题。

早期警告者:环境科学家与公众

　　近些年来,在关于生物多样性减少、全球气候变化、空气污染、物种灭绝以及其他问题的公共讨论中,环境科学家扮演着更加醒目的角色。有人认为科学家有道德责任去提醒、发声,或者警告公众和公共官员及时避免危险。另一些人则担心这种公开的警告或者倡议会有损科学家的信誉,或者与科学作为一种客观、中立的调查方式的理想不符(Vucetich & Nelson,2010)。经常被激烈讨论的是,当科学家对全球变暖不可避免的灾难性后果的临界点提出警告时,作为早期警告者,他的角色比之前重要多了。

　　在这一部分,我将回顾有关科学家作为早期警告者的公共责任的讨论。我们也将看到一些政治干预科学研究的臭名昭著的案例,包括审查国家航空航天局一位著名的科学家的例子,这名科学家是最早针对气候变化公开发声的人之一。

中立性与科学家的信誉的困境

在关于科学家是否有道德责任公开发言的争论中,环境科学家们发现自己被要求在两种迥异且相互竞争的身份中做出选择:他们究竟是客观的科学家,责任是保持中立且仅将传播限于学术期刊,还是环境物理学家,受到医学伦理的指引,有冲动想要越过对问题的诊断阶段,提出治疗方案?而且,如果这不是物理学家的责任,那么当公众仍没有意识到潜在的或者不明显的危险时,他们有道德责任去警告或者发声吗?

随着20世纪80年代晚期保育生物学这一新领域的出现,科学家的困境被强化了。这一领域的建立者之一,生物学家迈克尔·索尔(Michael Soulé, 1985)坚持认为,保育生物学是一门**危机学科(crisis discipline)**。伴随着日益严重的生态破坏,以及对物种和生态系统不可逆转的影响,保育生物学的出现变得非常必要(p. 727)。他认为,当面对"生物多样性危机将在21世纪上半叶进入高潮"的情况时,科学家不能再保持沉默(Soulé, 1987, p. 4)。的确,他坚称科学家有道德责任为应对日益严重的情况提供建议,即使他们的知识并不完美,因为"不采取行动的危险可能比采取不恰当的行动所带来的危险更大"(Soulé, 1986, p. 6)。

1996年,《保育生物学》(Conservation Biology)期刊出了一期特刊,讨论倡导活动在保育生物科学中扮演的角色,这将关于科学家中立性的讨论抛到了风口浪尖。期刊的第一篇论文就发出了挑战:"保育生物学无疑是符合规范的。倡导对生物多样性的保护是保育生物学科学实践的一部分"(Barry & Oelschlaeger, 1996, p. 905)。

另一些科学家则对环境科学家的角色持不同的观点,这反映了一种信念,即倡导行为会损害科学家的信誉。科学家在传统意义上被认为是使用客观程序的中立方,其提供的实验证据能为任何政策影响奠定基础(Mason, 1962)。沙博科夫(2000)归纳了这一观点:"不受先入为主的价值观影响的科学家追寻真理并跟随真理的引导,且假定不管研究结果是什么,它都将有益于人类的福祉"(p. 140)。因此,一些科学家担心公开提倡对问题做出回应,是抛弃了这一身份,这将违背客观性伦理,并削弱科学家的信誉(Slobodkin,2000;Rykiel,2001;Wiens,1997)。

另一些科学家——尤其是生态学家和气候科学家——则开始质疑,当环境问题日趋恶化时,科学家在实验室之外保持沉默的伦理适当性。

尽管如此,一些公开发声的科学家,尤其是那些为联邦政府工作的科学家还是受到了影响,而且他们的研究也受到了批评。关于科学家身份的争议,以及他们在面对生态与人类挑战时的道德责任都根植于更早期的争议,回顾这一历史也许是有用的。

作为早期预警者的环境科学家

1945 年,科学家在核武器发展中的角色问题引发了第一次关于科学家道德责任的大讨论。除了这些科学家之外,第二次世界大战后,分子生物学家也开始坚持在告知公众和政策制定者新的研究成果方面应该发出更大的声音(Berg,Baltimore,Boyer,Cohen,& Davis,1974;Morin,1993)。结果是,像美国科学家联合会(Federation of American Scientists)这样的科学协会与诸如《原子科学家公报》(*Bulletin of the Atomic Scientists*)这样的期刊一道在公共领域中起身代表科学家(Kendall,2000)。

▶ 从本土行动!

科学家应该成为社会中环境危险的早期预警者吗?

科学家对可能发生的危险是否应该公开发声?为了理解这个关于伦理和职业的问题,可以考虑邀请你所在学校的某位科学家与你的同学对话。

1. 他或她对于科学和科学家在一个自由社会中的角色持什么观点?

2. 作为科学家,他或她在针对公众可能面对的危机发出警告时,如何保持一个科学家中立的职业责任与伦理思考之间的平衡?

3. 他或她在公开发声中愿意走多远：在新闻发布会上向记者做简介、向政策制定者介绍研究成果的影响还是提供解决方案？界限应该在哪里？

最后，你对科学家作为早期预警者的角色持什么观点？作为一个客观、公正的学者，在这两者之间该如何权衡：信誉可能面临潜在的威胁，在面临环境危险时与公众分享知识与洞见？

到了 1969 年，忧思科学家联盟（Union of Concerned Scientists，UCS）成立了，意在应对 20 世纪后期人类的生存问题，其中最重要的就是核战争的威胁。之后，它将研究范围扩展至全球变暖和基因操控的潜在危险。现在，忧思科学家联盟已经吸纳了 25 万多名科学家和公民。这一组织将他们的使命定义为"将独立的科学研究与公民行动结合起来，以形成创新的、实用的解决方法，保证在政府政策、法人行为和消费者选择上出现负责任的变化"（Union of Concerned Scientists，2011，para. 1）。

另外一些科学家也参与到关于环境威胁和需要警示公众的讨论中。例如，"对社会负责医生团体"（Physicians for Social Responsibility）关注医学，将提醒公众关注新科技和工业实践造成的环境和健康问题当作自己的使命。《时间简史》（*A Brief History of Time*）的作者，英国理论物理学家斯蒂芬·霍金（Stephen Hawking）尖锐地指出了科学家作为早期预警者的必要性。2007 年，他告诉一群科学家他们有责任站出来说话：

> 作为世界公民，我们有责任提醒公众注意那些与我们每日相伴的不必要的危险，以及我们可以预见的灾难，如果政府和社会不立即采取措施的话……由于我们正处于……前所未有的气候变化的时期，科学家负有特殊的责任（引自 Connor，2007，paras. 5，6）。

最近，美国国家科学院（National Academy of Sciences，2011）警告公共官员："气候变化正在发生，这极有可能是由人类活动造成的，并且给人类和环境带来了巨大的危险。"科学院的报告表明，"由气候变化导致的环境、经济和人类危机表明了采取重大措施的绝对必要性"（para. 1）。

美国国家科学院、迈克尔·索尔、斯蒂芬·霍金以及其他独立科学家可以选择自由地、公开地发声。但是，另一些科学家，尤其是那些在政府部门工作的科学家，有时会在他们的研究过程中遭到干涉，甚至那些公开发行的报告和网络上的帖子也会受到审查。

一位美国航空航天局的科学家因发出早期预警而受到审查

2005 年 12 月 6 日，美国航空航天局首席气候科学家詹姆斯·E. 汉森（James E. Hansen）博士在旧金山美国地球物理联合会（American Geophysical Union）上的一次演讲中警告说："地球的气候正在接近但是还没有超过临界点，一旦超过这个临界点，伴随大范围可怕后果的气候变化将无法避免。"汉森继续说道，气温再上升 1℃（或 2 ℉），地球将会变成另一个不同的星球（引自 Bowen，2008，p. 4）。汉森是戈达德研究所空间研究所（Goddard Institute for Space Studies）的主任，就是他在 20 年前在美国参议院作证，首次将全球变暖引入聚光灯下。

汉森在 2005 年发出的警告拉响的可不仅是科学警铃。在他发表演讲后的日子里，美国航空航天局的官员命令它的公共事务官员去监视汉森的演讲、科学论文、发表在戈达德研究所网站上的帖子，以及记者对他的采访（Revkin，2006a）。当《华盛顿邮报》报道这一事件时，美国航空航天局的官员试图阻止该报记者，不让他去采访汉森。最终他们同意汉森"在有部门发言人在场的情况下，才能公开发言"（Eilperin，2006，pA1）。美国航空航天局的其他科学家也向《纽约时报》抱怨他们所遭受的政治压力，这些压力要求他们"限制讨论那些令布什政府不快的话题，尤其是全球变暖"（Revkin，2006b，A11）。

美国航空航天局后来向记者保证，它的科学家可以自由地在媒体上发言，但是它对汉森事件笨拙的处理已经在主流媒体界和博客界掀起了批评的浪潮。汉森博士自己为其行为辩护说："与公众交流应该是基本权利……因为公众的关切可能是唯一能够战胜某些特殊利益的力量，而正是这些特殊利益使全球变暖的议题变得混乱"（Revkin，2006a，p. A1）。不管怎样，据该局的公共事务官员说，美国航空航天局警告汉森"如果继续这样的发言，可能会有恐怖的后果发生"（Revkin，

图 11.2　这是美国阿拉斯加哈巴德冰川（Hubbard Glacier）的裂冰。气温再升高一度，就会带来一个"完全不同的星球"（詹姆斯·E.汉森博士）。

2006a，p. A1）。

在布什政府执政的八年（2001—2009）间，类似的有关对媒体上的科学报告、检测报告以及博客文章进行政治干预的报道时常见诸报端（Mooney，2006；Revkin，2005；Union of Concerned Scientists，2004，2008）。

科学家与公众交流中的政治干预

在布什政府执政早期发生过一件事。2001 年 3 月 7 日，33 岁的政府制图员伊恩·托马斯（Ian Thomas）在美国地质勘查局（U. S. Geological Survey）网站上发布了一张北极国家野生动物保护区的驯鹿繁殖区的地图。彼时，托马斯一直使用新的美国国土覆盖数据集为全国的野生动物保护区和国家公园绘制地图（Thomas，2001）。不管怎样，他发布驯鹿繁殖区地图的事件让他卷入到一场全国范围的争论中。美国国会正在讨论乔治·W. 布什政府的一项提案，内容是提议开放北极国家野生动物保护区的一部分用于石油和天然气钻探，而北极驯鹿繁殖区正好在这条开采带上。

在托马斯发布地图后的第一个工作日,他被解雇了,而且他的网站也被移除了。在一份官方声明中,一位美国地质勘查局的公共事务官员声称托马斯"在他的合同范围之外进行活动",而且在网上发布地图之前,对他的地图"没有进行科学的检查或论证"(Harlow, 2001)。托马斯认为对他的解雇"是一个高层的政治决定,意在给其他不支持当局开放保护区以开采油气的联邦科学家一个下马威"。托马斯在给同事的一封邮件中写道:"我认为制作更清晰的地图,是在帮助就北极国家野生动物保护区的问题进行更加公开和科学的理解以及辩论"(2001)。

对科学传播进行政治干预的更多证据很快就出现了。2004年,60多位权威科学家(包括20位诺贝尔奖获得者)发布了一个报告,尖锐地批评联邦政府部门对科学的滥用和压制。忧思科学家联盟发布了名为《政治决策中的科学正义》(Scientific Integrity in Policymaking)的报告,在报告中,科学家们谴责白宫官员正沉湎于"一种精心建立的、对科学发现进行压制和扭曲的模式中"(p. 2)。这篇报告还发现,官员们错误地呈现了关于全球变暖的科学共识,审查了至少一份关于气候变化的报告,操纵了对发电站释放的汞的研究发现,而且压制了关于避孕套使用的信息(Glanz, 2004, p. A21)。

在随后的几年里,更多政治干预科学传播的事例涌现出来,例如臭名昭著的菲利普·A. 库尼(Philip A. Cooney)事件。库尼是白宫环境政策委员会(White House Council on Environmental Policy)的负责人。2005年,《纽约时报》获得的文件显示,库尼——这位前美国石油协会的说客——在2002年和2003年间私下编辑了准备由联邦气候变化科学项目(Climate Change Science Program)公开发表的报告。在他的手记里,库尼"被证实移除或者修改了政府科学家及其管理者对气候研究的描述"(Revkin, 2005, para. 2)。《纽约时报》记者安德鲁·拉夫金(2005)注意到了这些变化,"尽管有时候是很微妙地在'不确定性'一词前面加上'重大的和基础的'等词,但可以营造出对科学发现的怀疑气氛,而这些发现被大多数气候专家认为是很有说服力的"(para. 3)。但不管怎样,白宫向公众发布的正是这些被修改过了的联邦报告。

我在 2011 年年末曾写道,联邦部门内部关于科学的意识形态之争正在减少。然而,当环境研究与特殊利益群体、持不同意见的科学家以及企业的利益相冲突时,环境科学依然被频繁质疑。最近,对气候科学家的人身攻击,包括气候门争议已经威胁到了科学自身的象征合法性。

科学与象征合法性之间的冲突

尽管科学"为大多数人提供了丰富的物质资源"(Shabecoff,2000,p. 138),但关于现代工业对环境影响的科学知识仍然是产生争议的领域。马克维茨和罗斯纳(2002)观察到,在 20 世纪大部分时间里,工业说客都一直声称"在政策制定者有权干涉美国工业的私人保护区之前,必须要呈现令人信服的证据"(p. 287)。然而,就算有证据出现,当科学知识可能导致新的立法时,一些工业组织依然会步步为营,挑战科学共识(Hays,2000,p. 138)。

工业界与科学界不合的原因不难理解。某些产品和工业污染物可能与癌症、内分泌失调以及其他健康问题相关,而且和气候变化也有关。这不仅会给这些公司带来金融负债,还会造成对工业更加严格的管制。

结果之一是,可能被环境科学管制的工业界——尤其是石油化工能源、房地产和公用设施等领域"寻求将科学收编,并试图吸引那些可以帮助他们达到这一目的的科学家"(Hays,2000,p. 138)。看看几个这样的案例,有助于理解被工业界和其他人用来反驳科学共识的合法性的传播方式。

科学与关于不确定性的隐喻

在过去的 20 年中,一些工业领域的从业者和气候变化怀疑论者使用了一系列传播手段来挑战环境科学的象征合法性。这些传播手段包括资助友好的科学家、出版支持怀疑主义的智库(think tanks)的书籍和媒介信息。最重要的是他们对不确定性的隐喻的使用。让我先简要描述一下这一修辞手法,然后再展示它是怎么被应用的,以及近年来其他用来挑战环境科学的传播方式。

当反对者要求对气候变化的原因进行深入调查，或者深入调查在太平洋西北部建设大坝对鲑鱼洄游的影响时，他们就会采用工业挑战科学的合法性时人们熟悉的工具。使用关于**不确定性的隐喻(trope of uncertainty)**就是让公众在对科学主张的感知中产生怀疑，从而延缓采取行动的要求。从修辞角度来看，关于不确定性的隐喻转变或改变了公众对什么东西正处于危险中的理解，暗示如果贸然采取行动会有危险，或者做出错误的决定会有危险。出于这一原因，马克维茨和罗斯纳(2002)观察到，"呼吁更多的科学证据往往只是一种拖延战术"(p.10)。

就某一团体或某一问题的合法性制造疑惑，这一经典的策略源自公共关系学家菲利普·莱斯利(Philip Lesly)的文章《应对反对团体》("Coping With Opposition Groups,"1992)。莱斯利建议客户，要设计它们的传播方式，以在公众头脑中创造不确定性：

> 给公众留下的印象必须是平衡的，这样人们就会产生疑惑，却缺少动机去采取行动。相应地，我们还应该采取措施从那些被公众认为是可信的信息源那里获得平衡性信息。没有什么泾渭分明的"胜利"……在对反对者的支持中并没有泾渭分明的情况，通过展示这一点可以培育公众的疑虑，而这正是我们所需要的。
> (p.331)

当公众对某一议题产生不确定感，这一建议就见效了，公众将缺乏要求行动的动机，同时解决问题的政治意愿也会被减弱。例如，谢尔顿·兰顿和约翰·司道波(Sheldon Rampton & John Stauber,2002)研究了企业在反对政府规制时采取的公关策略，发现"产业使用公关策略的目的并不在于逆转公众的观点，这在任何情况下都有可能是行不通的。它的目标只是阻止人们行动起来解决问题，并且在他们头脑中就全球变暖的严峻性制造足够的疑惑，使他们处于争论和无法做决定的状态中"(p.271)。

具有讽刺意味的是，关于不确定性的隐喻这一修辞手法企图推翻风险预防原则。后者强调，当某一行为为人类健康和环境带来威胁时，应该采取风险预防措施，即使仍有某些不确定性存在。然而，批评者呼吁更深入的研究却使"风险预防原则"反过来反对自身。在关于一名著名的共和党顾问的报道中,我们看到这样一个令人震惊的案例,它展示了不确定性是如何被有意地引入到气候变化这个具有政治敏感性的领域的争论之中的。

全球变暖备忘录:挑战科学

有时候,关于科学共识的合法性的冲突可能就发生在语言领域本身,只要我们参与到一个政治顾问所谓的"环境传播战争"之中即可(Luntz Research Companies,2001, p. 136)。在一份名为《环境:一个更洁净、安全、健康的美国》("The Environment: A Cleaner, Safer Healthier America")的备忘录中,弗兰克·朗兹(Frank Luntz)向共和党领导人警告说,"进行科学争论的大门正在关闭,但还没有完全关闭"。不管怎样,他建议说"请仍然留下一扇窗的机会去挑战科学"(p. 138)。朗兹所说的"一扇窗的机会"指的是这样一种可能性,即批评者可以在有关气候变化的科学主张的象征合法性方面提出足够的疑虑,这样公众的不确定感就会延缓政府在这一领域的行动。

朗兹的备忘录至少让我们得以一窥高层政治圈围绕修辞策略的幕后争论。这很重要,尤其是为许多政治家面对的公关困境提供了坦率的评估。例如,朗兹发现选民们在环境问题上尤其不信任共和党。因此,他的备忘录揭示了共和党人需要的修辞策略,以挑战在许多环境议题中正在增强的共识——象征合法性,例如安全的饮用水、对自然区域的保护,尤其是气候变化。

在备忘录的某一部分,朗兹宣称选民现在相信在科学圈里没有形成关于全球变暖的共识。他写道:"一旦公众相信这个科学议题已经搞清楚了,那么他们关于全球变暖的观点也会相应改变。"他在备忘录里向共和党领导人建言:"因此,你需要在争论中,继续将科学的确定性的缺失作为首要议题"(p. 137)。他解释说这一策略的目的是削弱选民呼吁采取行动的意愿。相反,共和党官员应该声称:"除非我们能了解更多,否则我们不会让美国对那些现在或将来会桎梏我们的国际文件承担责任"(p. 137)。

朗兹建议,在挑战科学时,应利用公众信任的来源,要特别积极地"雇用那些对你的观点表示同情的专家,并更积极地使他们成为你的主旨信息的一部分"。他解释说,"与对政治家的信任相比,人们更愿意相信科学家、工程师和其他杰出的专业人士"(p. 138)。

制造不确定性:产业界与保守智库

朗兹提出"将科学的不确定性的缺失作为首要议题",这一建议也是产业界和其他批评者挑战环境科学的各种努力的主题。他们所挑战的议题从化学污染一直覆盖到气候变化。这些努力的目标是鼓励公众对环境方面的科学主张与科学共识的合法性产生怀疑。我们来看几个例子。

1998年,《纽约时报》的一篇报道揭露了企业试图影响公众对环境科学的看法的最早案例。《纽约时报》记者约翰·库什曼(John Cushman, 1998)发现,美国石油协会计划花费数百万美元以使公众相信,关于气候变化的《京都议定书》是建立在"不可靠的科学"的基础之上的(p. A1)。这一计划包括:

> 招募一群在气候科学方面与产业界有共同观点的骨干科学家,在公关方面训练他们,这样他们就能帮助说服记者、政治家和公众,使他们相信全球变暖的危机非常不确定,所以对于会将太阳的热量保留在地球附近的二氧化碳等温室气体,不能明确地进行排放控制(p. A1)。

另一些消息来源称,美国石油协会的计划还包括花费500万美元建立一个"全球气候科学数据中心"(Global Climate Science Data Center)。该中心向媒体、政府官员和公众提供信息;为"关于气候科学的倡导活动"捐款;资助"科学教育课题组",把产业信息推广到学校的课堂中(1998)。

产业界发起活动,以影响公众对气候科学的感知并不是孤例。独立的监测组织和记者记载了一系列工业界所采用的传播行为,这些行为的目的是质疑科学共识,或者其他环境议题的合法性(Shabecoff, 2000)。

除了这些尝试之外,在过去十年还出现了一个更为基础性的挑战——制造"环境怀疑主义"的态度,以挑起公众在环境科学尤其是气候变化方面的讨论。参与到这个"怀疑主义"阵营中的有保守智库和免税组织。保守智库是一些非营利性的倡导中心,它寄生于一种中立的政治机构[例如,遗产基金会(Heritage Foundation)、卡托研究所以及哈兰德研究所]的形象上。它们传播的信息各异,但其策略基本上是散布对气候变化的质疑,挑战主流科学家的共识:全球变暖真的发生了吗? 人类活动真的应该受到谴责吗? 温度上升真的是件坏事吗?

雅克、邓拉普和弗里曼(Jacques, Dunlap & Freeman,2008)研究了保守智库,他们指出了针对严肃的环境问题培养"环境怀疑主义"的一系统努力——这些严肃的环境问题包括从生物多样性的减少到有毒化学品和全球变暖等方方面面(p.349)。他们还发现了潜藏于这一努力之中的一个关键性的修辞策略:在智库的书、新闻稿和政策文章中推广**环境怀疑主义(environmental skepticism)**的态度、驳斥环境问题的严重性,并质疑环境科学本身的可信性(p.351)。通过这样的方式,这些书的作者和媒介发布的稿件暗示环境科学"已经被政治议程腐化了,这一政治议程引导环境科学有意无意地虚构和夸大了这些全球性问题"(Jacques, Dunlap & Freeman,2008, p.353)。

对智库的研究引用了帕特里克·迈克尔斯(Patrick Michaels)的例子。迈克尔斯是一位气候怀疑论者,也是卡托研究所的高级研究员。他在2004年出版了《垮台:被科学家、政治家和媒体不出所料所扭曲的全球变暖》(*Meltdown:The Predictable Distortion of Global Warming by Scientists, Politicians, and the Media*)一书,在书中他写道:"全球变暖是一个被夸大了的问题,不出所料,它被置身其中的政治气候和专业气氛夸大得走样了"(p.5)。对智库的研究总结说,"这样的怀疑主义是被特意设计的,用以破坏环保运动借助科学来使其主张合法化的努力"(p.364)。

在制造环境怀疑主义的策略中,看似中立的政策智库发挥的作用十分重要。许多企业都知道,在关于诸如香烟烟雾等问题的争论中,由产业界直接资助的科学家缺乏大学里的科学家所具有的信誉,"所以向产业界提供政治咨询是保守智库的一个关键角色"(Austin,2002;Jacques, Dunlap, & Freeman,2008, p.362)。这些智库将关于不确定性的隐喻作为它们的主要策略。迈克尔斯和蒙福顿(Michaels & Monforton,2005)解释说,"主要策略就是'制造不确定性',针对环境问题的科学基础提出质疑,从而削弱对政府管制的支持"(p.362)。

在一段时间内,持反对意见的科学家、企业和保守智库成功地将自己塑造为全球变暖问题上的某种反智主义者。他们获得了"与主流科学界和学术界同等的合法性"(Michaels & Monforton,2005,p. 356)。结果,在描述全球变暖的问题上,美国的大众媒体"明显地比其他工业国家的媒体更有可能将其描述成一个带有科学的不确定性特征的争议性议题"(Jacques,Dunlap & Freeman,2008,p. 356)。所谓的气候门丑闻就是将不确定性注入公众头脑的一个争议性案例,这一丑闻发生在2009年年末的联合国哥本哈根气候大会中。

气候门:质疑科学家的可信性

2009年11月哥本哈根大会召开前的几个星期,黑客入侵了东安格利亚大学(University of East Anglia)(该大学是一个主要的气候研究中心)的电脑,并下载了1000多封知名气候科学家之间的私人邮件。这些邮件讨论了研究中的一些挑战,有些还对气候怀疑论者做了一些不礼貌的评论。怀疑论者和一些博主立即加入这一事件,为怀疑主义和阴谋叙事助力。批评者们声称这些邮件暴露了气候科学家的"丑闻""骗局"和"阴谋",他们的目的是使其批评者噤声。

由于这些博主和诸如"德拉吉报告"(The Drudge Report)这样的所谓新闻聚合网站的煽动,气候门的故事开始了病毒式传播,成为美国和欧洲有线电视新闻与报纸的头条。批评者们指控,这些被黑客攻击的邮件是活生生的证据,证明了科学家们阴谋操纵数据,以支持他们所谓的气候变化是真实的而且会影响人类的观点。英国《电讯报》(The Telegraph)的一位专栏作家将气候门称为"我们这一代最糟糕的科学丑闻"(Booker,2009,para. 1)。

在某位博主创造了"气候门"一词一周后,谷歌上对"气候门"的点击量达到了900多万次。而讽刺的是,在气候门争议爆发之前,美国报纸对气候变化的报道一直在减少。丑闻框架被重构出来后,报道量激增。最典型的是一家报纸宣称:"我们发现过去用于评判气候变化的很大一部分科学证据是左翼意识形态拥护者阴谋制造的骗局"(引自 Israel,2010,para. 3)。

媒体的丑闻框架以及不当处理导致科学家们开始收到恶意邮件;

有一些科学家还收到了追杀令。斯坦福大学著名的气候学家斯蒂芬·施奈德(Stephen Schneider)博士的名字也出现在被攻击者的名单上。"他说他已经收到了'几百封'有暴力性质的骂人邮件"(Hickman,2010, para. 5)。东安格利亚大学气候研究中心(Climatic Research Unit)主任菲尔·琼斯(Phil Jones)告诉记者,"人们说我应该去死"。他说:"这样的死亡威胁来自世界各地"(para. 4)。

然而,真实的丑闻却是媒体在面对未加证明的指控时的失误,以及面对丑闻框架的诱惑无法自制地想要出版的错误。在几个月的时间里,英国和美国的六个主要独立调查机构澄清了对这些科学家的指控,认为他们没有伪造研究数据,也没有无视气候科学本身的基本发现。调查确实发现,一些科学家在他们的邮件交流中使用了一些不合适的措辞并且嘲笑了气候怀疑论者,而最严肃的发现是有些科学家过于谨慎,他们拒绝与其批评者分享他们的研究数据。然而,没有一项调查发现这些科学家在邮件中质疑了基础科学(Gulledge,2011)。

尽管有这些发现,"许多人还是感到疑惑,气候变化是否真的像它被证明的那样存在巨大威胁"(Rigg,2011,para. 4)。例如在美国,一项民调显示公众相信科学家的研究"非常有可能"(35%)或"有可能"(24%)造假了(Rasmussen Reports,2009)。之后的民调发现美国人更可能相信全球变暖的严重性被"夸大"了(Gallup,2010,2011)。其中的原因不难发现。

尽管气候门事件已经平息,但类似的丑闻叙事和指责气候科学家行为失德的叙事依然继续出现在一些气候怀疑论者的博客上,而且被"德拉吉报告"这样的新闻聚合网站搅和着。例如,美国国家海洋和大气管理局在其年度气候报告中说,2010 年和 2005 年是有记录以来最暖和的年份。这之后"德拉吉报告"将这一"新闻"推送给订阅者,并写道:"2010 年又是最热的一年?!放心,这'只是个政治声明'。"

就在气候门争议发生的几星期前,《纽约时报》专栏作家保罗·克鲁格曼(Paul Krugman,2009)报道了许多科学家在试图就气候变化问题对公众进行教育时遇到的烦恼。他写道:"气候科学家作为一个整体变成了卡桑德拉(Cassandra)(希腊神祇,凶事预言家)——被赋予了预言未来灾难的能力,却又被诅咒无法使人们相信他"(p. A21)。

对于这样暗淡的前景,科学家和其他媒体人是如何回应的呢?

传播气候科学

有人说气候科学家正在"输掉公关战",并说他们是"令人讨厌的传播者"(Begley,2010,p. 20),气候科学家们被这一说法激怒,开始更加积极主动地接近公众。例如,卫斯理大学(Wesleyan University)的盖瑞·W. 约埃(Gary W. Yohe)博士指出:"自从'气候门'之后,我们中的许多人……开始认识到科学界有责任以一种诚实和清楚的方式尽力去更好地向公众传播他们知道的和不知道的信息"(引自Morello,2011,para. 7)。

事实上,科学家、记者、媒介生产者和传播学者正在发起一些鼓舞人心的倡议,以使公众获得更多关于气候变化和能源政策的新闻和信息。值得注意的是,这些倡议不仅限于传统新闻平台,而是更广泛地使用了新媒体。例如,忧思科学家联盟建立了一个最具综合性的网站,报道气候科学的基础,以及针对全球变暖造成的影响的"大视野解决方案"("big picture solutions")(www. ucsusa. org/global_warming)。美国地球物理联合会——也许是最重要的气候科学家组织——也在进行一项在线气候问答互动服务,有700多位科学家轮流回答记者的问题,或者与新闻媒介互动。在一项类似的活动倡议中,100多位科学家联合建立了一个"气候科学快速反应团队"(Climate Science Rapid Response Team)。这个团队的科学家可以即时回答记者的问题,并参加广播脱口秀节目,与气候怀疑论者进行电视辩论。

在一项相关运动中,忧思科学家联盟在2010年年末组织了气候科学家与来自《60分钟》(60 Minutes)、路透社、彭博社(Bloomberg)、《时代》周刊、《今日美国》以及其他新闻组织的记者们会面。忧思科学家联盟的科学与政策部主任皮特·弗洛姆霍夫(Peter Frumhoff)说:"记者们很急切地想知道,质疑那些让有权势的金融财团头疼的主流科学发现的策略……为何被反复使用,以延缓或阻止对这些金融利益方的管制"(Samuelsohn,2010,para. 11)。

越来越多的科学团体,像美国科学发展协会(American Association

for the Advancement of Science)、美国地球物理联合会等开始承办有关气候变化的会议与工作坊,面向记者、电视天气预报员、电台脱口秀主持人和其他新闻发布者。例如,美国地球物理学会"在最近的一个年会上,为 19000 多名注册会员提供了一次名副其实的有关气候变化且以传播为导向的工作坊盛宴"(Yale Forum on Climate Change and the Media,2011, para. 1)。美国气象学会与美国传播学会(National Communication Association)在 2011 年联合召集了气候研究者、传播从业者和气象学家,帮助电视气象学家理解和传播气候科学。耶鲁气候变化与媒介论坛最近评论道,如果说这些会议有什么指导性的话,"那就是传播议题正在迈上一个新台阶,成为气候科学圈优先考虑的兴趣点"(para. 1)。

最后,气候科学家也在与记者和媒介生产者一道开发新的平台与方法,传播关于气候变化的信息。一个备受好评的做法就是建立了 ClimateCentral. com 网站。这个网站由一个非营利性的新闻与研究组织资助,致力于"帮助主流美国民众理解气候变化如何与他们相关"。

图 11.3　忧思科学家联盟的网站(www. ucsusa. org)

Climatecentral. com 上有许多新闻、视频和对话式图表,能帮助访问者明确气候变化造成的影响。这个网站还和其他记者合作,为其他新闻发布者生产内容。其网页上的最新话题包括本年度"与气候及天气相关的五大事件",以及常规的"我们如何知道"视频,该板块用包含彩色图表的视频解释了美国航空航天局如何利用精密的卫星设备记录不同地区的二氧化碳排放量。

另有一些团体也开始支持气候科学家,并为那些好奇的公众提供帮助。例如,有大量的科学和流行博客现在都提供对气候怀疑论者那些常见的误解和论点的回答(例如,www. grist. org/article/series/skep-tics,www. skepticalscience. com/argument. php,and www. csicop. org/si/show/disinformation_about_global_warming)。这些网站特别列出了全球变暖神话或气候怀疑论者的论点,并提供总结或者相关科学回应的链接。"怀疑的科学"(Skeptical Science)网站还提供突发新闻、视频、图表和文章来检验气候怀疑论者的反对理由。另一些由气候科学家自己操作的网站,如 www. realclimate. org,对怀疑论者质疑气候科学的那些更具技术性的断言进行分析。

还有一个流行的 iPhone 应用程序也对气候变化怀疑论者提出的论点做出了回应。*Clean Technica*(cleantechnica.com)网站的评论解释说,该程序的使用者可以在反对全球变暖理论的三大类别中进行搜索——"这没有发生""这不是我们造成的"和"这并不坏"。在这里可以找到具体的论点和科学的反驳;"怀疑的科学"的应用程序还为使用者提供图表和科学论文的链接(Shahan,2010,p. 2)。

气候怀疑论者也用一个 iPhone 应用程序进行反击,这一点毫不令人惊讶。"气候现实主义者"(Climate Realists)(climaterealists. com)网站警告说:"有一个 iPhone 应用程序正试图反对我们所说的……我们只能期望公众把这看作是一个廉价的把戏,在那里胡说'气候变化是人造的科学终归会破产的'"(WARNING!,2010,paras. 1,3)。

尽管更好的科学传播可以增强公众的理解力,但其他挑战仍然存在。正如气候传播学者苏珊娜·莫泽(Susanne Moser,2010)提醒我们的,全球气候变化的实际现象并不总能向公众发出足够的信号,让公众确信这就是真实的,或者要求公共官员采取措施保护人类不受其影响。因此这一挑战带来了一个相关议题:科学家的传播或新闻媒介有可能将气候变化呈现为一个严峻的问题,即公众应该关注的问题吗?当联合国政府间气候变化专门委员会发布下一份关于全球变暖的速度和影响的评估报告(2013 年和 2014 年)时,一个重要的时机将会到来。

延伸阅读

- *Climate Central*："Sound science and vibrant media"（www. climatecentral. org）:这是最好的独立多媒体新闻网站,提供关于气候变化的"即刻性与相关性"及其影响的研究。
- Fred Pierce, *The Climate Files*：*The Battle for the Truth About Global Warming.* London：Guardian Books, 2010（这是一个独立记者对臭名昭著的气候门电子邮件事件的观察）。
- Stephen H. Schneider, *Science as a Contact Sport*：*Inside the Battle to Save Earth's Climate.* Washington, DC：National geographic, 2009（2007 年诺贝尔和平奖获得者之一,世界上最领先的气候学家针对气候科学的工作和争论提供的内行观点）。
- *Planet Earth*（2006）and *Earth*（2009）:由英国广播公司和迪士尼联合制作, 这些自然纪录片提供高画质图像,探讨居住在我们这个星球上的生物的多样性,以及对它们的栖息地的威胁。

关键词

危机学科	进步主义理想
环境怀疑主义	象征合法性
保护的悖论	技术民主化
风险预防原则	智库
不确定性的隐喻	

讨论

1. 风险预防原则对决策来说是清晰的指导吗？还是说它让官僚机构或企业变得太谨慎以至于难以确定一个产品是否不安全或是否应该将其从市场上召回？

2. 生态学家和其他环境科学家应该在公共领域中鼓与呼吗？如果有界限的话,界限在哪里？科学家进入到公共领域中应该走多远？

3. 博客作者和气候怀疑论者指责气候学家伪造了他们的数据,并称全球变暖是一个"骗局"。你相信吗？在形成你的判断时,你使用了哪些信息来源？

4. 科学家、电影制作者和其他人已经对气候变化的灾难性影响发出了警告——海平面上升了20多英尺、持久的干旱、粮食歉收以及饥荒。你认为这些恐惧诉求在动员公众关注气候变化方面效果如何？什么样的方法是有效的？

参考文献

Austin, A. (2002). Advancing accumulation and managing its discontents: The US anti-environmental movement. *Sociological spectrum*, *22*, 71—105.

Bailey, R. (2002, August 14). *Starvation a by-product of looming trade war.* Cato Institute. Retrieved May 23, 2005, from http://www. cato. org.

Barry, D., & Oelschlaeger, M. (1996). A science for survival: Values and conservation biology. *Conservation Biology*, *10*, 905—911.

Begley, S. (2010, March 29). Their own worst enemies: Why scientists are losing the PR wars. *Newsweek*, p. 20.

Berg, P., Baltimore, D., Boyer, H. W., Cohen, S. N., & Davis, R. W. (1974). Potential biohazards of recombinant DNA molecules. *Science*, *185*, 303.

Booker, C. (2009, November 28). Climate change: This is the worst scientific scandal of our generation. *The Telegraph*. Retrieved August 1, 2011, from http:// www. telegraph. co. uk.

Bowen, M. (2008). *Censoring science: Inside the political attack on Dr.*

James Hansen and the truth of global warming. New York: Dutton.

Carson, R. (1962). *Silent spring.* Boston: Houghton Mifflin.

Connor, S. (2007, January 18). Hawking warns: We must recognise the catastrophic dangers of climate change. *The Independent*. Retrieved January 1, 2009, from http://www. independent. co. uk.

Cushman, J. H. (1998, April 26). Industrial group plans to battle climate treaty. *The New York Times*, p. A1.

Dewey, J. (1927). *The public and its problems.* New York: Henry Holt.

Dlouhy, J. (2011, June 28). EPA officials: "Sound science" will guide hydraulic fracturing study. Retrieved July 22, 2011, from http://fuelfix. com/blog/2011.

Ehrlich, P. R., & Ehrlich, A. H. (1996). *Betrayal of science and reason: How anti-environmental rhetoric threatens our future.* Washington, DC: Island Press/ Shearwater Books.

Eilperin, J. (2006, January 29). Debate on climate shifts to issue of irreparable change. *The Washington Post*,

p. A1.

Gallup. (2010, March 11). Americans' global warming concerns continue to drop. Retrieved January 15, 2011, from www. gallup. com.

Gallup. (2011, March 14). In U. S., concerns about global warming stable at lower levels. Retrieved, February 8, 2011, from www. gallup. com.

Glanz, J. (2004, February 19). Scientist says administration distorts facts. *The New York Times*, p. A21.

Gulledge, J. (2011, March 1). Sixth independent investigation clears "Climategate" scientists. Pew Center on Global Climate Change. Retrieved March 13, 2011, from www. pewclimate. org.

Harlow, T. (2001, March 16). [Message posted on Infoterra LISTSERV]. Retrieved June 17, 2003, from http://www. peer. org.

Harman, W. (1998). *Global mind change: The promise of the twenty-first century.* San Francisco: Berrett-Koehler.

Hays, S. P. (2000). *A history of environmental politics since 1945.* Pittsburgh, PA: University of Pittsburgh Press.

Heller, N. (2011). Are scientists confusing the public about global warming? Retrieved February 27, 2012, from Climatecentral. com.

Hickman, L. (2010, July 5). US climate scientists receive hate mail barrage in wake of UEA scandal. *The Guardian.* Retrieved July 31, 2011, from www. guardian. co. uk.

Intergovernmental Panel on Climate Change. (2007). *Climate change 2007: Synthesis report.* UN Environment Program. Retrieved November 2, 2008, from http://www. ipcc. ch/ ipccreports.

Israel, B. (2010, November 4). Global warming likely to get cool reception in Congress. *Live Science.* Retrieved March 12, 2011, from www. livescience. com.

Jacques, P. J., Dunlap, R. E., & Freeman, M. (2008). The organisation of denial: Conservative think tanks and environmental skepticism. *Environmental Politics*, *17* (3), 349—385.

Kemp, A. C., Horton, B. P., Donnelly, J. P., Mann, M. E., Vermeer, M., & Rahmstorf, S. (2011). Climate related sea-level variations over the past two millennia. *Proceedings of the National Academy of Sciences.*

Kendall, H. W. (2000). *A distant light: Scientists and public policy.* New York: Springer-Verlag.

Krugman, P. (2009, September 27). Cassandras of climate. *The New York Times*, p. A21.

Lesly, P. (1992). Coping with opposition groups. *Public Relations Review*,

18(4), 325—334.

Luntz Research Companies. (2001). The environment: A cleaner, safer, healthier America. In *Straight Talk* (pp. 131—146). Retrieved June 12, 2003, from http://www.ewg.org.

Markowitz, G., & Rosner, D. (2002). *Deceit and denial: The deadly politics of industrial pollution.* Berkeley: University of California Press.

Mason, S. F. (1962). *A history of the sciences.* New York: Collier Books.

McGowan, E. (2011, June 17). New pressure on U.S. EPA to delay final mercury rule. Retrieved July 23, 2011, from www.reuters.com.

Michaels, D., & Monforton, C. (2005). Manufacturing uncertainty: Contested science and the protection of the public's health and environment. *Public Health Matters*, 95(1), 39—48.

Michaels, P. (2004). *Meltdown: The predictable distortion of global warming by scientists, politicians, and the media.* Washington, DC: Cato Institute.

Montague, P. (1999, July 1). The uses of scientific uncertainty. *Rachel's Environment & Health News*, 657. Retrieved August, 25, 2002, from http://www.rachel.org.

Mooney, C. (2006). *The Republican war on science.* New York: Basic Books.

Morello, L. (2011, February 2). A-ward-winning scientists ask Congress to take a "fresh look" at climate change. *Climatewire.* Retrieved July 19, 2011, from www.eenes.net/climatewire.

Morin, A. J. (1993). *Science policy and politics.* Englewood Cliffs, NJ: Prentice Hall.

Moser, S. C. (2010). Communicating climate change: History, challenges, process and future directions.

National Academy of Sciences. (2011). *America's climate choices.* Retrieved July 24, 2011, from http://dels.nas.edu/.

National Environmental Trust. (1998). *Monitor 404: Information missing from your daily news.* [Press release]. Retrieved September 2, 2005, from www.monitor.net.

National Research Council Committee on Environmental Epidemiology. (1991). *Environmental epidemiology: Vol. 1. Publichealth and hazardous wastes.* Washington, DC: National Academy Press.

Raffensperger, C. (1998). Editor's note: The precautionary principle—a fact sheet. *The Networker*, 3(1), para. 1. Retrieved August 25, 2003, from http://www.sehn.org.

Rampton, S., & Stauber, J. (2002). *Trust us, we're experts!* New York: Jeremy P. Tarcher/Putnam.

Rasmussen Reports. (2009, December

1—2). *National survey of 1,000 a-dults.* Retrieved July 30, 2011, from www. rasmussenreports. com.

Revkin, A. (2005, June 8). Bush aide softened greenhouse gas links to global warming. *The New York Times.* Retrieved January 6, 2009, from http:// www. nytimes. com.

Revkin, A. C. (2006a, January 29). Climate expert says NASA tried to silence him. *The New York Times*, p. A1.

Revkin, A. C. (2006b, February 8). A young Bush appointee resigns his post at NASA. *The New York Times*, p. A11.

Rigg, K. (2011, February 20). Skepticgate: revealing climate denialists for what they are. Retrieved, 2011, from www. huffingtonpost. com.

Rosenthal, E. (2007, November 17). U. N. report describes risks of inaction on climate change. *The New York Times.* Retrieved November 3, 2008, from http://www. nytimes. com.

Rykiel, E. J. , Jr. (2001). Scientific objectivity, value systems, and policy-making. *BioScience*, *51*, 433—436.

Samuelsohn, D. (2010, December 31). Climate PR efforts heats up. *Politico.* Retrieved July 31, 2011, from http:// politico. com.

Science and Environmental Health Network. (1998, January 26). *Wingspread conference on the precautionary principle.* Retrieved August 25, 2003,

from http:// www. sehn. org.

Scully, M. G. (2005, October 3). Studying ecosystems: The messy intersection between science and politics. *Chronicle of Higher Education*, p. B13.

Shabecoff, P. (2000). *Earth rising: American environmentalism in the 21st century.* Washington, DC: Island Press.

Shahan, S. (2010, February 8). *iPhone app for telling a climate skeptic they're wrong.* Retrieved August 1, 2011, from http:// cleantechnica. com.

Slobodkin, L. B. (2000). Proclaiming a new ecological discipline. *Bulletin of the Ecological Society of America*, *81*, 223—226.

Soulé, M. E. (Ed.). (1985). What is conservation biology? *BioScience*, *35*, 727—734.

Soulé, M. E. (1986). *Conservation biology: The science of scarity and diversity.* Sunderland, MA: Sinauer Associates.

Soulé, M. E. (1987). History of the Society for Conservation Biology: How and why we got here. *Conservation Biology*, *1*, 4—5.

Thomas, I. (2001, March 16). Web censorship. [E-mail]. Retrieved June 16, 2003, from http://cartome. org.

Thornton, J. (2000). *Pandora's poison: Chlorine, health, and a new environmental strategy.* Cambridge. MA: MIT Press.

Union of Concerned Scientists. (2004,

February). *Scicentic integrity in poli-cymaking: An investigation into the Bush administration's misuse of science.* Cambridge, MA: Author.

Union of Concerned Scientists. (2008). *Freedom to speak? A report card on federal agency media policies.* Retrieved January 6, 2009, from http://www. ucsusa. org.

Union of Concerned Scientists. (2011). *About us.* Retrieved July 24, 2011, from http:// www. ucsusa. org.

Vucetich, J. A., & Nelson, M. P. (2010, August 1). The moral obligations of scientists. *The Chronicle of Higher Education.* Retrieved July 19, 2011, from http://chronicle. com.

WARNING! New site set up as an iPhone app to put down "climate realists." (2010, February 14). Re-trieved August 1, 2011, from http:// climaterealists. com.

Wiens, J. A. (1997). Scientific responsibility and responsible ecology. *Conservation Ecology, 1*(1), 16. Retrieved June 12, 2003, from http:// www. consecol. org.

Wiley Interdisciplinary Reviews—Climate Change 1(1): 31—53.

Williams, B. A., & Matheny, A. R. (1995). *Democracy, dialogue, and environmental disputes.* New Haven, CT: Yale University Press.

Yale Forum on Climate Change and the Media. (2011, February). Science societies' annual meeting agendas focusing increasingly on communications issues. Retrieved May 8, 2011, from www. yale climatemediaforum. org/.

第十二章　风险传播:环境危险与公众

> 英国石油公司在墨西哥湾造成的石油井喷事件,其最主要原因可以追溯到潜在的管理问题和传播上的不当……尽管存在固有的风险,但 4 月 20 日的事故是可以避免的。
>
> ——National Commission on the BP *Deepwater Horizon* Oil Spill and Offshore Drilling(2011 , pp. 122 ,127)

> 谁控制了危机的话语,谁就最有可能同时控制了政治斗争。
>
> ——Plough & Krimsky(1987 , p. 4)

人类经常会面临来自自然的危险,例如风暴、地震、饥荒和农作物歉收。然而,在现代社会,我们也面临着日益加剧的来自人类自身的危险——工业厂房里排出来的毒素、被化学物质污染的水和食物、石油泄漏等。由于公众对这些事件的关注,政府机构尝试着评估并与公众分享有关环境风险的信息。本章将探讨我们理解风险和向公众传播环境危险信息的一些方法。

本章观点

- 本章首先说明什么是德国社会学家乌尔里希 · 贝克(Ulrich Beck,1992)所谓的"风险社会"——来自现代社会自身的对人类健康和安全的威胁。我还将介绍两种评估风险的模式及其意义:(1) 技术模式;(2) 文化—经验路径。
- 第二部分介绍了环境危险的风险传播实践和两种路径:
1. 传统模式,受到风险的技术意义的影响。

2. 风险传播的文化模式,它涉及受风险影响的人所拥有的经验。

● 最后一部分探讨媒体如何塑造了我们对风险的感知。我将描述媒体报道的两个维度:

1. 关于新闻对风险事件的报道的准确性的争论。

2. 风险新闻报道中引用的不同声音,首先是社会的合法化者,如公关官员;其次是"副作用"的呼声,来自居民、患病儿童父母,以及那些受环境危害影响最大的人。

在共享有关环境风险的信息时,公共卫生官员、新闻媒体、科学家和大众都参与到了一种非常重要的,而且有时具有争议的传播实践之中,这就是风险传播。现在,我们用最简单的形式来给**风险传播(risk communication)**下定义,它是"任何公共或私人的传播,用以告知个人风险的存在、性质、形成、严重性或可承受性"(Plough & Krimsky,1987,p.6)。尽管它包括向公众解释技术方面的信息,但风险传播近期使用的方法对那些受风险影响的人们的担忧十分敏感,同时对什么构成了可接受的风险以及对谁来说是可接受的也十分敏感。

当你读完这一章时,你应该能认识到定义可接受的风险的困难,以及不同的机构如环境保护署、新闻媒体、受到危机影响的人对风险持有的不同观点。

危险的环境:风险评估

电影《永不妥协》(2002)以戏剧化的方式讲述了发生在美国加利福尼亚欣克利(Hinkley)小镇居民身上的真实故事。他们发现他们的饮用水受到来自太平洋气电公司(Pacific Gas and Electric Company,PG&E)有毒物质的污染,这些污染可能导致霍奇金病、乳腺癌等疾病。电影描述了当地居民在得知该公司对安全饮用水的担保不属实之后表现得非常愤怒。最终,该公司与634位居民达成了价值数百万美元的诉讼赔偿,并保证清理受污染的地下水。这部电影和欣克利居民的恐惧提醒我们,要注意现代社会中真实存在的影响人类健康和环境的危害。这也要求我们密切关注技术专家、商业领袖、卫生官员和媒体如何对风险进行传播,并努力改善与那些可能被这些危害影响的人之间的交流。

风险社会

在乌尔里希·贝克(1992,2000,2009)的《风险社会》(*Risk Society*)和其他著作中,他指出了现代社会在应对它的技术和经济发展所带来的后果方面,其能力已经得到了根本性的改变。贝克解释说:"从经济技术'进步'这里获得的增益已经被越来越多的生产危机超越了"(1992,p.13)。不同于自然风险或是19世纪的工厂的风险,它们影响的是个体,今天**风险社会(risk society)**的本质是其危机规模巨大,而且来自现代性自身的风险对人类生命构成的威胁不可逆转。这些危机包括核电站事故、全球气候变暖、化学污染和生物工程上遗传链的改变等,这些均会带来影响深远的后果。

在贝克的风险社会中,科学和技术的快速发展可能会带来让人意想不到的后果,最令人不安的是所谓**黑天鹅事件(black swan events)**。黑天鹅理论是由数学金融家纳西姆·尼古拉斯·塔勒布(Nassim Nicholas Taleb,2010)提出的。根据塔勒布的理论,黑天鹅事件指超出了现代社会可预知范围的事件,它是意想不到的、高震级的。最近的例子就是2011年的地震和海啸对日本福岛核电站造成的毁坏和2010年墨西哥湾英国石油公司漏油事件带来的不可预知的灾难性影响。有人认为,气候变化也具有黑天鹅事件的高风险,如冻土融化释放大量甲烷、格陵兰岛冰层融化、墨西哥湾暖流运动减弱或停止(Pope,2011)。

另外,现代社会面对的风险是不均匀地(和不公平地)分布于人口之中的。这是因为应对新技术的危险和环境污染的危害的压力通常落在人口中最脆弱的一部分人——老人、患有呼吸道疾病的儿童、孕妇,以及我们在第九章中看到的污染设施集中的低收入社区的居民——身上。结果,20世纪80年代,生活在风险社区的居民和技术专家之间爆发了激烈的冲突,因为后者曾经向前者保证,造成污染的工厂或被掩埋的有毒废物不会造成危害。曾在纽约爱河居住的洛伊斯·吉布斯(Lois Gibbs,1994)表达了很多人的共同感受:"社区在危机评估方面存在很多缺陷。首先就是谁将承受风险以及谁将受益"
（pp. 328—329）。

因为很多声音都在为风险下定义,因此区分它的不同意义,以及
对不同利益方来说什么构成了可接受的风险非常重要。实际上,风险
到底是一个客观上的技术问题,还是由专家、受影响各方以及公共部
门之间的交流促成的社会性建设,已经引发了激烈的争论。

风险的技术模式

到了20世纪80年代,公众对环境危害的恐惧给美国政府施加了
一定压力,政府要进行更准确的风险评估,并与受影响社区开展更良
好的沟通工作。1984年,美国环保署署长威廉·拉克尔肖斯（William
Ruckelshaus）提出将风险评估这个术语"作为将整个机构的监管方案
合法化的通用语言"（Andrews,2006, p. 266）。从技术角度来看,**风险
评估（risk assessment）**被定义为对危害程度的评估,或对一些情况造
成的危险如接触有毒化学品进行评估。在接下来的年份里,为了证明
新的卫生和安全标准,美国环保署加大力度对核能、饮用水污染、农药
和其他化学品带来的风险进行了技术性分析。环境政策专家理查
德·N. 安德鲁斯（Richard N. Andrews,2006）发现,到20世纪80年代
末,"风险修辞已经成为该部门证明决策合理的主要用语"（p. 266）。

在美国,美国环保署和食品与药品管理局是负责评估卫生和环境
风险的两个部门。例如,食品与药品管理局定期对食品污染风险进行
评估,并评估对受污染的花生酱、鸡蛋或宠物食品进行召回的议题。
理解这些部门使用的风险的技术模式很重要,但这也使我们体会到它
的局限性,以及为什么这种危机传播路径在受影响的公众之中引发了
争议。

风险评估

在日常生活中,风险不过就是对发生在我们身上的负面事件的概
率做一个粗略的估计,例如在驾驶时发短信会引发车祸的概率。然
而,对于许多机构来说,风险是一个高度量化的概念。这种**技术风险
（technical risk）**是由某些条件导致的预期年死亡率（或其他严重后
果）。例如,美国环保署将"风险"定义为"由于接触环境应激源,人体

健康和生态系统受到有害影响的概率"（United States Environmental Protection Agency, 2010b, para. 2）。因此，技术风险是计算可能性，即一群人（或生态系统）由于长期（一般是一年）接触危害源或环境应激源而受到伤害的可能性；换句话说，风险＝严重性×可能性。

像美国环保署这样的机构是如何知道危害的严重性和发生的可能性的呢？要回答这些问题，技术风险评估会使用实验室或是毒理学家、流行病学家以及其他一些科学家的研究发现。以下是很典型的**风险评估四步骤（four-step procedure for risk assessment）**：（1）明确危害；（2）确定人类接触路径；（3）确定人类不同程度的接触反应；（4）阐明风险的特征，也就是这个风险是安全的还是不可接受的？让我们举第四章中的一个例子——使用水力压裂法来钻探天然气，来看看这四个步骤是如何在一场争论中发挥作用的。

2010年，美国环保署宣布它将调查使用水力压裂法开采天然气对人类健康和环境造成的潜在不利影响。正如我们在第四章中看到的，压裂法是将大量的水、沙和化学品注入岩层造成裂缝，释放里面的气体。由于市民的投诉，环保署已经开始评估这种开采方法给人类和环境带来的风险。那么，像这样的技术性风险评估具体包括什么？

四步骤的第一步会问危害是什么或者潜在危险的源头是什么？在我们举的例子中，环保署正在确定多个潜在的危险源，"包括在压裂过程中使用的化学物质和液体，由水力压裂引发的生化和物理化学反应，含气层的泄漏"，以及钻井现场流出的化学品（United States Environmental Protection Agency, 2010a, p. 6）。

第二步，风险评估会问人类接触这些伤害来源的路径是什么？并且，如果人类已经接触了，他们接受了多少（什么程度）？在对水力压裂法的研究中，美国环保署考察了"通过（水力压裂）循环可能将污染物带入水、食物、空气、土壤和其他物质中的人类活动"。美国环保署尤其要探索接触的路径，包括"食入、吸入，或通过水、空气、食物和环境接触发生的（对这些污染的）真皮接触"（United States Environmental Protection Agency, 2010a, p. 8）。最后，美国环保署将确认人们接触进入这些路径的化学物质的不同程度。

第三步，通过调查接触水平或接触剂量与接触人口的受害反应或者疾病之间的关系,该程序试图建立起接触效果模式。

第四步,技术风险评估明确了风险的特征,即它描述了这些接触剂量对接触人群的健康造成的全部可能反应:也就是说,接触这些危险源带来的潜在风险是不可接受的还是可接受的？ 或者说,接触这些危险源是否有可能导致癌症或其他疾病？

更具体地说,第四个步骤利用前三步来评估接触危险源可能导致的死亡率或其他严重问题(例如,十年中估计有 0.22 个癌症案例)。风险的技术模式使用的这些数值成为判断**可接受的风险(acceptable risk)** 的基础。然而,风险是可接受或是不可接受的,更多地涉及价值观而不仅仅是数字估算。最终,判断风险是否可接受,要看社会或特定人群是否愿意接受这个危险或危害。这样的判断还牵涉到谁是风险的主体,以及减少风险需要的成本。

技术模式的局限性

对技术风险评估来说,最大的挑战是对什么是安全的或可接受的风险的认同分歧。这里有好几个原因:可能实验结果不充分;不同的研究对危险的预测存在差异;或者研究无法查明哪些来源会导致问题。而最终,我们对于什么是安全的这一判断可能会被公共领域里的其他声音影响。有这样一个有争议的例子,即关于化学物质双酚 A 或称 BPA 的公共讨论。

双酚 A 被用于数千种产品中,包括塑料瓶、婴儿食品容器以及"几乎所有软性饮料和罐装食品的内包装"(Parker-Pope,2008, p. A21)。我们经常接触双酚 A,以至于 90% 以上的美国人都在接触它(Stein,2010)。然而最近的研究引起了人们的担忧,研究发现接触这类产品可能带来健康影响,包括癌症(Grady,2010)、精子数量减少(Stein,2010)以及对低水平但长时间接触的婴儿在神经和行为系统方面造成影响(Grady 2010;Szabo,2011)。但是食品与药品管理局在 2008 年坚持认为双酚 A 是安全的。该局的食品添加剂安全办公室(Office of Food Additive Safety)主任向《华盛顿邮报》表示:"我们对我们的调查数据有信心,因此我们可以说安全范围是足够的"(引自 Layton,2008, p. A3)。

尽管做出了保证,食品与药品管理局还是要求一个独立的科学小组复核一项特定研究,因为当时该局是基于这个研究对双酚 A 的风险进行了特征化描述。科学小组一度召开了公众听证会,接受来自公众、其他科学家和健康组织的证词。公共评论揭示出与食品与药品管理局对危机特征的描述的尖锐差异。例如,忧思科学家联盟的一位成员向小组抱怨说,食品与药品管理局对双酚 A 的危险特征描述是建立在两项由产业界资助的研究的基础之上的,"同时贬低了数百份其他研究结果"(引自 Layton,2008,p. A3)。在一个"令人震惊的报告"中,科学小组发现食品与药品管理局"在向消费者确保双酚 A 的安全性时,忽略了一些重要的证据"(Parker-Pope,2008,p. A21)。

直到今天,争议仍在继续。技术风险研究的数据累积成山,"在双酚 A 是否安全的问题上结论仍存在冲突"(Grady,2010,p. D4)。由于有这样的局限性,联邦政府授权资助了新的研究,尤其关注双酚 A 对婴儿的影响。

风险的文化—经验模式

美国密西西比州一个社区的经验表明环境风险的技术模式具有另一个难点,这一点在其他社区也会出现。真正接触环境危害的人抱怨说,风险评估总是太局限于技术领域;它排除了那些受影响最大的人。也就是说,技术模式常常忽略了那些被迫生活于强制和非自愿的危险中的人们的经验判断。然而,正如贝克(1998)所说,"那些承担风险的人,和那些受害于其他人所承受的风险的人之间有很大差别"(p. 10)。因此,大多数公共机构在进行风险评估时,开始征求受影响社群的意见,以判断什么是可接受的风险。这就是**风险的文化—经验模式(cultural-experiential model of risk)**,也是我现在要描述的范围更广泛的公共领域的角色。

环境危害与公愤

我们对环境危害的看法有时会与技术风险评估不同。一些风险认知的研究者提醒我们,大多数个体都是"非理性的",比如在判断被鲨鱼袭击的可能性或死于空难的风险时(Ropeik,2010;Slovic,1987;Sunstein,2004)。另一些人则为我们的担忧提供了有坚实基础的理由。政治科学家弗兰克·费希尔(Frank Fischer,2000)解释说,环境风险所根植于其中的语境催生了一些问题,这些问题会影响人们对风险可接受与否的判断:"风险是由远方或者不认识的官员强加的吗?它是人为导致的吗?它是可逆转的吗?"(p.65)

皮特·桑德曼(Peter Sandman,1987,2011)是一位著名的风险传播顾问,他也提出了类似的观点。桑德曼指出,风险应该被定义为技术风险和影响人们做风险判断的社会因素的合体。他建议说,被技术分析师称为风险的其实应该被叫作危害,而其他社会和文化考量应被称为公愤。**危害(hazard)**就是专家所谓的风险(预期年死亡率),而**公愤(outrage)**主要指公众在评估他们是否可以接受暴露于危害之中时考虑的那些因素。如桑德曼(1987)所说,"风险,进而才是危害和公愤的总和"(p.21)。

这里列举一些桑德曼认为人们在判断环境风险时会考虑的主要因素:

1. 自愿性。人们是自愿假定这里有风险吗?还是被强制植入了风险观念?

2. 控制。个人自己能防止或控制风险吗?

3. 公平性。人们有没有被要求比其邻居或其他人承受更大的风险,尤其当他们不能得到更多好处的时候?

4. 时空扩散。风险是在大规模人群中散布,还是就集中在某人所处的社区?

当我们去关注那些被技术风险计算排除在外的人的经验时,桑德曼的"危害+公愤"模型尤其有用。但是,桑德曼的定义也受到了批评。一些人认为,这一定义巧妙地将对危害的科学或者技术评估描述成理性的,而将群体的公愤描述成非理性的。他们担心这样的特征化描述在讨论风险时会被用以贬低社群的呼声。那让我们更近距离地看看风险的文化层面吧。

文化理性与风险

对社会语境的判断,或者是接触危害物的社群的经验带来了这样一个问题,即对于这样的危险来说,是否存在一种文化理性。危机传播先锋学者阿隆索·普罗和谢尔顿·克里姆斯基(Alonzo Plough & Sheldon Krimsky,1987)将**文化理性(cultural rationality)**定义为一种知识形态,这一知识形态包括人们在评估真实的风险事件时个人的、家庭的和社会的思考。文化理性与风险的技术分析截然不同,它"被它所处的环境所塑造。在这一环境中,风险被确定并公示。在这个环境里,个人在自己的社群中的地位,与社群的社会价值观是一个整体"(Fischer,2000,pp.132—133)。与技术理性(它拥有稳定的科学方法与专业知识)不同,文化理性包括民间智慧、同龄人的洞察,以及对风险如何影响家庭和社区的理解,还有对某些特定事件的敏感性。

哈佛大学教授菲尔·布朗和埃德温·J.米克尔森(Phil Brown & Edwin J. Mikkelsen,1990)举了一个令人不安的例子,这个例子显示了在技术领域所做的风险评估与在更广阔的公共领域中所做的风险评估之间的差异。在他们的经典著作《没有安全地带:有毒废弃物、白血病与群体行动》(No Safe Place: Toxic Waste, Leukemia, and Community Action)中,他们引用了友好山(Friendly Hills)居民的经历。友好山是科罗拉多州丹佛市的一个郊区。20 世纪 80 年代早期,这一地区的母亲们开始疑惑,为什么她们那么多孩子都生病了或者死去了。美国环保署和州卫生官员拒绝调查这一问题,这之后妇女们决定挨家挨户地调查,以记录这一问题的严重程度。她们发现,从 1976 年到 1984 年,生活在此的 15 个孩子死于癌症、严重的出生缺陷和其他免疫系统疾病。母亲们怀疑,这些孩子的死因是附近一家工厂排放的有毒废弃物造成的。这个工厂归属于美国建筑材料制造商马丁·玛丽埃塔公司(Martin Marietta)。

科罗拉多州的卫生官员驳回了母亲们的发现,并且否认有任何环境方面或其他不正常的原因导致了孩子们的死亡。他们坚称所有疾病都在"预期范围"内。而且尽管儿童癌症病例比预期的要多,但官员们认为"这可能与概率有关"(Brown & Mikkelsen,1990,p.143)。在卫生官员宣称废弃物排放安全一周后,"空军对马丁·玛丽埃塔厂区进行了设施测试,承认那里的地下水遭到了有毒化学物的污染"(p.143)。布朗和米克尔森这样描述接下来发生的事情:"居民们知道了马丁·玛丽埃塔公司有倾倒有毒物质的记录。……几个月后,美国环保署的科学家发现,从马丁·玛丽埃塔公司所在地直到水厂……管道或者地下水都被严重污染了"(pp.143—144)。两位哈佛教授总结说:"这一迟到的发现居民们早就知道了,这真是可怕而令人愤怒,而且令人悲哀的是,这种情况在许多有毒废弃物排放地很普遍"(p. 144)。

在诸如友好山这样的案例中,评估风险的文化—经验模式向技术部门及其方法的可信性提出了挑战。也就是说,母亲们对这些部门采取的有局限性的方法的质疑威胁到了知识和权威的形象,而这往往是它们所倚重的。

同时,我也想强调,对文化理性的信任并不是拒绝对风险的技术性评估。技术性风险评估经常帮助个人、商业组织和政府避免不安全的实践活动。例如,美国环保署对水银(一种在鱼类体内发现的高危神经毒素)的技术性风险评估,向那些食用来自被水银污染的湖中的鱼类的人提出了警告。我们如果不注意技术性风险评估的警告,有时将会导致严重的后果。但是,文化理性的评估路径可以扩展风险的技术模式,将风险发生的语境以及那些被迫在环境危险下生活的人们的价值观纳入考量。

▶ 另一种观点

对深海石油钻探的技术性危机的警告

在 2010 年墨西哥湾英国石油公司原油泄漏的悲剧发生几周后,报道显示,负责监管美国海上石油钻探的联邦机构——矿产资源管理部(Minerals Management Service)"不断地忽略政界科学家对环境风险的警告"(Eilperin, 2010, para. 1)。

为美国海洋和大气管理局、海洋哺乳动物委员会(Marine Mammal Commission, MMC)工作的生物学家和其他科学家都提出了风险警告。同时,石油公司基于自己所做的常规风险评估一如既往地向政府官员保证,深海钻探是安全的,任何意外都只会引起极小的破坏。英国石油公司也曾向管理者保证,"不可能发生石油泄漏,即便发生也只会对海岸线和其他相关环境资源产生一点点影响"(引自 Wang, 2010, para. 14)。

海洋哺乳动物委员会的官员们接受了石油公司的保证,"忽视了科学数据和建议——甚至是来自联邦政府其他部门的科学家的建议,而这些数据和建议本可以阻止油气公司的海上钻探"(Eilperin, 2010,

p. 5）。调查者们披露，该部门的高级官员"频繁地更改文件，避开旨在保护海洋环境的法律要求"（para. 2）。

忽视对于技术性风险的警告意味着允许采用被证明为不安全的钻探方式，而且"严重地影响了对海上钻探的科学检查"，而这种检查是被《海洋哺乳动物保护法》（Marine Mammal Protection Act）和《国家环境政策法》等法律明确规定的（Eilperin, 2010, para. 3）。墨西哥湾石油泄漏事件也提醒我们，尽管技术性风险评估反映出严谨的标准，但它也存在于一个更大的政治和经济语境中，而这种语境影响了公共官员或产业界对这些评估标准的使用。

- -

最后，风险的技术模式和文化模式之间的差异还提出了一个重要的问题，那就是我们要如何将有关风险的信息传递给他人。危机传播中的这种差别对于公众理解风险，以及社会对环境危险做出回应等非常重要。因此，我们就来看看公共机构与私人利益方如何选择不同的方式，向受影响的公众传播环境风险。

向公众传播环境风险

1986 年以前，很少有关于风险传播的研究。尽管如此，由于对风险社会环境危险的反应，以及对专家的风险报告的可信性与精确性产生怀疑，这一领域发展迅速。正如我们在本章开头所说，风险传播最普遍的形式是"任何公共或私人的传播，用以告知个人风险的存在、性质、形式、严重性或可接受性"（Plough & Krimsky, 1987, p. 6）。然而，正如卫生和环境部门所做的那样，风险传播在其目的和对目标受众的假设中包含着更具体的意涵。

在这一部分，我们将看看风险传播的两种不同模式，每一个模式都反映了我们在本章第一部分所描述的风险的一个意义。这里有风险传播的传统模式或称技术模式，它寻求将对危机的数据评估向公众解释并使其理解，而风险传播的文化模式则考虑受影响群体的经验和文化理性，同时也采用风险评估的实验室模型。

技术风险传播

早期风险传播的经验来自联邦环境项目管理者的需求(例如清除有毒废弃物存放场所),是为了赢得公众对风险预测的接受。还有一些经验来自卫生部门的需求,它们要向目标公众(例如吸烟者或滥用药物者)传播关于风险的信息。早期的风险传播模式受到风险的技术意义的强烈影响。这种**技术风险传播(technical risk communication)**路径被定义为针对公众消费向目标受众解释关于环境或健康风险的技术数据,同时教育目标受众。传播通常是单向的,也就是说部门官员将专家的风险评估向公众和非专业受众进行解释,一位学者将之称为风险传播的"精英—无知者"模式(Rowan,1991, p. 303)。这一方式有一个案例,那就是美国环保署对外宣布,尽管墨西哥湾英国石油公司石油泄漏事件中受到控制的石油燃烧带来了少量的污染物,但"工人和居民们接触污染物的程度还是在环保署的担忧水平之下"(United States Environmental Protection Agency,2010d, para. 1)。

告知、改变与保证

技术风险传播的目标是向公众和其他人提供关于数值风险的教育。环境和卫生部门使用它的目标有三个:告知、改变行为和(有时候)提供保证。

1. 向公众和当地社群告知一项环境或健康危害。美国环保署(2007)给管理者提供了一个指南,名叫《行动中的风险传播》(*Risk Communication in Action*)。该指南清晰地将风险传播定义为:"告知公众其人身、财产或社区存在潜在危害的过程"(Reckelhoff-Dangel & Petersen,2007, p. 1)。环保署解释说,风险传播是一种"以科学为基础的方法",其目的是通过形成"对可能存在的危害的科学上有效的感知",来帮助受影响社群理解危机评估和管理(p. 1)。

其他一些部门,包括食品与药品管理局都使用了相似的以科学为基础的、总体上为单向的传播方式,即从专家到普通公众的传播路径。最近这种风险传播有一个显著的案例。美国国家癌症研究所(National Cancer Institute)发出一项警告,指出我们每天接触的日常化学品——存在于饮用水、汽车尾气、罐装食品以及更多物品中——与患癌风险之间存在联系,并且认为这些风险"被严重低估了"(引自 U. S. Cancer Institute Issues Stark Warning,2010, para. 2)。研究所报告称,有将近 8 万种"未被监管"的化学品正在被使用,其中包括"许多致癌化合物,而人们在日常生活中经常接触这些化合物"(paras. 4,5)。

2. 改变有风险的行为。像食品与药品管理局和环保署这样的公共部门很早就警告公众注意不安全食品、环境危险和有风险的个人行为,以避免类似的危险或行为。通过改变一个人的行为(如戒烟)或避免使用或接触某些产品(如食用和饮用装在含双酚 A 的容器中的东西),风险就可能降低。例如,在刚刚举的例子里,美国国家癌症研究所呼吁美国政府"在工作场所、学校和家庭,指出并清除它已经警告过的环境致癌物"(U. S. Cancer Institute Issues Stark Warning,2010, para. 4)。

图 12.1　技术风险传播的核心是告知公众或本地社区潜在的环境或健康威胁。

Daquella Manera/Flickr

它的焦点是在全国性媒体以及网站上发起活动,进行预防教育,或者瞄准受威胁人群发起行动,以减少健康或环境风险。例如,一些活动旨在解决儿童肥胖问题、减少对含汞量高的鱼类的食用,以及减少粗心驾驶造成的事故。例如,联邦通信委员会(Federal Communication Commission, FCC)最近建立了一个网站,用以发布有关在开车时发短信的风险的信息(http://www.fcc.gov/cgb/driving.html)。这个网站基本上是链接和信息的集合,映射出风险传播的技术路径。

3. 向接触危害的公众确保可感知的风险(有时)是可接受的。那些生活在有潜在环境危险的地区的人担忧他们的健康与安全风险,这一点是可以理解的,然而并不是所有的危害都会带来严重的健康风险。例如,当环保署发现了位于超级基金废弃物堆放地点的化学污染时,它向媒体发布了一项措辞谨慎的声明,向公众尤其是住在废弃物填埋场附近的居民做出保证。美联社的一篇报道(2004)是这样处理环保署的这份声明的:

> 根据环保署的报告,在全国 1230 个超级基金有毒废物填埋场中,有大约十分之一缺乏足够的安全控制,不足以保证饮用水不受污染……(一位环保署的顾问说)这些场所……"都存在污染,但是没有一个……对人类健康有即刻的危害",这是因为当地采取了紧急清理措施,或张贴了公告或其他形式的官方警告(p. A3)。

美国环保署对风险的谨慎限定,反映了其与处于风险中的社群在交流方式上的转变。早些时候,政府官员经常通过在他们的警示中注入更多专业知识,以减轻公众对环境危害的恐惧和担忧,"这样受影响的公众可以更理性地评估他们所面对的有害废弃物的风险,或者至少可以更尊重职业决策者的专业知识"(Williams & Matheny, 1995, p. 167)。公众在评估风险时是非理性的,这样一种信念已经主导了风险传播的技术模式很多年。幸运的是,这种观点开始改变了。

然而,许多传播学者和社区行动者都认为,技术模式本身就不承认那些受环境危险影响最深的人们的担忧。而这导致的结果之一就是,近年来像环保署这样的部门开始转而使用一种更具文化敏感性的风险传播模式。

风险传播的文化路径

早前有一篇颇具影响力的论文，名为《危机分析中的技术和民主价值观》（"Technical and Democratic Values in Risk Analysis"），是由前美国环保署顾问丹尼尔·弗欧里诺（Daniel Fiorino, 1989）写的。他认为，在判断环境风险方面，"大众并非愚人"（p. 294）。他明确指出，在三个方面公众的直觉和经验判断与技术风险分析差异最大：

1. 对弱可能性但强后果性事件的担忧。例如，某个意外的发生概率是1%，但一旦发生则造成的死亡人数惊人。

2. 在对危机的社会管理中渴望实现同意和控制。公众感到他们对决策有话要说，往往是因为反对被强制或者非自愿地接受施加给他们的风险。

3. 对风险的判断和对社会机构的判断之间的关系。换句话说，危机的可接受度取决于公民对机构的信心，而这一机构正是进行研究、管理设备以及监督风险安全性的机构（p. 294）。

在弗欧里诺论文之后的研究确认，公众对风险评估的投入通常会增加风险决策被视为合法的可能性。美国国家研究委员会发布了一项有关科学的决策（如风险评估）的研究成果，发现风险传播的成败取决于受影响方参与风险决策过程的能力（Dietz & Stern, 2008）。让我们来看看这种更具对话性（双向）的传播有什么要求。

风险传播中的公众参与

风险传播发生转变的一个标志是出现了某种趋势，即一些部门使用了依靠社群的文化理性的路径。这种**风险传播的文化模式（cultural model of risk communication）**让受影响的公众参与风险评估，以及参与到风险传播活动的设计之中。1996年，美国国家研究委员会发布了一份报告——《理解风险：在民主社会中告知决策》（*Understanding Risk: Informing Decisions in a Democratic Society*），这是向前迈进的重要一步。该报告承认，技术风险评估不再足以应对公众对环境危险的担忧，它呼吁更广泛的公众参与，并在风险研究中使用本土知识。它还尖锐地指出，理解风险需要"对相关利益方和受影响方的损失、伤害和后果予以深刻的理解，包括理解受影响方认为在特殊情况下风险是什么"(p.2)。

一些卫生和环境风险部门将这一原则进一步发展,形成了新的风险传播实践,承认本土社区的文化知识和经验。例如,美国环保署(2007)承认,"一个理想的风险传播工具应该将危机置于语境之中,与其他风险进行比较,并鼓励信息的传者和受众进行对话"(p.3)。

一些部门服务于易受伤害的人群,如儿童、孕妇、老人和那些患哮喘和其他呼吸疾病的人,它们发起的风险传播活动中也出现了相似的担忧。在这样的案例里,政府部门常常对受影响的群体进行访谈,或者明确社区合作成员,就设计针对特定风险的警告的传播活动进行协作。下面的例子是这种风险传播的文化路径,是环保署、食品与药品管理局和五大湖区所做的努力。它们对处于怀孕期和哺乳期的妇女及其他人发出警示,要他们注意食用含汞量高的鱼类的危险。

汞中毒和食鱼建议

汞中毒

汞是高度危险的神经毒素,这种化学物质会对大脑和神经系统产生有害的影响。在诸如温度计和紧凑型荧光灯泡这样的日常用品中都可以见到汞,它也广泛存在于燃煤发电厂制造的空气污染物中。美国环保署的报告称,人们最容易通过食用含甲基汞(CH_3Hg^+)的鱼类和贝类接触到汞(由于空气污染物中的汞沉积到湖水和海洋中,甲基汞在某些鱼类的脂肪组织中堆积起来)。尽管成人也会受影响,但是小孩和正在发育的胎儿是最容易遭受危险的。大量研究表明,"对胎儿、婴儿和儿童来说,甲基汞导致的最首要的健康影响就是破坏神经发育。在子宫中接触甲基汞……会对胎儿正在发育的大脑和神经系统产生有害影响"(United States Environmental Protection Agency,2010c, para.5)。

由于汞会导致极大的健康威胁,环保署在其网站和政府出版物与公告中提供了大量而丰富的关于汞的技术风险信息。但是,这种情况下的风险传播所面临的挑战超越了这种技术信息。卫生官员还希望改变那些消费高含汞量鱼类的风险人群的饮食习惯(忧思科学家联盟在2009年评测,在25英亩的湖中只要有一茶匙的1/70的汞就能使鱼类不宜食用)。因此,环保署及其部门在网上(www.epa.gov/waterscience/fish）提供了具有文化敏感性的风险传播材料，并资助当地卫生部门对目标人群进行公共传播。

在环保署和食品与药品管理局提供的所有材料中，有一种是宣传小册子《你需要了解的鱼类和贝类中的汞》（"What You Need to Know About Mercury in Fish and Shellfish"）。它是一个针对孕妇、哺乳期妇女以及儿童的指南，告诉人们如何选择和食用鱼类，以减少对汞的接触。这个小册子提出了一系列问题（和思考），都是针对可能处于风险之中的女性提出的，并为她们提供指导。例如，"我是一个可以生孩子但还没有怀孕的女人——我为什么要关注甲基汞的问题呢？"对这个问题，这本小册子的回答如下：

> 如果你经常食用那种甲基汞含量高的鱼类，这些甲基汞将会在你的血管中逐渐累积。甲基汞可以自然地从体内排出，但是需要一年的时间将其含量水平显著降低。因此，在一个女性怀孕之前它就可能存在于她的体内。这就是为什么打算怀孕的女性也应该避免食用某种鱼类（United States Food and Drug Administration & United States Environmental Protection Agency，2004，p. 3）。

在美国，那些饮食结构严重依赖鱼类的不同社区可以下载这个小册子，它提供英语版、西班牙语版、中文版、柬埔寨语版、葡萄牙语版、美国苗族语版、韩语版和越南语版。类似的指导和食鱼公告还以海报、说明手册、钥匙链标签和厨房冰箱贴等形式出现。

在地方层面，威斯康星州开展了一个成功的（文化适当的）风险传播活动，正是关于汞和鱼类消费的。威斯康星大学（University of Wisconsin's）的海洋与淡水生物科学中心（Marine and Freshwater Biomedical Sciences Center）与美国国家环境卫生科学研究所（National Institute of Environmental Health Sciences，NIEHS）一起，针对风险社区开展了一项公众教育活动。该中心的目标之一是"增加少数民族社群在环境卫生议题中的知识和参与度，包括让密尔沃基市（Milwaukee）的美国苗族社群了解食用鱼类的风险与益处"（National Institute of Environmental Health Sciences，2003，para. 1）。

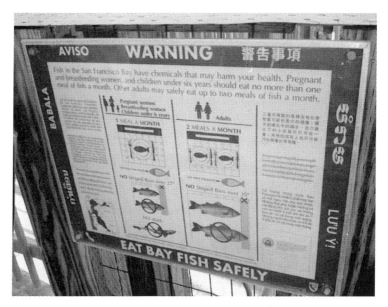

图 12.2　风险传播带来的挑战远不仅仅在于技术信息的传播。卫生官员还希望改变吃汞含量高的鱼类的风险社区的风险人群的饮食行为。

marioanima／Flickr

食鱼建议

美国的苗族是来自东南亚的移民。在越南,他们的饮食严重依赖鱼类。然而,在当地淡水区域和五大湖区捕鱼的人很多并不了解威斯康星州的水和鱼类的污染情况。因此,海洋与淡水生物科学中心摒弃了技术模式的风险传播,转而提议与当地社群合作,设计其活动方案。该中心的科学家与苗族美国人友好协会(Hmong American Friendship Association)、十六大街社区卫生中心(Sixteenth Street Community Health Center)(一个为苗族居民提供卫生健康服务的主要机构)进行协作。这都是和社区合作的方式。

基于这种协作的对话式传播计划主要使用苗语,并依赖于对苗族文化传统的了解。它最主要的传播工具是一个苗—英双语的视频,名为《在水平面之下》[*Nyob Paug Hauv Qab Thu*(*Beneath the Surface*)]。这个视频拍摄了当地苗族居民的生活,"以一种简单的、可理解的和具有文化敏感性的方式传播食用遭污染的鱼类的风险,并教授他们能够降低这些风险的捕鱼和烹制鱼的方法"(Thigpen & Petering, 2004, p. A738)。由于孕妇和儿童是高危人群,该中心和它的合作伙伴们决定,特别针对这些人群提供一些方法。此外,他们还依靠苗人的焦点小组,讨论传播活动的内容框架。

该中心还依靠来自苗人社区的志愿者向每家散发视频,并在苗族节日上展示视频内容。最后,该中心和其合作者与当地的中学合作,设计了一个生活科学课的教案,用以向来自城市贫民区的学生传授关于受污染的鱼类的知识。这个风险传播项目仍在苗人社区进行,这在很大程度上是当地领导人、居民和社区的专业人士支持和参与的结果。

美国环保署和威斯康星大学的风险传播都反映出风险传播的技术路径和文化路径之间的差异。最重要的是,这些风险传播活动反映了那些遭受汞中毒危害最严重的人的担忧和观点,而且这些人也参与了对风险传播材料的选择。这反映了一种民主的价值观,而且政府部门也越来越意识到,他们必须参与到包括科学家、政府官员和风险社区成员在内的交流与传播中(对于这些差别的总结见表12.1)。

当然,风险警示不会凭空出现。关于石油泄漏或食用受污染的鱼的影响的新闻报道还会影响我们对风险的感知,这将促使官方采取行动,并影响处于风险中的社群的行为。在第六章中,我大体上探讨了影响媒体的环境报道的一些因素。下面,我将描述对环境风险的媒体报道的主要担忧是什么。

表 12.1　风险传播模式

	技术模式	文化模式
传播形式	通常是单向的(专家—普通民众)	合作的(公众、专家、政府部门)
风险知识的来源	科学/技术	科学加上本土的文化知识与经验
目标	1. 解释与告知	1. 通过认清意义的社会语境来告知
	2. 改变危险行为	2. 从受影响群体的利益出发,改变有风险的行为
	3. 向相关群体做出保证	3. 让受影响群体参与判断什么是可接受的、什么是不可接受的风险

来源:摘自 http://oehha.ca.gov/pdf/HRSguide2001.pdf 的表格, p. 5, Office of Environmental Health and Hazard Assessment。

媒介与环境风险

随着关于环境危害的意识不断增强,不同的团体都有兴趣描述这些风险的特征——科学家、公共卫生专家、产业界、环保署官员、父母以及其他人都可能会在公共领域表达他们对风险的担忧。例如,在2010年发生墨西哥湾石油泄漏事件时,政府部门、科学家、当地商人和个人都通过媒体表达了他们对食品安全和其他源于此次泄漏的环境危险的担忧。人们每天都在新闻报道中看到油层的图片,以及在石油中浸泡过的鹈鹕的图片。因此美国食品与药品管理局(2010)试图向墨西哥湾沿岸的居民保证,"没有理由相信有任何被污染的产品进入了市场"(para. 1)。但其他人对此并不确定。随着危机进一步发展,路易斯安那海鲜和市场营销委员会(Louisiana Seafood and Marketing Board)"在主要报纸上发起了一场广告运动,夸口路易斯安那的海鲜确实是可安全食用的,因为该州大部分水道没被石油污染"(Gray,2010,para. 4)。

媒介现在成了一个重要的公共领域,各种不同的声音警示、保证、贬低或者定义着环境风险。新闻报道、电视广告、市场营销活动和博客提供了各种公共论坛,讨论从被污染的鱼类到气候变化等各种环境和健康风险。尽管媒介可以是非常宝贵的风险信息的来源,但大多数主流媒体仍然在重压之下,服从着新闻价值的要求,以体现规模性、冲突性、情绪影响性。结果,一些风险故事可能会被夸大,而另一些报道则努力去解释技术风险评估。

在这个部分,我将描述风险被再现的几种方式,以及影响主流媒体报道环境危险的一些因素。而且,我还要指出风险社群[贝克(1992)称之为"副作用的呼声"]赢得媒体报道所面临的挑战。

媒体的风险报道:确切的信息还是耸人听闻的故事?

在当代社会,公众意识到风险是与媒介和其他公共论坛纠缠在一起的问题。正如环境媒介学者莉比·雷斯特(Libby Lester,2010)提醒我们的那样,风险知识——"我们如何意识到风险,如何评估它们的危害"——依赖"由各种因素所形成的公共主张,而这些公共主张相互竞争,以使自己在公共领域中获得合法性"(p. 102)。它反过来还受到很多挑战——记者们对一个技术风险报道的理解程度有多深、某一事件中的戏剧性视觉因素是否压倒了更冷静的分析,或者说公众是否认为科学主张本身就是充满分歧的场所。

科学家对记者的一个普遍批评是,他们经常向读者提供不准确的信息,而不是就环境危险做出实质性报道。1979年3月28日,宾夕法尼亚三英里岛核电厂的核反应堆遭到破坏,放射性物质泄漏出来。对这一事件的报道是新闻提供错误信息的经典案例。修辞学者托马斯·法雷尔和托马斯·古德奈特(Thomas Farrell & Thomas Goodnight, 1981)将新闻媒体、政府发言人和产业界对该事件的传播描述为"显而易见的混乱和失败"(p. 283)。他们在研究中发现,"记者们不能判断技术性声明的有效性……政府的消息来源经常相互矛盾,无法决定发布什么信息……而核能产业的一些代表们发出了误导性的声明"(Farrell & Goodnight, 1981, p. 273)。在2010年,媒体对英国石油公司墨西哥湾石油泄漏事件的报道也是这样,反映出科学家、环保署和石油公司的发言人之间存在的混乱局面。

新闻媒体在报道环境问题时还要面对其他限制,尤其是在报道生物多样性、气候变化或能源短缺等更复杂的新闻时。因此,在试图针对严重危害提供信息时,记者和编辑们还要在复杂的新闻职业规范中进行协商:这个事件有新闻价值吗(第六章)?它能引起读者的注意和兴趣吗?哈佛大学风险分析中心(Harvard Center for Risk Analysis)前主任约翰·格雷厄姆(John Graham)抱怨说,"构成新闻的并不一定是构成重大健康问题的那些东西",而且记者们通常强调"令人惊讶的、神秘的"风险,而不是更加现实的风险(引自Murray, Schwartz & Lichter, 2001, p. 116)。

例如,媒体经常过度报道那些戏剧性的或者耸人听闻的事件带来的风险,如石油泄漏或台风等;同时又经常过少地报道那些发展较慢、可视性不强的风险,如生物多样性的减少(Allan, Adam & Carter, 2000)。有线电视新闻网的一项研究也得出了类似的结论:对空难的报道是对石棉危害的报道的29倍,而石棉危害造成的美国人死亡数量是空难的 41 倍(Greenberg, Sachsman, Sandman, & Salomone, 1989, p. 272)。

社会学家乌尔里希·贝克(2009)研究得更深入。他认为媒介尤其是电视,在"维持公众对风险的公共知识,以及对风险的公共焦虑方面同时扮演着核心角色"(引自 Lester, 2010, p. 54)。后果之一是,"它让我们越来越难以明晰歇斯底里和有意识地制造的恐慌之间的界限,也很难区分歇斯底里和适当的恐惧、谨慎之间的明显区别"(Beck, 2009, p. 12)。

公平地讲,记者在报道风险议题时,也面临着很多棘手的限制。有的事情连科学研究本身都可能是模棱两可的,这就使记者很难公平或准确地向公众进行诠释。另外,风险故事和其他事情一样要与突发新闻争版面。即使是被称为"严肃的科学新闻界最后的堡垒"的《纽约时报》也是如此(Brainard, 2008, para. 2)。《纽约时报》前科学记者安德鲁·拉夫金 2008 年参加了美国高等科学协会(American Association for the Advancement of Science)的一次会议,他在会上发言说,尽管人们对环境问题感兴趣,但全球变暖仍然是新闻界"第四等级"的故事。他解释说,在所有原因中,最主要的原因依然是"'新闻题材的蛮横'、印刷空间有限、对诸如气候科学这种复杂故事的学习曲线不同……总之,你不能因为你的故事更硬,就可以在报纸上获得更多的空间"(引自 Brainard, 2008, para. 2)。

参考信息:媒介对环境风险的报道

伦德格伦和麦克马金(Lundgren & McMakin, 2009)就关于风险的新闻报道做了一项调查,结论与科学家和其他人对新闻媒体的许多批评相呼应。他们的主要发现有:

1. "科学风险与晚间新闻中的环境报道没什么关系。相反,环境报道还是被传统新闻价值观驱动,讲究时效性、地理接近性、显著性、后果重大性和人情味等,电视则还要加上视觉影响的标准"(p. 210)。

2. "大众媒介过度关注那些发生于自然界或者与美国有关的新的灾难性和暴力性危害……戏剧性、象征主义、可识别的受害者尤其是儿童和名人,使得风险更加令人难忘"(p. 211)。

3. 有些概念对技术专业人士来说十分重要,如可能性、不确定性、风险范围、爆发性还是慢性的风险以及危机权衡等,但它们在许多大众媒介形式中没能很好地被解释(p. 212)。

4. "为了使危机事件人性化和个性化,新闻组织经常描述遭受危机的人所面临的窘境,而不管这些人的处境是否具有代表性"(p. 212)。

伦德格伦和麦克马金(2009)强调,这些简单化和个性化的风险信息"可能会使公众更容易获得信息,但是也可能导致个人在做风险决策时获得的信息不完整以及有时不平衡"(p. 212)。

来源:R. E. Lundgren and A. H. McMakin. (2009). *Risk Communication*:*A Handbook for Communicating Environmental*, *Safety*, *and Health Risks* (4th ed.). Hoboken, NJ: John Wiley。

谁在讲述风险?

我们对环境危险的理解不仅依赖信息本身,也依赖谁在讲述或者诠释关于风险的信息。环境传播的一个研究领域就是研究媒介在报道风险时所使用的消息来源的性质,这些消息来源包括政府官员、科学家、处于风险中的公众、环境组织,等等。

风险信息来源的合法化者

新闻媒介与风险传播的技术模式在某些特征上一致,这一点不足为奇。也就是说,新闻媒体依赖**合法化者(legitimizer)**或者诸如官方发言人和专家这样的消息来源为风险新闻赋予权威性或可信性。因此,环境风险报道可能会引用环保署发言人或者某位科学家的言论,以为报道提供"内容",同时也会引用当地居民或环保组织的言论,为报道提供非技术的一面,即"有色彩、有情绪以及人的元素"的一面(Pompper,2004, p. 106)。

庞珀(Pompper)对这一倾向进行了研究。他调查了三家美国报纸15年的环境风险报道,这三家报纸是《纽约时报》《今日美国》《国家问询报》(*National Enquirer*),它们有不同的目标社会群体。她的结论是,《纽约时报》和《今日美国》这样的主流媒体很强烈地依赖政府和产业界的消息来源,而《国家问询报》则主要依赖个人、社区成员等。

这一点十分重要,因为专家和社区成员表述风险时使用的框架是非常不同的。政府和产业界更可能从官方评估和确保安全等角度描述危机的特征:危机是可控的,责任部门正在提供监管,等等。但另一方面,社区成员表达的是他们对诸如癌症和工业事故的个人担忧。

庞珀的结论(2004)很令人震惊:"那些每天都处于环境风险中的普通公民,以及那些组织起来保护环境的人的声音……被社会精英们的声音淹没了。后者才是常常在环境风险报道中被引用的人。对非精英们来说……这一研究的主要发现的确有些残忍的意味。新闻媒介基本上忽略了他们"(p.128)。

但是,将新闻来源划分为精英与非精英或平民的对立可能过于简单了。有时,精英消息来源内部也会在环境和健康风险方面存有不同意见:塑料瓶中含有双酚 A 安全吗?燃煤发电厂的空气污染物会伤害婴儿和儿童吗?当合法化者们内部产生争议的时候,新闻媒介通常会重新回到新闻报道的冲突框架中。例如在本章前面的内容中,我们看到科学家们向美国食品与药品管理局发起挑战,认为该局依赖的是受产业界资助的风险研究(Parker-Pope,2008)。另一方面,新闻媒介自己也会引用产业界的信息来源,这些信息来源也在挑战食品与药品管理局和环保署的权威。我们来简要回顾一下最近的一个例子。

我在 2011 年曾写过,针对在动物农场中使用抗生素的问题,食品与药品管理局提出了限制相关行为的指导方案,并且一直在关注公众对此的评论。多年来,大型农业综合企业和小农场主一直在"给他们的牛、猪、鸡等喂食抗生素,以保护它们不患传染病。这同时也是为了刺激生长以及增加动物的重量"("Antibiotics and agriculture,"2010,p. A24)。但是,医学专家认为对这些动物过度使用抗生素,会导致"抗生素的抗体细菌的出现,包括危险的大肠杆菌菌株——它每年都会导致数百万膀胱感染的病例,也包括抗药型的沙门氏菌和其他细菌"(Eckholm,2010,p. A13)。

新闻媒介对食品与药品管理局提出的监管方案进行了报道,报道主要描述关于风险评估的冲突,引用了农场主、畜牧业生产者和医学专家的观点。例如,《纽约时报》在 2010 年的一篇报道中,将关于在农场使用抗生素的故事置入冲突框架,将其描述为产业界与科学界的冲突。该报道引用了全国猪肉生产者委员会（National Pork Producers Council）的观点。该委员会是产业界的一个信息来源，它坚持认为风险还遥不可及："并没有结论性……证据表明，给动物喂食抗生素会对在人身上使用抗生素的效果产生显著影响"；接着，《纽约时报》的报道写道："但是，一些著名医学专家认为，这一威胁是真实的并且正在日益显著"（Eckholm，2010，p. A13）。

正如抗生素报道所展示的那样，新闻媒介对风险的报道具有新闻生产的许多特征，包括我们在第六章描述的客观性规范与平衡性之间的紧张关系。

"副作用"的呼声

政府、科学界和产业界的信息来源主导着新闻报道，这必然会影响公众对风险的感知。这一主导性也给文化理性在媒体报道中出现的机会带来了严重的威胁。的确，对风险的媒体报道，有一个重要的争论，涉及乌尔里希·贝克（1992）所谓的**"副作用"的呼声（voices of the "side effects"）**（p. 61），即贝克所指的风险社会副作用的受害者（及其孩子）。这些副作用包括哮喘和其他源于空气污染、化学污染等的疾病。回想一下我们之前讨论过的技术理性与文化理性之间的紧张关系，就会知道这些"副作用"的受害者的呼声反映出他们在寻求一种媒介认可，一种对环境危害和风险承担的不同理解的认可。贝克解释道：

> 科学家所谓的"潜在的副作用"和"未被证明的联系"对他们来说就是"咳嗽的孩子"，这些孩子在雾霾天气中会呼吸困难，不停地喘息，喉咙里嘎嘎作响。站在他们的立场上，"副作用"包括呼声、恐惧，还有担忧和眼泪。而他们必须立即认识到，只要是与已确立的科学观点相冲突，他们的主张和经验就会一文不值……（p. 61）

结果，在环境风险新闻中，这些"副作用"的声音通常没有得到新闻空间，以提供一种可作为替代品的文化理性。另一个极端的例子是对 2010 年墨西哥湾石油泄漏事件给当地居民造成的损失的报道。当时，医学专家观察说，"这一灾难对人类健康和福祉的影响还未开始被量化"（Walsh，2010，para. 1）。《时代》周刊的"健康与科学"（*TIME's*

Health & Science）博客上刊登了一个报道，采访了来自大学、国家职业安全与健康研究所（National Institute for Occupational Safety and Health）和儿童健康基金会（Children's Health Fund）的专家，他们都围绕石油泄漏对个人造成的影响发表了评论。哥伦比亚大学全国防灾中心（National Center for Disaster Preparedness at Columbia University）主任欧文·瑞德勒（Irwin Redlener）博士的观点比较典型："有人处于严重的危机中，他们正面临着一场大灾难"（引自 Walsh, 2010, para. 3）。

令人奇怪的是，这个新闻报道从来没有采访过任何一个可能被这个大灾难影响的个人。不管是失业工人、当地居民或是在危险条件下开展清理工作的人，新闻报道没有关注他们的福祉或健康。然而，这一报道却用这样的叙述戏剧性地开了头：

> 一位来自亚拉巴马州的渔夫勉强接受了为英国石油公司清理泄漏物质的工作，却被发现死于开枪自杀。他没有留下任何绝命书，我们也无法得知他为什么要结束自己的生命。但是他的朋友告诉媒体，他被石油泄漏和这个事故对海岸线造成的破坏深深困扰着。在这一案例中，亚拉巴马州的渔夫，即"副作用"的呼声，事实上是沉默的，但是又被视为"情感和人性因素"（Pompper, 2004, p. 106）。

但是，"副作用"的呼声仍然设法时不时出现在新闻报道中。在第十章里，你们了解了不得体的声音，那是居住在被污染社区的人们努力反对已确立的规范，让自己的声音被听到，而这些规范规定了人们进入公共论坛的通道。像他们一样，"副作用"的受害者的呼声也转而寻求利用他们自己的资源。贝克（1992）解释道："普通民众自己成为关于风险的私人专家……父母们开始收集数据和观点。在现代化风险中对专家来说仍未被'发现'和'证明'的'盲点'，很快在他们的路径中……成形了"（p. 61）。而且有时候，他们的声音也出现在主流媒体报道中。

媒介传播学者西门·科特尔（Simon Cottle, 2000）在一项针对英国电视环境新闻的研究中看到了这种可能性。科特尔发现，"普通人的呼声"在电视上比政府或科学来源被引用得更频繁（37%）。但是，他提醒,普通人的声音和对"生活经验"的表达只是主要用来为报道提供人情味或"人的面孔",而不是为了做切实的分析。当然,将这种对个人的采访放到报道中对新闻价值来说是重要的。然而,这些经历只是"被找到并定位于扮演某种象征性角色,而不是用于阐明某种形式的'社会理性'"(Cottle,2000,pp.37—38)。这就是说,它们只是被用来提供色彩、多样性和人情味,而不是对问题提出见解。

▶从本土行动!

本地新闻媒体如何报道环境风险?

最近,我的居住地的一家报纸报道了一位读者的担忧,他认为我们州的桥梁可能存在安全隐患。记者采访了州交通部门,该部门的官员向记者保证这些桥梁对汽车通行来说是安全的。文章的语气是冷静的,遵照事实的,安慰性的。新闻报道中引用的信息来源几乎都是合法化者、官方发言人和安全专家。只有一位担心桥梁安全的市民的声音被引用了。其他普通市民,如司机和行人的声音会对报道有用吗?他们的经历能够补充或者质疑官方的保证吗?

你所在地的媒体是如何报道可能的环境或健康危机的?

1. 新闻报道为该议题提供了足够的信息、背景或解析吗?

2. 报道的语气是耸人听闻的、武断的还是尊重事实的?

3. 报道采用了哪些消息来源?它们引用了"副作用"的呼声吗?

4. 这些呼声的作用是什么?将官方政策合法化?还是为读者或观众提供色彩或人情味?

当然,我们现在要附带说明一下主流媒体的局限性,那就是人们(包括受害者的声音)现在可以通过网络去陈述他们的想法。正如危机传播学者谢尔顿·克里姆斯基(Sheldon Krimsky,2007)所指出的,"互联网……扩展了风险传播的广度和渠道,同时也为利益相关者提供了新的机会去影响信息"(p.157)。大量的博客、不同疾病的信息交换空间、聊天室、倡导组织的网站等都让社会化媒体和网站流行起来,为分享关于风险和其他环境危险的观点提供了可能的话语空间。

简而言之,多样化的媒介构成了这样一个公共领域,在其中来自不同消息来源的主张就风险问题进行辩争,这些消息来源包括科学家、政府部门、产业界和(较少出现的)直接受环境危害影响的受害者的声音。与许多网络平台不同,在主流媒体中工作的记者们不仅要平衡各种不同的声音,还要平衡新闻价值的各种规范,尤其是需要赢得读者和观众。有时,这些限制会迫使记者们夸大风险,并减少报道环境和健康危险中长期的、慢性的条件与诱因。

■ 延伸阅读

- 《天然气之邦》(*Gasland*),2009,电影制片人约翰·福克斯(John Fox)的跨越美国之旅,记录了在天然气开采中使用水力压裂法带来的环境和健康风险。圣丹斯电影节获奖影片,获奥斯卡最佳纪录片提名奖。
- Ulrich Beck, *Risk Society*: *Toward a New Modernity*. London: Sage, 2002.
- Stuart Allan, Barbara Adam, and Cynthia Carter (Eds.), *Environmental Risks and the Media*. London and New York: Routledge, 2000.
- 《永不妥协》,2000,茱莉亚·罗伯茨(Julia Roberts)主演的电影,讲述了加利福尼亚州郊区一座小镇上的一个失业母亲揭露大企业的有毒污染物的故事。
- Sheldon Krimsky and Alonzo Plough, *Environmental Hazards*: *Communicating Risks as a Social Process*. Dover, MA: Auburn House, 1988.

■ 关键词

可接受的风险	公愤
黑天鹅事件	风险评估
风险传播的文化模式	风险传播
文化理性	技术风险
风险评估四步骤	风险的文化—经验模式
危险	风险(技术的)
合法化者	风险社会
"副作用"的呼声	

1. 你相信政府的下列健康风险警告吗? 吸烟、开车时发短信、晒日光浴或在怀孕期内喝酒有危险等。为什么相信? 或者为什么不相信? 这些警告有效吗? 它们会影响你的行为吗?

2. 公众对环境危害的公愤是理性的吗? 尽管有毒废弃物填埋场给附近居民带来了不便,但它必须被搬到其他地方去吗? 或者不需要? 社会在管理与我们的化学文化有关的风险时是公正的吗?

3. 最近,环境工作小组(Environmental Working Group)(2010)在美国 31 个城市的饮用水中发现了六价铬浓聚物(曾在电影《永不妥协》中出现)。如果你居住在其中的一座城市,你希望针对你的饮用水有什么样的风险传播计划? 怎样才能让你相信饮用水是安全的? 什么会导致你的行为发生改变,例如使用瓶装水?

4. 传播气候变化的风险面临一个挑战:一些人并不接受全球变暖正在发生的说法,同时许多人感觉不到采取行动的紧迫性。关心气候变化的风险的组织如何设计出更有效的风险传播计划? 什么能让你相信这样的风险真实地存在着?

5. "副作用"的受害者(如患病儿童的父母)的呼声对风险传播有何作用? 这些呼声仅仅是情绪性的吗? 还是说他们对自己所处社区的健康和环境危险有相关的洞察?

参考文献

Allan, S., Adam, B., & Carter, C. (Eds.). (2000). *Environmental risks and the media*. London & New York: Routledge.

Andrews, R. N. L. (2006). *Managing the environment, managing ourselves: A history of American environmental policy* (2nd ed.). New Haven, CT: Yale University Press.

Antibiotics and agriculture. (2010, June 30). *New York Times*, p. A24.

Associated Press. (2004, July 28). New Superfund concerns: Toxic exposure cited; in check at 80 percent of sites, officials say. *Richmond Times-Dispatch*, p. A3.

Beck, U. (1992). *Risk society: Towards a new modernity*. Newbury Park, CA: Sage.

Beck, U. (1998). Politics of risk society. In J. Franklin (Ed.), *The politics of risk society* (pp. 9—22). London: Polity.

Beck, U. (2000). Risk society revisited: Theory, politics, and research programs. In B. Adam, U. Beck, &

J. V. Loon (Eds.) , *The risk society and beyond: Critical issues for social theory* (pp. 211—229). London: Sage.

Beck, U. (2009). *World at risk.* Cambridge, UK: Polity.

Brainard, C. (2008, February 19). Dispatches from AAAS: A few thoughts on meeting's media-oriented panels. *Columbia Journalism Review* [Electronic version]. Retrieved December 9, 2008, from www. cjr. org.

Brown, P. , & Mikkelsen, E. J. (1990). *No safe place: Toxic waste, leukemia, and community action.* Berkeley: University of California Press.

Cottle, S. (2000). TV news, lay voices and the visualization of environmental risks. In S. Allan, B. Adam, & C. Carter (Eds.), *Environmental risks and the media* (pp. 29—44). London: Routledge.

Dietz, T. , & Stern, P. C. (2008). *Public participation in environmental assessment and decision making.* National Research Council. Washington, DC: National Academies Press.

Eckholm, E. (2010, September 15). U. S. zeroes in on pork producers' antibiotics use. *New York Times,* pp. A13—19.

Eilperin, J. (2010, May 25). U. S. oil drilling regulator ignored experts' red flags on environmental risks. *Wash-ington Post.* Retrieved December 29, 2010, from www. washingtonpost. com/.

Environmental Working Group. (2010). Chromium-6 is widespread in US tap water. Retrieved January 11, 2011, from http://static. ewg. org.

Farrell, T. B. , & Goodnight, G. T. (1981). Accidental rhetoric: The root metaphors of Three Mile Island. *Communication Monographs, 48,* 271—300.

Fiorino, D. J. (1989). Technical and democratic values in risk analysis. *Risk Analysis, 9,* 293—299.

Fischer, F. (2000). *Citizens, experts, and the environment: The politics of local knowledge.* Durham, NC: Duke University Press.

Gibbs, L. (1994). Risk assessments from a community perspective. *Environmental Impact Assessment Review, 14,* 327—335.

Grady, D. (2010, September 7). In feast of data on BPA plastic, no final answer. *The New York Times,* pp. D1, D4.

Gray, S. (2010, June 15). New Orleans' cuisine crisis. *Time. com.* Retrieved January 7, 2011, from www. time. com/.

Greenberg, M. , Sachsman, D. B. , Sandman, P. , & Salomone, K. L. (1989). Risk, drama and geography in coverage of environmental risk by network TV, *Journalism Quarterly, 66*

(2), 267—276.

Krimsky, S. (2007). Risk communication in the internet age: The rise of disorganized skepticism. *Environmental Hazards*, 7, 157—164.

Krimsky, S., & Plough, A. (1988). *Environmental hazards: Communicating risks as a social process.* Dover, MA: Auburn House.

Layton, L. (2008, September 17). Study links chemical BPA to health problems. *Washington Post*, p. A3.

Lester, L. (2010). *Media and environment: Conflict, politics, and the news.* Cambridge, UK: Polity.

Lundgren, R. E., & McMakin, A. H. (2009). *Risk communication: A handbook for communicating environmental, safety, and health risks* (4th ed.). Hoboken, NJ: John Wiley.

Murray, D., Schwartz, J., & Lichter, S. (2001). *It ain't necessarily so, how media make and unmake the scientific picture of reality.* Lanham, MD: Rowman & Littlefield.

National Commission on the BP *Deepwater Horizon* Oil Spill and Offshore Drilling. (2011). *The White House.* Retrieved January 6, 2011, from http://www.oilspillcommission.gov/.

National Institute of Environmental Health Sciences. (2003). *University of Wisconsin Milwaukee Community outreach and education program.* Retrieved July 27, 2004, from www-

apps. niehs. gov.

National Research Council. (1996). *Understanding risk: Informing decisions in a democratic society.* Washington, DC: National Academy Press.

Parker-Pope, T. (2008, October 30). Panel faults F. D. A. on stance that chemical in plastic is safe. *The New York Times*, p. A21.

Plough, A., & Krimsky, S. (1987). The emergence of risk communication studies: Social and political context. *Science, Technology, & Human Values*, 12, 4—10.

Pompper, D. (2004). At the 20th century's close: Framing the public policy issue of environmental risk. In S. L. Senecah (Ed.), *The environmental communication yearbook 1* (pp. 99—134). Mahwah, NJ: Erlbaum.

Pope, C. (2011, July/August). Bevies of black swans. *SIERRA*, p. 66.

Reckelhoff-Dangel, C., & Petersen, D. (2007, August). *Risk communication in action: The risk communication workbook.* Environmental Protection Agency. Cincinnati, OH: Office of Research and Development, National Risk Management Research Laboratory. Retrieved December 9, 2008, from http://www.epa.gov.

Ropeik, D. (2010) *How risky is it, really?: Why our fears don't always match the facts.* Columbus, OH:

McGraw-Hill.

Rowan, K. E. (1991). Goals, obstacles, and strategies in risk communication: A problem-solving approach to improving communication about risks. *Journal of Applied Communication Research*, *19*, 300—329.

Sandman, P. (1987). Risk communication: Facing public outrage. *EPA Journal*, *13*(9), 21—22.

Sandman, P. R. (2011). *Peter M. Sandman risk communication website.* Retrieved January 17, 2011, from http://www. psandman. com.

Slovic, P. (1987). Perceptions of risk. *Science*, *236*, 280—285.

Stein, R. (2010, October 28). Study: BPA has effect on sperm. *The Washington Post*, p. A16.

Sunstein, C. R. (2004). *Risk and reason: Safety, law, and the environment.* Cambridge, UK: Cambridge University Press.

Szabo, L. (2011, January 14). Pregnant women rife with chemicals. *USA Today*, p. 3A.

Taleb, N. N. (2010). *The black swan.* (2nd ed.). London: Penguin.

Thigpen, K. G., & Petering, D. (2004, September). Fish tales to ensure health. *Environmental Health Perspectives*, *112*(13), p. A738.

Union of Concerned Scientists. (2009). Environmental impacts of coal power: Air pollution. Retrieved January 11, 2011, from www. ucsusa. org.

U. S. Cancer Institute issues stark warning on environmental cancer risk. (2010, May 17). Ecologist. Retrieved December 28, 2010, from www. theecologist. org/.

United States Environmental Protection Agency. (2007, August). *Risk communication in action: The tools of message mapping.* Retrieved December 12, 2010, from http://www. epa. gov/.

United States Environmental Protection Agency. (2010a, March). *Scoping materials for initial design of EPA research study on potential relationships between hydraulic fracturing and drinking water resources.* Retrieved December 14, 2010, from http://yosemite. epa. gov.

United States Environmental Protection Agency. (2010b, August). *Risk assessment: Basic information.* Retrieved December 14, 2010, from http:// epa. gov.

United States Environmental Protection Agency. (2010c, October 1). Mercury: health effects. Retrieved January 4, 2011, from http://www. epa. gov.

United States Environmental Protection Agency. (2010d, November 11). *EPA releases reports on dioxin emitted during Deepwater Horizon BP spill.* Retrieved December 27, 2010, from http://www. epa. gov/.

United States Food and Drug Administration. (2010, August 6). *Gulf of Mexico oil spill: Questions and answers.* Retrieved January 7, 2011, from http:// www. fda. gov/.

United States Food and Drug Administration & United States Environmental Protection Agency. (2004). *What you need to know about mercury in fish and shellfish.* Retrieved January 5, 2011, from www. epa. gov/.

Walsh, B. (2010, June 25). Assessing the health effects of the oil spill. *TIME. com.* Retrieved January 11, 2011, from http:// www. time. com/.

Wang, M. (2010, May 11). Despite previous equipment failure, BP says spill "seemed inconceivable." *ProPublica.* Retrieved December 29, 2010, from www. pro publica. org/.

Williams, B. A., & Matheny, A. R. (1995). *Democracy, dialogue, and environmental disputes: The contested languages of social regulation.* New Haven, CT: Yale University Press.

词 汇 表

《奥尔胡斯公约》(**Aarhus Convention**):1998 年，联合国教科文组织在丹麦奥尔胡斯通过该环境协议。它涉及三个方面:信息获取、公众参与决策，以及在环境事件领域诉诸司法。

可接受的风险(**Acceptable risk**):从技术的视角来说，它是对每年暴露于危险中而可能死亡或受伤的人数的大体估算。从文化的角度来说，它是对社会愿意或不愿意接受哪些危险的判断，以及谁来承担这种风险的判断;这种判断不可避免地涉及价值问题。

渠道(**Access**):公民充分利用机会参与决策所需的最少资源，包括便利的时间和地点、现成的信息、帮助他们理解议题的技术辅助，以及持续的公众参与机会。

《行政程序法》(**Administrative Procedure Act，APA**):该法颁布于 1946 年，它为美国政府部门的运作起草了新的标准;它要求政府部门的行动必须在《联邦纪事》上公开，而且公众有予以回应的机会;它也增加了那些因为某些政府部门"恣意且擅断"的做法而"遭受法律失允"的人的司法审查权。

倡导(**Advocacy**):支持某个事业、政策、想法或价值观体系的说服过程或论证。

倡导活动(**Advocacy campaign**):为特定目标而进行的包括传播在内的一系列战略行动。

部门俘获(**Agency capture**):指被监管企业向官员施压，或影响官员以图让他们忽视该企业违背环境绩效许可证的要求的行为(例如向空气或水中进行排放)。

议程设置(**Agenda setting**):媒介影响公众对议题的显著性或重要性的感知的能力;换句话说，新闻报道可能不能成功地告诉人们怎么想，但能成功地告诉人们想什么。

对抗(**Antagonism**):指出某种想法、一个被普遍接受的观点或一种意识形态的局限性，从而使相反的想法或信仰得以发声。

人类中心主义(Anthropocentrism):信奉自然的存在完全是为了造福人类。

天启叙事(Apocalyptic narrative):这是一些环境作家采用的一种文学类型,用以警示即将发生的重大生态危机;这是由人类控制自然的强烈欲望所带来的末日感。

以应用程序为中心(APP-centric):(智能手机、iPad 等的)移动应用将成为我们进行在线搜索的中央门户。

仲裁(Arbitration):双方向中立的第三方个体或小组呈交相对立的观点,由第三方对纠纷进行裁决。仲裁通常由法庭主持。

态度—行为沟(Attitude-behavior gap):尽管个体可能对环境问题有良好的态度或信念,但他们可能不会采取行动。也就是说,他们的行为与态度是分离的。

巴厘岛气候正义原则(Bali Principles of Climate Justice):这是最早从环境正义和人权的角度来重新定义气候变化的声明之一,由国际非政府组织联盟于 2002 年 6 月在印度尼西亚巴厘岛起草。

基础受众(Base):一项运动的核心支持者。

黑天鹅事件(Black swan events):出乎意料的、超出现代社会常规预想的高震级事件。

博客(Blog):(通常是)一个由个体撰写的在线网站,它每日或不定期在上面就某个特定主题发布信息或发表评论。

自下而上的网站(Bottom-up sites):它们提供在线工具,使用户能够在类似脸书和推特这样的平台上进行请愿。

基准情景(Business as usual,BAU):以碳排放为基础的经济的持续增长。以碳排放为基础指的是以化石燃料、汽油、煤或天然气为主的能源供应,用于发电、燃料运输、供热,并为现代生活的其他维度提供能量。

案件与争议原则(Cases and controversies clause):根据美国宪法第三条,必须要有真正的双方当事人才能审理案件,因为只有对立的双方当事人才会向法庭呈现案件中的争议;检验是否有双方当事人的一个重要方式是看原告能否提出证据证明事实损害存在。

公民诉讼(Citizen suits):公民向联邦法院提起诉讼,请求(法院)执行某部环境法律中的条款;这种诉诸司法的权利是大多数环境法中都包含的条款。

公民咨询委员会(Citizens' advisory committee):也称为公民咨询小组,由政府机构任命,用以就某项工程或问题征询一个社区的多元利益方(如公民、企业以及环境主义者)的意见。

点击行动主义 (Clicktivism) :仅仅通过点击在线链接来采取行动。

气候正义 (Climate justice) :以社会正义、人权以及关心原住民的框架来看待气候变化对环境和人类造成的影响。气候正义运动断定全球变暖不仅不成比例地影响着整个星球上最易受伤害的地区和人口,而且这些人口和国家通常被排除在关于解决这类问题的公共论坛之外。

协作 (Collaboration) :"建设性的、开放的、市民的交流,通常以对话方式进行;关注未来,强调学习,强调某种程度上竞争场域中的权力共享和平等" (Walker, 2004, p. 123)。

(活动的) 传播任务 (Communication tasks) :(1) 为运动目标创造支持或需求;(2) 动员相关选区(受众)的支持以提出问责的要求;(3) 提出策略来影响决策者,以实现其目标。

以社区为基础的协作 (Community-based collaboration) :这是一种解决问题的路径,只涉及由本土社区界定的特定或短期问题,个人和受影响团体、企业或其他机构的代表成员参与其中。像自然资源伙伴关系这样的协作组织,通常都是没有法律制裁和监管权力的自愿性团体。

妥协 (Compromise) :一种问题解决路径:参与者提出一个解决方案,它能满足每个人的最低标准,但可能不能满足所有人。

凝缩符号 (Condensation symbol) :格雷伯(1976)将浓缩符号定义为一个词或一个短语,"它能在最基础的价值观上唤起听众最鲜明的印象" (p. 289);政治学家穆雷·埃德尔曼(1964)强调了这种符号"凝结成一个具有象征性的事件"或示意某种强大的情感、记忆或焦虑的能力(p. 6)。

对抗性修辞 (Confrontational rhetoric) :使用非传统的语言和行动形式,诸如游行、示威、粗俗表达、静坐及其他公民抗命形式(例如:占领校园建筑),批判种族歧视、发动战争,或环境利用等社会现象或社会行为。

共识 (Consensus) :它假设直至每个人都有机会表达不同意见并找到共有基础时,讨论才会结束;它通常意味着所有的参与者都对最后的决定表示同意。

保育 (Conservation) :20 世纪早期,美国林业部部长基佛德·平肖使用了这个词。它意指对自然资源明智而有效的使用。

建构的 (Constitutive) :作为理解自然和环境问题的主体,关于自然的传播帮助我们建构或构成了对它们的再现。这种传播让我们形成了特定的视角和特定的价值观(而不是其他价值观),从而形成了我们的注意力和理解力的有意识的参考。

危机学科(Crisis Discipline):这是用于概括保育生物学这一新领域的特征的术语。它由生物学家迈克尔·索尔提出,指的是面对生物多样性危机,科学家有责任对日益恶化的情况提供建议,即使他们的知识并不完美。

批判的话语(Critical discourse):这是一种再现模式,它挑战了当下社会理所当然的假定,而且为主流话语提供了可替代性话语。

批判性修辞(Critical rhetoric):对某种行为、政策、社会价值或者意识形态的质疑或者谴责;它可能还包括与一些可替代性政策、视野或意识形态的勾连。

培养分析(Cultivation analysis):这主要与媒介学者乔治·格伯纳(1990)的研究有关。这个理论主要认为对一系列信息的重复接触会使受众对这些信息中包含的观点产生认同。

反向培养(Cultivation in reverse):由于媒介中一贯缺乏环境图像或者把观众的注意力引向其他的非环境故事中,就会培养出一种反环境态度。

风险传播的文化模式(Cultural model of risk communication):这是一种让受影响的公众参与风险评估和设计风险传播运动的解决路径。这种路径承认当地社区的文化知识与经验。

文化理性(Cultural rationality):以普罗和克里姆斯基(1987)的观点来看,风险评估的基础是将个人的、家庭的和社会的忧思包含在内;这是一种判断的来源,当社会情景和暴露在环境危害中的人的经验被纳入危机的定义后,文化理性就可以成为一种判断的来源。

得体(Decorum):在古希腊和拉丁语的修辞手册中,它被认为是一种良好的风格,通常被译为对特定观众和在特定场合符合仪态要求或合宜的。

《德里气候正义宣言》(Delhi Climate Justice Declaration):2002年新德里气候正义峰会的最后宣言,它宣称"气候变化是一项人权议题",并要致力于"积极地建构来自社区的运动",从而从社会正义的视角来关注气候变化问题。

直接行动(Direct action):道路封锁、静坐以及使用树钉等实际的抗议行为。

话语(Discourse):从多个来源中发展出的一种说话、写作或其他象征性行为的模式。话语的功能是,将关于某个重要议题的一套连贯的意义勾连起来。

差别性影响(Disparate impact):这个术语用来形容少数族裔因遭受环境危害而经历的歧视;1964年美国的《民权法》中使用了这个词。在法案中,这个词被用来指一种歧视的形式。不管这种歧视是不是其他群体有意识的决策或行为造成的,它都给一些群体带来了不成比例的负担。

争论(Dissensus)：传播学者托马斯·古德奈特(1991)独撰的术语，指对发言者的论点或提出论点的前提条件进行质疑、拒绝接受或持有不同看法。

主导话语(Dominant discourse)：某种话语在文化中得到广泛的或理所当然的地位。比如，认为经济增长是好事，这种信念的意义可以帮助某些政策或行为合法化。

占统治地位的社会范式(Dominant Social Paradigm, DSP)：几个世纪以来的主导话语传统，它维系着人类主导自然的态度。占统治地位的社会范式肯定了经济增长、技术迷思、有限政府和私有财产等社会信仰。

地球日(Earth Day)(1970)：1970 年，两千万人参加了全国范围的抗议、演说和其他大型活动，这是美国历史上最大规模的游行活动之一。

生态标签认证程序(Eco-label certification programs)：产品获得认证，就表明有某独立团体向消费者保证该产品是环境友好的，或是以对环境无害的方式生产出来的。

生态破坏演示(Ecotage)：采取破坏他人财物、纵火等行为以达到保护自然的目的。尽管很显然这些行为是违法的，但它们的目的并不是伤害人类。

《电子信息自由法修正案》(Electronic Freedom of Information Amendments)：它是对《信息自由法》(FOIA)的修正，要求联邦机构提供获取电子形式的信息的途径。比较典型的做法是政府机构在其网站上提供一个指南，让人们自由地提出信息咨询请求。

《应急计划和社区知情权法案》(《知情权法》) [Emergency Planning and Community Right to Know Act (Right to Know Act)]：它于 1986 年通过，要求企业向当地和州应急规划员报告其设备中指定化学物质的使用情况及其位置。

环境倡导(Environmental advocacy)：(法律的、教育的、应用的、艺术的、公共的以及人际传播的)话语，旨在支持对有限资源的保护和保育，其目标还包括支持自然与人类环境，以及这些环境带给人的生命福祉。

环境传播(Environmental communication)：理解环境以及我们与自然界的关系的实用性、建构性工具；是我们用来建构环境问题、与社会对其的不同反应进行协商的符号中介。

环境影响评估报告(Environmental impact statement，EIS)：《国家环境政策法》要求，对严重影响环境质量的联邦立法提案或行为必须提供环境影响评估报告。

环境影响评估报告必须描述:(1) 拟议行为对环境的影响;(2) 如果提案被实施,是否会导致无法避免的负面环境影响;(3) 提供拟议行动的可替代性方案。

环境正义(Environmental justice):这是社区行动者和研究环境正义运动的学者所使用的术语,它指的是:(1) 呼吁认识到由环境危害状况加诸穷人和少数族裔的不成比例的负担,并制止这种行为;(2) 在政府公共部门做出决定时,为那些受影响最严重的人提供更多被听到的机会,以及开展范围更广泛的环保运动;(3) 提供一个环境健康、经济可持续发展的社区的愿景。

环境情景剧(Environmental melodrama):一种体裁,被用来说明权力议题,以及将环境冲突道德化的方式 。作为一种体裁,情景剧会"引发社会行动者之间强烈的、两极分化的差别,并于这些差别中灌输道德的严肃性与悲悯的情怀"。因此,它"是修辞发明的强大资源"(Schwarze,2006,p. 239)。

环境新闻服务(Environmental news services, ENSs):为在职记者和读者寻找更有深度的环境新闻报道和及时信息的在线平台。

环境种族歧视(Environmental racism, or environmental injustice):它不仅仅指危险废物填埋场、垃圾焚烧厂、血汗工厂和污染工厂给社区健康带来的威胁,还指这些行为加诸有色人种以及低收入社区的工人、居民的不成比例的负担。

环境怀疑主义(Environmental skepticism):这是一种态度,它驳斥环境问题的严重性,并质疑环境科学本身的可信性。

环境侵权行为(Environmental tort):与环境危害相关的伤害索赔或诉讼。

例外论(Exceptionalism):这是一种观点,认为一个地区拥有独特或明显的特征,因此可以从总规中豁免。而一些批评者认为,如果在某个区域以地方为基础的决策变成了在其他地理区域形成决策的先例,那么这些决策可能会使更为同一的环境保护政策的国家标准做出妥协。

环境正义行政命令(Executive Order on Environmental Justice):克林顿总统1994 年签署了题为《联邦政府为少数民族和低收入人口居民实现环境正义议题的行动》的第12898 号行政命令。它让美国所有联邦机构"确认和面对……在针对少数民族和低收入人口的项目、政策和活动中有没有对人类健康和环境造成不合比例的负面影响,以实现其环境正义的使命"(Clinton,1994,p. 7629)。

第一届全国有色人种环境领导峰会 (First National People of Color Environmental Leadership Summit):这是新环境正义运动的一个关键时刻。1991 年10 月,来自美国地方社区的代表和来自全美国的社会正义、宗教、环境和市民权利团体的领袖们在华盛顿哥伦比亚特区相聚,参加了这个峰会。

风险评估四步骤(Four-step procedure for risk assessment):政府部门采用技术视角评估风险的步骤,分别是:(1)明确危害;(2)确定人类接触路径;(3)确定人类不同程度的接触反应;(4)阐明风险的特征。

框架(Frame):埃尔文·戈夫曼(1974)首次将其定义为人们用来组织他们对现实的理解的认知地图和解释模型。

自由市场(Free market):通常是指政府对商业或商业活动不予限制,相信私有市场是自我调节的,且最终会促进社会走向更好。

《信息自由法》(Freedom of Information Act,FOIA):1966年颁布,它让所有人有权查看任何联邦机构(司法部和国会除外)的文件和记录。

"地球之友"诉兰得洛环境服务公司案(Friends of the Earth, Inc., v. Laidlaw Environmental Services, Inc.):2000年的一个案件。最高法院推翻了鲁坚案的严格教条,裁定原告不需要证明实际的(特定的)伤害,只要能够证明法律认可的利益(如清洁水)可能面临威胁就可以诉诸法律。

游戏化(Gamification):源自数字媒介开发者的一个术语,指"在非游戏语境中使用竞争、娱乐和社交等游戏设计元素"。

把关(Gatekeeping):在决定报道或不报道某一特定新闻时编辑和媒介管理人员扮演的角色;这个比喻也用来表明新闻编辑室中的个体决定采用什么和不采用什么新闻。

(活动的)目标[Goal (of a campaign)]:它描述了一个长期的愿景或价值,比如保护原始森林、减少饮用水中的砷含量或使经济全球化更民主等。

绿色消费主义(Green consumerism):它鼓励消费者相信购买所谓环境友好型产品就可以为保护地球贡献自己的力量,这也是一种市场营销。

绿色就业运动(Green jobs movement):它通过资助劳动密集型、清洁能源型项目,如修建耐气候变化的建筑、安装太阳能电池板、安装风力涡轮机等,支持新的就业资源,尤其是给经济萧条的社区和失业工人带来就业。与此同时,它还有助于减少美国的温室气体排放。

绿色营销(Green marketing):它是指一个企业试图将其产品、服务或企业身份与环境价值观和形象勾连起来的营销,它通常被用在产品促销、形象提升,或者形象修复上。最新的定义还包括展示企业的产品在向着有利于环境保护的方向改进。

绿色产品广告(Green product advertising):它将产品展示为对环境影响微小以进行营销,而且"打造出一个高品质的形象,说自己的产品从属性到制造流程都遵守环境要求,是具有环境敏感性的"(Ottman,1993,p.48)。

漂绿(Greenwashing):通过组织传播误导性信息,以呈现其对环境负责的公共形象。漂绿中使用的"绿"一词源自漂白的"白"(Pearsall,1999,p.624)。

群体思考(Groupthink):心理学家欧文·詹尼斯(1977)提出的术语,指群体内过度凝聚会阻碍批判性或独立性思考,常常导致不高明的共识。

危害(Hazard):见于桑德曼(1987)的风险模式或其他专家所说的风险(每年的预期死亡人数)。

水力压裂或致裂法(Hydraulic fracturing or fracking):一种石油和天然气开采方法——将大量的水和化学物质高压注入岩石或页岩以造成破裂,释放被困气体。

形象提升(Image enhancement):使用公关或广告手段来提升企业自身的形象,反映企业对环境的关心和爱护。

图像事件(Image events):环保主义者利用电视对图片的渴望而采取的行动。这类事件通常能成功地将一系列复杂问题简化成(视觉)符号,打破人们舒适的平衡感,以引导他们发问:是否有更好的方式来做事情?

形象修复(Image repair):在环境危害或环境事故发生之后,利用公共关系来恢复公司的信誉。

不得体的声音(Indecorous voice):一些公务员在谈到他人时采用的一种象征性框架,他们认为这些人在官方论坛上的发言是不恰当或没有资格的。也就是说,他们相信普通人可能太情绪化、太愚昧,难以就化学污染或其他环境问题作证;或者举例来说,他们认为低收入社区的居民的知识不够规范,或者不够客观,因此这种公民没有资格谈论技术问题。

影响(Influence):在塞娜卡的三一共声(TOV)模式中,这个术语指参与者有机会成为一个"考虑所有替代性方案和机会的透明过程"的一部分,这个过程"会充分地考虑所有可替代性方案,给人们充分调查可替代性方案的机会,并告知人们决策标准,认真回复利益相关者的担忧和想法(Senecah,2004,p.25)"。

事实损害(Injury in fact):根据普通法,事实损害意味着一方的行为给个体带来的切实的、特定的损害。目前,它是美国法院用来衡量原告是否有诉讼权,以及权益受到伤害时在法庭上能否要求赔偿的三种方式之一;定义事实损害的标准变化多样,包括享受愉悦或使用自然的权利被剥夺,以及对原告具体、切实的损害。

(市场中的)无形之手[Invisible hand(of the market)]:苏格兰经济学家亚当·斯密关于市场运作的理论;这个隐喻是用来形容在私有市场里,有一种决定社会价值的无形的或自然的力量。在斯密的经典著作《国富论》(1776)中,他认为,个人在市场中的逐利行为的总和会推动公共利益或公共财富的实现。

不可挽回(Irreparable):在为时过晚或悔不当初之前发出采取行动的预警或提供采取行动的机会。考克斯(1982,2001)明确指出,一个决定或它的后果具有不可挽回的本质需要表现出以下四个特征:(1)这个决策威胁了某些独特、罕见且有巨大价值的事物;(2)受到威胁的存在物是不稳定和不确定的;(3)损失或毁灭是不可逆转的;(4)保护行动必须及时或十分紧迫。

悲叹(Jeremiad):最初是为希伯来先知耶利米的哀歌所起的名字,它是指在演讲或写作中痛惜或是指责民族或社会的行为,以警告人们如果社会不改变其作为将面临的未来后果。

合法化者(Legitimizers):赋予风险新闻以权威或信誉的官方发言人或专家。

鲁坚诉"野生动物保护者"案(Lujan v. Defenders of Wildlife):1992年的一个案件,最高法院根据《濒危物种法》中的公民诉讼条例拒绝接受保守的"野生动物保护者"组织提出的诉讼,裁决认为该组织没有达到宪法对事实损害的要求,因为原告并没有遭受切实的、特定的伤害。它推翻了"塞拉俱乐部诉莫顿案"中确立的更加自由的标准。

主流化(Mainstreaming):研究者发现媒介具有让媒介观看者趋向一致的效果,即差异在趋向某一个文化标准的过程中缩小。

媒介效果(Media effects):不同媒介内容、报道频率和传播形式给受众的态度、感知和行为带来的影响。

媒介框架(Media frames):它是中心组织主题,将新闻报道中的不同语意元素(标题、引语、导语、视觉表达和叙事结构)连接成一个连贯的整体,以告诉受众议题是什么。

媒体政治经济学(Media political economy):所有权和所有者的经济利益对新闻电台和电视网等的内容产生的影响。

调解(Mediation):推动双方自愿或者在法院、法官或者其他部门的建议下解决纠纷。这种冲突管理要求有一个积极的调解人,帮助争议双方寻找共同点和大家认可的解决方法。

主旨信息(Message):一个短语或句子,它简明地表达一项活动的目标和首要受众做决定时持有的价值观。尽管活动中会产生大量的信息和争论,但主旨信息本身通常是短暂的、引人注目的和令人难忘的,且出现在活动所有的传播材料中。

隐喻(Metaphor):比喻的一种主要方式;地球母亲、太空船地球、人口爆炸、网络生活仅仅是几个例子。隐喻的功能是通过以另一种方式谈论事情而引发对比。

微志愿(Microvolunteering):允许人们通过移动应用完成微小型任务的站点,它的赞助商相信这样它将为不同的环保团体或慈善事业带来有意义的结果。

思想炸弹(Mind bomb):绿色和平组织创始人罗伯特·亨特提出的术语,指的是用一些简单的画面,例如环保主义者划着气垫船置身于鲸鱼和捕鱼者之间,"轰炸人们的头脑",以创造新的意识(引自 Weyler,2004,p.73)。

山顶移除(Mountaintop removal):移除阿巴拉契亚山脉的山顶以挖掘埋藏于山体中的煤层;这是一种对环境极具破坏性的采矿形式。

命名(Naming):我们社会性地再现物体或人,以认知世界(包括自然界)的模式。

叙事框架(Narrative framing):媒介通过故事将现象组织起来,以帮助受众理解现象。

国家环境正义咨询委员会(National Environmental Justice Advisory Council, NEJAC):环境保护署中的一个联邦咨询委员会,目的是为环境保护署的行政官员提供与环境正义相关的独立的建议、咨询和推荐方案。

《国家环境政策法》(National Environmental Policy Act,NEPA):它要求每个联邦机构准备环境影响评估报告,并邀请公众评论任何影响环境的项目。该法由理查德·尼克松总统于 1970 年 1 月 1 日签署生效,是现代环境法的基石。

自然资源伙伴关系(Natural resource partnerships):它是围绕特定的自然资源地区,如水体、林场或者草原等组织起来的非正式工作组织。它通过协作整合不同的价值观和方法,以处理自然资源问题。

网络化(Networked):指多向互动的传播流,"通过使用在线工具和平台来寻找、评定、标记、创建、传播、模拟和推荐内容"(Clark & Slyke,2011,p.239)。

新闻版面(News hole):在同一版面里,相对于其他需求,可用于新闻报道的量。

新闻价值(Newsworthiness):新闻报道吸引读者和观众的能力;通常被定义为选择和报道环境新闻的标准,如显著性、时效性、接近性、影响力、广泛性、冲突性和对情绪的影响等。

意向通知(Notice of Intent,NOI):某个机构就拟议行动准备环境影响评估报告的声明。意向通知会刊登在《联邦纪事》上,并对拟议行动和可能的替代方案做简要描述。

(活动的)目的[Objective(of a campaign)]:指一个特定的行动、事件或决定,它使一个组织更接近它的长远目标;它是一个具体或有时限的决定或行动。

客观性和平衡性(Objectivity and balance):这是近一个世纪以来新闻行业所秉持的标准,它承诺新闻媒介会提供准确的信息,且摒弃新闻报道者的个人偏见。当有不确定性或争议出现时,记者会从议题的各个角度出发来报道新闻以达到平衡。

公愤(Outrage):在桑德曼(1987)的模式中,它是指公众在评估自己是否可以接受让自身暴露于危害时考虑的那些因素。

保护的悖论(Paradox for conservation):人类的一种认识,指"知识总是不完整的,然而人类对生态系统的影响的规模又要求立即采取行动"(引自Scully,2005,p. B13)。

可劝服受众(Persuadables):指公众中那些尚未做决定,但对运动目的有可能予以同情的人;他们通常是传播活动的主要目标人群。

污染物排放和转移登记制度(Pollutant Release and Transfer Register,PRTR):就像美国的《有毒物质排放清单》一样,污染物排放和转移登记制度要求对排放到空气、水或土壤中的特定化学物质做出报告,并向公众开放数据信息。

实用的(Pragmatic):工具性的;环境传播的特征之一,通过教育、警告、劝服和动员,解决环境问题。

风险预防原则(Precautionary principle):1998年温斯布莱德风险预防中心(Wingspread conference)将其界定为"当某项活动给人类健康或环境带来威胁时,即使因果关系不能在科学上被完全证明,也应该采取预防性的措施。在这里,应当由活动的主张者,而不是公众,承担相应的举证责任"(Science and Environmental Health Network,1998,para. 5)。

保护主义(Preservationism):保护主义是一场运动,企图制止对荒野的商业使用,希望出于观景、学习或户外休闲的目的保护原始森林和其他自然区域。

首要受众(Primary audience):有权采取行动或实现活动目的的决策者。

《环境正义原则》(Principles of Environmental Justice):1991年第一届全国有色人种环境领导峰会的代表们通过的原则,包括"所有人基本的政治、经济、文化和环境自决权"等一系列权利。

买制(Pro-cotting):从被认为有良好环境记录的公司购买商品;与抵制的含义相对。

生产主义话语(Productivist discourse)：这种话语支持"一种扩张主义的、以增产为导向的伦理"(Smith,1998)。

进步主义理想(Progressive ideal)：20世纪20年代和30年代美国的"进步运动"认为，中立的、以科学为基础的政策是政府管理的最佳路径。

公众评论(Public comment)：《国家环境政策法》对联邦机构提出的要求。在任何严重影响环境的提议上，联邦机构必须允许公众发表评论；它通常以公众听证会的形式出现，或向有关机构呈递纸质报告、信件、邮件或传真。

公共需求(Public demand)：这是关键的选举群体为实现活动的目的进行的积极的行动。这个群体可以是一个重要的摇摆区域的选民、有小孩的家庭、患有呼吸系统疾病的老年人、猎人、垂钓者，或城市上班族。

公众听证会(Public hearing)：联邦和州一级政府在做出环境决策时普遍采用的普通市民的共同参与模式；这是在政府机构可能采取严重影响环境的任何行动之前听取公众意见的论坛。

公众参与(Public participation)：个体和市民团体通过针对相关信息的知情权或接近权、对决策机构的评论权，以及对政府机构和商业机构的环境决策和行为进行诉讼的权利，影响环境决策的能力。

公共领域(Public sphere)：当不同个体通过谈话、讨论、辩争、质询和非语言行为等方式，与他人就共同关心的主题或某些影响社区的话题进行广泛交流时产生的影响区域。

昆西图书馆团体(Quincy Library Group,QLG)：这是一个地方社区做出的高调努力，它提出一种管理美国加州北部国家森林土地的一致性方案。这种努力最终以一个完全不同的、更具对抗性的走向告终，且此举似乎削弱了其最初的目标。

修辞(Rhetoric)："发现"在任何情况下可用的说服方式的能力。

修辞体裁(Rhetorical genres)：言说的特定形式或类型，它们与其他类型的言说具有某些共同特征。

修辞学视角(Rhetorical perspective)：它通过关注公共辩论、抗议、新闻报道、广告，及其他象征性行为模式的传播，影响社会态度和行为的目标性努力和结果性努力。

知情权(Right to know)：公众获知有关环境状况或有可能影响环境的政府行为的信息的权利。

（文化—经验的）风险［**Risk（cultural-experiential）**］：在风险评估中，一些公共机构征求受影响社区的经验和观点的努力。

（技术上的）风险［**Risk（technical）**］：因为某些情况，如暴露于化学物质之中，而得出的预期年死亡人数（或其他严重后果）；特定数量的人群（或生态系统）因为暴露于危害或环境压力源中，而遭受过度（通常是一年）伤害的估算结果；这类风险包括疾病、损伤以及死亡。

风险评估（**Risk assessment**）：对某些情况，如接触有毒化学物质带来的伤害或危险程度的评估。

风险传播［**Risk communication（general）**］：它包括任何公共或私人的传播，用以告知个人风险的存在、性质、形式、严重性或可承受性；也包括向公众解释技术信息。风险传播近期的方法还包括对受风险影响的人的担忧，以及对什么是可接受的风险保持敏感。

风险传播（技术上的）［**Risk communication（technical）**］：针对公众消费解释环境或健康风险方面的技术数据，以达到教育目标受众的目的。

风险社会（**Risk society**）：德国社会学家乌尔里希·贝克（1992）提出的术语，以描述当今社会大规模的自然风险和现代化给人类生活带来的不可逆转的影响。

无路区规则（**Roadless Rule**）：美国林务局于 2001 年采用的规定，在美国 39 个州的国家森林公园近 6000 万英亩的土地上禁止修建道路，限制商业伐木。

牺牲区（**Sacrifice zones**）：社会学家罗伯特·布拉德（1993）提出的术语，他认为这类社区有两个共同特点："（1）它们有超过其所能承担的份额的环境问题和污染企业；（2）它们还在吸引新的污染者"（p. 12）。

山艾树叛乱（**Sagebrush Rebellion**）：在 20 世纪 70 年代末和 80 年代，美国西部传统土地使用者努力控制美国西部的联邦土地和自然资源的行为。

调查（**Scoping**）：部门起草提案或诉讼的第一个阶段，它需要召开很多会议探讨如何让公众参与进来；它还涉及在某些利益环节说服公众中的利益相关成员，以及确认受影响的各方关注的问题是什么。

次要受众（**Secondary audience**）：由公众、联盟伙伴、意见领袖和新闻媒体等不同部分组成。他们的支持对于决策制定者为活动的目标负责非常有用；他们也被称作公共受众。

自我组织（**Self-organizing**）：通常指个人通过自下向上的网站，借助社交媒体发起行动的能力。

香农—韦弗传播模式（Shannon-Weaver model of communication）：一种线性模式，将人类传播界定为信息从信源传向信宿。

震惊和羞愧反应（Shock and shame response）：如果有社区成员发现当地工厂在排放高浓度污染物质，他们的震惊会促使社区采取行动。在某些情形中，污染企业自身可能会因为其不良表现被揭露而感到羞愧。

塞拉俱乐部诉莫顿案（*Sierra Club v. Morton*）：1972年的案例，开创了在宪法"案件与争议"原则下环境案件中如何判定拥有诉讼权的先河；最高法院裁决塞拉俱乐部只需要宣称其成员的利益受到伤害，比如，其成员再也不能享受一个未遭破坏的荒野，或者不能正常地享受他们的娱乐活动就可以提出诉讼。

反对公众参与的策略性诉讼（SLAPP lawsuits）：普林和坎娜（1996）提出，这是一种针对公众参与的策略性诉讼，它涉及"为影响政府行为或结果而做出的传播行为，其后会导致（1）民事诉讼……（2）对非政府个人或组织提出诉讼……针对的是（3）公共利益或有社会意义的实质性问题"，例如环境问题（pp.8—9）。

反诉讼（SLAPP-back）：一种反对企业抢先发起针对个别市民的反对公众参与的策略性诉讼的诉讼。通过填写反诉讼文件，被告提出原告侵犯了公民的言论自由权或向政府请愿权；这类诉讼通常会要求赔偿之前的律师费，并因违背宪法权利、（恶意起诉）而导致损失或伤害进行惩罚性赔偿。

社会化媒介（Social media）：基于网络技术和移动应用的人际互动，包括对可以创建和分享用户自生产信息的 Web 2.0 平台的使用。

社会化网络（Social networking）：允许用户与其他人互动、发布内容以及接收他们感兴趣的最新信息的网站或社区。

社会—符号视角（Social-symbolic perspective）：它描绘了影响我们对自然的理解的社会的和话语的建构；它关注构成或者建构我们对自然或者环境问题的感知的来源。

利益相关者（Stakeholders）：那些与纠纷结果有真正或明显利益关系的当事人。

诉讼权（Standing）：这是一个法律权利，它保护与某一问题有重大利益关系，且愿意在法庭上为自己的利益申辩的公民向法庭起诉的权利。而且，在塞娜卡三一共声模式中这个术语指代公民的正当合法性，即所有利益相关者的观点都应该被给予尊重、尊严和考虑。在第二种情境中，这个术语并不指代法庭上的诉讼权。

战略（Strategy）：影响或带来预期改变的关键来源。

崇高(Sublime) :一个美学范畴的术语,指将伴随着敬畏感的上帝感化与存在于荒野中的狂喜之情联系起来。

崇高感受(Sublime response) :这个术语用于形容 :(1) 直接感知到了崇高的客体(如优胜美地);(2) 面对客体,个人感到敬畏,并觉得自己无比渺小;(3) 最终获得精神愉悦感。

阳光法案(Sunshine laws) :这个法案要求政府机构对公众开放会议,以让他们的工作置于公众监督的阳光之下。

《超级基金法》(Superfund) :1980 年生效的法律,授权美国环保署清理有毒废料处理场,并可以针对污染方采取制止措施。

超级基金污染场址(Superfund sites) :根据《超级基金法》,那些有资格获得联邦政府提供的基金进行治理的被遗弃化学废弃物堆放场址。

可持续性(Sustainability) :它是包含了三项基本目标或愿望的运动,这三个目标是环境保护、经济健康和社会正义,因此也被称作三个 E。

象征性行动(Symbolic action) :我们的语言和其他符号都在发挥作用;它们创造意义并积极地建构我们对世界的意识。

符号灭绝(Symbolic annihilation) :媒体通过对主题间接或消极地不予强调来抹杀一个主题的重要性。

象征合法性(Symbolic legitimacy) :科学被认为是权威或可信的知识的来源。

战术(Tactics) :警告、会议、抗议等影响更广泛的战略的特定行为。

技术援助金项目[Technical Assistance Grant（TAG）Program] :美国国会在1986 年实行的一个项目,帮助位于超级基金污染场址所在社区的公民组织聘请技术顾问,使他们能够理解和评论环保署、负责清洁这些场所的企业所提供的信息。

技术民主化(Technocracy) :约翰·杜威使用的一个术语,用于比喻一个被专家管理的政府。

辞屏(Terministic screens) :这个比喻用以描述我们的语言如何引导我们看待特定的事情,是这样而不是那样看待这个世界。文学理论家肯尼斯·伯克(1966)将其定义为,"即便任何一个术语都是对现实的反映,术语的本质也必定是对现实的选择,而且它的内容必须发挥折射现实的功能"(p. 45)。

智库(Think tanks) :非营利的、以倡议为基础的团体,被形塑为中立的政策中心形象。

三咬苹果战略(Three-bites-of-the-apple strategy):记者马可·道伊(1995)使用的一个词组,用来描述被诸多企业采用以形塑环境法的传播活动:"第一口是通过游说反对任何限制生产的立法;第二口是削弱那些无法击败的法规;第三口,也是最常用的策略,是规避或破坏环境法规的执行"(p. 86)。

有毒政治(Toxic politics):环境社会学家迈克尔·里奇使用的术语,指在话语的边界内,无视社区的道德、传播地位或居民的权利。

有毒物质排放清单(Toxic Release Inventory, TRI):在《应急计划和社区知情权法案》(1986)规定之下设立的信息报告工具,它使美国环保署能够每年收集指定行业排放到空气和水中的有毒物质的数据,并将这些信息向公众开放。

有毒旅行(Toxic tours):"居住在被有毒物质污染的地区的人们组织和促成的非商业性远足,布拉德(1993)称这些地区为'人类牺牲区'……这些区域的居民引导外来者或参观者穿过他们生活、工作和游戏的场所,目的是让他们目睹居民的挣扎"(Pezzullo,2004,p. 236)。

传统新闻媒体(traditional news media):报纸、新闻杂志、电视网和广播新闻节目,与网络和社会化媒体相对。

超验主义(Transcendentalism):相信在更高的精神真理的领域和更低的包括自然界在内的物质客体的领域存在一致性。

透明度(Transparency):政府的开放性;公民有权获知与其生活息息相关的信息。在环境方面,联合国宣布透明度原则"要求信息接近权和知情权……每个人都有获知环境信息的权利,而无须证明自己是利益相关者"(Declaration of Bizkaia on the Right to the Environment,1999)。

树钉(Tree spiking):将金属或塑料钉子钉入某些伐木区的树木的行为,以阻止砍伐树木。

三一共声(Trinity of Voices, TOV):塞娜卡(2004)用于评估环境决策中公众参与的质量的模式;这个模式提出最有效的参与过程所共有的且给利益相关者授权的三个元素——渠道、诉讼和影响。

不确定性的隐喻(Trope of Uncertainty):这种修辞手法让公众在对科学主张的感知中滋生怀疑,从而延缓采取行动的要求;从修辞角度来看,不确定性的隐喻转变或改变了公众对什么东西正处于危险之中的理解,暗示贸然行动会有危险,或者做出错误的决定会引发危机。

比喻(Tropes):使用某些词汇将某些原有的意义转向新的方向。

推文（**Tweet**）：通过推特在线服务发送的简短文本信息，不超过 140 个字符。

分类（**Unbundling**）：将内容从网页等单一信息门户中释放出来，也就是说，确保当人们去网上的不同地方时，也能够获得这些信息。

实用主义（**Utilitarianism**）：行动目标必须要为最大多数人谋求最大好处的理论。

视觉修辞（**Visual rhetoric**）：视觉图像和再现影响公众对客体（如环境）的态度的能力。

"副作用"的呼声（**Voice of the "side effects"**）：贝克（1992）使用的术语，指风险社会的副作用（如哮喘和其他因空气污染、化学污染而患上的疾病）的受害者（及其子女）。

插件（**Widget**）：一个简短的程序代码，使某些有趣味的东西能够出现在你的博客、维基或智能手机上。

明智使用团体（**Wise use groups**）：这些团体反对为了保护湿地或濒危物种栖息地而限制使用自己的财产；它也被叫作私有财产权利团体。

译　后　记

从2008年第一次见到这本书到这本书的中文译本出版，我与考克斯教授的《假如自然不沉默：环境传播与公共领域》一书真是很有缘分。我记得第一次在书展上见到这本书的时候，中国的雾霾还没有被如此广泛地关注，并成为一个暗示中国环境形象的全球性符号。而如今，对环境议题的研究在传播学与新闻学界已经屡见不鲜。欲透彻而清晰地为中国的环境传播问题把脉，就需要系统、全面地了解世界环境传播领域的代表性成果。

考克斯教授是北美环境传播研究第一人，他不仅有丰富的教学经验，而且在美国的环境传播事业中扮演了重要的启蒙角色。虽然他在此书的序言部分仅对自己有几句非常谦虚的介绍，但相信对环境传播稍有了解的人都知道他的大名，我更是从阅读此书开始对环境传播领域有了真实的了解。这本书的第一版在2006年一出版就获得了美国传播协会授予的克莉丝汀·奥拉维克研究奖，并被翻译成多种语言，在众多国家作为环境传播领域的必读书被广泛阅读。它是第一本将传播与媒介研究、环境研究相结合的书，也是第一本启发大家通过传播行为解决所在地区的环境问题的书。

说起来，我一直到今天才将中文版奉献给大家的原因很特别，也更能说明考克斯教授研究的勤奋与严谨。我在去年已经将该书的第二版翻译完成并准备交付出版，这时考克斯先生告诉我他又补充了新的内容，即将出版该书的新版。当拿到新版时，我惊讶地发现他其实调整了整本书的内容，包括增加了整整一个章节的内容，以及更新了几乎所有案例等。因此，我决定将之前翻译过的内容直接放弃，让该书的最新版与大家见面，而这相当于几乎重新翻译了该书一次。虽然工作量如此之大，但我还是心甘情愿地做出了这个决定。一个学者如此孜孜不倦地更新所学，供养知识，我没有理由不以勤能补拙的心奋力跟上。

今天，这本书的中译本终于能够让大家读到。我衷心希望它能给予正在焦虑中感受环境恶化、期待以正确的行动改变环境的所有同行者一点帮助与鼓励。我们可以用它与同行诸君交流，也可以让它为关心环境传播事业的同学们厘清思路。

由于本人初涉这个领域，在翻译过程中难免有不足之处，也请各位海涵。

纪莉

2016 年 5 月 31 日于南湖山庄